Transportmodernisierung
contra Verkehrsbewirtschaftung

Europäische Hochschulschriften
Publications Universitaires Européennes
European University Studies

Reihe III
Geschichte und ihre Hilfswissenschaften

Série III Series III
Histoire, sciences auxiliaires de l'histoire
History and Allied Studies

Bd./Vol. 811

PETER LANG
Frankfurt am Main · Berlin · Bern · New York · Paris · Wien

Heidi Rohde

Transportmodernisierung contra Verkehrsbewirtschaftung

Zur staatlichen Verkehrspolitik gegenüber dem Lkw in den 30er Jahren

PETER LANG
Europäischer Verlag der Wissenschaften

Die Deutsche Bibliothek - CIP-Einheitsaufnahme

Rohde, Heidi:

Transportmodernisierung contra Verkehrsbewirtschaftung : zur staatlichen Verkehrspolitik gegenüber dem Lkw in den 30er Jahren / Heidi Rohde. - Frankfurt am Main ; Berlin ; Bern ; New York ; Paris ; Wien : Lang, 1999
(Europäische Hochschulschriften : Reihe 3, Geschichte und ihre Hilfswissenschaften ; Bd. 811)
Zugl.: Marburg, Univ., Diss., 1997
ISBN 3-631-33972-0

D 4
ISSN 0531-7320
ISBN 3-631-33972-0

Widmung

Mein Dank gilt den Unverdrossenen - Helfern, Ratgebern, Weggefährten -, ohne die die Arbeit nie zustande gekommen wäre,...

... vor allem denen - in nächster Nähe -, die auch in allen Krisen unbeirrbar an mich geglaubt haben,

...denen, die mich in zahlreichen Archiven engagiert unterstützt haben,

...den kritischen Geistern, die auch nach wiederholter Lektüre keine Ermüdung zeigten und mir mit wertvollen Anregungen über viele Klippen geholfen haben,

...den Lektorinnen, die die Arbeit auf „Herz und Nieren", also Punkt und Komma, geprüft haben,

...und nicht zuletzt, sondern ganz besonders, den technischen Genies, die den Computer so überlistet haben, daß er die Arbeit doch noch druckreif ausgespuckt hat.

Heidi Rohde

Oberursel im August 1998

Gliederung

Verzeichnis der Tabellen und Abbildungen

Abkürzungsverzeichnis

ADAC	Allgemeiner Deutscher Automobilclub
ATZ	Automobiltechnische Zeitung
DBU-Archiv	Daimler-Benz-Unternehmensarchiv
DEGT	Deutscher Eisenbahn-Gütertarif
DIHT	Deutscher Industrie- und Handelstag
DV	Deutscher Volkswirt
DWZ	Deutsche Wirtschafts-Zeitung
EKA	Eisenbahn-Kraftwagen-Ausschuß beim DIHT
EVO	Eisenbahnverkehrsverordnung
GBK	Generalbevollmächtigter für das Kraftfahrwesen
Gedekra	Gemeinschaft deutscher Kraftwagenspediteure
GEZUVOR	Gesellschaft zur Vorbereitung der Reichsautobahnen
GI	Generalinspektor für das deutsche Straßenwesen
IfK	Institut für Konjunkturforschung
IHK	Industrie- und Handelskammer(n)
KVO	Kraftverkehrsverordnung
LVR	Laderaumverteilungsstellen
MinR	Ministerialrat
RABA	Reichsautobahn-Ausschuß beim DIHT
RAK	Reichsausschuß der Kraftverkehrswirtschaft
RDA	Reichsverband der Automobilindustrie
RDI	Reichsverband der Deutschen Industrie
RFM	Reichsfinanzminister
RFN	Reichsverband für Nutzfahrzeuge
RGBl	Reichsgesetzblatt
RGH	Reichsgruppe Handel
RGI	Reichsgruppe Industrie
RIM	Reichsinnenminister
RKB	Reichkraftwagen-Betriebsverband
RKT	Reichskraftwagentarif
RKW	Reichskuratorium für Wirtschaftlichkeit
RVBl	Reichsverkehrsblatt
RVG	Reichsverkehrsgruppe
RVM	Reichsverkehrsminister
RWK	Arbeitsgemeinschaft der Industrie- und Handelskammern in der Reichswirtschaftskammer
RWM	Reichswirtschaftsminister
Stufa	Studiengesellschaft für Automobilstraßenbau

Stufi	Studiengesellschaft für die Finanzierung des deutschen Straßenbaues
VDS	Verein Deutscher Spediteure
VT	Verkehrstechnik
VW	Verkehrstechnische Woche

1 Einleitung

Kaum ein anderes Verkehrsmittel hat durch sein Erscheinen und seine Entwicklung eine so breite öffentliche Kontroverse ausgelöst wie der Lastkraftwagen. Dies erklärt sich nicht allein aufgrund seiner umwälzenden Wirkungen auf die „binnenländischen Transportsysteme“, die bis in die 20er Jahre dieses Jahrhunderts von den Eisenbahnen geprägt wurden.[1] Während die revolutionäre Umgestaltung der herkömmlichen Verkehrsverhältnisse durch den Bau der Eisenbahnen im Ergebnis als Voraussetzung der Industrialisierung erkannt[2] und in ihren Wachstums- und Wohlfahrtswirkungen bald als „größte produktive Tat ... aller Geschichte“[3] gefeiert wurde, wird die inzwischen weit vorangeschrittene Motorisierung des Güterverkehrs zunehmend kritisch gesehen. Die Kritiker des Lkw-Verkehrs kolportieren das Bild überfüllter Straßen, verweisen auf Behinderungen, starke Lärmbelästigung, den Verbrauch knapper Umwelt- und Energieressourcen als negative „externe Effekte“ eines starken Wachstums des motorisierten Verkehrs; positive Effekte werden dagegen kaum wahrgenommen.[4] Dem drohenden „Verkehrsinfarkt“ auf der Straße wird ein schwindender Güterverkehrsanteil der Schiene gegenübergestellt, - eine Entwicklung, die weniger auf die technisch-ökonomischen Eigengesetzlichkeiten der Verkehrsmittel zurückzuführen sei als auf eine historische Fehlleistung der staatlichen Verkehrspolitik. Die Weichen seien nicht erst in der Phase der verstärkten Motorisierung nach 1950, sondern bereits in der Zwischenkriegszeit falsch gestellt worden.[5]

---

1 R. Willeke: Motorisierung und Volkswirtschaft, in: Die Einflüsse der Motorisierung auf das Verkehrswesen von 1886 bis 1986, hrsg. v. H. Pohl und B. Brüninghaus, Stuttgart 1988, S. 18.

2 R. van der Borght: Das Verkehrswesen, Leipzig[2] 1912, S. 434, zit. bei H. Kiesewetter: Industrielle Revolution in Deutschland 1815-1914, Frankfurt 1989, S. 239.

3 W. Sombart: Die deutsche Volkswirtschaft im neunzehnten Jahrhundert und im Anfang des 20. Jahrhunderts, Berlin[4] 1923 , zit. n. ebd., S. 248.

4 Dazu H. W. Kreft: Die wirtschaftliche und soziale Verantwortung des Straßengüterverkehrs, in: Verkehr zwischen wirtschaftlicher und sozialer Verantwortung. FS zum 50jährigen Bestehen des Instituts für Verkehrswissenschaft an der Westfälischen Wilhelmsuniversität Münster, hrsg. v. H. Seidenfus, Göttingen 1984, S. 91; G. Aberle, W. Hamm: Nutzfahrzeuge zur Güterbeförderung - Leistungen und Entwicklungsmöglichkeiten, Frankfurt 1987, S. 8.

5 So W. Wolf: Eisenbahn und Autowahn. Personen- und Gütertransport auf Schiene und Straße. Geschichte, Bilanz, Perspektiven, Hamburg 1987. Wolf argumentiert, das Eisenbahnnetz sei schon von 1920 bis 1933 praktisch nicht mehr erweitert worden, ob-

Strukturelle Nachteile der Eisenbahnen sowie die Auseinanderentwicklung des Ausbaus von Schiene und Straße sind aus dieser Sicht die Hauptursachen für den Niedergang der Bahn und der Expansion des Lkw-Verkehrs.[6] Abgesehen davon, daß dieser Argumentation zurecht entgegengehalten wird, daß sie die eigendynamische ökonomische Durchsetzung eines neuen Verkehrsmittels mit völlig neuartigem, äußerst vielfältigem Leistungsprofil[7] völlig außer acht läßt,[8] ist der Prozeß der verkehrspolitischen Willensbildung in den 20er und 30er Jahren noch zu wenig erforscht, um sagen zu können, welchen Anteil die Politik an der Herausbildung einer neuenVerkehrsteilung zwischen Schiene und Straße hatte. Die vorliegende Arbeit soll dazu einen Beitrag leisten.

Die Verkehrsgeschichtsschreibung, ohnehin ein Bereich, der erst in jüngster Zeit stärker ins Blickfeld der Historiker getreten ist, [9] hat ihre größten Lücken im Bereich der Verkehrspolitik.[10] Das Erkenntnisinteresse von Volkswirten, die sich mit der historischen Entwicklung des Verkehrs als Teil der Wirtschaftsgeschichte beschäftigt haben, richtete sich überwiegend auf die engeren ökonomischen Ursachen und Wirkungen der Verkehrsentwicklung. Das gilt nicht nur für ältere Arbeiten,[11] sondern auch für vergleichsweise jüngere Untersuchungen, wie etwa Rainer Fremdlings Dissertation über die Eisenbahnen in der Industrialisierung[12] oder Voigts Band zur Verkehrsgeschichte.[13] Beide Arbeiten beziehen zwar die Verkehrswegeinvestitionen als reale Leistungen der Infrastrukturpolitik mit ein, nicht jedoch die politische Auseinandersetzung. In der neuesten

---

wohl die Chance aufgrund der reichseinheitlichen Verwaltung gegeben war. Ebd., S. 115f.

6 Ebd., S. 232.

7 Dazu Willeke, Motorisierung und Volkswirtschaft, a.a.O, S. 17f.

8 D. Klenke: Bundesdeutsche Verkehrspolitik und Motorisierung. Konfliktträchtige Weichenstellungen in den Jahren des Wiederaufstiegs, Stuttgart 1993, S.11.

9 Vgl. Verkehrshistorischer Workshop der Deutschen Verkehrswissenschaftlichen Gesellschaft am 17./18. Oktober 1991 in Münster, Schriftenreihe der Deutschen Verkehrswissenschaftlichen Gesellschaft, Reihe B 148, Bergisch-Gladbach 1991.

10 P. Kirchberg, J. Schmädicke: Verkehrsgeschichte als Wissenschaftsdisziplin - Ergebnisse, Probleme, Fragestellungen, in: Verkehrshistorischer Workshop, a.a.O., S. 45.

11 Vgl. den Überblick bei H. J.Teuteberg: Zur Bedeutung und Methodik verkehrsgeschichtlicher Forschung, in: ebd., S. 3-41.

12 R. Fremdling: Eisenbahnen und deutsches Wirtschaftswachstum 1840-1879. Ein Beitrag zur Entwicklungstheorie und zur Theorie der Infrastruktur, Diss Münster 1974.

13 F. Voigt: Verkehr. Bd 2,1, Berlin 1965.

verkehrshistorischen Literatur tritt dagegen die Verkehrspolitik als eigenständig gestaltende Kraft, „die sich nicht im Reagieren und Nachvollziehen erschöpfte“, mehr in den Mittelpunkt.[14] So hat auch das Thema „Eisenbahn und Industrialisierung“ eine Neudarstellung mit verkehrspolitischem Schwerpunkt erfahren.[15] Die Bedeutung verkehrspolitischer Eingriffe wird auch deutlich, wenn man sich die Elemente eines wirtschaftstheoretischen Ansatzes für die Durchsetzung eines neuen Verkehrsmittels vergegenwärtigt. Nach den grundlegenden Arbeiten von Voigt ergibt sich die Gestaltungskraft eines neuen Verkehrsträgers erstens aus seiner „Verkehrswertigkeit“ und zweitens aus seiner „Affinität“ zum Transport einer Ware.[16] Beides sind qualitative Kategorien, die im wesentlichen, jedoch nicht nur, in den technischen Eigenschaften eines Verkehrsmittels begründet sind. Demnach hing etwa die Gestaltungskraft des Lkw aus der Verkehrswertigkeit von Merkmalen wie Schnelligkeit, Kostenersparnis, aber auch Massenleistungsfähigkeit und Netzbildungsfähigkeit bzw. der spezifischen Kombination dieser Merkmale nach den Wünschen der Verkehrsnachfrage ab.[17] Entscheidend war ferner, inwieweit er als Transportgefäß den Anforderungen möglichst vieler Waren genügen konnte. Beide Kategorien wurden offensichtlich sowohl durch die technische Entwicklung des Lkw als auch durch Vorleistungen der staatlichen Verkehrspolitik, etwa der Infrastrukturpolitik, beeinflußt. Darüber hinaus kann die Politik die Verkehrswertigkeit auch direkt beeinflussen, indem sie, etwa durch Eingriffe in die Preisbildung, die Transportkosten künstlich manipuliert. Eine rein mikroökonomische Betrachtung, die die Durchsetzungs- und Gestaltungskraft eines neuen Verkehrsmittels allein an der wechselseitigen Stimulanz von Angebot und Nachfrage mißt, erscheint deshalb kaum gerechtfertigt. Dies um so weniger als der Verkehr traditionell seit dem vergangenen Jahrhundert als staatlicher Interventionsbereich[18] bzw. wettbe-

---

14 Klenke, Bundesdeutsche Verkehrspolitik, a.a.O., S. 9; vgl. auch T. Südbeck: Motorisierung, Verkehrsentwicklung und Verkehrspolitik in Deutschland in den 1950er Jahren, Stuttgart 1994.

15 D. Ziegler: Eisenbahnen und Staat im Zeitalter der Industrialisierung, VSWG Beih. 127, Stuttgart 1996.

16 Voigt: Industrialisierung und Verkehr, in: Zeitschr. f. die ges. Staatswiss. (109) 1953, S. 198f; ders.: Die volkswirtschaftliche Bedeutung des Verkehrssystems, Berlin 1960, bes. S. 37f.

17 Zu den Merkmalen der Verkehrswertigkeit im einzelnen ebd., S. 38f.

18 A. Diekmann: Intervention als Konstante deutscher Verkehrspolitik, in: Zeitschrift für Verkehrswissenschaft (60) 1989, S. 86ff.

werblicher Ausnahmebereich gilt.[19] Überdies spricht tatsächlich einiges dafür, daß die Verkehrspolitik in der Zwischenkriegszeit im Vergleich zu früheren und späteren Jahren besonders große Einflußmöglichkeiten auf die Verkehrsentwicklung, insbesondere von Lkw und Bahn, hatte. Zum einen stand die Bahn als wichtigstes Binnenverkehrsmittel unter der zentralen Verwaltung des Reiches, und der Lkw stand als Konkurrent der Schiene am Anfang seiner Entwicklung. Es lag daher prinzipiell beim Staat, den Betätigungsrahmen beider Verkehrsträger gesetzlich abzustecken. Hinzu kommt zum andern, daß der Verkehr und die Motorisierung unter dem Nationalsozialismus politisch einen hohen Stellenwert erhielten. Bei einer erklärtermaßen antiliberalen Wirtschaftsauffassung[20] und einer entsprechend streng auf die Bedürfnisse des Staates ausgerichteten Lenkung der gesamten Wirtschaft[21] mußten die eigendynamischen Entwicklungspotentiale der Verkehrsmittel gegenüber den staatlich bestimmten zurücktreten.

Obwohl die verkehrspolitische Auseinandersetzung um „Eisenbahn und Kraftwagen", wie die Zeitgenossen das Thema nannten, unmittelbar nach dem Mitte der 20er Jahre einsetzenden wirtschaftlichen Aufschwung begann, konzentrierte sich die eigentliche verkehrspolitische Aktivität des Staates auf das Jahrzehnt zwischen 1930 und 1940. Diese Epoche ist gleichzeitig durch zwei signifikante Ereignisse bzw. Prozesse gekennzeichnet: ökonomisch durch den Ausbruch und die Überwindung der Weltwirtschaftskrise sowie politisch durch die Herrschaft des Nationalsozialismus. Der Zeitrahmen lenkt den Blick auch auf die jüngst diskutierte Frage nach Bruch oder Kontinuität zwischen der Weimarer Republik und dem „Dritten Reich". Während die Zahl der Arbeiten, die die historische Zäsur der nationalsozialistischen Machtergreifung im gesamten politischen, gesellschaftlichen und wirtschaftlichen Leben hervorhebt, Legion ist, wird die Frage der Kontinuität von Werten, Paradigmen und Politiken erst vereinzelt gestellt.[22] Vorreiter dieser Betrachtung war besonders die Tech-

---

19 W. Hamm: Verkehr II (Verkehrspolitik), in: HdWW Bd. 8, S.249.

20 A. Barkai: Das Wirtschaftssystem des Nationalsozialismus. Ideologie, Theorie, Politik, 1933-1936, Frankfurt, 1988; S. 97; vgl. H. Woll: Die Wirtschaftslehre des deutschen Faschismus, München 1988.

21 Zum allmählichen Übergang zur Lenkungswirtschaft vgl. F. Blaich: Wirtschaftspolitik und Wirtschaftsauffassung im Dritten Reich, in: Aus Politik und Zeitgeschichte, Beilage zur Wochenzeitung „Das Parlament", B 8/71, S. 3-18.

22 Wirtschaftshistorisch v.a. von Barkai, Das Wirtschaftssystem, a.a.O.

nikgeschichte.[23] Dies nicht zuletzt aus kritischer Sicht nationalsozialistischer Selbstdarstellung, war doch die Technik ein Bereich, in dem die Nationalsozialisten mehr als anderswo für sich selbst eine Neubewertung und einen intentionalen Modernisierungsanspruch reklamierten.[24] Für die Verkehrsgeschichte gilt ähnliches, besonders dort wo sie wie in der Infrastrukturpolitik durch die Technikgeschichte berührt. Die Ankündigung einer aktiven Motorisierungspolitik war eine der ersten spektakulären Neuerungen, mit denen die Nationalsozialisten die Öffentlichkeit konfrontierten. In seiner häufig zitierten Rede auf der Internationalen Automobilausstellung in Berlin im Februar 1933 kritisierte Hitler die „bürokratische Unvernunft" der Republik, die das Auto in der Vergangenheit in seiner Entwicklung mehr gehemmt als gefördert habe, und kündigte eine radikale Kehrtwende in der Verkehrspolitik an.[25] Als ersten Schritt stellte er eine deutliche steuerliche Entlastung des Kraftverkehrs in Aussicht und verkündete darüber hinaus ein großangelegtes Straßenbauprogramm.[26] Beides wurde über Jahre hinaus von der NS-Propaganda konsequent als Beweis für die aktive Motorisierungs- und Modernisierungs(!)politik der neuen Regierung ausgegeben.[27] Die Propaganda als „genuiner Bestandteil" nationalsozialistischer Wirtschafts- und Sozialpolitik[28] wurde in der Verkehrspolitik besonders

---

23 Vgl. K. H. Ludwig: Technik und Ingenieure im Dritten Reich, Düsseldorf, 1974; J. Herf: Reactionary Modernism. Technology, Culture and Politics in Weimar and the Third Reich, Cambridge 1984; J. Radkau: Technik in Deutschland. Vom 18. Jahrhundert bis zur Gegenwart, Frankfurt 1989.

24 Beispiele für diesen Anspruch finden sich u.a. in der von Gottfried Feder herausgegebenen Zeitschrift *Deutsche Technik*. Vgl. K. Weber: Ein neues Geschlecht von Ingenieuren wächst an den Reichsautobahnen auf, in: Deutsche Technik (5) 1937, S. 218f; vgl. W. Ostwald: Vor einer neuen Entwicklung im Kraftahrzeugbau?, in: ebd., S. 522-24; vgl. Ingenieur und Wirtschaftler, in: Deutsche Technik (6) 1938, S. 270ff.

25 Hitler in seiner Rede auf der IAA in Berlin am 11.02.1933, zit. n. VT (14) 1933, H.5, S. 111.

26 Hitler, zit n. ebd.

27 „Parole Motorisierung", Flugschrift des Reichsverkehrsministeriums in Zusammenarbeit mit dem Institut für Konjunkturforschung zur IAA in Berlin 1935. Die Flugschrift betonte die überragende politische Gestaltungskraft des „Führers" und seine konsequente Motorisierungspolitik, die vor allem konjunkturpolitisch erfolgreich gewesen sei, indem Arbeitsplätze geschaffen wurden. Vgl. „Parole Motorisierung", a.a.O., S. 4, in: BA R 43 II/748.

28 N. Frei: Der Führerstaat. Nationalsozialistische Herrschaft 1933-1945, München 1987, S. 87.

wirksam eingesetzt. Das galt vor allem für den Straßenbau, der durch Autobahnbau, die Institution des Generalinspektors für das deutsche Straßenwesen (GI) und mehr noch durch die Person des Amtsinhabers Fritz Todt von der drückenden öffentlichen Last zum öffentlichkeitswirksamen Konjunkturmotor und Modernisierungsartikel mutierte.[29] Die propagandistische Beschwörung von Aufbruch und Reformen in der Verkehrspolitik sagt jedoch wenig über deren tatsächlichen Modernisierungscharakter. Ebensowenig genügt ein Befund gemäß der These von der „Modernisierung wider Willen", wonach eine epochale Modernisierung der Infrastruktur durch den Nationalsozialismus allein deshalb „plausibel erscheint", weil politische Systeme mit einer ausgeprägt aggressiven Herrschaftstechnik nach innen und außen als infrastrukturpolitisch „besonders aktiv" gelten.[30] Vielmehr muß die Frage „nach der Kohärenz der Verkehrspolitik" mit Blick auf die „Planungs-, Entscheidungs- und Durchsetzungsprozesse" in Bezug auf die Modernisierungsintentionen und -wirkungen gestellt werden.[31] Dafür bietet sich eine kontinuierliche Betrachtung an, d.h. eine Untersuchung der Kraftverkehrspolitik bzw. des Konflikts zwischen Schiene und Straßen *in den 30er Jahren*. Die letzten Jahre der Weimarer Republik können in der Verkehrspolitik nicht wie in zahlreichen Arbeiten zum „Dritten Reich" nur als Präludium der eigentlichen Studie gestreift werden, sondern haben ein eigenes (vergleichbares) Gewicht.[32]

Die jüngere Literatur zu den „Modernisierungsleistungen" der Nationalsozialisten, die die Frage nach dem Standort des Nationalsozialismus in der Moderne neu gestellt hat, hat einen entscheidenden Mangel. Ihr fehlt ein theoretisch definierter Modernisierungsbegriff, ohne den eine Beurteilung kaum möglich ist. Das gilt insbesondere für die provozierenden Thesen von Rainer Zitel-

---

29 Wichtigste Propagandaorgane wurden die von Todt herausgegebene Zeitschrift *Die Straße* sowie die *Deutsche Technik*. Außerdem zog Todt jährlich eine Erfolgsbilanz; vgl. Todt: Das Straßenbauprogramm Adolf Hitlers und die deutschen Ingenieure, in: Deutsche Technik (1) 1933, S. 53f; ders.: Die Aufbauarbeit im deutschen Straßenwesen. Der erste Jahresbericht des Generalinspektors für das deutsche Straßenwesen, in: VT (15) 1934, H.18, S. 512.

30 C. Kopper: Modernität oder Scheinmodernität nationalsozialistischer Herrschaft. Das Beispiel der Verkehrspolitik, in: Von der Aufgabe der Freiheit. Politische Verantwortung und bürgerliche Gesellschaft im 19. und 20. Jahrhundert. FS für Hans Mommsen zum 5. November 1995, hrsg v. C. Jansen u.a., Berlin 1995, S. 399.

31 Ebd.

32 Dies folgt prinzipiell dem Ansatz Barkais für die allgemeine Wirtschaftspolitik; vgl. Barkai, Das Wirtschaftssystem, a.a.O, Kap. 1, S. 27ff.

mann und Micheal Prinz[33], die die Diskussion auf die Alternative von intentionaler und unbeabsichtigter Modernisierung zugespitzt haben. Ihre Arbeiten sind vor allem deshalb auf Kritik gestoßen, weil sie mit einem vagen empirischen Modernisierungsbegriff operieren, der in Anlehnung an Wehler auf Elemente einer Dichotomie von Tradition und Moderne zurückgreift,[34] ohne den „komplexen Erfordernissen" dieses Deutungsansatzes gerecht zu werden.[35] In jedem Fall erfordert die Fragestellung eindeutig definierte Merkmale für Modernität bzw. Antimodernität, um die Zielsetzung geltender Paradigmen und daraus resultierender Politiken bewerten zu können. In diesem Sinne muß ein Modernisierungsbegriff immer normativ sein.[36]

Für eine verkehrspolitische, d.h. im weiteren Sinne wirtschaftspolitische Untersuchung bietet sich der Rückgriff auf Modernisierungsmaßstäbe der Volkswirtschaftslehre an. So hat Ritschl als Bewertungskriterium für eine intentional modernisierende Wirtschaftsideologie des Nationalsozialismus und die daraus resultierende Politik das Wachstumsziel als Kennzeichen der „modernen liberalen Wirtschaftstheorie" genommen.[37] Wachstum ist hier ein umfassender Begriff für die steigende Produktion materieller und immaterieller Güter, für die erhöhte Produktion von Waren und Dienstleistungen ebenso wie für den wissenschaftlich-technischen Erkenntnisgewinn.[38] In der neoklassischen Wohlfahrtstheorie ist dieses Wachstumsziel als zusätzlicher Wohlfahrtsgewinn der Gesellschaft formuliert worden, indem die Effizienz der Güterproduktion als Kriterium der sozialen Wohlfahrt dient.[39] Wohlfahrtstheoretisch wird unter möglichst hoher Effizienz eine möglichst hohe Differenz zwischen den gesam-

---

33 M. Prinz und R. Zitelmann: Nationalsozialismus und Modernisierung, Darmstadt 1991; vgl. Zitelmann: Hitler. Selbstverständnis eines Revolutionärs, Stuttgart[2] 1991.

34 H.-U. Wehler: Modernisierungstheorie und Geschichte, Göttingen 1975, S. 14f.

35 G. Könke: „Modernisierungsschub" oder relative Stagnation?. Einige Anmerkungen zum Verhältnis von Nationalsozialismus und Moderne, in: GG (20) 1994, S. 586.

36 Wehler bezeichnete den Gegensatz (von Moderne und Antimoderne), das „Vorher-Nachher- Modell" als „unabweisbare Grundlage" der Modernisierungstheorie. Wehler, Modernisierungstheorie und Geschichte, a.a.O., S. 41.

37 A. Ritschl: Die NS-Wirtschaftsideologie - Modernisierungsprogramm oder reaktionäre Utopie?, in: Prinz, Zitelmann, Nationalsozialismus und Modernisierung, a.a. O., S. 51f.

38 Ebd., S. 55f.

39 J. Hagel: Effizienz und Gerechtigkeit. Ein Beitrag zur Diskussion der ethischen Aspekte in der neoklassischen Wohlfahrtstheorie, Baden Baden 1993, S. 14.

ten sozialen Kosten und dem sozialen Nutzen einer wirtschaftlichen Aktivität verstanden. Die Theorie trifft jedoch u.a. zwei wirklichkeitsferne Annahmen: sie geht erstens davon aus, daß die soziale Wohlfahrtsfunktion und ihre Komponenten, die Nutzenfunktionen der Individuen exakt bemessen und damit gegeneinander aufgerechnet werden können.[40] Beides erscheint kaum gegeben. So konnten die politisch Verantwortlichen der 30er Jahre das gesamte Spektrum des gesellschaftlichen Nutzens und der Kosten des Lkw nicht übersehen. Einzelne positive oder negative Effekte wie neue Transportqualitäten, Durchsetzung des technischen Fortschritts oder erhöhte Wegebaukosten und Risiken der Verkehrssicherheit wurden zwar wahrgenommen, konnten jedoch nicht exakt quantifiziert und damit „verrechnet" werden. Das gilt in historischer Perspektive um so mehr, als die zukünftigen Entwicklungs- und Gestaltungsmöglichkeiten des Lkw-Verkehrs in der Zwischenkriegszeit in ihrer Dimension kaum abgesehen werden und somit kaum in die „Rechnung" einfließen konnten. In dem Bemühen eine anwendbare theoretische Norm anzubieten, ist ein neuer Ansatz entwickelt worden, das Prinzip des wohlstandsökonomischen Minimalkriteriums. Demnach wird ein Wohlfahrtsgewinn dann erreicht, wenn der soziale Gesamtnutzen einer Maßnahme nicht kleiner ist als die sozialen Kosten.[41] Ein Modernisierungsbegriff, der sich an einem solchen „wohlfahrtstheoretischen" (Wachstums-)Begriff orientiert, vermeidet eine einseitige Betrachtung und kann als Maßstab verkehrspolitischer Aktivitäten ohne Schwierigkeiten ausdifferenziert werden, etwa auf Preis- oder Mengenpolitik oder auch auf Infrastrukturpolitik.[42] Gleichwohl bleiben für die Bewertung der Verkehrspolitik - bezogen auf den Lkw - auch nach diesem Modernisierungsbegriff erhebliche Schwierigkeiten. Erstens: Das Prinzip des Minimalkriteriums trägt als Modell „statisch-stationäre Züge", d.h. die wirtschaftlichen Rahmenbedingungen, Faktorbestände, technisch-wissenschaftliches Erkenntnisniveau etc. werden im Theorem als konstant angenommen. Das Prinzip ist bisher nicht für eine dynamische Wirtschaft ausgearbeitet worden.[43]. Zweitens: Auch das Prinzip des Minimalkriteriums setzt voraus, daß konsistente soziale Bewertungen möglich sind und auch durchgeführt werden. Über die Bewertung verkehrswirtschaftlicher Leistungselemente bestand und besteht, insbesondere bei Elementen wie Gemeinwirtschaftlichkeit, Raumerschließung, jedoch keine Einigkeit. Ohne exakte öko-

---

40 R. Funk: Optimalkriterien für die Preisbildung im Verkehr, in: R. Willeke: Wissenschaftliche Beratung der vekehrspolitischen Planung, Düsseldorf 1971, S. 132f.

41 Ebd., S. 134.

42 Aberle, Hamm, Nutzfahrzeuge zur Güterbeförderung, a.a.O., S. 10.

43 Funk, Optimalkriterien, a.a.O., S. 135.

nomische Einheiten war die pauschale Gewichtung von Kosten und Nutzen verkehrswirtschaftlicher Ziele und entsprechender politischer Maßnahmen immer zeitgeistabhängig. Die Wohlfahrtsmaßstäbe der Verkehrspolitik waren in diesem Sinne immer zeitgebunden. Mit den jeweils geltenden Paradigmen waren die entsprechenden politischen Instrumente verknüpft. So galten bis in die jüngste Zeit planwirtschaftliche Instrumente als geeignet und notwendig, um eine am gesamtwirtschaftlichen Wohl orientierte „optimale Verkehrskoordination" zu erzielen. Einzelwirtschaftliche Gesichtspunkte für die „Aufgabenteilung im Verkehr" galten als für dieses Wohlfahrtsoptimum von „untergeordneter Bedeutung".[44] Im Hinblick auf eine „Effizienzanalyse" der Verkehrspolitik erschien es notwendig, sich von dem rein „ökonomischen Steuerungssystem 'Markt' zu lösen", und von einer Vielzahl gleichberechtigter gesellschaftlicher Entscheidungssysteme auszugehen, die 'Bedürfnisse' der Bürger nicht individuell, sondern durch Mehrheitsentscheidungen bestimmten.[45] Gegenüber dieser Auffassung, die das historische Eigenrecht der öffentlichen Wirtschaft im Verkehr bzw. der gemeinwirtschaftlichen Verkehrsbedienung betonte, haben seit Mitte der 1980er Jahre die liberalen Verkehrswissenschaftler stärkeres Gewicht erlangt.[46] Sie fordern eine konsequente Reform der Verkehrsgesetzgebung nach marktwirtschaftlichen Gesichtspunkten, ohne Kapazitätsbeschränkungen und mit wettbewerblichem Ordnungsrahmen.[47] Staatliche Intervention im Verkehrswesen bringe keinen Wohlfahrtsgewinn, sondern diene vielmehr der Bewahrung von Privilegien und der Sicherung von Gruppeninteressen zu Lasten der Allgemeinheit, da Verkehrsleistungen in einem wettbewerblichen System besser und billiger erstellt würden.[48]

Vor dem Hintergrund eines zeit- und ideologisch gebundenen Wohlfahrtsbegriffs kann das oben angeführte Wohlfahrtswachstum als Ergebnis marktwirt-

---

44 J. von Kunowski: Ordnung des Wettbewerbs und Wirtschaftslenkung in der verkehrspolitischen Gesetzgebung, Diss München 1978, S. 32.

45 F. Walcher: Das Planungs- und Steuerungssystem der staatlichen Verkehrspolitik zur Regulierung des Verkehrsmarktes. Zur Legitimation und Effizienz verkehrspolitischer Maßnahmen in einer Marktwirtschaft, Berlin 1978, S. 178.

46 Dazu beigetragen haben die Fehlentwicklungen aufgrund der dirigistischen Wirtschaftspolitik, insbes. auch das vollständige Scheitern der Mittel im Bezug auf die Ziele. Die Bundesbahnsanierung konnte damit nicht nur nicht erreicht werden, sondern drohte zunehmend unbezahlbar zu werden. U. van Suntum: Verkehrspolitik, München 1986, S. 102.

47 W. Hamm: Deregulierung im Verkehr als politische Aufgabe, München 1989. S. 96f.

48 Ebd., S. 97.

schaftlicher Effizienz nur bedingt als „modernisierend" bezeichnet werden. Das Prinzip des Minimalkriteriums bietet nicht die Möglichkeit einer Gesamtbewertung der Verkehrspolitik als „modern" oder „antimodern", erlaubt aber immerhin begrenzte Aussagen für einzelne wichtige Bereiche wie etwa die Tarifpolitik. So sind damit nur solche Tarifsysteme vereinbar, die „sowohl die Eigenwirtschaftlichkeit des sie anwendenden Unternehmens gewährleisten (...) als auch innerhalb der angegebenen Grenzen, die Nachfragebedingungen des spezifischen Transportmarktes berücksichtigen."[49] Um die Beurteilung einzelner Steuerungsbereiche zu legitimieren und historisch einzuordnen, soll zunächst zum einen untersucht werden, in welchem politischen Klima sich die verkehrswirtschaftliche Integration des Lkw vollzog und ob und wie sich das verkehrspolitische Umfeld und die Leitbilder nach der Machtergreifung der Nationalsozialisten gegenüber der Republik veränderten. Dies betrifft im Kern die Frage: Haben die Nationalsozialisten die Motorisierung des Güterverkehrs deutlich stärker gefördert als die vorgangegangene Weimarer Republik? Welche ideologischen Positionen führten zu den jeweiligen verkehrspolitischen Konzepten und Gesetzen? Hat das diktatorische System der Durchsetzung eines neuen innovativen Verkehrsmittels mehr gedient als die demokratische Regierung, die wie in jeder pluralistischen Gesellschaft die Interessen zahlloser „Pressure groups" zu berücksichtigen hatte?[50] Dies wirft auch generell die Frage nach dem (unterschiedlichen) Einfluß von Interessenverbänden in beiden Systemen auf .[51] Kontinuität und Brüche in der Verkehrspolitik der Republik und des „Dritten Reiches" sollen systematisch anhand von vier Steuerungsinstrumenten für den Lkw-Verkehr untersucht werden: dazu gehören das ordnungspolitische Konzept und der entsprechende gesetzliche Rahmen, die Preisbzw. Tarifpolitik, die Steuerpolitik und die Infrastrukturpolitik. Dabei geht es jedoch nicht allein um die verkehrspolitischen Debatten und Entscheidungen im engeren Sinne, sondern auch um den jeweiligen Kontext, indem Maßnahmen und Reformen diskutiert wurden. So waren z.B. Steuerpolitik und Infrastrukturpolitik vor 1933 eng aufeinander bezogen, während danach eine grundlegende Entkopplung stattfand. Die Frage nach der Modernisierungsqualität der Verkehrspolitik kann nur mit Vorsicht bezogen auf die einzelnen Steuerungsberei-

---

49 Funk, Optimalkriterien, a.a.O., S. 135.

50 Zitelmann sieht hier eine Grundsatzfrage zur Modernisierungsleistung eines diktatorischen Systems gegenüber der Demokratie; vgl. Zitelmann: Die totalitäre Seite der Moderne, in: Prinz, Zitelmann, Nationalsozialismus und Modernisierung, a.a.O., S. 9.

51 Vgl. P. Hüttenberger, Interessenvertretung und Lobbyismus im Dritten Reich, in: Der Führerstaat, Mythos und Realität, hrsg. v. G. Hirschfeld u.a., Stuttgart 1981, S. 429ff.

che bzw. Teilhandlungen beantwortet werden. So wäre etwa zu beurteilen, ob die von der Politik gewählten Steuerungsmechanismen den Transporterfordernissen der Wirtschaft zumindest mittelfristig innerhalb des Jahrzehnts gerecht wurde. Die Frage nach der Effizienz, d.h. dem Verhältnis von Aufwand und sozialem Nutzen muß für den Straßenbau oder die Tarifpolitik gestellt werden. Inwieweit reagierte die Politik zeitgemäß, also ökonomisch adäquat? Der Bau eines für damalige Verhältnisse monumentalen Straßennetzes für das Verkehrsaufkommen der nächsten Jahrzehnte kann nicht per se als „zukunftsorientierte Modernisierungsleistung" gelten, sondern muß in Einzelaspekten wie Planung, Gestaltung, wirtschaftliche Überlegungen beurteilt werden. Mit betrachtet werden müssen auch die Leistungen im normalen Landstraßenbau. Die Effizienz der Ordnungs- und Tarifpolitik soll zeitbezogen bewertet werden, d.h. nach marktwirtschaftlichen Gesichtspunkten, die in den 30er Jahren bereits reflektiert wurden.

Der historische Forschungsstand zur Verkehrsgeschichte in der Zwischenkriegszeit ist noch relativ mager. Abgesehen von einer Vielzahl populärwissenschaftlicher Arbeiten über einzelne Verkehrsmittel bis hin zu einzelnen Lokomotiv- oder Automobiltypen, sind verkehrswirtschaftliche und verkehrspolitische Untersuchungen oft in wirtschafts- und unternehmenshistorischen Untersuchungen, in industriegeschichtlichen Arbeiten, in Regionalstudien oder geographischen Arbeiten publiziert. Eigenständige Darstellungen finden sich selten.[52] In den großen wirtschaftshistorischen Darstellungen bleibt der Verkehrs meist nur ein Randthema.[53] Gleichsam die Begründung dafür lieferte Friedrich-Wilhelm Henning, der für das Verkehrswesen im 20. Jahrhundert bis 1945 „keine (...) spektakulären Veränderungen." erkennt.[54] Während die eisenbahngeschichtliche Literatur sich auf die Frühzeit und den Höhepunkt der Eisenbahnentwicklung in Deutschland und ihre Auswirkungen auf den Verkehr insge-

---

52 Kirchberg, Schmädicke, Verkehrsgeschichte als Wissenschaftsdisziplin, a.a.O., S. 47.

53 Vgl. G. Ambrosius: Sozial- und Wirtschaftsgeschichte Europas im 20. Jahrhundert, Stuttgart 1986; vgl. K. Hardach: Deutschland 1914-1970. Europäische Wirtschaftsgeschichte, Bd 5: Die europäischen Volkswirtschaften im zwanzigsten Jahrhundert, hrsg. v. C. M. Cipolla, K. Borchardt, Stuttgart, New York 1980. (Bei Hardach kommt der Verkehr überhaupt nicht vor).

54 F.-W. Henning: Deutschland von 1914 bis zur Gegenwart. Handbuch der Europäischen Wirtschafts- und Sozialgeschichte, Bd. 6: Europäische Wirtschafts- und Sozialgeschichte vom Ersten Weltkrieg bis zur Gegenwart, hrsg. v. W. Fischer u.a., Stuttgart 1987, S. 434.

samt konzentriert,[55] fehlt weitgehend eine entsprechende *Anschlußforschung* über den Kraftverkehr und seine Wirkungen im 20. Jahrhundert. Beachtlich ist daher das Material, das in der „Geschichte der Produktivkräfte in Deutschland von 1800 bis 1945 in drei Bänden", über die Entwicklung des Verkehrswesens für den Zeitraum von 1917/18 bis 1945 zusammengetragen wurde. Der Kraftverkehrs erhält darin vergleichsweise viel Raum.[56] Allerdings konzentriert sich das Verkehrskapitel auf eine Darstellung der technischen und ökonomischen Entwicklung der einzelnen Verkehrsmittel sowie die Entwicklung der Infrastruktur. Verkehrspolitische Einflüsse werden nicht behandelt.[57]

Ähnliches gilt für Peter Kirchbergs grundlegende Studie zum „Wachstum der Produktivkräfte in der Geschichte des Kraftfahrzeugs", die staatliche Eingriffe nur am Rande behandelt und zu dem mit der Weimarer Republik abschließt.[58] Voigt behandelt die historische Entwicklung des Kraftverkehrs gleichsam als Wechselwirkung zwischen fortschreitender Motorisierung und einer „Renaissance der Straße". Im Mittelpunkt staatlicher Aktivitäten stand demnach die Finanzierung der Infrastruktur, die Gesetzgebung erscheint weitgehend als eine Steuergesetzgebung, deren einzige Motivation die Mittelbeschaffung für den Ausbau des Straßennetzes war.[59] Die Darstellung übersieht den nichtfiskalischen Charakter der Steuergesetze sowie ordnungspolitische Steuerungsmaßnahmen zur Koordination der Verkehrsmittel. Dagegen rücken diese Bereiche in der verwaltungsgeschichtlichen Darstellung von Jürgen Salzwedel zum Verkehrswesen für die Zeit der Weimarer Republik als auch für das „Dritte Reich" in den Vordergrund. Als Beitrag zur „Deutschen Verwaltungsgeschichte" mußte sich die Untersuchung zwangsläufig auf einen Überblick über die wichtigsten gesetzlichen Regelungen bzw. Neuregelungen in der Zwischenkriegszeit beschränken. Sie hat jedoch das Verdienst die politische Struktur der

---

55 Eine Ausnahme ist die Arbeit von J.-H. Peters: Personalpolitik und Rationalisierungsbestrebungen der Deutschen Reichsbahn-Gesellschaft zwischen 1924 und 1929. Ausgangsbedingungen, hauptsächliche Entwicklungslinien und -tendenzen; Frankfurt 1996.

56 Geschichte der Produktivkräfte in Deutschland von 1800 bis 1945 in drei Bänden, Bd. 3: Produktivkräfte in Deutschland 1917/18 bis 1945, hrsg. v. R. Berthold u.a., Berlin (Ost) 1988.

57 Ebd., S. 294-337.

58 P. Kirchberg: Das Wachstum der Produktivkräfte in der Geschichte des Kraftfahrzeugs. Untersuchungen am Beispiel der Entwicklung der Technik des Kraftwagens in Deutschland von den Anfängen bis zur Weltwirtschaftskrise, Diss. B, Dresden 1978.

59 Voigt, Verkehr. Bd. 2,1 a.a.O, S. 449f.

Verwaltungen erhellt und die verkehrspolitisch folgenreiche enge Verbindung zwischen Reichsverkehrsministerium und Eisenbahn hervorgehoben zu haben.[60] Im Hinblick auf das „Dritte Reich“ erliegt Salzwedel allerdings mit der Feststellung: „Die neue Regierung schätzte das Kraftfahrzeug als Verkehrsmittel der Zukunft ein und förderte das Kraftfahrwesen auf alle denkbaren Gebieten wie Fertigung, Treibstoffindustrie, Straßenbau“, teilweise der Darstellung der NS-Propaganda, teilweise einem Quellenpositivismus, der die tatsächlichen Verhältnisse nur oberflächlich abbildet.[61] Er stützt sich in seinem Beitrag weitgehend auf das Buch von Anton Heimes zur Geschichte des Straßengüterverkehrs.[62]

Heimes hat die bisher umfassendste und zugleich detaillierteste Darstellung zur Entwicklung des motorisierten Straßengüterverkehrs und zum Konflikt zwischen Schiene und Straße in der Zwischenkriegszeit vorgelegt. Er sieht den Lkw-Verkehr in einem aussichtslosen Kampf gegen die übermächtige Reichsbahn bis die Nationalsozialisten 1935 eine gesetzliche Kehrtwende in der Reichsverkehrspolitik einleiteten, die die Anerkennung des Lkw als Verkehrsträger bewirkt habe.[63] Heimes konnte dabei auf seine Erfahrung als Zeitgenosse zurückgreifen und hatte eben deshalb auch zu zahlreichen Quellen Zugang, die den Historikern heute verschlossen bzw. schlicht vernichtet sind. Bei aller Materialfülle und Detailkenntnis haftet seiner Arbeit ein erheblicher analytischer Mangel an. Die nackte Wiedergabe von Entwicklungen und verkehrspolitischen Entscheidungen wird weder zu historisch-politischen Hintergründen noch zu wirtschaftlichen Entwicklungen in Beziehung gesetzt. Die oben bereits angesprochene Untersuchung von Winfried Wolf [64] sieht bezeichnenderweise denselben Zeitraum von Anfang an unter ganz anderen Vorzeichen. Er stellt im Gegensatz zu Heimes einseitig die Infrastrukturpolitik in den Vordergrund und folgert daraus, daß der Staat die Schiene bereits seit den 20er Jahren kontinuierlich vernachlässigt habe. Die Marktordnung habe die strukturellen Nachteile

---

60 J. Salzwedel: Die Aufgaben des Reichsverkehrsministeriums, in: Deutsche Verwaltungsgeschichte Bd. IV. Das Reich als Republik und in der Zeit des Nationalsozialismus hrsg. v. K. G. A. Jeserich, H. Pohl u.a. Stuttgart 1985, Teil I, S. 260ff, bes. 265f; vgl. auch H. S. Seidenfus: Eisenbahnwesen, in: ebd., S. 273ff.

61 Salzwedel, Das Verkehrswesen und seine Verwaltung, in: Deutsche Verwaltungsgeschichte, a.a.O., Teil II, S. 911.

62 A. Heimes: Vom Saumpfad zur Transportindustrie. Weg und Bedeutung des Straßengüterverkehrs in der Geschichte, Bonn-Bad Godesberg 1978.

63 ebd., S. 114.

64 Wolf, wie Anm. 5.

Schiene später nicht mehr ausgleichen können. Der Vergleich beider Arbeiten zeigt, daß eine sachgerechte verkehrspolitische Untersuchung nicht einseitig auf Ordnungs- oder Infrastrukturpolitik abstellen kann, sondern die verschiedenen Instrumente einbeziehen und gewichten muß.

Außer den Überblicks- und Einzeldarstellungen ist noch eine Reihe von Aufsätzen zur Geschichte der Motorisierung zu nennen, die die Durchsetzung des (Güter)Kraftverkehrs in der Zwischenkriegszeit untersuchen. Abgesehen von Willeke, der die eigendynamische Entwicklung des Lkw-Verkehrs in den Vordergrund stellt,[65] sprechen alle der Verkehrspolitik mehr oder minder großen Einfluß zu. An erster Stelle ist der Beitrag von Volker Hentschel in dem gleichen Sammelband wie Willeke zu erwähnen. Seine Studie zum Verhältnis von „Staat und Verkehr“ betrachtet den Schiene-Straße-Konflikt in verschiedenen europäischen Ländern und zeigt weitgehende Parallelen in der Reaktion der staatlichen Behörden auf.[66] Hentschel macht damit als erster den Versuch, in der Verkehrsgeschichte ähnlich wie in der Wirtschaftsgeschichte insgesamt eine europäische Perspektive zu wählen und die großen Linien herauszuarbeiten. Die verkehrspolitische Willensbildung im Hintergrund der Gesetzeslage kommt in einer solchen übergreifenden Betrachtung allerdings notwendig zu kurz. Im Gegensatz zu Hentschel fokussiert Fritz Blaich in seinem Aufsatz „Why did the Pioneer fall behind?“ die Unterschiede in der Entwicklung zwischen Deutschland und anderen europäischen Ländern.[67] Anders als Wolf sieht Blaich verkehrspolitisch bedingte Kostennachteile des Kraftverkehrs und speziell des Lkw gegenüber der Bahn in den 20er Jahren als Ursache für die geringe Motorisierung Deutschlands an. Eine hohe Besteuerung und ein jahrelang vernachlässigtes Straßennetz hätten die Kosten sowohl für Pkw als auch Nutzfahrzeuge gegenüber anderen Ländern erhöht. Gegenüber dem Lkw hätte die Bahn aufgrund eines vergleichsweise (auch gegenüber andern Ländern) gut ausgebauten Schienennetzes lange Zeit einen Kostenvorteil gehabt.[68] Blaich weist außerdem auf die noch in den 30er Jahren beachtliche Stellung des Pferdefuhrwerks als Wett-

---

65 Willeke, wie Anm. 1.

66 V. Hentschel: Staat und Verkehr. Motive, Ziele und Mittel der Verkehrspolitik in westlichen Industriestaaten seit 1880, in: Die Einflüsse der Motorisierung auf das Verkehrswesen, a.a.O., S. 53ff.

67 F. Blaich: Why did the Pioneer fall behind?. Motorisation in Germany between the wars, in: The economic and social effects of the spread of Motor Vehicles, hrsg. v. T. Barker, London 1987, S. 148-164.

68 Ebd., S. 151f.

bewerber im Nahverkehr hin.[69] Insgesamt eine knappe aber sehr durchdachte Darstellung. Etwas älteren Datums sind zwei Beiträge zur Diskussion um den Zusammenhang von Motorisierungspolitik und Autobahnbau im „Dritten Reich“.[70] Overy stimmt mit Blaich in der Beurteilung der Gründe für die rückständige Motorisierung in Deutschland überein. Ebenso wie Hennig sieht er eine politische Offensive für die Motorisierung durch die Nationalsozialisten aus konjunktur- und arbeitsmarktpolitischen Gründen.[71] Während Overy und Hennig die infrastrukturpolitischen Leistungen des Staates für die Motorisierung in den Vordergrund stellen, hat sich Jan von Kunowski mit der Wettbewerbsordnung und Wirtschaftslenkung im Verkehr beschäftigt.[72] Seine aus juristischer Sicht geschriebene Arbeit ist jedoch mehr theoretisch angelegt und vollzieht lediglich die grundlegenden verkehrspolitischen Beschlüsse über einen langen Zeitraum bis zur Gegenwart nach, ohne sich mit Einfluß von Behörden und Interessengruppen auseinanderzusetzen.[73] Dagegen hat sich Glenn Yago bisher als einziger mit dem veränderten Einfluß der Verbände auf die Verkehrspolitik im „Dritten Reich“ (gegenüber der Weimarer Republik) beschäftigt.[74] Er kommt zu dem Schluß, daß sich die Automobilindustrie zusammen mit den Motorisierungsanhängern im Nationalsozialistischen Kraftfahrkorps (NSKK) gegenüber dem DIHT durchgesetzt hätten, nachdem der politisch aktive Spitzenverband nach der Machtergreifung der Nationalsozialisten ein Opfer der Gleichschaltung geworden war und im Vergleich zu früher deutlich an Einfluß verlor. Automobilindustrie und Partei siegten gemeinsam über die Gegnerkoalition Reichsbahn und Reichsverkehrsministerium, so Yago.[75] Seine Thesen haben allerdings den Nachteil, daß ihre Quellengrundlage sehr dünn ist.

---

69 Ebd., S. 155f.

70 J. R. Overy: Cars, roads and Economic Recovery in Germany 1932-38, in: The Economic History Review (28) 1975, S. 466-483; H. Hennig: Kraftfahrzeugindustrie und Autobahn in der Wirtschaftspolitik des Nationalsozialismus 1933-1936, in: VSWG (65) 1978, S. 217-242.

71 Overy, Cars, roads and Economics, a.a.O., S. 467/473f; Hennig, Kraftfahrzeugindustrie und Autobahnen, a.a.O., S. 224-229.

72 Jan von Kunowski: Ordnung des Wettbewerbs und Wirtschaftslenkung in der verkehrspolitischen Gesetzgebung, Diss München 1978.

73 Vgl. zur Kraftverkehrspolitik, ebd. S. 74ff.

74 G. Yago: Ursprünge der deutschen Autolobby. Zur Motorisierungspolitik im Dritten Reich, in: Blätter für die deutsche und internationale Politik (6) 1980, S. 717-727.

75 Ebd., S. 725.

Allerdings sieht sich jede verkehrsgeschichtliche Untersuchung der Zwischenkriegszeit mit dem Problem einer schwierigen Quellenlage konfrontiert. Insbesondere für verkehrspolitische Fragestellungen ist die mögliche Aussagekraft eng mit der Fülle oder dem Mangel an Aktenmaterial aus Behörden und Verbänden verknüpft. Dieser Fundus ist zum einen durch Kriegseinwirkungen stark dezimiert worden. Die Konzentration nicht nur der Ministerien, sondern auch zahlreicher Dachorganisationen von Wirtschaftsverbänden und aller Spitzenverbände in Berlin hat automatisch dazu geführt, daß eine Fülle von Material durch den Bombenkrieg vernichtet wurde. Das gilt in hohem Maße für die wichtigsten Bestände wie die des Reichsverkehrsministeriums, des Innenministeriums, des Deutschen Industrie- und Handelstags (DIHT) bzw. seiner Nachfolgeorganisation, der sogenannten Arbeitsgemeinschaft der Industrie- und Handelskammern in der Reichswirtschaftskammer, sowie des Reichsverbandes der Automobilindustrie (RDA) und zahlreicher anderer Spitzenverbände.[76] Was nicht verbrannt ist, wurde teilweise weit verstreut, so daß die Standorte heute nicht mehr alle nachvollziehbar sind und das vorhandene Quellenmaterial daher auch nicht systematisch erschlossen.[77] Die Quellenlage ist für die Zeit nach 1933 noch deutlich schlechter als für die Zeit davor. Das hat seinen primären Grund in der politischen Struktur und Kultur des „Dritten Reiches". Wenn auch die ministeriellen bzw. behördlichen Originalpapiere aus beiden Epochen gleichermaßen vernichtet worden sind, findet man für die Weimarer Zeit zahlreiche Kopien. Sie lagen insbesondere bei den regionalen Industrie- und Handelskammern, die sowohl Verbandsrundschreiben des DIHT sowie über diesen sowohl ministerielle Gesetzentwürfe erhielten als auch Material von lokalen und überregionalen Interessenverbänden. Dieses Material ist zum guten Teil in den regionalen Wirtschaftsarchiven zugänglich. Als pluralistische Demokratie verfügte die Weimarer Republik über ein dichtes Netz von Verbänden, die verkehrspolitisch Einfluß nehmen wollten. Sie standen in reger Korrespondenz, i.d.R. mit dem DIHT, teilweise auch direkt mit verschiedenen Reichsministerien. Ihre Informationslage war beachtlich, was auch als Beleg für die „korporative Durchdringung von Institutionen und staatlicher Wirtschafts- und Sozialpolitik" gelten kann.[78] Hinzu kamen die Behörden der Länder, die bis 1933 in der In-

---

76 Vgl. Overy: Transportation and Rearmement in the Third Reich, in: The Hist. Journal (XVI,2) 1973, S. 391.

77 Teile der Todt-Akten sind z.B. in private Hände gegangen und nicht zugänglich, Overy, ebd.

78 D. Petzina: Soziale und wirtschaftliche Entwicklung, in: Deutsche Verwaltungsgeschichte, a.a.O., Teil I, S. 63.

frastrukturpolitik aber auch durch landeseigene Ausführungsgesetzkompetenz zu Reichsgesetzen in der Verkehrspolitik eine wichtige Rolle spielten. Zwar fand bereits in der Weimarer Republik durch die Reichsverfassung von 1919 eine Verlagerung der staatspolitischen Aktivitäten auf das Reich statt, jedoch wurde in der bundesstaatlichen Konstruktion der Verfassung den Ländern ihr historisch gewachsener Aufgabenbereich weitgehend belassen.[79] Dies bedingte eine Einbeziehung der Länder in alle grundsätzlichen verkehrspolitischen Entscheidungen, die sich in einer entsprechend umfangreichen Verwaltungskorrespondenz niederschlug, die zwar nicht vollständig aber teilweise archivalisch gesichert ist.

Ganz anders stellt sich die Situation für die nationalsozialistische Zeit dar. Sie brachte eine gravierende Zäsur der politischen Struktur des Staates. Die demokratische Verfassung wurde beseitigt und folgerichtig auch die föderale Ordnung zerstört. Zahlreiche politische Organe, Parteien und Kräfte verschwanden gänzlich von der Bildfläche, andere wurden „reorganisiert". Das Ende des politischen Pluralismus und demokratischer Willensbildung manifestierte sich auf staatlicher Seite zunächst in der Zentralisierung der Staatsmacht. Zwar hatte bereits die Verfassung der Weimarer Republik die Rolle des Reiches gegenüber den Ländern im Vergleich zur Reichsverfassung von 1871 deutlich gestärkt, doch hatte das Reich nicht gezielt auf eine „administrative Entmachtung der Länder hingearbeitet", sondern durch den „landeseigenen Vollzug der Reichsgesetze" einen breiten Gestaltungspielraum für die Länder gelassen.[80] Das erforderte zwangsläufig eine intensive Beteiligung der Länder am politischen Willensbildungsprozeß und ihre frühe Einbeziehung in nahezu alle Gesetzgebungsverfahren. In der Verkehrspolitik kam hinzu, daß sie zwar prinzipiell in die Kompetenz des Reiches fiel, aber beispielsweise die Infrastrukturpolitik eine eigenständige Angelegenheit der Länder und Kommunen blieb.[81] Die Gleichschaltung der Länder per Gesetz unmittelbar nach der nationalsozialistischen Machtergreifung nahm diesen in der Folge nahezu jeden politischen Einfluß. Durch die Auflösung der Länderparlamente wurde der Reichsrat als Gegengewicht zum Reichstag überflüssig; das Reichsstatthaltergesetz war das

---

79 E. Mäding: Aufgabenfelder und Aufgabenordnung der Republik, in: Deutsche Verwaltungsgeschichte, a.a.O., Teil I, S. 101f.

80 R. Mußgnug: Die Ausführung der Reichsgesetze durch die Länder und die Reichsaufsicht, in: Deutsche Verwaltungsgeschichte, a.a.O., Teil I, S. 336.

81 R. Adamek, F. Saake: Die Straßenkosten und ihre Finanzierung, Bielefeld 1952, S. 7.

begriffliche Abbild der neuen Unterordnung der Länder unter das Reich.[82] Auf die Gesetzgebung hatten sie im Vorfeld praktisch keinen Einfluß mehr. Der Präsident des Deutschen Landkreistages skizzierte den Verbandsmitgliedern den neuen Stil der Gesetzgebung folgendermaßen: "Während früher die von den einzelnen Ministerien zu machenden Vorschläge für Gesetzesvorschriften oder Maßnahmen von den Referenten ausgearbeitet wurden und dann erst zu dem Kabinett kamen, geht die augenblickliche Praxis hinsichtlich der einschneidensten Maßnahmen offensichtlich dahin, daß das Reichskabinett in Ministerbesprechungen sich über die Grundsätze dieser Maßnahmen zu einigen versucht. Nachdem diese Einigung erfolgt ist, werden die Sachbearbeiter mit der meistens in wenigen Stunden zu bewerkstelligenden Ausarbeitung der entsprechenden Vorschriften beauftragt."[83] Die Zentralisierung der Staatsgewalt würgte im Laufe der Zeit die verkehrspolitische Diskussion zwischen den verschiedenen behördlichen Ebenen immer mehr ab, bis zuletzt einzelne hohe Funktionäre wie etwa Fritz Todt oder Martin Bormann autokratisch weitreichende Entscheidungen trafen, ohne vorausgehende politische Abstimmung mit den Betroffenen. Entsprechend dieser veränderten politischen Kultur versiegt damit eine Vielzahl von zuvor potentiellen Quellen.

Neben den staatlichen Behörden und öffentlichen Institutionen wurden auch die Interessenverbände gleichgeschaltet und teilweise noch weitergehender ausgeschaltet. Die großen einflußreichen Wirtschaftsverbände wurden unmittelbar nach der Regierungsübernahme der Nationalsozialisten zum Zielobjekt der Reorganisation. Jedoch entgingen die mächtigsten unter ihnen, darunter allen voran der Reichsverband der Deutschen Industrie, der Auflösung, indem sie selbst freiwillig das Führerprinzip übernahmen.[84] So entstanden etwa der Reichsstand der Deutschen Industrie - später umbenannt in Reichsgruppe Industrie (RGI) - und später die Reichsgruppe Handel (RGH) aus dem Verband des Deutschen Groß-und Überseehandels und kleineren Handelsverbänden. Unter den großen Verbänden konnte die Industrie ihre Einflußsphäre am weitestgehendsten be-

---

82 D. Rebentisch: Innere Verwaltung, in: Deutsche Verwaltungsgeschichte, a.a.O., Teil II, S. 746f.

83 Schreiben des Präsidenten des Deutschen Landkreistages an die Mitglieder des Verbands v. 4.5.1933, zit. n. H. Matzerath: Nationalsozialismus und kommunale Selbstverwaltung, Stuttgart 1970, S. 205, Anm. 223.

84 K. van Eyll: Berufsständische Selbstverwaltung und Verbände, in: Deutsche Verwaltungsgeschichte, a.a.O., Teil II, S. 688; W. Sörgel: Die Neuordnung des industriellen Organisationswesens 1933/35, in: Interessenverbände in Deutschland, hrsg. v. J. Varain, Köln 1973, S. 262f.

haupten, da Hitler sich der Notwendigkeit industrieller Unterstützung für seine Autarkie- und Rüstungspoltik bewußt war. So war die RGI noch begrenzte Interessenvertretung in den Bereichen Verkehr, Finanz- und Steuerpolitik und im Rahmen der Wirtschaftsbeobachtung.[85] Den DIHT dagegen traf es hart. Mit dem „Gesetz zur Vorbereitung des organischen Aufbaus der deutschen Wirtschaft vom 27.2.1934[86], das den Reichswirtschaftsminister ermächtigte, Wirtschaftsverbände aufzulösen, zusammenzulegen und bestimmte Verbände als alleinige Vertretung ihrer Branche anzuerkennen sowie insbesondere das Führerprinzip in allen zu verankern, entschied sich auch das Los des altehrwürdigen Spitzenverbands. Er wurde trotz heftigen Widerstands am 1.4.1935 überführt in die „Arbeitsgemeinschaft der Industrie- und Handelskammern in der Reichswirtschaftskammer", kurz Reichswirtschaftskammer (RWK) genannt, und führte die Aufsicht über die regionalen Kammern.[87] Die RWK sollte in ihrem Wirkungskreis auf die wirtschaftliche Tätigkeit im engeren Sinne beschränkt bleiben und verlor damit wesentlich an Einfluß in übergeordneten wirtschafts- und fiskalpolitischen Fragen. Die (ständische) Neuorganisation der Wirtschaft sollte fachspezifisch sein und dem jeweiligen Regierungsressorts zugeordnet, d.h. nach dem Führerprinzip untergeordnet. Auf dieser Grundlage erfolgte auch die Neuorganisation des Verkehrswesens. Die traditionellen Interessenverbände wurden aufgelöst bzw. unter neuem Namen reorganisiert in sogenannte Reichsverkehrsgruppen (RGV), die aber weniger Vertreter des Gewerbes als Sprachrohr des Reichsverkehrsministeriums waren.[88] Während es den Spitzenverbänden in der Weimarer Republik gelungen war, institutionalisierte Einflußwege auf Regierung und Parlament zu nutzen und diese schließlich auch gesetzlich kodifizieren zu lassen,[89] wurde die subjektive Interessenvertretung unter dem Nationalsozialismus zwar nicht unmöglich, aber doch deutlich erschwert. Die Ideologeme der „Volksgemeinschaft" und des sogenannten „Gemeinwohl" be-

---

85 van Eyll, Berufsständische Selbstverwaltung und Verbände, in: Deutsche Verwaltungsgeschichte, a.a.O., Teil II, S. 691.

86 RGBl I (1934), S. 185.

87 van Eyll, Berufsständische Selbstverwaltung und Verbände, in: Deutsche Verwaltungsgeschichte, a.a.O., Teil II, S. 690.

88 Rechtsgrundlage für die Gleichschaltung der Verkehrsverbände wurde die Verordnung über den organischen Aufbau des Verkehrs (Zweite Verordnung zur Durchführung des organischen Aufbaus der deutschen Wirtschaft) Vom 25. September 1935, in: RVBl. Ausg. B: Kraftfahrwesen, 1935, S. 135ff.

89 C. Böhret: Institutionalisierte Einflußwege der Verbände in der Weimarer Republik, in: Interessenverbände in Deutschland, a.a.O., S. 217f.

ruhten auf der Fiktion einer weitgehenden Interessenkonformität aller Mitglieder dieser „Volksgemeinschaft“ und sahen in kritischen Stellungnahmen den Ausdruck eines gemeinwohlschädlichen Partikuliarismus.[90] Die Folge war, daß sich Lobbyismus, wenn er dennoch stattfand, nicht öffentlich darstellen konnte, d.h. etwa in Form eines aktenkundigen Briefverkehrs, sondern auf die eine oder andere Weise verborgen wirken mußte.[91] Damit ist die Breite einer dokumentierten Überlieferung verbandspolitischer Aktivitäten für das „Dritte Reich“ generell eingeschränkt. Was an verbandlichen Äußerungen bleibt, sind allzu häufig „Verlautbarungen“, die lediglich neue Gesetzestatbestände nachvollziehen und allenfalls erläuternd kommentieren, während der politische Weg zum Gesetz oder einer verkehrspolitischen Maßnahme weitgehend im Dunkeln bleibt. In der Folge mutieren auch zuvor kritische Wirtschaftszeitungen, wie etwa die *Deutsche Wirtschafts-Zeitung*, Organ des DIHT, oder der unabhängige *Deutsche Volkswirt* zu Verlautbarungsorganen der Politik.[92] Ähnliches widerfährt bestehenden oder neu erscheinenden Fachzeitschriften, wie z.B. *Das Lastauto* oder der seit 1936 erscheinende *Gewerbliche Kraftverkehr*, beides Verbandszeitschriften, von denen die eine die Verkehrspolitik seit Mitte der 20er Jahre kritisch begleitet hatte. Das Fehlen einer kritischen Berichterstattung kann nach 1933 auch im Bezug auf die Verkehrspolitik grundsätzlich für alle Zeitungen und Zeitschriften, die als Quellen in Betracht kommen, festgestellt werden. Im Hinblick auf die Haltung und Einflußnahme der großen Spitzenverbände wie DIHT, RGI, RDA ist die extrem ausgedünnte Überlieferung sicher zum größeren Teil Folge des Bombenkrieges. Dennoch fällt auf, daß für die Jahre 1933 und 1934, wenn auch teilweise fragmentarisch, die zuvor häufigen Denkschriften und Verbandsmitteilungen zu finden sind, während ab 1935 diese Quellen nahezu versiegen. Es liegt deshalb der Schluß nahe, daß das Reichsverkehrsministerium mit der 1935 erfolgten Reorganisation der Interessen im Verkehrswesen, dem Ziel der Ausschaltung einer vielfältigen, zeitraubenden und möglicherweise einflußnehmenden Verbändediskussion sehr nahe kam.

---

90 Hüttenberger, Interessenvertretung und Lobbyismus, a.a.O., S. 429.

91 Ebd.

92 Am 1. Juli 1933 schied der langjährige Redaktionsleiter des *Deutschen Volkswirt* aus, nachdem das Blatt zuvor zeitweise (17.3-10.4.1933) verboten war. Die neue Redaktionsleitung vermerkte zu seiner Ära, daß die „anerkannte wirtschaftspolitische und -publizistische Leistung in den letzten Jahren allerdings durch die oft hervortretende einseitige parteipolitische Linie beeinträchtigt wurde.“ Die künftige Arbeit solle unter dem Prinzip stehen: „Der `Deutsche Volkswirt´ soll keine Politik im eigentlichen Sinne treiben.“ DV (7), 1933, Nr. 40, S. 1127.

Die mangelnde Quellenbreite und -tiefe schränkt zwangsläufig auch die verkehrspolitische Fragestellung bzw. die Aussagemöglichkeiten über die verschiedenen Bereiche der Verkehrspolitik ein. Relativ breiter dokumentiert sind diejenigen verkehrspolitischen Entscheidungsprozesse, die in den beiden ersten Jahren nach der Machtergreifung stattgefunden haben. Dies betrifft vor allem die Steuerpolitik, aber auch z. T. die Infrastrukturpolitik. Dagegen vollzog sich ein großer Teil der ordnungspolitischen Diskussion und der Prozeßpolitik (hier: Tarifpolitik) nach 1935 in einem sehr begrenzten politischen Raum. Mit zunehmender Verfestigung der Diktatur und Auflösung moderner Gesetzgebung und Verwaltungsstrukturen nach 1936 wird die Quellenlage deutlich schlechter. Mit der Etablierung des Vierjahresplans und seiner beschleunigten Umsetzung nach 1938 verlieren die institutionellen politischen Organe und Kräfte immer mehr an Bedeutung zugunsten einzelner Persönlichkeiten mit großer Machtfülle, häufig sogenannte Sonderbeauftragte des „Führers". Zuletzt wäre noch vermerken: der Einfluß der NSDAP auf die Verkehrspolitik erscheint im großen und ganzen gering, jedenfalls in den Quellen nur punktuell greifbar.

Der Aufbau der Arbeit zielt soweit wie möglich auf eine systematische Gegenüberstellung der Politik in der Weimarer Republik seit Beginn der Weltwirtschaftskrise um 1929/30 und der Politik der Nationalsozialisten nach 1933 ab. Für beide Abschnitte wird zunächst als Hintergrund der wirtschaftspolitische Rahmen im weiteren Sinne sowie die wichtigen verkehrspolitischen Leitbilder dargestellt. Danach erfolgt die Untersuchung der Ordnungs- und Strukturpolitik,[93] d.h. im einzelnen ordnungspolitische Gesetzgebung, Infrastrukturpolitik, Steuerpolitik, und Tarifpolitik.

---

93 Zu den Begriffen „Ordnungspolitik" und „Strukturpolitik" vgl. grundsätzlich A. Predöhl: Verkehrspolitik, Göttingen 1964, S. 302ff. Als typische Instrumente der Ordnungspolitik gelten Marktzugangsbeschränkungen durch Konzessionierung bzw. Kontingentierung sowie Preis- und Mengenregulierung. Als Instrumente der Strukturpolitik gelten Infrastrukturinvestitionen, die politisch induzierte Kraftfahrzeugbesteuerung und ebenso politische Tarife. Ebd; vgl. Kunowski, Ordnung des Wettbewerbs, a.a.O,. S. 20f.

2 Grundzüge der Verkehrsentwicklung in den 30er Jahren

2.1 Eine neue Qualität des Flächenverkehrs: Der Werkverkehr verläßt die eingefahrenen Gleise

Die 30er Jahre waren das Jahrzehnt, in dem die Motorisierung allmählich einen spürbaren Einfluß auf die Verkehrswirtschaft gewann. Sie waren gleichsam die zweite Etappe in einem säkularen Strukturwandel, der durch die Erfindung des Automobils eingeleitet wurde und in der Nachkriegszeit langsam vorangeschritten war. Mit der Ausbreitung des Kraftwagens etablierte sich ein neuer Verkehrsträger, der die "binnenländischen Transportsysteme" von Grund auf umformte.[1] Dennoch behielten die Eisenbahnen in den 20er und 30er Jahren nach wie vor ihre überragende Bedeutung im Landverkehr.

1. Tab.: Der Güterverkehr nach Verkehrsträgern 1929-1938
(Werte in Mrd. Tonnenkilometern)

Jahr	Eisenbahn	Binnenschiffe	Kraftverkehr
1928	73,9	15,2	2,6
1929	77,1	15,2	3,1
1930	61,6	14,7	3,5
1931	51,7	12,4	3,6
1932	44,8	10,9	3,5
1933	48,2	11,4	3,6
1934	57,6	13,5	4
1935	64,1	14,3	4,9
1936	71,4	17,1	6,7[a]
1937	80,6	18,6	7,8[a]
1938	89	18,7	8,6[b]

Quelle: W. G. Hoffmann: Das Wachstum der deutschen Wirtschaft seit der Mitte des 19. Jahrhunderts, Berlin, Heidelberg, New York 1965, S. 417. a: Zahlen nach: Der Güterverkehr mit Lastkraftwagen im Rahmen des deutschen Güterumschlags, Jena 1938, S. 21. b: Zahlen nach: Der Güterfernverkehr mit Kraftfahrzeugen im Jahre 1938, in: VJH zur Statistik des Deutschen Reiches, (48) 1939 III, S. 34 (nur Güterfernverkehr, Güternahverkehrsstatistik des Deutschen Reiches, wie 1937 nach a)

---

1 R. Willeke, Motorisierung und Volkswirtschaft, a.a.O., S. 18.

Sie verdankten dies vor allem einem gut ausgebauten Schienennetz, das mit durchschnittlich 14,7 km pro 100 qkm eines der dichtesten in Europa[2] und in seiner Verteilung den Schwerpunkten der Produktionsstandorte sehr gut angepaßt war. So kam etwa das stark industrialisierte Ruhrgebiet auf einen Spitzenwert von 73,2 km pro 100 qkm gefolgt vom Kölner Raum mit 40,6 km und der Oberrhenischen Tiefebene mit 30,8 km pro 100 qkm. Gering erschlossen waren naturgemäß die bergigen Landschaften wie der Bayerische Wald (9,2 km pro 100 qkm) oder der Schwarzwald (10,2 km pro 100 qkm).[3] Der Streckenausbau bei den Eisenbahnen galt im Prinzip bereits in den 20er Jahren als abgeschlossen. Die Bahnen konzentrierten sich vorrangig auf die Modernisierung ihrer Infrastruktur und ihrer Transportleistungen, um sich den gewandelten Anforderungen der Verkehrsnachfrage anzupassen. Eine stärkere Orientierung an den Erfordernissen der Wirtschaft war für die Deutsche Reichsbahn nach ihrer Umwandlung in eine kaufmännisch zu führende Gesellschaft auch unternehmerische Verpflichtung geworden.[4] In der relativ kurzen Zeitspanne von Mitte der 20er Jahre bis zur Weltwirtschaftskrise lag der Schwerpunkt der Modernisierungsanstrengungen der Reichsbahn. Diese bestanden besonders in der Beschleunigung und Spezialisierung auf differenzierte Transportbedürfnisse. Neue leistungsstarke Lokomotiven wie die 1925 in Serie gegangene Baureihe 01, leichtere Bauweise bei Güterwagen und verbesserte Bremssysteme trugen wesentlich zu höheren Geschwindigkeiten im Güterverkehr der Bahn bei.[5] Um die Leistungsfähigkeit der Strecken für eine höhere Transportgeschwindigkeit zu verbessern, wurde die Erneuerung des Oberbaus auf den Hauptlinien vorangetrieben ebenso wie die Elektrifizierung von Haupt- und Nebenstrecken.

---

2 Zahlen nach dem Stand einer Untersuchung von 1935. H. Ende: Die Verkehrsdichte des Deutschen Reichs. Eine geographische Studie, in: AEW (58) 1935, S. 554.

3 Zahlen nach: ebd.

4 Im August 1924 wurde das Unternehmen Deutsche Reichsbahn in die Deutsche Reichsbahn Gesellschaft umgewandelt, die ihren Betrieb nach kaufmännischen Grundsätzen zu führen hatte. Die Umwandlung war Bestandteil des Dawes-Plans, der die Reichsbahn zur Hauptträgerin der deutschen Reparationsleistungen machte. H. Seidenfus: Eisenbahnwesen, in: Deutsche Verwaltungsgeschichte, a.a.O., Teil I, S. 281f.

5 J.-H. Peters: Personalpolitik und Rationalisierungsbestrebungen der Deutschen Reichsbahn-Gesellschaft zwischen 1924 und 1929. Ausgangsbedingungen, hauptsächliche Entwicklungslinien und -tendenzen, Frankfurt 1996, S. 105f; Produktivkräfte in Deutschland 1917/18 bis 1945, a.a.O., S. 301ff.

Bis 1930 erreichte das elektrifizierte Netz einen Umfang von 1558 km, danach verlangsamte sich der Ausbau deutlich.[6] Auch die wichtigsten transporttechnischen Neuerungen fielen in die zweite Hälfte der 20er Jahre. Dazu zählten u.a. die Einrichtung von Durchgangsgüterzügen, die die Transportdauer verminderten, sowie vor allem der Behälterverkehr, der das zeitraubende Umladen von Gütern verringern und den Haus-zu-Haus-Verkehr fördern sollte.[7] Dem gleichen Zweck diente die wachsende Zahl der privaten Anschlußgleise für einzelne Unternehmen.[8] Ein weiterer wichtiger Schritt zur Beschleunigung des Güterverkehrs wurde nach 1930 mit der verkehrspolitisch umstrittenen Rationalisierung bei der An- und Abfuhr durch eine Neuorganisation des Bahnspeditionswesens getan. Der sogenannte Schenker-Vertrag[9] zielte auf eine billigere und zugleich leistungsfähigere Rollfuhr, u.a. durch weitere Ausdehnung des Haus-zu-Haus-Verkehrs und einen einheitlichen verbilligten Rollfuhrtarif der angeschlossenen Speditionsunternehmen sowie durch den Ausbau des Sammelgutverkehrs.[10]

Insbesondere die kraftverkehrsfeindlichen Bestimmungen des Schenker-Vertrags ließen diese "Rationalisierungsmaßnahme" als Reaktion auf die beginnende Motorisierung des Güterverkehrs erscheinen, wie auch die vorangegangenen transporttechnischen Verbesserungen gerade dort ansetzten, wo die spezifischen Vorteile des Kraftverkehrs lagen. Die großen Modernisierungsanstrengungen der Bahn, zumal in den Jahren vor 1930, sind jedoch eher mittelbar eine Folge des Wettbewerbs eines neuen Verkehrsträgers gewesen. Vor allem versuchte die Bahn damit einem Strukturwandel des Güterverkehrsaufkommens

---

6 Ebd., S. 308f.

7 G. Piepenhagen: Die Stellung des gewerblichen Kraftverkehrs in der deutschen Verkehrswirtschaft, Diss. Berlin 1935, S. 11f; Peters, Personalpolitik und Rationalisierungsbestrebungen, a.a.O., S. 109.

8 Die Zahl der privaten Anschlußgleise wurde 1937 mit 14.000 angegeben. Zahl nach: Der Werkverkehr mit Lastkraftwagen. Umfang, Aufgaben und Voraussetzungen für seine Betätigung. Eine Strukturuntersuchung, bearbeitet vom Institut für Konjunkturforschung, Jena 1939, S. 50.

9 Zur verkehrspolitischen Auseinandersetzung um den Schenker-Vertrag vgl. Kapitel II. 3.1.

10 Peters: Ein Imperium schlägt zurück. Unternehmerische Reaktionen der Deutschen Reichsbahn-Gesellschaft (DRG) auf die zunehmende Konkurrenz des Strassenverkehrs in der Zeit von 1924/25 bis 1933, in: Straßenverkehr und Gesellschaft 1918 bis 1933. Tagung zur Sonderausstellung "Tanz auf dem Vulkan - Die Goldenen 20er in Bildern, Szenen und Objekten, LTA-Forschung, H. 20, Mannheim 1995, S. 35.

zu entsprechen, dessen Zielrichtung deshalb einen verstärkten Anpassungsdruck auf die Bahn ausübte, weil er den motorisierten Verkehr tendenziell begünstigte. Die Veränderungen der Güterstruktur waren die Folge von Gewichtsverschiebungen im gesamtwirtschaftlichen Produktionsprozeß, die bereits vor dem Ersten Weltkrieg begonnen hatten und in der Zwischenkriegszeit an Dynamik gewannen. Grundsätzlich kam es - überall in den europäischen Industrieländern - zu einem starken Rückgang des Anteils des primären Sektors am Sozialprodukt, während der industrielle Sektor ebenso stark anstieg.[11] Wichtiger wurde jedoch die sektorale Entwicklung innerhalb der verarbeitenden Industrie. Sie war gekennzeichnet durch ein starkes Wachstum der chemischen und der metallverarbeitenden Industrie, deren Produktionsniveau 1938 das drei- bis vierfache gegenüber dem Stand von 1913 erreichte.[12] Die zuvor dominierenden Industrien für Nahrungsmittel und Textilien wuchsen dagegen nur noch langsam. Bergbau und Metallindustrie lagen in Deutschland sogar während der 20er und 30er Jahre (bis 1937) teilweise weit unter dem Produktionsniveau von 1913 (2. Tab.).

Im Spiegel dieser Entwicklung mußten im Gesamtgüteraufkommen der Wirtschaft Massenladungsgüter und Rohstoffe, die den Wagenladungen - an erster Stelle Kohle - entsprachen, relativ rückläufig sein und die Bedeutung hochwertiger Stückgüter und empfindlicher eilbedürftiger Güter zunehmen. Die Entwicklung des Güterverkehrs der Reichsbahn entsprach diesen Veränderungen nur bedingt. Zwar steigerte sich der Anteil der Stückgüter, während die Wagenladungsgüter prozentual zurückgingen. Jedoch spielten Kohlen eine wachsenden Rolle im Güterverkehr der Bahn, während eilbedürftige Güter Anfang der zwanziger Jahre schon einen höheren Anteil am Reichsbahngütervolumen hatten als 1937, obwohl ihr Stellenwert in der gesamten volkswirtschaftlichen Produktion seither deutlich größer geworden war (3. Tab.).

Bereits unmittelbar vor dem tiefen Einbruch im Güterverkehrsaufkommen durch die Weltwirtschaftskrise stellte die Eisenbahngüterstatistik für 1929 fest, daß der Zuwachs beim Reichsbahnverkehr in diesem Jahr vorwiegend durch industrielle und landwirtschaftliche Rohstoffe und Massengüter wie Kohle, Erze, Roheisen, Papier- und Grubenholz, Mineralöle, Getreide, Obst, Gemüse, Heu und Stroh getragen wurde. - Güter, die mit wenigen Ausnahmen unempfindlich, teilweise auch unverderblich waren.

---

11 G. Ambrosius: Sozial- und Wirtschaftsgeschichte Europas im 20. Jahrhundert, Stuttgart 1986, S. 156f.

12 Vgl. ebd., S. 177.

2. Tab.: Produktionsentwicklung nach Branchen (1913 = 100)

Jahr	Agrar-prod.*	Bergbau Salinen	Metall-prod.	Metall-verarb.	Chemie	Textil-ind.	Beklei-dungs-ind.	Nahr.- und Ge-nuß-mittel-ind.
1925	9198	78,7	70,4	**131,4**	**133,0**	81,3	96,0	85,1
1926	8619	81,5	61,5	**103,9**	**123,3**	70,3	79,9	85,9
1927	9559	88,1	85,9	**142,6**	**155,1**	100,5	117,2	92,7
1928	10975	88,4	79,3	**163,5**	**161,1**	87,8	98,4	98,5
1929	10872	97,5	86,0	**170,3**	**186,1**	80,1	88,5	100,5
1930	10634	84,3	63,1	**156,9**	**172,2**	69,7	83,1	93,8
1931	11238	70,0	44,9	**120,3**	**148,0**	63,2	76,5	89,7
1932	11574	62,7	31,9	**84,2**	**138,4**	64,9	82,1	83,2
1933	12006	65,2	41,4	**91,6**	**151,9**	74,7	97,1	83,1
1934	12330	74,0	62,9	**125,5**	**174,6**	80,9	104,8	93,1
1935	11878	84,5	82,4	**163,9**	**201,9**	81,6	104,9	93,1
1936	11882	93,5	99,4	**202,6**	**234,8**	83,6	103,8	97,4
1937	12334	108,7	107,0	**239,7**	**312,3**	89,4	111,5	100,2
1938	12712	113,1	122,7	**281,1**	**334,8**	102,3	131,3	113,6

* Mrd. RMark in Preisen von 1913. Quelle: W.G. Hoffmann: Das Wachstum der deutschen Wirtschaft seit der Mitte des 19. Jahrhunderts, Berlin, Heidelberg, New York 1965, S. 310/343/354/358/362/370/373/385/388.

3. Tab.: Anteil der Güterarten am Güterverkehr der Reichsbahn (Werte in Prozent)

Jahr	Expreß/Eilgut	Stückgut	Wagenladung	Kohle, Koks
1922	0,69	2,99	59,67	34,08
1937	0,51	3,58	56,37	39,00

Quelle: Produktivkräfte in Deutschland 1917/18 bis 1945. Geschichte der Produktivkräfte in Deutschland von 1800 bis 1945, Bd. 3, Berlin 1988, S. 318

Rückgänge verzeichneten dagegen Güter, die überwiegend dem Bereich der Halbfertig- und Fertigwaren zuzurechnen bzw. verderblich waren: Sämtliche Baustoffe, Erde, Sand und Kies, vor allem aber bearbeitetes Nutz- und Bauholz, künstliche Steine, Ton- oder Zementwaren, Düngemittel, Stab- und Formeisen, Eisenwaren, Mais, Kleie und auch Kartoffeln.[13]

Der durchgängige Einbruch aller Güter in den folgenden Krisenjahren überdeckte etwaige strukturelle Veränderungen. Später griff die Verkehrspolitik stark in die Verteilung des Güteraufkommens ein. Dazwischen bietet allenfalls die Bilanz des Jahres 1933 als erstem Aufschwungsjahr gewisse Anhaltspunkte. Hier zeigte sich, daß besonders empfindliche und verderbliche Lebensmittel wie Milch, Rahm, Bier, Obst und Gemüse, Wein und Kaffee, Tabak und Zigarren im Gegensatz zu allen anderen Güterarten kein Wachstum, sondern einen weiteren Rückgang zu verzeichnen hatten.

4. Tab.: Ausgewählte Güterarten im Güterverkehr der deutschen Eisenbahnen in den Jahren 1932 und 1933 (Werte in 1000 Tonnen)

Güterarten	1932	1933	+/- in Prozent
Baumwolle roh	553	603	+ 10
Bier	517	490	- 5
Braunkohlen	12695	13278	+ 4,5
Brikette	29177	29626	+2
Roheisen	906	1070	+18
Roggen	1624	1836	+17
Lein- und Ölsamen	148	114	-27
Bau- und Nutzholz	2129	2598	+22
Kaffee, Kakao, Tee	250	240	-4
Obst, Gemüse, Pflanzen	2425	2341	-4
Tabak, Zigarren	111	104	-7
Zucker, roh	704	769	+9
Verbrauchszucker	502	490	-2,5
Milch, Rahm	1627	1533	-6

Quelle: Die Güterbewegung auf deutschen Eisenbahnen, in: AEW (58) 1935, Tabelle S. 1188-1191.

Diese Entwicklung deutete auf eine verstärkte Konkurrenz durch den Lkw hin, der durch seine transporttechnischen Eigenschaften eine besondere Affinität zu empfindlichen und höherwertigen Stückgütern hatte. Für diese Güter waren seine flexible Verfügbarkeit und die dadurch geringe Transportdauer, die verein-

13 Die Güterbewegung auf deutschen Eisenbahnen 1929, in: AEW (55) 1932, S. 423.

fachte Abfertigung und Lieferung von Haus-zu-Haus und dadurch größtmögliche Schonung der Waren, schließlich seine Anpassungsfähigkeit als Transportgefäß von entscheidender Bedeutung.[14] Seine innovativen Leistungen ermöglichten in den 20er und 30er Jahren ein erhebliches Wachstum des Lkw-Verkehrs insgesamt. Lag die Zahl der Lkw vor dem Krieg (1913) noch bei 9000 Fahrzeugen, gab es 1923 schon rund 50.000 Lkw. Bis 1927 hatte sich diese Zahl verdoppelt, in den 30er Jahren verlangsamte sich das Wachstum etwas.

5. Tab.: Zahl der Lkw in Deutschland

Jahr	Zahl der LKW
1923	51.736
1927	100.969
1930	157.432
1933	174.169
1935	244.258
1937	320.016

Quelle: W. Scholz: Der Güterverkehr mit Lastkraftwagen im Rahmen des deutschen Güterumschlags, Leipzig 1938, S. 15.

6. Tab.: Verteilung des Lkw-Bestands auf die Gewichtsklassen

	LKW nach Gewichtsklassen					
Jahr	bis 1 t	1-2 t	2-3 t	3-5 t	über 5t	Gesamt
1927	12834	30964	10101	44390	2680	100969
1930[a]	19951	69762	19555	39539	8625	157432
1937[b]	*148122*	68466	61636	33992	7801	320016

Quelle: a. Tatsachen und Zahlen aus der Kraftverkehrswirtschaft 1933/ b. W. Scholz: Der Güterverkehr mit Lastwagen im Rahmen des deutschen Güterumschlags, Leipzig 1938, S. 15.(a. Eigengewicht, b. Nutzlast[15])

---

[14] Eisenbahn und Kraftwagen. Tatsachen und Gedanken zur Neugestaltung des Verkehrswesens. Denkschrift des Studienausschusses Eisenbahn und Kraftwagen beim Deutschen Industrie- und Handelstag, Berlin 1930, S. 6.

[15] Die Statistiken sind bis einschließlich 1935 nur nach Eigengewichtsklassen geführt, danach nur nach Nutzlastklassen. Ein direkter statistischer Vergleich ist daher nicht möglich.

Die besonders ausgeprägte Konkurrenz des Lkw bei den Stückgütern wird aus der Verteilung der Gewichtsklassen auf den Bestand verständlich, die sich im gesamten Zeitraum nur wenig veränderte.

Die Dominanz der unteren Gewichtsklassen bildete das wichtigste Strukturmerkmal des Lkw-Verkehrs. Sie reflektierte seine Verwendung in den unterschiedlichen Verkehren. Die weitüberwiegende Zahl aller Lkw wurde in den 20er und mehr noch in den 30er Jahren nicht im Transportgewerbe, sondern im privaten Werkverkehr eingesetzt. Hier kamen die Vorzüge eines kleinen flexiblen Transportmittels auf kürzere Entfernungen zum tragen, für den werkinternen Verkehr der Industrie und vor allem als Lieferwagen für den Handel. Die Verteilung des Werkverkehrs auf die Gewichtsklassen wurde für das Jahr 1933 folgendermaßen geschätzt:[16]

7. Tab.: Verteilung der Lkw im Werkverkehr auf die Gewichtsklassen

	Gewichtsklassen im Werkverkehr					
	bis 2 t	%	2 bis 5 t	%	über 5 t	%
Lkw	73600	54,5	55200	40,9	6200	4,6

Quelle: K. Mellerowicz: Der gegenwärtige Stand der Kraftverkehrswirtschaft im Deutschen Reich und seine Bedeutung für den Straßenverkehr, in: Die Straße (1) 1934, S. 142. (Mellerowicz schätzte die Gesamtzahl der Lkw im Werkverkehr 1933 auf 135.000 Lkw. Die Schätzung des DIHT lag mit 110.000 deutlich niedriger.)

Nach einer Untersuchung des Reichsautobahn-Ausschusses (RABA) beim DIHT über den Werkverkehr im Deutschen Reich für die Jahre 1930 und 1933 lag die Durchschnittsentfernung der Transporte etwa bei 30 bis 50 km. Nur rund 20 Prozent der Transporte ging über 50 km hinaus.[17] Der genaue Umfang und die Transportleistungen des sogenannten "echten" Werkverkehrs konnten reichsweit nicht verläßlich ermittelt werden, da eine Abgrenzung vom gewerblichen Nahverkehr nur schwer möglich war. Der Nahverkehr erfüllte strukturell im Grunde die gleichen Verkehrsbedürfnisse wie der Werkverkehr. Auch hier wurden kleine Gütermengen auf kurze Entfernungen befördert; deshalb nahmen auch Werkfahrzeuge anstelle leerer Rückfahrten oft gewerbliche Transporte an.

16 Exakte statistische Daten über den Werkverkehr lagen bis Ende der 30er Jahre nicht vor. Alle zeitgenössischen Untersuchungen basierten daher auf Schätzungen.

17 Untersuchung des Reichsautobahn-Ausschusses (RABA) des DIHT über den Kraftwagen-Werkverkehr im Auftrag des Generalinspektors für das deutsche Straßenwesen, 1934, S. 89f, in: RWWA 20-1279-2.

Unter Heranziehung der Schätzungen des DIHT und des Instituts für Konjunkturforschung für 1933 stellte sich die zahlenmäßige Entwicklung des Werkverkehrs im Vergleich zu den gewerblichen Verkehren etwa so dar:

8. Tab.: Entwicklung des Lkw-Verkehrs in den Verkehrsarten

		Gewerblicher		
Jahr	**Lkw insges.**	**Fernverkehr**	**Nahverkehr**	**Werkverkehr**
1933	174169[a]	10-11000[b]	51000[c]	110000[d]
1937[e]	320016[a]	11400	59500	247137

Quelle: Einzelquellen[18]

Die enorme Expansion des Werkverkehrs zeigte sich deutlich in Relation zum gesamten Lkw-Verkehr. Die Entwicklung des gewerblichen Güterfernverkehrs stagnierte praktisch, der Güternahverkehr verzeichnete ein geringfügiges Wachstum. Dagegen hatte sich die Zahl der Lkw im Werkverkehr mehr als verdoppelt (plus 220 Prozent). Trotz der hohen Wachstumsraten im Werkverkehr erreichte der gesamte Lkw-Verkehr 1937 erst einen Anteil von 6,5 Prozent an den gesamten Güterverkehrsleistungen. Dies lag vor allem an den geringen Tonnenkilometerleistungen des Werkverkehrs im Verhältnis zur Zahl der Fahrzeuge bzw. zum Laderaum. Der Güterfernverkehr verfügte nur über rund ein Drittel des Laderaums des Werkverkehrs, erbrachte jedoch 30 Prozent der Verkehrsleistungen des gesamten Kraftverkehrs und mehr als die Hälfte der Tonnenkilometer des Werkverkehrs. Umfang und Leistungen der verschiedenen Verkehrsarten im Lkw-Verkehr wiesen ihm damit in den 30er Jahren noch in seiner überwiegenden Zahl, d.h. im Werkverkehr, einen festen Platz als Nahverkehrsmittel zu.

---

18 a: Inklusive Kraftverkehr der Reichsbahn (Stand 1934: 1229 Fahrzeuge, Zahl nach: VT (17) 1936, H. 3, S. 58; Stand 1937: 1979 Fahrzeuge, Zahl nach: siehe e.) b: Lkw im Güterfernverkehr nach einer Erhebung des Instituts für Konjunkturforschung Mitte des Jahres 1932, Stand und Aussichten des gewerblichen Güterfernverkehrs mit Lastkraftwagen, bearbeitet vom Institut für Konjunkturforschung, Jena 1937, S. 73. c: Geschätzte Zahlenangabe des Leiters der Reichsverkehrsgruppe Kraftfahrgewerbe, Benninghoff, für 1933, nach: Der Werkverkehr mit Lastkraftwagen, a.a.O., S. 67. d: Schätzung des DIHT, nach: W. Linden: Der Werkverkehr auf Lastkraftwagen. Seine Entwicklung und Bedeutung für die gewerbliche Wirtschaft, Berlin 1936, S. 27, hier auch bes. FN 3) e: alle Zahlen nach: Der Güterverkehr mit Lastkraftwagen, a.a.O., S. 16

9. Tab.: Kapazitäten und Leistungen der Verkehrsträger 1937

	Fahrzeuge	Gesamtladeraum Mio t	Mio tkm	Anteil %
Güterfernverkehr	11400	0,124	2300	1,92
Güternahverkehr	59500	0,214	1300	1,09
Werkverkehr	247137	0,325	4000	3,35
Reichsbahnkraftverkehr	1979	0,017	200	0,17
Gesamter Kraftverkehr	**320016**	**0,68**	**7800**	**6,53**
Reichsbahn	595000	10,0	81000	67,85
Binnenschiffahrt	17863	6,423	30600	25,62
Gesamt	932879	17,103	119400	100

Quelle: W. Scholz: Der Güterverkehr mit Lkw im Rahmen des deutschen Güterumschlags, Leipzig 1938, S. 16/21.

Dem entsprach auch die Struktur der Hauptgüterarten, die im Werkverkehr befördert wurden. Aufgrund der Erhebung des DIHT ergaben sich die in Abbildung 10 aufgeführten Hauptgütergruppen. Dabei entfielen allein 50 Prozent auf die Gruppen eins und drei, also pflanzliche Produkte und Nahrungs- und Genußmittel. Rund ein Viertel der Transporte bildeten Baustoffe. Es zeigte sich somit, daß überwiegend verderbliche bzw. empfindliche jedoch nicht nur hochwertige Güter im Werkverkehr befördert wurden.[19] Gemeinsames Kennzeichen der ersten drei Güterarten, die zusammen rund 80 Prozent der Transporte ausmachten, ist dagegen, daß sie - im wesentlichen - lokale Märkte bedienten: Landwirtschaftliche pflanzliche Produkte, besonders Obst und Gemüse, wurden i.d.R. regional vertrieben, lokale Brauereien belieferten ein begrenztes Umland, auch Baumaterial wurde über möglichst kurze Entfernungen bezogen. Das Güterspektrum entsprach ferner auffallend den strukturellen Verlusten, die tendenziell aus der o.g. Eisenbahngüterstatistik ersichtlich wurden. Somit zeigte sich deutlich eine Konkurrenz des Werkverkehrs als Nahverkehr zum Nahverkehr der Eisenbahn.[20]

---

19 Untersuchung des Reichsautobahn-Ausschusses des DIHT über den Kraftwagen-Werkverkehr im Auftrag des Generalinspektors für das deutsche Straßenwesen, 1934, S. 90f, in: RWWA 20-1279-2.

20 Der Werkverkehr mit Lastkraftwagen, a.a.O., S. 47.

10. Abb.: Hauptgüterarten im Werkverkehr

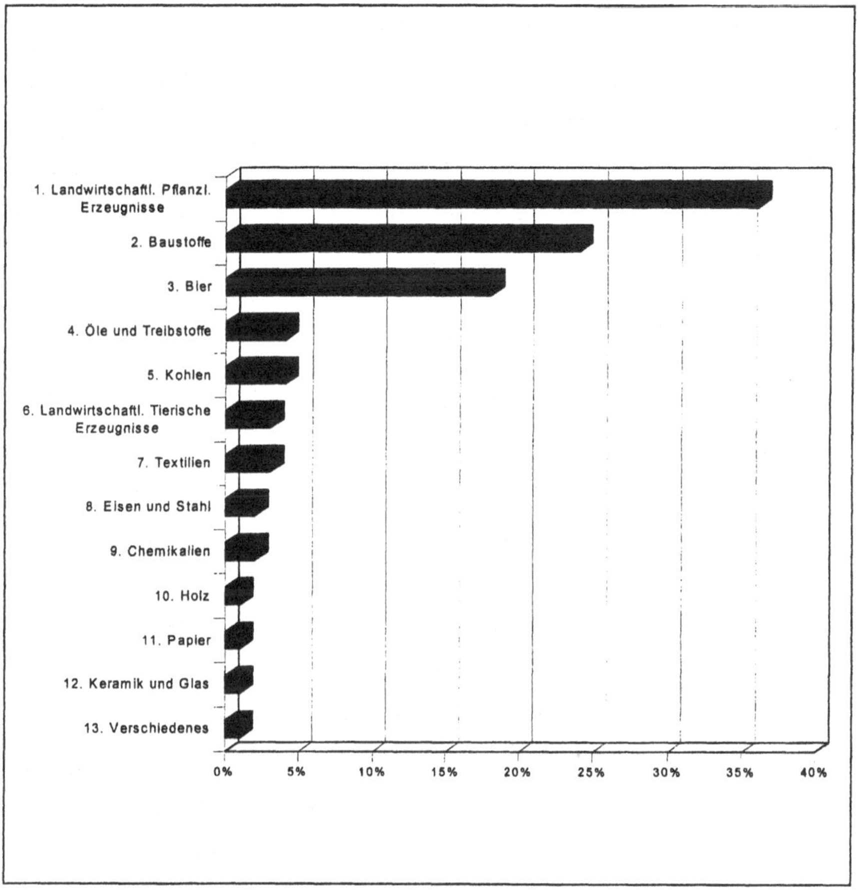

Quelle: K. Mellerowicz: Der gegenwärtige Stand der Kraftverkehrswirtschaft im Deutschen Reich und seine Bedeutung für den Straßenverkehr, in: Die Straße (1) 1934, S. 143. (Die urspüngliche Quelle der Daten wird von Mellerowicz nicht genannt, es müssen jedoch die Daten des DIHT gewesen sein, da die Untersuchung des RABA für den Herausgeber der Straße, den GI, gefertigt wurde. Vgl. auch die Angaben von Linden: Der Werkverkehr auf Lastkraftwagen, a.a.O., S. 33.)

Der Eintritt des Lkw in die Güterverkehrswirtschaft bewirkte zunächst kaum quantitative, sondern vielmehr qualitative Veränderungen in der Verkehrsteilung. Als Nahverkehrsmittel breitete er sich vor allem im Bereich des werkeigenen Transports aus und verdrängte allmählich den Nahverkehr der Eisenbahnen und vor allem das Pferdefuhrwerk. "Der große Sprung von 12 bzw. 15 auf 60 km im Verlaufe weniger Jahre" kennzeichnete in der Nahzone die "Umstellung von Pferd auf Motor."[21] Durch seine größere Reichweite ermöglichte der Lkw eine Ausdehnung der lokalen Absatzmärkte durch Erschließung der Fläche abseits des Schienennetzes. Dies kam Mitte der 30er Jahre vor allem in der Entwicklung im ländlichen Raum zum tragen. Im Vergleich mit den Ballungsräumen war das Land zwar nach wie untermotorisiert, verzeichnete jedoch ein um so stärkeres Wachstum. Das zeigte sich am Beispiel der Provinz Pommern. Pommern war verkehrsmäßig durch Eisenbahn (12,09 km/100 qkm) und Wasserstraßen (1,15 km/100 qkm) unterdurchschnittlich erschlossen.[22] Die Erschließung durch den Lkw ging dafür überdurchschnittlich voran. Zwar lag der Anteil von Lkw am gesamten Kraftverkehr in Prommern mit 8,8 Prozent auch 1937 noch unter dem Reichsdurchschnitt von 11,3 Prozent,[23] aber die Zuwachsraten lagen deutlich höher. Von 1933 bis 1937 vermehrte sich die Zahl der Lkw in Pommern um 242 Prozent, im Reichsmittel um 207 Prozent.[24] Noch deutlicher wird die Diskrepanz im Vergleich der Jahre 1935 und 1937. In diesem Zeitraum stieg die Zahl der Lkw in Pommern immer noch um 28,6 Prozent gegenüber 10,9 Prozent im gesamten deutschen Reich.[25] 1937 entfielen von der Gesamtzahl von 6337 Lkw in Pommern rund 20 Prozent der Fahrzeuge aber knapp 30 Prozent des Laderaums auf das Verkehrsgewerbe. 80 Prozent aller Lkw waren im Werkverkehr eingesetzt, davon allein 70 Prozent in Industrie, Handel sowie Handwerk und Gewerbe. Auffallend war die herausragende Position des Handels bei den Stückzahlen und die typischerweise durchschnittlich geringe Nutzlast. Im vergleichsweise gering industrialisierten Pommern stellte der Handel das wichtigste Expansionsgebiet für den Lkw im Werkverkehr dar. Hinsichtlich der beförderten Güterarten war die Verteilung der Lkw auf die einzelnen Branchen aufschlußreich (11. und 12. Tab.). Die überragende Bedeutung des Werkverkehrs im Bereich der gesamten Ernährungswirtschaft wird sowohl bei der Industrie als auch im Handel deutlich.

---

21 Linden, Der Werkverkehr auf Lastkraftwagen, a.a.O., S. 12.

22 Zahlen nach: Ende, Die Verkehrsdichte des Deutschen Reichs, a.a.O., S. 554f.

23 Zahlen nach: Tatsachen und Zahlen aus der Kraftverkehrswirtschaft, hrsg. v. Reichsverband der Automobilindustrie, Berlin 1937, S. 36.

24 Zahlen nach:Tatsachen und Zahlen aus der Kraftverkehrswirtschaft, 1937, Zusatzblatt.

25 Zahlen nach: Tatsachen und Zahlen aus der Kraftverkehrswirtschaft, 1937, S. 36.

11. Tab.: Lkw in Pommern nach Wirtschaftszweigen

	Zahl	Anteil %	Leistungsfähigkeit %
Verkehrsgewerbe	1348	21,3	31,1
Industrie	872	13,8	16,6
Handel	2173	34,2	28,6
Handwerk und Gewerbe	1369	21,6	16,5
Gärtnereien	92	1,4	0,7
Landwirtschaft	86	1,4	1,4
Schausteller, Theater etc.	29	0,5	0,2
Energie-versorgungs-unternehmen	54	0,9	0,8
Behörden	117	1,8	1,8
Gesundheitswesen	38	0,6	0,5
Sonstige	159	2,5	1,7
Zusammen	**6337**	**100**	**100**

Quelle: Linden: Der Lastkraftwagen in der Provinz Pommern. Ein Beitrag zur Frage des Lastkraftwageneinsatzes unter besonderer Berücksichtigung des Werkverkehrs, in: DWZ (35) 1938, Nr. 35, S. 1080.

An zweiter Stelle folgen im Bereich der Industrie - allerdings mit großem Abstand - die Chemische Industrie und der Maschinenbau.

Begründet wurde die besondere Affinität der Ernährungswirtschaft zum Werkverkehr, die im wesentlichen auch in der reichsweiten Erhebung des DIHT bestätigt wurde, vor allem durch die Qualität des Lkw als Flächenverkehrsmittel; da die Erschließung der Fläche im Nahrungsmittelverkehr sowohl für die Erzeuger bzw. das produzierende Gewerbe als auch für den Handel eine weitaus größere Rolle spielte als etwa im Werkverkehr der Chemischen Industrie mit einer Anzahl von Schwerpunktstandorten in Deutschland.[26]

26 Die chemische Industrie konzentrierte sich auf zwei Schwerpunktstandorte: im Westen im Ruhrgebiet und nach 1933 zunehmend im mitteldeutschen Raum südöstlich von Leipzig und Halle. Produktivkräfte in Deutschland, a.a.O., S. 376/380.

12. Tab.: Lkw im Werkverkehr in Pommern nach Branchen

Industrie	Anteil der Lkw	Handel	Anteil Lkw
Nahrungs- u. Genußmittel, Getränkeindustrie	56,2 %	Lebensmittel	59,5 %
Chemische Industrie	13,5 %	Chemikalien, Öle	4%
Steine und Erden	10,3 %	Kohlenhandel	5,2%
Eisenverarbeitung, Maschinenbau	8 %	Eisenhandel	6,6%
Sonstige	20 %	Sonstige	24,7%
Zusammen	100		100

Quelle: Linden: Der Lastkraftwagen in der Provinz Pommern. Ein Beitrag zur Frage des Lastkraftwageneinsatzes unter besonderer Berücksichtigung des Werkverkehrs, in: DWZ (35) 1938, Nr. 35, S. 1080f.

Unverkennbar waren die Vorteile für Erzeuger und Verbraucher bei verderblichen Gütern wie Milch. Bei einer durchschnittlichen Entfernung der bäuerlichen Milchproduzenten von den Molkereien zwischen 15 und 20 km, brauchte ein Pferdefuhrwerk, - das im Schritt fahren mußte, damit die Milch nicht durch Erschütterung verbutterte, - rund 3 bis 3 1/2 Stunden, der Lkw dagegen nur eine Stunde, - ein Unterschied der bei sommerlichen Temperaturen entscheidend sein konnte.[27] Im Brauereigewerbe fiel neben der Schonung des empfindlichen Getränks auch der Kundendienst erheblich ins Gewicht. Das Fahrpersonal nahm das Leergut an und neue Bestellungen auf, zog sofort das Geld ein und ging in jeder Weise vor Ort zur Hand, so daß eine zusätzliche teure Verkaufsorganisation entbehrlich wurde.[28] Für den gesamten Einzelhandel bot der Lkw durch seine Reichweite von bis zu 100 km am Tag, die Möglichkeit, einen Kundenstamm in diesem Umkreis täglich zu beliefern und überdies die notwendige Lagerhaltung zu vermindern.[29]

Dennoch wurden die Vorteile des Werkverkehrs auch in wachsendem Maße von Industriebetrieben erkannt, insbesondere in Gebieten, wo die Eisenbahn

27 Motorisierte Milchversorgung, in: Das Lastauto (12) 1935, H. 6, S. 29.

28 Ergebnis einer Untersuchung der IHK Köln über den werkeigenen Güterverkehr im Bezirk Köln, o.D., S.9, in: WWA K 1 Nr. 1937.

29 Ergebnis einer Untersuchung der IHK Köln über den werkeigenen Güterverkehr im Bezirk Köln, o.D., S. 11, in: WWA K 1 Nr. 1937.

nicht hinfuhr und dem Lkw insofern ebenfalls eine Erschließungsfunktion zufiel. So schrieb die Industrie- und Handelskammer Regensburg in einem Gutachten 1936: „Das die Oberpfalz umspannende Eisenbahnnetz krankte von Haus aus an erheblichen Verkehrslücken, so daß selbst verhältnismäßig bedeutende Verkehrsplätze nur sehr schwer erreichbar waren. (...) Erfreulicherweise beginnen sich die Verkehrslücken (...) durch den von der Reichsbahn eingerichteten Reichsbahnkraftwagenstückgutverkehr wenigstens für diese Versandart zu schließen. (...) Den Hauptanteil an der Erschließung des Landes haben aber die werkeigenen Lastkraftwagen der Unternehmer gehabt.“[30] Nach 1936 expandierte der Werkverkehr immer stärker auch im Fernverkehr, d.h. zu Lasten des gewerblichen Güterfernverkehrs.

13. Tab.: Gewerblicher Güterfernverkehr und Werkfernverkehr 1937/1938

	Güterfernverkehr insges.		Gewerblicher Güterfernverkehr (RKB)		Werkfernverkehr	
	Güter in t	%	Güter in t	%	Güter in t	%
1937	15.147654	100	8.880.311	58,4	5.235.625	34,9
1938	18.252020	100	10.434.144	56,9	6.458.768	35,7

Quelle: Für 1937: Die Kraftverkehrswirtschaft im Jahre 1938, Sonderbeilage zu Wirtschaft und Statistik (19) H. 3, 1939, S. 30. Für 1938: VJH zur Statistik des Deutschen Reiches (48) III, 1939, S. 34.

Die Beförderungsmenge im Werkfernverkehr stieg von 1938 gegenüber dem Vorjahr um 23 Prozent, dagegen im Güterfernverkehr nur um 17,5 Prozent. Das Verhältnis zwischen den beiden wichtigsten Verkehrszweigen des Güterfernverkehrs verschob sich damit zuungunsten der gewerblichen Transporte. 1937 lag das Verhältnis der beförderten Mengen von gewerblichem und Werkfernverkehr bei 2: 1, 1938 lag es bei 1,6: 1. Das Wachstum des Werkfernverkehrs wurde weitgehend von der Industrie getrage. Während im gesamten Werkverkehr Industriegüter eine untergeordnete Bedeutung hatten, waren die Mengen von landwirtschaftlichen Gütern und Nahrungsmitteln einerseits und Industriegütern andererseits im Werkfernverkehr mit jeweils rund 2,6 Millionen Tonnen 1938 etwa gleich groß.[31] Der wachsende Anteil der Industrie am Werkverkehr insgesamt wird auch in der Zulassungsstatistik erkennbar.

---

30 zit. n. Der Werkverkehr mit Lastkraftwagen, a.a.O., S. 46f.

31 Zahlen nach: Der Güterfernverkehr mit Kraftfahrzeugen im Jahre 1938, in: VJH zur Statistik des Deutschen Reiches, (48) III, 1939, S. 34.

14. Tab.: Zulassung von Lkw nach Nutzlastklassen (1933=100)

Jahr	bis 2 t	über 2-3 t	über 3-4 t	über 4-5 t	über 5 t	Gesamt
1933	100	100	100	100	100	100
1934	207,4	190,2	221,6	194,0	184,7	202,0
1935	296,8	326,6	411,9	115,5	127,0	316,4
1936	372,4	451,2	694,9	200,2	774,5	429,9
1937	401,7	322,3	1114,0	290,7	1307,3	433,5
1938	411,6	377,9	1377,4	374,8	1386,1	480,5

Quelle: Der Werkverkehr mit Lastkraftwagen. Umfang, Aufgaben und Voraussetzungen für seine Betätigung. Eine Strukturuntersuchung, bearbeitet vom Institut für Konjunkturforschung, Jena 1939, S. 67.

Wie aus Tabelle 14 hervorgeht, verzeichneten die schweren Wagen über drei bzw. über fünf Tonnen Nutzlast nach 1933 eine weit stärkere Zunahme als die leichten Lkw bis zwei bzw. drei Tonnen Nutzlast. Da der gewerbliche Lkw-Verkehr nach 1933 zahlenmäßig praktisch stagnierte, kann die Zunahme im wesentlichen dem Werkverkehr zugerechnet werden, wobei davon auszugehen ist, daß die Industrie eher als Handwerk und Handel schwere Wagen gekauft hat. Dies bestätigt die Statistik für 1938, wenn man die Zulassungen von Industrie und Einzelhandel bei den ganz leichten und den schweren Wagen gegenüberstellt. Während der Handel, insbesondere der Einzelhandel bei der Zulassung leichter Wagen dominierte, wurden die ganz schweren Wagen fast ausschließlich von der Industrie zugelassen. Überdies zeigte sich, daß die Industrie die meisten Zulassungen unter den einzelnen Branchen aufzuweisen hatte.

15. Tab.: Zulassungen von Werkwagen nach Gewichtsklassen und Branchen

Branchen	bis 1 t		über 1-2 t		über 2-3,5 t		über 3,5 t		Insgesamt	
	Zahl	%	Zahl	%	Zahl	%	Zahl	%	Zahl	%
Industrie	3646	**18,1**	3381	33,4	4979	**42,7**	1583	**62**	15323	**24,3**
Einzelhandel	5948	**29,5**	2152	21,2	1738	**14,9**	106	**4,2**	10471	**16,6**
Großhandel	2877	14,3	2501	24,7	3203	27,5	649	25,4	9958	15,8
Handwerk	5438	27	1236	12,2	945	8,1	133	5,2	8063	12,8
Sonstige	2233	11,1	860	8,5	798	6,8	81	3,2	19185	30,5

Quelle: Der Werkverkehr mit Lastkraftwagen. Umfang, Aufgaben und Voraussetzungen für seine Betätigung. Eine Strukturuntersuchung, bearbeitet vom Institut für Konjunkturforschung, Jena 1939, S. 16.

Insgesamt lassen die statistischen Daten also auf einen wachsenden Werkverkehr der Industrie nach 1933 schließen, wobei die Zunahme der schweren Wagen nicht nur auf Transportbedürfnisse, sondern vor allem auch auf die steuerliche Begünstigung schwerer Lkw nach 1935 zurückzuführen ist.[32] Dennoch bleibt festzuhalten, daß 1938 noch immer 70 Prozent aller Werkfahrzeuge leichte Liefer- und Kleinlastwagen bis zu zwei Tonnen Nutzlast waren.[33] Diese Verteilung korrespondierte mit dem wirtschaftlichen Einsatz der Wagen. Der Lkw im Werkverkehr schuf qualitativ neuartige Verkehrsbeziehungen in der Fläche, die zum überwiegenden Teil dem Transport von Nahrungs- und Genußmitteln zu Gute kamen. Der Transport neuer hochwertiger Industriegüter hatte dagegen erst einen vergleichsweise geringen Umfang. Ein kausaler Zusammenhang zwischen dem o.g. Strukturwandel der Industriegüterproduktion und der Expansion des Werkverkehrs wird für die 30er Jahre nicht erkennbar.

2.2 Der Güterfernverkehr: Neue Verkehre in wachsenden Branchen

Im privaten Transportgewerbe fand der Lkw sehr viel langsamer Eingang als in den Werkverkehr der Unternehmen. Einen stärkeren Aufschwung nahm der motorisierte Straßengüterverkehr erst um die Mitte der 20er Jahre mit der beginnenden wirtschaftlichen Erholung nach der Währungsreform. [34] Der Lkw trat zunächst in Konkurrenz zum Pferdefuhrwerk, betätigte sich im Zu- und Ablaufverkehr der Bahn sowie im örtlichen Nahverkehr. Die in den vergangenen rund hundert Jahren entstandene Arbeitsteilung zwischen Schiene und Straße, bei der der Landverkehr weitgehend über die Schiene abgewickelt wurde und der Straße nur eine ganz untergeordnete Bedeutung zukam, blieb damit zunächst unberührt. Schon nach kurzer Zeit begann jedoch das motorisierte Transportgewerbe seinen Aufgabenkreis zu erweitern, erst im Nachbarortsverkehr und bald auch verstärkt im Fernverkehr.[35] Der Markt war gekennzeichnet durch eine Vielzahl von kleinen und Kleinstbetrieben; es dominierte der selbstfahrende Unternehmer mit einem Lkw. Die polypolistische Marktstruktur blieb auch in den 30er Jahren unverändert. Sie begründete die hohe Flexiblität des gewerblichen Güterverkehrs, führte aber auch zu entsprechend starkem Wett-

---

32 vgl. Kap. 4.1.2, unten S. 155.

33 Der Werkverkehr mit Lastkraftwagen, a.a.O., S. 25.

34 Heimes, Vom Saumpfad zur Transportindustrie, a.a.O., S. 59f.

35 Ebd., S. 62.

bewerb und Druck auf die Preise, insbesondere in den Jahren der Weltwirtschaftskrise. Ende 1937 hatte sich der Markt folgendermaßen entwickelt:

16. Tab.: Marktstruktur im Güterfernverkehr 1937

	Unternehmer	Prozent	Kraftfahrzeug e	Prozent
1 Lkw	6257	76,5	6257	54,9
2 Lkw	1383	16,9	2766	24,3
3 Lkw	333	4,1	999	8,8
4 u. mehr	206	2,5	1379	12
Gesamt	**8179**	**100**	**11401**	**100**

Quelle: RKB-Bericht, 1938, S. 33

Neben den Selbstladerverkehr des Einzelunternehmers trat bald auch der Spediteurverkehr. Eine wachsende Zahl von Spediteuren lernte das neue flexible Verkehrsmittel schätzen und betätigte sich auch selbst zugleich als Fuhrunternehmen.[36] Die Spediteure hatten an der Entwicklung des Güterfernverkehrs in den frühen Jahren einen wichtigen Anteil. 1929 wurde die Gemeinschaft deutscher Kraftwagenspediteure (Gedekra) gegründet, um die Vermittlungstätigkeit zu bündeln und die Zusammenarbeit mit dem Fuhrgewerbe zu verbessern. Sie hatte 1934 reichsweit rund 300 Mitglieder.[37] Als Partnerorganisation auf seiten der Fuhrunternehmen schloß sich eine Gruppe von diesen zur Deukrafracht GmbH (Deutsche Kraftwagenfrachtführer - Vermittlungs- und Abrechnungsstellen GmbH) zusammen, die mit der Gedekra einen Rahmenvertrag zur Schaffung von sogenannten Laderaumverteilungsstellen abschloß.[38] Mit der Schaffung dieser Laderaumverteilungsstellen, die später von der Gedekra in eigener Regie betrieben wurden, wurde die Effizienz im Güterfernverkehr reichsweit deutlich erhöht. Sie fungierten als Clearingstellen zum Ausgleich von Laderaumangebot und Transportnachfrage. Insbesondere der Einsatz von Sammelverkehren steigerte die Leistungsfähigkeit des Kraftverkehrs und verschaffte ihm vielfach einen Vorsprung vor dem Fernverkehr der Eisenbahn.

---

36 Piepenhagen, Die Stellung des gewerblichen Kraftverkehrs, a.a.O, S. 9.

37 Mellerowicz, Der gegenwärtige Stand der Kraftverkehrswirtschaft im Deutschen Reich und seine Bedeutung für den Straßenverkehr, in: Die Straße (1) 1934, S. 144.

38 Ebd.

Überlegen war der Lkw demnach im Fernverkehr über mittlere Entfernungen bis etwa 250 km, jedoch auch bei solchen Verbindungen, wo die Bahn Umwege fahren mußte, um Gebirge zu umgehen, wie etwa auf der Strecke Berlin-Köln. Die Entwicklung der Versandweiten im gewerblichen Güterfernverkehr zwischen 1934 und 1937 tendierte allgemein zu einer geringfügigen Verkürzung der Entfernungen. Die Gruppe der mittleren Versandweiten (101 bis 500 Kilometer) nahm mit minus 5 Prozent sogar noch etwas stärker ab als die Transporte über 500 km, die um 4,4 Prozent zurückgingen. Dem entsprach die Zunahme der Verkehre zwischen 50 und 100 km um 9,5 Prozent. Allerdings sind die Daten nur begrenzt vergleichbar, weil für 1934 nur der Spediteurverkehr der Gedekra erfaßt wurde, während 1937 der gesamte Lkw-Fernverkehr einschließlich des Selbstladerverkehrs in die Statistik aufgenommen wurde. Gerade der letztere, der sich sein Ladegut ohne Vermittlung des Spediteurs beschaffte, bewegte sich vermutlich zu einem größeren Teil im Bereich geringerer Entfernungen bis 100 Kilometer. Während sich die Versandweiten verringerten, hat sich die Mengenleistung der Fahrzeuge verbessert. Die rund 2065 Lastzüge (Lkw mit Anhängern), die den Laderaumverteilungsstellen der Gedekra angeschlossen waren, verfügten über einen Gesamtladeraum von rund 23.000 Tonnen.[39] Sie beförderten 1934 (von Mai bis Dezember) insgesamt rund 682.800 Tonnen; auf das gesamte Jahr hochgerechnet entspricht das 1.024.200 Tonnen bzw. im Durchschnitt 496 Tonnen pro Lastzug. Dagegen kam der gesamte Güterfernverkehr 1937 mit 11.400 Fahrzeugen und der etwa gleichen Zahl von Anhängern[40] auf rund 124.000 Tonnen Laderaum.[41] Befördert wurden im Jahr 1937 insgesamt 8.880.000 Tonnen bzw. durchschnittlich 778 Tonnen pro Lastzug.

Das deutlich gestiegene Verkehrsvolumen des Lkw-Verkehrs zwischen 1934 und 1937 war die Folge des stark angewachsenen Transportbedarfs in der wirtschaftlichen Hochkonjunktur, der sich auch im gestiegenen Verkehr der anderen Verkehrsmittel spiegelte. So hatten die Verkehrsleistungen der Bahn seit dem Tiefststand im Jahr 1932 um 80 Prozent zugenommen. Dasselbe galt auch für die Binnenschiffahrt und den Kraftverkehr insgesamt.[42] Der Lkw-Fernverkehr gewann jedoch überproportional hinzu.

---

39 Zahlen nach: Der Werkverkehr mit Lastkraftwagen, a.a.O., S. 78.

40 Lkw im Fernverkehr waren in aller Regel mit Anhänger ausgestattet. Die Gesamtzahl der Fahrzeuge schwankte im Jahresverlauf zwischen 11655 (18.1.1937), 11401 (31.12.1937) und 10050 (30.6.1938) Die Zahl der Anhänger wird nur für den Junistand 1938 präzise mit 11645 angegeben, RKB-Bericht 1938, S. 32f.

41 Siehe Tabelle 9, oben S. 40.

42 Vgl. Tabelle 1. Oben S. 32.

17. Tab.: Fahrtdauervergleich zwischen Lkw und Eisenbahn im Verkehr zwischen Berlin und anderen Städten

Berlin nach:	km	Kraftverkehr Fahrten	Kraftverkehr Fahrtdauer/h	Eisenbahn Fahrten	Eisenbahn Fahrtdauer/h
Leipzig	170	täglich	8	täglich	12
Frankfurt/M.	653	täglich	30	täglich	20
Stuttgart	653	2x wöch.	30	täglich	36
Düsseldorf	543	täglich	24	täglich	20
Dortmund	540	täglich	24	täglich	21
Hamburg	280	täglich	10	täglich	12
Köln	557	täglich	30	täglich	36
Stettin	135	täglich	8	täglich	12
Dresden	180	täglich	8	täglich	12
Kassel	416	3x wöch.	20	täglich	15
Nürnberg	485	täglich	17-22	täglich	20
Nürnberg - Hamburg	654	3x wöch.	22	3-5x wöch.	36

Quelle: Mellerowicz, Der gegenwärtige Stand der Kraftverkehrswirtschaft im Deutschen Reich und seine Bedeutung für den Straßenverkehr, in: Die Straße (1) 1934, S. 145.

Das zeigt der Zuwachs des Spediteurverkehrs (LVR-Verkehr), der zwischen 1934 und 1937 auf das 2,6fache gestiegen ist. Die verbesserten Verkehrsleistungen gingen jedoch weniger auf den Spediteurverkehr als auf die Leistungen des Selbstladerverkehrs zurück. Letzter transportierte mit rund 60 Prozent des Fahrzeugparks und etwas mehr als der Hälfte des Gesamtladeraums 70 Prozent der gesamten Gütermenge, die 1937 im gewerblichen Fernverkehr befördert wurde. Die Mengenleistungen lassen jedoch keine konkreten Rückschlüsse auf die Auslastung der einzelnen Verkehre im Güterfernverkehr zu. Im Selbstladerverkehr herrschten feste Geschäftsbeziehungen durch regelmäßig wiederkehrende Transportleistungen der Fuhrunternehmer für einen bestimmten Kreis stets gleicher Verlader vor. Dadurch war eine stete Beschäftigung gegeben.[43]

43 RKB-Bericht 1938, S. 11.

18. Tab.: Gewerblicher Güterfernverkehr 1934a und 1937b
nach Entfernungsstufen

Entfernung	Transporte 1934*		Transporte 1937		Gruppen in %		Differenz
Km	Tonnen	Prozent	1000t	Prozent	1934	1937	+/- in %
1. 50-100	35505	5,2	1304	14,7	5,2	14,7	9,5
2. 101-200	170700	25,3	2910	32,7			
3. 201-300	154995	22,7	1580	17,7			
4. 301-400	122904	18	1071	12,1	1-4: 66	62,5	-3,5
5. 401-500	83984	12,3	953	10,7	1-5: 78,3	73,2	-5,1
6. 501-600	56672	8,3	626	7,1			
7. 601-700	41650	6,1	298	3,4			
8. 701- 1000	14338	2,1	135	1,6	6-8: 16,5	12,1	-4,4
	682800	100	8880	100			

Fahrzeuge: 1934: 2065, 1937: 11.401 *Mai-Dezember. Quellen: a. Für 1934: Zahlen des Gedekra-Reichsverbands, nach: Mellerowicz: Der Stand des gewerblichen Kraftverkehrs, in: Die Straße (2) 1935, S. 144; b. Für 1937: Mengenangaben des RKB, RKB-Bericht 1938, S. 49.

Dagegen war die Beschäftigungslage im Spediteurverkehr sehr unterschiedlich. Insbesondere der Trampverkehr, d.h. Verkehr der freien Fuhrunternehmer, die Transporte nach Bedarf und durch Vermittlung eines Spediteurs ausführten, klagte über mangelnde Auslastung und eine wachsende Notlage, während die regelmäßig verkehrenden Linienzüge und die spediteureigenen Züge gut ausgelastet waren.[44]

Der unternehmerische Zwang, mit möglichst hoher Auslastung zu fahren, unterschied den Güterfernverkehr vom privaten Werkverkehr. Der Güterfernverkehr hatte daher das größte Interesse an verkehrsstarken Verbindungen zwischen Großstädten und Ballungsräumen, während die Bereitschaft, die Fläche abseits der gewachsenen Industriestandorte zu erschließen, stark eingeschränkt war. Dies spiegelte sich Anfang der 30er Jahre in der regionalen Verteilung von gewerblichem Lkw-Fernverkehr und Werkverkehr. Ein Vergleich ist zwar nur mit Einschränkung möglich, da der Werkverkehr nach Autobahnsektionen erhoben wurde und der Güterfernverkehr nach Ländern bzw. Provinzen, aber die

---

44 Ebd.

Zuordnung von Ländern und Sektionen ist relativ flächendeckend möglich. Unter Vorbehalten[45] kann man anhand von Tabelle 20 feststellen, daß der Werkverkehr häufig in ländlichen Gebieten wie den östlichen Provinzen Ostpreußen, Brandenburg, Mecklenburg, Schwerin, Pommern relativ stärker vertreten war als der Güterfernverkehr, während umgekehrt der Güterfernverkehr relativ stärker im rheinisch-westfälischen Industriegebiet und in der Region der Hansestädte vertreten war.

19. Tab.: Fahrzeuge und Laderaum im Gewerblichen Güterfernverkehr 1934 und 1938

Gruppe	Zahl der Lkw	Zahl der Anhänger	Laderaum der Lkw t	Laderaum der Anhänger t	Gesamtladeraum t	Beförderte Tonnen insges.
1934 LVR-Verkehr	2065	2065	9688	12781,6	22470	1.024.200[a]
Trampverkehr	2525	3070	13560	23750	37310	
Linienzüge	640	775	3770	6460	10230	
Sped.-züge	945	1200	5600	9390	14990	
Spediteurverkehr insges.	4110	5045	22930	39600	62530	2.658.163[b]
Selbstlader	5940	6600	26400	39700	66100	6.221.837[c]
Insges.	10050	11645	49330	79300	128630	8.880.000[a]

Quelle: Für 1934: Stand und Aussichten des gewerblichen Güterfernverkehrs mit Lastkraftwagen, bearbeitet vom Institut für Konjunkturforschung, Jena 137, S. 79; für 1938: RKB-Bericht 1938, S. 33 (a. Zahlen nach Tabelle 17, oben; b. Eigene Berechnung nach Tabelle RKB-Bericht, S. 41; c. Eigene Berechnung)

Die regionalen Schwerpunkte von Güterfernverkehrsunternehmungen korrespondierten mit den Anteilen der Regionen am Gesamtversand bzw. -empfang, die 1937 Mitteldeutschland und das rheinisch-westfälische Industriegebiet als

45 Zu beachten ist, daß in der Sektion Berlin-Ostsee keine gleichmäßige Verteilung, sondern eine überproportionale Bestandsdichte im Großraum Berlin vorlag. Die Zahlen für Berlin schätzte Linden auf insgesamt 14.240 Lkw im Werkverkehr, Der Werkverkehr auf Lastkraftwagen, a.a.O., S. 23.

verkehrsstärkste Gebiete hervortreten lassen, gefolgt vom Südwesten und der Küstenregion der Hansestädte, während ländliche Gebiete wie Niedersachsen, Bayern und das Schlußlicht Ostpreußen vom Fernverkehr weniger berührt wurden. Wie Tabelle 20 zeigt, folgte der Güterfernverkehr mehr als der Werkverkehr gewachsenen Verkehrsrelationen, die bereits durch das Netz der Eisenbahnverbindungen geformt worden waren, d.h. Eisenbahndichte und Lkw-Fernverkehrsdichte fielen zusammen. Eine Ausnahme bildete der mitteldeutsche Raum, dessen Schienennetz eine weit geringere Dichte als etwa im Ruhrgebiet, und in Rheinland und Westfalen aufwies,[46] der aber einen starken Anteil am Lkw-Fernverkehr hatte (20. Tab.). Zwischen beiden Gebieten bestand eine starke Verkehrsverflechtung, die durch eine ungünstige Bahnverbindung bedingt war. Die Bahn brauchte für den Transport zwischen den beiden Industriegebieten deutlich länger, weil sie die dem Rheinland östlich vorgelagerten Gebirgszüge vom Taunus über Westerwald und Sauerland in einem weiten südlichen oder nördlichen Bogen umfahren mußte, während der Kraftverkehr ohne weiteres auf direktem Wege durch die Gebirge fahren konnte.

Die regionale Verteilung des Güterfernverkehrs korrespondierte auch mit dem strukturellen Güteraufkommen. Während im Werkverkehr die Nahrungs- und Genußmittel zusammen rund 50 Prozent der beförderten Gütermengen - einschließlich der Baustoffe sogar 80 Prozent -ausmachten, erreichten die Nahrungs- und Genußmittel im Güterfernverkehr zwar auch die Spitzenposition unter den Hauptgütergruppen; der Abstand zu den anderen Gütern war allerdings weit geringer.

Es zeigte sich, daß der Lkw im Güterfernverkehr bereits eine breite Palette relativ hochwertiger Industriegüter beförderte, darunter an erster Stelle Metallwaren, Holz, Papier, Ton und Glas und chemische Erzeugnisse. (Tab. 22) Der Vorsprung bei eilbedürftigen Gütern bildete in den 30er Jahren das wichtigste Wachstumspotential des Lkw-Fernverkehrs. Das galt sowohl für Nahrungsmittel, die oft empfindlich und verderblich waren und daher den größten Anteil am Gütervolumen hatten, als auch für hochwertige Produkte der chemischen und der metallverarbeitenden Industrien, die ebenfalls größere Anteile am Transportaufkommen im Lkw-Fernverkehr hatten. Der Vorsprung erwuchs in der Hauptsache aus bestehenden kürzeren Straßenverkehrsverbindungen gegenüber der Schiene und kam nur dort zum Tragen.

---

46 Das sächsisch-thüringische Tiefland wies 22,53 km Eisenbahnen pro 100 qkm auf, nach: Ende, Die Verkehrsdichte des Deutschen Reichs, a.a.O., S. 817. Das sächsische Bergland kam auf 19,05 km Eisenbahnen pro 100 qkm, nach: ebd. Im Thüringer Bekken gab es nur 15,7 km Eisenbahnen pro 100 qkm, nach: ebd.

20. Tab.: Regionale Verteilung von Güterfernverkehr und Werkverkehr (Werte in Prozent)

Land	Sektion	Fernverkehr	Werkverkehr
Ostpreußen	Ostpreußen	0,8	1,5
Bayern	Bayern	8	9
Württemberg	Württemberg	7,6	4,9
Schlesien	Schlesien	3,6	3,8
Hamburg, Bremen, Schleswig-Holstein	Hansestädte	11,5	9
Baden	Karlsruhe	3,7	3,7
Indgeb. Hessen-Naussau	Rhein-Main	3,1	6
Rhein.-Westf.	Rhein-Ruhr	26,9	20
Brandenburg, Mecklenb., Schwerin, Grenzmark, Pommern	Berlin-Ostsee	9,3	16
Hessen, Hannover	Hannover-Kassel	8,5	5,5
Thüringen, Provinz-Sachsen, Sachsen	Mitteldeutschland	12,5	18,5
Rheinpfalz	Pfalz*	2	1,5
Sonstige		2,5	
		100 =11.100[a]	**100** (99,4) =135.000[a]

*Sondergebiet Pfalz

Quelle: K. Mellerowicz: Der gegenwärtige Stand der Kraftverkehrswirtschaft im Deutschen Reich und seine Bedeutung für den Straßenverkehrs, in: Die Straße (1) 1934, S. 142/144 (Die Verteilung nach Autobahnsektionen und nicht nach Ländern erfolgte aufgrund des ursprünglichen Datensatzes des RABA-Ausschusses) (a: Zahlen nach Mellerowicz abweichend von den Schätzungen des DIHT vgl. oben Tabelle 8)

Die Haus-zu-Haus-Lieferung, die die kurzen Transportzeiten im Werkverkehr begründete, spielte im Lkw-Fernverkehr eine geringere Rolle, da immerhin 40 Prozent der Unternehmer ihre Transporte durch Vermittlung von Spediteuren über die Laderaumverteilungsstellen abwickelten.

21. Tab.: Anteil einzelner Wirtschaftsbezirke am Gesamtversand/-empfang 1937 (Werte in Prozent)

Wirtschaftsbezirk	Versand	Empfang
I Ostpreußen	0,55	0,57
II Brandenburg, Pommern, Mecklenburg	10,65	15,50
III Nordmark,Niederelbe	12,57	9,91
IV Niedersachsen	6,17	7,36
V Schlesien	4,77	3,71
VI Mitteldeutschland	16,41	15,94
VII Mittelrh. Wi-Provinz	6,51	7,54
VIII Niederrhein, Westfalen	23,48	19,56
IX Südwestdeutschland	13,28	12,19
X Bayern	5,61	7,72
Insgesamt	100	100

Quelle: RKB-Bericht 1938, S. 60.

Auch der Preisvorteil, der Werk- und Nahverkehr einen Wettbewerbsvorsprung vor der Bahn sicherte, kam im Lkw-Fernverkehr aufgrund der strengen gesetzlichen Preisbindung kaum zum Tragen, wenn man von Gesetzesübertretungen absieht.[47]

In dem prinzipiell regulierten Markt, bestand nur dann die Neigung zur Tarifunterbietung, wenn Angebot und Nachfrage nach Laderaum nicht zum Ausgleich kamen. Dies war vor allem beim Trampverkehr der Fall, für den Tarifverstöße jedoch weit stärker erschwert waren als für den Selbstladerverkehr, wo der Fuhrunternehmer in direkten Kontakt zum Verlader trat.[48]

47 Vgl. dazu unten Kap. 4.1.5.

48 Tarifverstöße waren prinzipiell dadurch erschwert, daß der RKB alle Frachtgelder und -gebühren zentral in einem bestimmten Abrechnungsverfahren einzog, und zwar sowohl im Spediteurverkehr als auch im Selbstladerverkehr. Heimes, Vom Saumpfad zur Transportindustrie, a.a.O., S. 122f.

22. Abb.: Hauptgüterarten im Lkw-Fernverkehr (Werte in 1000 Tonnen)

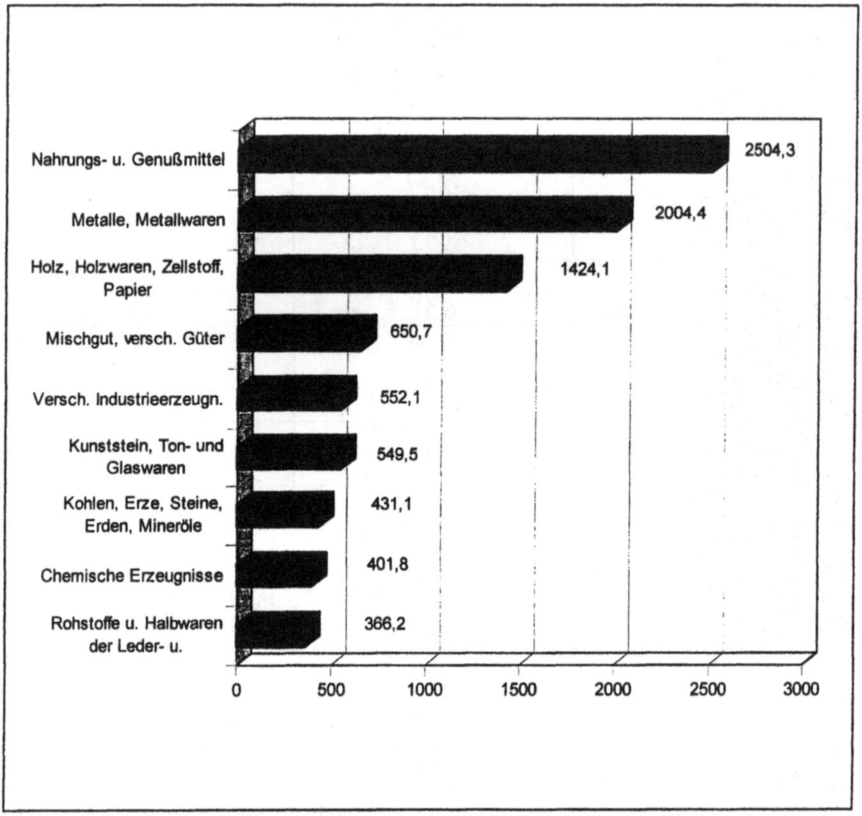

Quelle: RKB-Bericht 1938, S. 42

Bei zahlreichen Gütern in vielen Verkehrsrelationen konnte der Verlader deshalb von einer Preisparität von Schiene und Straße ausgehen. Die Schnelligkeit des Lkw bei entsprechender Straßenverbindung sowie seine Anpassungsfähigkeit als Transportgefäß entschieden daher überwiegend über seinen Einsatz im Fernverkehr.

3 Straße und Schiene in der Weltwirtschaftskrise: Vom "ungesunden Wettbewerb" zur Marktordnung

3.1 Die verkehrswirtschaftliche Integration des Lkw im Spannungsfeld volkswirtschaftlicher Motive und einzelwirtschaftlicher Entwicklung

3.1.1 Das Paradigma der Gemeinwirtschaftlichkeit: Verkehr als Instrument staatlicher Wirtschafts- und Sozialpolitik

Der Eintritt des Lkw als technologisch innovatives Verkehrsmittel in die Verkehrswirtschaft der 20er Jahre löste einen fundamentalen Strukturwandel aus. Das Monopol, das die Bahn aufgrund ihrer technischen Überlegenheit gegenüber anderen Landverkehrsmitteln seit der Mitte des 19. Jahrhunderts innehatte, wurde aufgebrochen und durch einen allmählich zunehmenden Wettbewerb ersetzt. Dieser Strukturwandel stellte die staatliche Ordnungspolitik vor ein neuartiges Grundsatzproblem im Verkehrssektor; denn in "Eisenbahn und Kraftwagen" prallten zwei gegensätzliche Ordnungsprinzipien der Verkehrswirtschaft aufeinander, die ohne staatliche Eingriffe nicht nebeneinander bestehen konnten: bedarfsorientierte Gemeinwirtschaft[1] und gewinnorientierte Erwerbswirtschaft.[2] Die strukturell unterschiedlichen Angebotsbedingungen beider Verkehrsträger verzerrten ihre Wettbewerbsfähigkeit gegenüber einer freien Marktnachfrage und begünstigten den gemeinwirtschaftlich ungebundenen "Kraftwagen". Theoretisch standen zwei ordnungspolitische Alternativen zur Wahl. Erstens, die Liberalisierung des Verkehrsmarktes: mit der Aufhebung der gemeinwirtschaftlichen Bindungen der Bahn wären die Voraussetzungen für fortschreitenden Stukturwandel und eine prinzipiell neue Verkehrsteilung geschaffen worden. Zweitens, wenn an der gemeinwirtschaftlichen Organisation der Bahn festgehalten wurde, die stärkere Regulierung des Verkehrsmarktes, insbesondere durch marktordnende Eingriffe im wettbewerbspolitisch begünstigten Lkw-Verkehr.

Das in der Weimarer Republik neugeschaffene Reichsverkehrsministerium, dem nach der Verfassung die zentrale Gesetzgebung für alle Verkehrsmittel zu-

---

1 Zu Begriff und Theorie der Gemeinwirtschaft vgl. ausführlich T. Thiemeyer: Gemeinwirtschaftlichkeit als Ordnungsprinzip. Grundlegung einer Theorie gemeinnütziger Unternehmen, Berlin 1970; H. J. Beyer: Gemeinwirtschaft und Marktwirtschaft. Die Funktion eines gemeinwirtschaftlichen Sektors im Rahmen eines marktwirtschaftlichen Systems, Diss., Marburg 1973.

2 Vgl. Klenke, Bundesdeutsche Verkehrspolitik und Motorisierung, a.a.O., S. 15.

kam,[3] hatte dieser Aufgabe während der 20er Jahre kaum Beachtung geschenkt. Den Schwerpunkt der Reichsverkehrspolitik in der Nachkriegszeit bildete die organisatorische Erneuerung der Reichsbahn unter zentraler staatlicher Leitung, weil sie als größtes Vermögensobjekt des Reiches als einer der wichtigsten politischen und wirtschaftlichen Faktoren für dessen Machtzuwachs angesehen wurde.[4] Daran änderte sich auch nichts, als die Reichsbahn nach der Verabschiedung des Dawes-Plans 1924 aus der Verwaltung des Ministeriums ausgegliedert und in eine Gesellschaft umgewandelt wurde. Das Unternehmen wurde jedoch nunmehr zur Gewinnerzielung verpflichtet, um in den folgenden Jahren die Hauptlast der Reparationen zu tragen.[5] Diese Auflage stand im Widerspruch zum Prinzip gemeinwirtschaftlicher Verkehrsbedienung, dem die Reichsbahn dennoch weiterhin verpflichtet blieb.[6] Die Vereinbarung zweier konträrer Geschäftsprinzipien konnte nur mit Hilfe der ausgefeilten Tarifpolitik gelingen, die damit zum wichtigsten Schalthebel der Reichsverkehrspolitik wurde . Die Verantwortung lag trotz der rechtlichen Verselbständigung der Reichsbahn weiter in den Händen des Staates, da der Reichsverkehrsminister für die Genehmingung der Tarife zuständig war.[7]

Gemeinwirtschaftliche Prinzipien waren seit Ende des vergangenen Jahrhunderts vor allem mit einer spezifisch staats- und sozialpolitischen Eisenbahnpolitik verknüpft, die primär für den Güterverkehr Bedeutung erlangte.[8] Dazu gehörten formal die Beförderungspflicht, nach der die Bahn unabhängig von Ertragsgesichtspunkten und Gewinnerwartung alle Güter zum Transport annehmen mußte, die Betriebspflicht, also die Auflage alle Strecken ohne Rücksicht auf ihre Rentabilität planmäßig zu bedienen, sowie der Tarifzwang, der die Veröffentlichung fester Tarife und die Gleichbehandlung aller Verlader vor-

---

3 Salzwedel, Die Aufgaben des Reichsverkehrsministeriums, in: Deutsche Verwaltungsgeschichte, a.a.O., Teil I, S. 262.

4 Ebd., S. 265.

5 U.-M. Ruser: Die Reichsbahn als Reparationsobjekt, Diss. Freiburg i. Br. 1981, S. 87ff.

6 Ebd., S. 147f; vgl. K. Theiss: Die Aufgaben der Verkehrspolitik zur Gesundung von Volk und Wirtschaft, in: Zeitschrift für Verkehrswissenschaft (9) 1931, S. 88f.

7 Salzwedel, Die Aufgaben des Reichsverkehrsministeriums, in: Deutsche Verwaltungsgeschichte, a.a.O., Teil I, S. 266.

8 N. Kloten: Die Gemeinwirtschaftlichkeit im Verkehr. Zum Stilwandel in der Verkehrspolitik, in: Ordo (13) 1962, S. 202.

schrieb.[9] Die formalen Prinzipien gemeinwirtschaftlicher Verkehrsbedienung wurzelten in der Monopolstellung der Bahn im Landverkehr. Sie dienten ursprünglich als Regulativ und Mißbrauchskontrolle wirtschaftlicher Macht zum Schutz der Öffentlichkeit und fanden damit noch in der Monopolisierungsdebatte zu Beginn der 20er Jahre neue Unterstützung.[10] Wichtiger wurde jedoch eine an wirtschaftlichen und sozialen Gesichtspunkten orientierte Tarifpolitik, wie sie bereits in der Vorkriegszeit durch das geltende Werttarifsystem bestanden hatte. Die Wertstaffel tarifierte die versandten Güter nach ihrer wirtschaftlichen Belastbarkeit, indem sie für hochwertige Fertigwaren entsprechend hohe Beförderungsentgelte festlegte und für billige Massengüter und Rohstoffe entsprechend niedrigere.[11] Hinzu kam in der Weimarer Republik der Grundsatz der Tarifgleichheit im Raum, wonach der Güterverkehr auch in verkehrsarmen Gebieten trotz geringerer Kapazitätsauslastung nicht mit höheren Transportkosten belastet sein sollte als in Regionen mit starkem Verkehrsaufkommen.[12] Einen ähnlichen Zweck hatte auch die neu eingeführte Entfernungsdegression der Tarife, mit der die günstige Beförderung von Massengütern und Rohstoffen in entlegene revierferne Gebiete gefördert wurde.[13] Diese Weiterentwicklung des Staffeltarifsystems hatte die Spannungen der Tarifsätze im Vergleich zur Vorkriegszeit bedeutend verstärkt. Hinzu kam nun noch die Verpflichtung der Reichsbahn, Gewinne zu erzielen, was eine weitere Verteuerung der tragfähigen Güter notwendig machte.

Der Lkw profitierte von der gemeinwirtschaftlichen Tarifstruktur der Bahn, indem er gemäß erwerbswirtschaftlicher Gewinnmaximierung bevorzugt die "überteuerten" hochwertigen Stückgüter an sich zog. Damit geriet der bahninterne Ausgleichsmechanismus der nicht kostenechten Beförderungsentgelte zwischen teuren Fertigwaren und billigen Rohstoffen und Massengütern aus dem Gleichgewicht. Ein stetig wachsender Kraftverkehr mußte daher das System gemeinwirtschaftlicher Verkehrsbedienung auf Dauer destabilisieren und schließlich zerrütten. Aus dieser Perspektive gewann die verkehrspolitische Diskussion zu Beginn der 30er Jahre ihre Schärfe. Die Reichsbahn, die sich et-

---

9 Vgl. ausführlich A. Günther: Die Gemeinwirtschaftlichkeit der Eisenbahnen in ihrer geschichtlichen und inhaltlichen Entwicklung, in: Annalen der Gemeinwirtschaft (1) 1959, S. 10.

10 vgl. Beyer, Gemeinwirtschaft und Marktwirtschaft, a.a.O., S. 15.

11 Günther, Die Gemeinwirtschaftlichkeit, a.a.O., S. 31.

12 Kloten, Die Gemeinwirtschaftlichkeit im Verkehr, a.a.O., S. 203f.

13 Ebd., S. 204.

wa seit Mitte der 20er Jahre mit dem im Hinblick auf den gesamten Verkehr zwar noch geringen aber zunehmend erfolgreichen Wettbewerb des Lkw konfrontiert sah,[14] warnte eindringlich vor einer drohenden Systemkrise in der Verkehrsbedienung. In einer als offiziell geltenden Stellungnahme des Reichsbahnrats Karl Schubert in der Deutschen Wirtschaftszeitung bezeichnete er die Frage von "Eisenbahn und Kraftwagen" als "wesentlich mehr als einen einfachen Konkurrenzkampf", sondern vielmehr als "Frage nach dem **Grundsystem**, nach dem künftig der Güterverkehr der deutschen Wirtschaft zu Lande bedient werden soll."[15] Die Rhetorik der Argumentation spiegelt die Überzeugung von der ethischen Überlegenheit der Gemeinwirtschaft:

> Soll in Deutschland weiter wie in dem verflossenen halben Jahrhundert der Ueberlandgüterverkehr in gemeinwirtschaftlicher Form bedient werden: sollen die Verkehrsunternehmungen also auch weiterhin nach gemeinwirtschaftlichen Grundsätzen aufgezogen, und nicht Selbstzweck sein, sollen also weiterhin vor allem mit dem Ziele arbeiten, ohne Rücksicht auf möglichst hohen Gewinn den gesamten Verkehr so billig und gerecht wie möglich zu bedienen, und um dies zu erreichen tragfähige Schultern belasten und schwächere entlasten, oder soll der Ueberlandgüterverkehr in Deutschland künftig nach kapitalistisch-privatwirtschaftlichen Grundsätzen bedient werden, d h. sollen künftig die Verkehrsunternehmen ihren Betrieb als Selbstzweck betrachten, ihn kapitalistisch aufziehen, auf möglichst hohe Gewinnrente abstellen und auf gemeinwirtschaftliche Interessen keine Rücksicht nehmen?"[16]

Schubert wies insbesondere auf die raumordnungspolitische Bedeutung der Eisenbahntarife hin, die "sorgfältigst ... in engstem Mitwirken mit den Kreisen der Wirtschaft" abgestimmt wurden, "damit alle Gebiete des Deutschen Reiches genügend versorgt und lebensfähig erhalten werden."[17] Unter dem Konkurrenzdruck des Lkw, so Schubert, werde die Bahn gezwungen, ebenfalls zur "privatkapitalistischen Verkehrsbedienung" überzugehen, ohne auf branchen- oder standortspezifische Ziele Rücksicht zu nehmen.[18]

---

14 Heimes, Vom Saumpfad zur Transportindustrie, a.a.O., S. 62.

15 Schubert: Gemeinwirtschaftliche oder kapitalistisch-privatwirtschaftliche Verkehrsbedienung? Ein dringliches Verkehrsproblem, Sonderdruck aus "Deutsche Wirtschafts-Zeitung" Nr. 32, v. 7.8.1930, S. 4, in: RWWA 22-239.

16 Ebd. S. 4f, in: RWWA 22-239.

17 Ebd. S. 10, in: RWWA 22-239.

18 Ebd. S. 12ff, in: RWWA 22-239.

Die Bahn appellierte damit gezielt an jene Wirtschaftskreise, denen die billige Verfrachtung von Rohstoffen und Massengütern zugute kam, vor allem aber auch an die wirtschaftspolitischen Interessen der Reichsregierung. Die tarifpolitischen Reformen der 20er Jahre, waren maßgeblich durch die von Alfred Weber begründete Standortlehre beeinflußt worden,[19] mit der die Prinzipien gemeinwirtschaftlicher Politik ihre wissenschaftliche Legitimation erhielten. Ihr Kernsatz lautete: Die Höhe und tarifarische Differenzierung der Transportkosten bestimmen vor allem anderen die Standortwahl der Unternehmen.[20] Damit erschien über die Tarifgestaltung im Verkehrswesen eine gezielte Raumordnungspolitik mit weitreichenden wirtschafts- und sozialpolitischen Implikationen wie Dezentralisierung von Industrien, Förderung schwach entwickelter Gebiete und Entballung der Zentren, im weiteren Sinne eine gezielte Siedlungs- und Kulturpolitik durch die Angleichung unterschiedlicher Lebensbedingungen möglich, an der der Staat großes Interesse hatte;[21] denn damit wurde nicht zuletzt die Bedeutung einer zentral gesteuerten Wirtschaftspolitik hervorgehoben und die Rolle des Reiches gegenüber den Ländern gestärkt. Das Reichsverkehrsministerium war in der Weimarer Republik durchgängig in der Hand von Parteien der bürgerlichen Mitte, deren wirtschaftspolitische Programme, mit den Zielen einer staatlich gelenkten gemeinwirtschaftlichen Tarifpolitik konform gingen. Das galt besonders für das Zentrum,[22] dem der bis zum 27. März 1930 amtierende Verkehrsminister Adam Stegerwald[23] und sein Nachfolger Theodor von Guérard[24] angehörten. Entsprechend äußerte sich Stegerwalds Staatssekretär Gutbrod zu der Frage:

---

19 A. Weber: Über den Standort der Industrien, Tübingen 1909, ders.: Industrielle Standortlehre, Tübingen 1923.

20 Weber, Über den Standort, a.a.O., S. 41-92.

21 A. F. Napp-Zinn: Die Prinzipien der Gemeinwirtschaftlichkeit in ihrer Anwendung auf die Verkehrsträger, in: Handbuch der öffentlichen Wirtschaft, Bd. 1, hrsg. v. Hauptvorstand der ÖTV, Stuttgart 1960, S. 208.

22 Zum sozial- und wirtschaftspolitischen Programm des Zentrums vgl. W. Mommsen: Deutsche Parteiprogramme, München 1960, S. 485.

23 Zur Person Stegerwalds vgl. E. R. Huber: Deutsche Verfassungsgeschichte seit 1789, Bd IV, Struktur und Krisen des Kaiserreichs, Stuttgart 1959, S. 1230.

24 Theodor von Guérard (1863-1943) war Verwaltungsjurist, leitete mehrfach das Reichsverkehrsministerium, und zwar als Vorgänger von Stegerwald vom 28.6.1928-7.2.1929 und als dessen Nachfolger im Ersten Kabinett Brüning vom 30.3.1930 bis 9.10.1931. Zur politischen Laufbahn vgl. Huber, Deutsche Verfassungsgeschichte seit 1789, Bd. 6, Die Weimarer Reichsverfassung, Stuttgart 1981, S. 196, Anm. 4.

Ist eine einheitliche Reichsverkehrspolitik überhaupt möglich? (...) ich glaube, die Frage zu verneinen, hieße nicht mehr und nicht weniger als dem Reich die Fähigkeit abzusprechen, die staatliche Führung, die von jeher im Verkehrswesen vorherrschend und maßgeblich gewesen ist, (...) seinerseits auszuüben. Die Frage verneinen, hieße dem Reich das Armutszeugnis auszustellen, daß es den starken Hebel, welche der Ausbau und die Entwicklung der Verkehrsmittel dem Staate für die Entfaltung der Wirtschaft in die Hand gibt, nicht richtig gebrauchen könne, es hieße, dem Reich den Verzicht zuzumuten, Wirtschaftspolitik, Siedlungs- und Bevölkerungspolitik zu treiben, die Grenzgebiete an den Kern des Staatskörpers zu binden und das wirksamste Mittel zur Festigung des Staatsgefüges ungenutzt zu lassen. Auch diejenigen, welche nicht auf dem Boden der Vergesellschaftung aller Produktionsmittel stehen, auch diejenigen, welche in der Initiative und Verantwortung des kapitalistischen Unternehmers die heute allein denkbare Gestaltungsform der Güterherstellung und Güterverteilung sehen, haben niemals Zweifel darüber gelassen, daß im Verkehrswesen eine straffe staatliche Führung nicht zu entbehren sei.[25]

Bei dieser Argumentation konnte der Reichsverkehrsminister mit breiter Zustimmung rechnen, denn sie rekurrierte nicht nur auf neueste ökonomische Erkenntnisse, sondern knüpfte ebenso an eine weitgehend antiliberalistische geistig-politische Strömung an, die die wirtschaftspolitische Grundorientierung der Weimarer Republik unmittelbar geprägt hatte.[26] In deren Mittelpunkt stand die Frage, wie einzelne Unternehmen oder ganze Wirtschaftsbereiche direkt dem Wohl der Allgemeinheit verpflichtet werden könnten.[27] Ausgelöst durch die revolutionäre politische Wende 1918, mit der die SPD erstmals mit in die Regierungsverantwortung getreten war, erschien dieses Ziel mit umfangreichen Sozialisierungen und der Übernahme von Unternehmen in öffentliche Regie erstmals konkret realisierbar.[28] Einer "wirklich sozialistischen Umwälzung"

---

25 zit. n. K. H. Müller: Reichsverkehrspolitik eine volkswirtschaftliche Notwendigkeit, in: VT (11) 1930, H. 11, S. 138.

26 H. Kellenbenz: Deutsche Wirtschaftsgeschichte, Bd. 2, Vom Ausgang des 18. Jahrhunderts bis zum Ende des Zweiten Weltkrieges, München 1981, S. 318f; Vgl. R. v. Thadden: Die Krise des Liberalismus zwischen den Weltkriegen, Göttingen 1978, S. 53-56.

27 A. v. Loesch: Die gemeinwirtschaftliche Unternehmung. Vom antikapitalistischen Ordnungsprinzip zum marktwirtschaftlichen Regulativ, Köln 1977, S. 15.

28 Kellenbenz, Deutsche Wirtschaftsgeschichte, a.a.O., S. 319; vgl. W. Abelshauser: Die Weimarer Republik als Wohlfahrtsstaat, Frankfurt 1987, S. 11; G. Ambrosius: Der Staat als Unternehmer. Öffentliche Wirtschaft und Kapitalismus seit dem 19. Jahrhundert, Göttingen 1984, S. 57.

(Ambrosius), wie sie in der USPD und von linksradikalen Gruppen in der Rätebewegung angestrebt wurde, setzte die gemäßigte Mehrheit die Idee der Gemeinwirtschaft entgegen.[29] Da sich utopische Vorstellungen einer monistischen Gemeinwirtschaft als Gesamtsystem einer planmäßig betriebenen Volkswirtschaft, wie sie etwa Wichard von Moellendorf, Walter Rathenau oder Otto Neurath bereits während des Krieges entwickelt hatten,[30] nicht durchsetzen konnten, gewann die klassische dualistische Konzeption, nach der nur bestimmte Bereiche wie die Verkehrs- und Versorgungswirtschaft gemeinwirtschaftlich organisiert wurden, während der größere Teil der Wirtschaft dem Marktprinzip unterlag, um so mehr an Bedeutung.[31]

Im Geflecht der wirtschaftlichen Interessen stieß die Gefährdung des gemeinwirtschaftlichen Tarifsystems der Bahn durch den neuen Verkehrsträger, insbesondere bei den Lobbyisten lokal- oder gruppenspezifischer Sonderinteressen, auf Widerstand. So hatte von Guérard dem Haushaltsausschuß des Reichstages zur Verbesserung des Verkehrswesens im Osten vorgeschlagen, wenn "der Kraftwagenverkehr im Stande ist, statt einer geplanten Eisenbahnlinie die gleiche Verkehrsleistung im Personen- und Güterverkehr zu bewältigen, so kommt statt des Bahnbaues eine Kraftverkehrspolitik in Betracht (...) Man kann ähnliche Erwägungen sogar bei vorhandenen Bahnlinien anstellen unter der Voraussetzung, daß der Ersatz ein vollkommener ist. Auf diese Weise könnten auch für die Reichsbahn Ersparnisse zu erzielen sein."[32] Das Rationalisierungspotential einer wettbewerblich begründeten Verkehrsteilung erschien jedoch aus lokalpolitischer Sicht gegenüber gemeinwirtschaftlichen Zielen nachrangig. Selbst die Erkenntnis, "daß zahlreiche Nebenbahnen nicht einmal die Selbstkosten ihres Betriebes" einbrachten, führte keineswegs zu der Einsicht, "da sei es doch vernünftiger, solche Eisenbahnlinien stillzulegen und hier dem Kraftwagen das Feld zu räumen"[33] Der Stettiner Jurist Bindewald, dem es darum ging, diese Logik zu entkräften, führte als Gegenargument an, daß nach

29 G. Könke: Planwirtschaft oder Marktwirtschaft? Ordnungspolitische Vorstellungen sozialdemokratischer Nationalökonomen in der Weimarer Republik, VSWG (77) 1990, S. 457ff, bes. S. 468f.

30 Beyer, Gemeinwirtschaft, a.a.O., S. 15f; Thiemeyer, Gemeinwirtschaftlichkeit, a.a.O., S. 40ff.

31 Ambrosius, Der Staat als Unternehmer, a.a.O.,S. 59.

32 Guérard in der Sitzung des Haushaltsausschusses des Reichstags am 12.5.1930, zit. n. VT (11) 1930, H. 21, S. 263.

33 Bindewald: Sind die Eisenbahnen noch berufen, jeden Verkehr zu bedienen?, in: VW (25) 1931, H. 12, S. 170.

seiner Auffassung der Kraftwagen zwar übers Jahr in der Lage sei, die Bahn in dünn besiedelten Gebieten zu ersetzen, jedoch keine ausreichenden Kapazitäten habe, um den im Osten zweimal jährlich anfallenden landwirtschaftlichen Saisonverkehr zu bewältigen.[34] Daraus schloß er mit Bezug auf die Äußerungen des Reichsverkehrsministers, daß der

> "Ersatz regelmäßig nicht ein vollkommener sein würde. Wollte sich die Deutsche Reichsbahn-Gesellschaft privatwirtschaftlich einstellen, so müßte sie es begrüßen, wenn sie hinsichtlich aller an sich unrentablen Nebenlinien (...) von der Betriebspflicht befreit würde. Die Reichsbahn ist aber bekanntlich auch nach ihrer Umstellung in die Gesellschaftsform Dienerin der deutschen Volkswirtschaft, der öffentlichen Interessen geblieben, und sie betreibt die genannten Strecken im Interesse der Landeswohlfahrt weiter."[35]

Die hehren Motive der gemeinwirtschaftlichen Verkehrsbedienung durch die Bahn fanden im landwirtschaftlich geprägten Osten naturgemäß Beifall. Da die großen Güter auf die billige Verfrachtung von Massengütern angewiesen waren, blieb eine leistungsfähige Reichsbahn für sie das wichtigste Verkehrsmittel. Der Deutsche Landwirtschaftsrat warnte daher in einer Resolution vor den Gefahren, die der Landwirtschaft im Falle einer Zerrüttung des volkswirtschaftlichen Tarifsystems der Reichsbahn durch den Kraftwagen drohten.[36] Seine Stimme hatte Gewicht. Als Spitzenvertretung der Deutschen Landwirtschaftskammern zählte der Rat zu den einflußreichsten Verbänden in der Verkehrspolitik,[37] nicht zuletzt weil über die Schutzwürdigkeit der (agrar)wirtschaftlichen Interessen des Ostens, insbesondere seiner verkehrswirtschaftlichen Lage, ein breiter politischer Konsens bestand.[38]

Die wirtschaftliche Entwicklung der Nachkriegszeit hatte ebenfalls dazu beigetragen, die Gemeinwirtschaft gegenüber dem privat-marktwirtschaftlichen System zu favorisieren: die Erfahrungen durch Krieg und Inflation, besonders

---

34 Ebd. S. 171.

35 Ebd.

36 Verkehrsmittel untereinander. Zur Frage Eisenbahn und Kraftwagen, in: VW (25) 1931, H. 9, S. 137f.

37 W. Menzel: Verkehrspolitik und wirtschaftliche Interessenvertretungen, in: Zeitschrift für Verkehrswissenschaft (7) 1929, S. 100f.

38 Verhandlungen des Deutschen Reichstags, IV. Wahlperiode, 48. Sitzung, 20.2.1929, in: Stenographische Berichte, Bd. 424, S. 1209-1214, bes. die Beiträge der Abgeordneten Geschke (KP), S. 1211 u. Mollath (Wirtschaftspartei), S. 1215.

aber die aufgrund der starken Konzentrationstendenzen in der Wirtschaft[39] einsetzende Diskussion über die Begrenzung wirtschaftlicher Macht,[40] schließlich die heraufziehende Weltwirtschaftskrise hatten in den Augen der Zeitgenossen den Selbststeuerungsmechanismus des Marktes in Frage gestellt und die Entfaltung des "Interventionsstaates"[41] begünstigt.[42] Dazu bekannten sich keineswegs nur die sozialistisch orientierten Theoretiker. Auch die Jungkonservativen, wie etwa der publizistisch aktive "Tat-Kreis", plädierten für eine staatlich gelenkte Wirtschaft.[43] Die ökonomischen Leitbilder um 1930 rekurrierten auf einer "nationalistisch-etatistischen Tradition im deutschen Wirtschaftsdenken", die sich schon seit der Mitte des 19. Jahrhunderts als Gegenposition zu einer als zu liberalistisch empfundenen Wirtschaftspolitik formiert hatte.[44]

Einer der bekanntesten Vertreter einer Einschränkung der freien Marktwirtschaft zugunsten der verstärkten Staatseinmischung war der Ökonom Werner Sombart. Sein Interventionsziel klammerte einen technologisch motivierten Fortschritt gezielt aus: "Das unmittelbare Ziel jeder vernünftigen Wirtschaftspolitik muß sein: der Produktion Nachhaltigkeit und Stetigkeit zu verleihen. Auf Fortschritte, wie sie das ökonomische Zeitalter kennzeichnen (...), verzichten wir (...) Wenn man also als den Hauptnachteil einer Beseitigung des Kapitalismus, Verlangsamung des technischen und wirtschaftlichen Fortschritts, be-

---

39 Vgl. Konzerne, Interessengemeinschaften und ähnliche Zusammenschlüsse der deutschen Wirtschaft. Einzelschrift zur Statistik des deutschen Reiches, Nr. 1, hrsg. v. Statistischen Reichsamt, Berlin 1927.

40 Ambrosius, Der Staat als Unternehmer, a.a.O., S.62.

41 Vgl. W. Röpke: Staatsinterventionismus, in: Handwörterbuch der Staatswissenschaften, Ergänzungsband Jena[4] 1929, S. 862ff; G. D. Feldmann: Der deutsche organisierte Kapitalismus während der Kriegs- und Inflationsjahre 1914-1923, in: Organisierter Kapitalismus, hrsg. v. H. A. Winkler, Göttingen 1974, S. 153.

42 H. Winkel: Der Glaube an die Beherrschbarkeit von Wirtschaftskrisen (1933-1970), in: Die große Krise der dreißiger Jahre. Vom Niedergang der Weltwirtschaft zum Zweiten Weltkrieg, hrsg. v. G. Schulz, Göttingen 1985, S. 19ff.

43 E. W. Eschmann: Wirtschaften auf Befehl und Übereinkunft, in: Die Tat, Bd. 34, S. 241f.

44 Barkai, Das Wirtschaftssystem des Nationalsozialismus, a.a.O., Kapitel 2, S. 68ff, bes. S. 79; vgl. K. Fritzsche: Romantik und Gegenrevolution, Fluchtwege in der Krise der bürgerlichen Gesellschaft, Das Beispiel des >Tat<-Kreises, Frankfurt 1976.

zeichnet, so antworten wir, daß wir gerade darin einen Segen erblicken würden."[45]

Im Zuge der Weltwirtschaftskrise formierte sich eine präfaschistische Wirtschaftskritik, die für die Kontinuität wirtschaftspolitischer Paradigmen wie der Gemeinwirtschaftlichkeit über die politische Zäsur der nationalsozialistischen Machtergreifung hinaus entscheidende Bedeutung hatte. Das Modell eines "deutschen Sozialismus", der eine durch Wettbewerb auf Fortschritt zielende Ordnung verwarf, und statt dessen eine durch staatlichen Dirigismus auf Bewahrung setzende Wirtschaftsorganisation propagierte, stützte nicht nur mittelbar die Idee einer bedarfsorientierten (Gemein)Wirtschaft, sondern war ebenso geeignet, die Entwicklungsmöglichkeiten eines aus einer technologischen Innovation entstandenen Verkehrsmittels eher zu beschränken als zu fördern. Denn der konservativen Wirtschaftskritik diente insbesondere die technizistische Propaganda für die Rationalisierung als bevorzugte Angriffsfläche[46] Die spezifische ökonomische Verwertung des technischen Fortschritts war sogar zunehmend bei der Technischen Intelligenz selbst in Mißkredit geraten. Im Laufe der 20er Jahre wandten sich die Ingenieure immer stärker gegen die Inkorporation der Technik durch Profit und Tauschsystem der kapitalistischen Wirtschaft.[47] Auch sie vertraten statt dessen eine staatlich gesteuerte, am Prinzip des Gemeinwohls orientierte Anwendung der Technik, indem sie dem privatwirtschaftlichen System stets eine "ideelle Gemeinwirtschaft"[48] gegenüberstellten.[49]

Die technikkritische Fortschrittsfeindlichkeit oder zumindest -skepsis konservativer Ökonomen und Ingenieure schlug sich auch in den konkreten tagespolitischen Empfehlungen der Wissenschaft nieder. Die Verkehrswissenschaftler, die publizistisch oder in öffentlichen Vorträgen zum Problem "Eisenbahn und Kraftwagen" Stellung nahmen, standen fest auf dem Boden des

---

45 W. Sombart: Der deutsche Sozialismus, Berlin 1934, S. 318; Sombart hatte jedoch auch bereits in den Jahren zuvor für verstärkte staatliche Intervention plädiert; vgl. ders.: Die Zukunft des Kapitalismus, Berlin 1932.

46 J. Bönig: Technik und Rationalisierung in Deutschland zur Zeit der Weimarer Republik, in: Technik-Geschichte. Historische Beiträge und neuere Ansätze, hrsg. v. U. Troitzsch u. G. Wohlauf, Frankfurt 1980, S. 393.

47 Ludwig, Technik und Ingenieure im Dritten Reich, a.a.O, S. 45; Herf, Reactionary Modernism, a.a.O., S. 155; vgl. F. Dessauer: Der Streit um die Technik, Frankfurt 1956.

48 R. Weyrauch: Die Technik. Ihr Wesen und ihre Beziehungen zu anderen Lebensgebieten, Stuttgart, Berlin 1922, zit. n. Ludwig, Technik und Ingenieure, a.a.O., S. 48.

49 Ludwig, Technik und Ingenieure, a.a.O., S. 47f.

staatlichen Interventionismus zugunsten der Gemeinwirtschaft. Der Kölner Wissenschaftler Albert Arnecke favorisierte in der Zeitschrift für Verkehrswissenschaft eine "Planwirtschaft im Verkehrswesen"[50], deren Aufgabe wäre, "in einer idealen Mitte zwischen Monopolgewalt und Schwäche des Einzelwirtschafters eine Sphäre des Ausgleichs zu schaffen, wo Kräfteaufwand und Wirtschaftserfolg privat- und sozialwirtschaftlich" am besten vereinbart sind.[51] Verbreitet war die Ansicht, daß ein für das öffentliche Interesse schädlicher "wilder Wettbewerb" durch einen planwirtschaftlich gezügelten gesunden bzw. "veredelten Wettbewerb" zu ersetzen sei.[52] In einem anderen Artikel derselben Zeitschrift widmete Hans K. Schultz den Gründen für eine Regulierung des Kraftverkehrs breiten Raum und kam ebenfalls zu der Erkenntnis, daß ein uneingeschränkter Wettbewerb zu Schleuderpreisen und frühem Konkurs mit der Folge einer nicht zu verantwortenden "Vergeudung von Kapital" führen müßte. In diesem Fall könne die Öffentlichkeit einer "Regulierung n i c h t ablehnend" gegenüber stehen.[53] Für das Verhältnis zwischen Eisenbahn und Kraftwagen forderte er eine alle Interessen befriedigende "Verkehrsteilung" durch "zwangsweise" Regulierung.[54] Den gleichen Standpunkt teilte der renommierte Kölner Verkehrswissenschaftler Anton-Friedrich Napp-Zinn.[55] Der Stuttgarter Ökonom Carl Pirath stellte in einem Vortrag vor der Gewerkschaft deutscher Eisenbahner den "sozialwirtschaftlichen Ausgleich", als "wertvolle Eigenschaft der Reichsbahn" in den Mittelpunkt.[56] Sie bestehe darin, für "jedermann und jeden Wirtschaftszweig jede gewünschte Verkehrsarbeit zu leisten, während andere Verkehrsmittel - besonders der Kraftwagen - nur versuche "den ihm zusagenden Verkehr an sich zu ziehen, zum Teil auf Kosten der Verkehrsarbeit der Eisen-

---

50 A. Arnecke: Planwirtschaft im Verkehrswesen, in: Zeitschrift für Verkehrswissenschaft (8) 1930, S. 133ff

51 Ebd.

52 Ebd., S. 135.

53 H. Schultz: Die Regulierung des Kraftverkehrs, in: Zeitschrift für Verkehrswissenschaft (9) 1931, S. 13.

54 Ebd., S. 21.

55 Vgl. Voigt: Die Wettbewerbsgrundlage zwischen Schienenbahn und Kraftwagen, in: VT (12) 1931, H. 30/31, S. 373.

56 C. Pirath: Die Eisenbahnen in der neuzeitlichen Verkehrswirtschaft. Vortrag, gehalten auf dem 5. Gewerkschaftstag der Gewerkschaft Deutscher Eisenbahner e. V. am 21.6.1931 in Stuttgart, abgedruckt in VW (25) 1931, H. 27, S. 356

bahnen."[57] Auch Pirath verlangte, beide Formen des Verkehrzwecks nicht "plan- und hemmungslos" nebeneinander wirken zu lassen, da der Tarifaufbau der Bahn im Interesse der Wirtschaft geschützt werden müsse: "Er ist geradezu eine Ausdrucksform der vorhandenen Wirtschaftsstruktur eines Landes, an die eine einheitliche Verkehrswirtschaft sich vor allem gebunden fühlen muß. Seine Umgestaltung würde Veränderungen in den Standortsverhältnissen der deutschen Wirtschaft mit sich bringen, deren Tragweite für manche Gebiete unübersehbar ist."[58]

Die Stellungnahmen der Verkehrswissenschaftler werfen ein bezeichnendes Licht auf das explizit antiliberale Gemeinwohlverständnis der Zeit. Sie erkannten ganz im Gegensatz zur klassischen Volkswirtschaftslehre des vergangenen Jahrhunderts ein deutliches Spannungsfeld zwischen übergeordneten volkswirtschaftlichen Motiven und einzelwirtschaftlichen Zielsetzungen. Dieses Spannungsfeld kennzeichnete im Kern den verkehrspolitischen Konflikt um Lkw und Bahn.

3.1.2 Lkw und Rationalisierung: Betriebswirtschaftliche contra volkswirtschaftliche Rentabilität

Aus einzelwirtschaftlicher Sicht gewann der Lkw als Mittel zur Rationalisierung des Gütertransports wachsende Bedeutung, als die Rationalisierungswelle der 20er Jahre ihren Höhepunkt überschritten hatte. In der sich verschärfenden Wirtschaftskrise mehrten sich die Stimmen, die eine übertriebene Rationalisierung als Ursache von Überangebot, Absatzschwierigkeiten und Beschäftigungsrückgang anprangerten.[59] Zugleich erreichte der Lkw allmählich die technische Reife, die ihn zu einem vielfältig einsetzbaren zeit- und kostensparenden Transportmittel machte,[60] auf das die unter Kosten- und Rentabilitätsdruck stehenden Unternehmen nicht mehr verzichten wollten. Der Lkw erschien besonders geeignet, der umfassenden Programmatik industrieller Rationalisierung in der

---

57 Ebd.

58 Ebd. S. 358.

59 Vgl. O. Bauer: Rationalisierung - Fehlrationalisierung, Wien 1931, S.175.

60 Fortschritte gab es vor allem in der Motorleistung, beim Fahrwerk, bei Aufbauten und Rahmen sowie in der Reifen- und Bremstechnik. Produktivkräfte in Deutschland 1917/18-1945, a.a.O., S. 302; 100 Jahre Daimler-Benz, Die Technik, v. M. Barthel u. G. Lingnau, Mainz 1986, S. 87ff; Leistung und Weg, Zur Geschichte der MAN-Nutzfahrzeuge, hrsg. v. der MAN AG Nürnberg, Berlin, Heidelberg 1991, S. 20ff.

Weimarer Republik Rechnung zu tragen, die sich nicht auf Normierung, Standardisierung und Fließbandproduktion beschränken wollte, sondern u. a. auch Güterverteilung, Transport und Lagerhaltung zum Ziel hatte.[61] Er verband relative Schnelligkeit mit Flexibilität und wurde damit den beiden zentralen Angelpunkten der Rationalisierungsanstrengungen in der Industrie - in Gestalt von zeitökonomischer Produktion verbunden mit einer spezifisch deutschen Flexibilitätsstrategie - gleichermaßen gerecht.[62]

Für einen rationalisierten Warenaustausch hatte insbesondere der Eilversand von Gütern wachsende Bedeutung gewonnen. Die Zeitschrift *Das Lastauto*[63] erschien bereits 1929 mit einem Beitrag, der die Hauptforderung der Industrie "nach größter Beschleunigung aller ausgehenden Gütersendungen" hervorhob.[64] Die Eisenbahn konnte diesem Beschleunigungsdrang trotz aller Anstrengungen auf Dauer nicht mehr entsprechen. 1929 war absehbar, daß ihre Abfertigungskapazitäten ausgeschöpft waren, und eine weitere Beschleunigung der Transporte im Rahmen der fahrplanmäßigen Beförderung an Grenzen stieß.[65] Augenfälligstes Zeichen dieser Entwicklung war die Selbsthilfe der Industrie durch den Werkverkehr, der nach Angaben des "Lastautos" etwa bei Krupp bereits 18 Prozent des Güterversands übernahm, bei den Lothringischen Eisen- und Stahlwerken rund 15 Prozent.[66] Einzelne Erhebungen der lokalen Industrie- und Handelskammern kamen zu noch höheren Anteilen. Im Bezirk Köln wurden von den werkverkehrtreibenden Unternehmen bei der Abfuhr von Gütern zu 94 Prozent Lkw eingesetzt. [67]Als Vorteile des Lkw galten im Rationalisierungsvo-

---

61 H. Hinnenthal: Die deutsche Rationalisierungsbewegung und das Reichskuratorium für Wirtschaftlichkeit, Berlin 1927, S. 7; vgl. T. von Freyberg, T. Siegel: Industrielle Rationalisierung unter dem Nationalsozialismus, Frankfurt, N.Y. 1991, S. 23.

62 Ebd., S. 27f; vgl. T. von Freyberg: Industrielle Rationalisierung in der Weimarer Republik. Untersucht an Beispielen aus dem Maschinenbau und der Elektroindustrie, Frankfurt, N.Y. 1989, S. 69ff.

63 Die Zeitschrift *Das Lastauto* erschien seit 1924 und war das Organ des Reichsverbandes für Nutzfahrzeuge e. V., Berlin.

64 J. Horn: Lastkraftwagen und Lastkraftzug im Dienste der Güterbeförderung, in: Das Lastauto (6) 1929, H. 42, S. 7.

65 Vgl. die Angaben aus dem Bericht Nr. 10 des Eisenbahnkommissars vom 14. Dezember 1929, in: Eisenbahn und Kraftwagen, a.a.O., S. 8.

66 Horn, Lastkraftwagen und Lastkraftzug, a.a.O., S. 7.

67 Untersuchungen über den werkeigenen Güterverkehr mit Lastkraftwagen im Bezirk der Industrie- und Handelskammer Köln, S. 3, in: WWA K 1 Nr. 1937 (Die Erhebung

kabular der 20er Jahre die Einsparung "toter Transportzeiten", weil jegliche Zwischenlagerung unterblieb, sowie eine Zeitersparnis "auf das Transport-Hundertkilometer ... bis zu 35 Minuten". Sendungen über weniger als 100 Kilometer erreichten noch am selben Tag den Empfänger, eine Leistung, die von der Bahn nur in wenigen Fällen erbracht werden konnte. Daher sei die Benutzung des Lkw nicht mehr "eine angenehme Möglichkeit, ..., sondern eine Notwendigkeit für die deutsche Wirtschaft.[68]

Transportrationalisierung blieb nicht bei der Feststellung stehen, daß Zeit Geld ist. Im Zuge der Propagandierung einer "wissenschaftlichen Betriebsführung" mit exakter Kostenkontrolle gelangten naturgemäß auch die Beförderungsentgelte ins Blickfeld. Damit geriet das nicht kostenbezogene Tarifsystem der Bahn in die Kritik. Das *Magazin der Wirtschaft*[69] erschien mit einer Serie kritischer Artikel zur Güterbeförderung und Tarifgestaltung der Reichsbahn. Darin wurde festgehalten, daß das Gütertarifsystem "überhaupt nicht volkswirtschaftlich" sei, sondern sich aus den inneren Notwendigkeiten der Eisenbahnwirtschaft ergäbe. Niedrige Tarife für Massengüter folgten einfach dem privatwirtschaftlichen Gebot der Rücksichtnahme auf die Höhe der für solche Güter tragbaren Beförderungskosten. Um die Verluste zu kompensieren, versuche die Bahn an Gütern mit hohem spezifischen Wert möglichst viel zu verdienen. Dahinter stehe der Grundsatz "To charge what traffic can bear" - mit Volkswirtschaft und Wirtschaftspolitik habe das nichts zu tun.[70] Inzwischen sei die Spanne zwischen den oberen und unteren Tarifklassen ohne Not überdehnt worden, die Folge für die Wirtschaft ein "System der künstlichen, nicht mehr dem gegenwärtigen Stand der Verkehrswirtschaft entsprechenden Verbilligung der Beförderungskosten der Massengüter auf Kosten der Qualitätswaren."[71] Die Kritik zielte darauf ab, das politisch bestimmte System gemeinwirtschaftlicher Verkehrsbedienung durch ein ökonomisch in den technischen Eigenarten der Ver-

---

ist ohne Datum jedoch mit hoher Wahrscheinlichkeit in den Jahren 1931 oder 1932 entstanden. Zu diesem Zeitpunkt begannen die Industrie- und Handelskammern, veranlaßt durch den verstärkten politischen Druck der Reichsbahn zur Eindämmung des Kraftwagensverkehrs, mit ersten statistischen Untersuchungen, um den durchweg grob geschätzten Angaben der Reichsbahn realistische Werte entgegenzusetzen.)

68 Ebd.

69 Das *Magazin der Wirtschaft* war eine seit 1925 erscheinende, renommierte wirtschaftspolitische Wochenzeitschrift, Herausgeber war Leopold Schwarzschild. 1931 wurde das *Magazin* eingestellt.

70 Die Tarifpolitik der Reichsbahn, in: Magazin der Wirtschaft (5) 1929, Nr. 38, S. 1448.

71 Ebd., S. 1449.

kehrsmittel begründetes System zu ersetzen. Als Transportmittel mit hohen Fixkosten und mit zunehmender Entfernung stark sinkenden variablen Kosten war die Bahn bei der weiträumigen Beförderung von Massengütern durchaus in der Lage, diesen Verkehr wirtschaftlich zu bedienen, während umgekehrt der Lkw technisch bedingt im Stückgutverkehr - zunehmend auch auf weitere Entfernungen - kostenmäßig überlegen war. Eine solche Verkehrsteilung wurde auch in verschiedenen ökonomischen Untersuchungen empfohlen.[72] Die Reichsbahn widersetzte sich jedoch einer kostengerechten Umgestaltung des Tarifsystems mit dem Argument, daß eine verstärkte Mobilisierung von Rohstoffen und Massengütern in jedem Fall im volkswirtschaflichen Interesse sei und darüber hinaus unerheblich, ob das Tarifwesen zugleich den Privatwirtschaftserfordernissen der Reichsbahn entspreche.[73]

Die billige Beförderung von Massengütern begünstigte insbesondere den Bergbau und die Schwerindustrie. Erwartungsgemäß wandte sich daher der überwiegend von schwerindustriellen Interessen dominierte Langnamverein[74] entschieden gegen den vorgeschlagenen Umbau des Normalgütertarifs der Bahn. Aus der Sicht des Vereins mußte die "Frage, ob die Wirtschaft es leichter ertragen könne, daß das Werttarifsystem der Reichsbahn abgebaut, d.h. praktisch gesprochen die Beförderung der Rohstoffe und Massengüter verteuert oder daß der Kraftwagen in der Beförderung hochwertiger Güter auf längere Entfernung zugunsten der Reichbahn zurückgedrängt wird (...) wohl notwendigerweise zugunsten des bestehenden Werttarifsystems entschieden werden."[75] Der Verein verwies explizit darauf, daß durch eine Mehrbelastung der unteren Tarifklassen "breiteste Wirtschaftskreise", vor allem Bergbau, eisenschaffende

---

72 E. Merkert: Der Lastkraftwagenverkehr seit dem Kriege, insbesondere sein Wettbewerb und seine Zusammenarbeit mit den Schienenbahnen, Köln 1926; W. Scholz: Eisenbahn und Kraftwagen, Berlin 1929, später am entschiedensten von L. v. Heder: Die Konkurrenzfähigkeit des Kraftwagens gegen Eisenbahn und Kleinbahn. Unter besonderer Berücksichtigung der Verhältnisse in Deutschland, Diss. Berlin 1931, S. 123ff.

73 W. Spiess: Zum Preisbildungsproblem: Ist die bisherige Tarifbildung und Gebarung der Reichsbahn systematisch volkswirtschaftlich? Vortrag, gehalten in der 6. eisenbahnwissenschaftlichen Woche der Verwaltungsakademie Berlin am 7.10.1929, abgedruckt in: Zeitung des Vereins Deutscher Eisenbahnverwaltungen (69) 1929, Nr. 50, S. 1311/1314.

74 Den Vorsitz führte Paul Silverberg als Vertreter des größten deutschen Braunkohlenunternehmens, der "Rheinischen Aktiengesellschaft für Braunkohlenbergbau und Brikettfabrikation" (RAG).

75 Mitteilungen des Vereins zur Wahrung der gemeinsamen wirtschaftlichen Interessen in Rheinland und Westfalen, Jg. 1930, Nr. 1, N.F., H. 16, S. 47.

Industrie, Landwirtschaft, Steine und Erden Industrie, Holzindustrie und Bauwirtschaft, die "allein 3/4 des gesamten deutschen Eisenbahngüterverkehrs" aufbrachten, empfindlich getroffen würden.[76] Die Argumentation des Magazins der Wirtschaft ginge insofern von völlig unzutreffenden Voraussetzungen aus, als daß das Fehlerhafte nicht im Tarifsystem der Reichsbahn liege, sondern an der "überspannten, den tatsächlichen Bedürfnissen nicht entsprechenden Entwicklung der Verkehrswirtschaft."[77] Das "Magazin der Wirtschaft" hielt erneut dagegen, indem es die immer wieder als gemeinwirtschaftlich herausgestellte Mobilisierung der Massengüter als unwirtschaftlich anprangerte. Der Beitrag wies darauf hin, daß es als "eines der wichtigsten und am meisten erfolgversprechenden Ziele der modernen Rationalisierung" galt, innerhalb der Betriebe die erforderlichen Transportleistungen auf ein Mindestmaß herabzudrücken. Auf die volkswirtschaftliche Ebene übertragen sei daher die künstliche Mobilisierung von Gütern mittels nicht kostenechter Tarife auf der Eisenbahn ein widersinniges "Spazierenfahren" und ökonomisch nicht zu rechtfertigen.[78] Ein "rationeller Einsatz" der Verkehrsmittel im volkswirtschaftlichen Erzeugungs- und Verteilungsprozeß sei vielmehr nur dann möglich, wenn jeder einzelne Transport auf der Grundlage seiner Kosten ausgeführt würde. Wenn die Reichsbahn durch den Kraftwagenwettbewerb gezwungen würde, sich einem solchen "wahrhaft 'gemeinwirtschaftlichen' Tarif wenigstens anzunähern", sei das nur zu begrüßen.[79]

Die Subventionierung der Massengüter durch systematische Überteuerung der hochwertigen Stückgüter traf vor allem den Handel, besonders Einzelhandelsunternehmen, die vergleichsweise teure, zudem oft hochempfindliche oder verderbliche Güter mit zusätzlichem Preisaufschlag vertrieben. Die Zeitschrift "Die Betriebswirtschaft", das Interessenorgan des Handels, unterstrich die Writschaftlichkeit des Lkw-Transports. Die Bedeutung der Transportkosten für die Absatzfähigkeit aller Güter sei bereits in zahlreichen "volks- und betriebswirtschaftliche Untersuchungen" zur Rationalisierung herausgestellt worden. argumentierte die Zeitschrift. Der Artikel zeigte systematisch von welchen Faktoren, einzelnen"Kostenelementen", eine wirtschaftliche Gestaltung des Transportdienstes im Handel abhängig zu machen war, um daraus gezielt den rentabel-

---

76 Ebd., S. 49.

77 Ebd., S. 50f.

78 Utermann: Monopolistische oder freie Verkehrspolitik, in: Magazin der Wirtschaft (6) 1930, Nr. 47, S. 2157.

79 Ebd., S. 2159.

sten Einsatz im Hinblick auf die Jahreskilometerleistung und das regelmäßig zu befördernde Gütervolumen zu ermitteln und zu empfehlen.[80]

Zusätzliche Nahrung erhielt die Rationalisierungsdiskussion durch verschiedene lokale Erhebungen der Industrie- und Handelskammern, in denen die Unternehmen nach dem Umfang und den Gründen für den Einsatz von Lkw befragt wurden. Die Kombination von schneller und kostengünstiger Beförderung gaben demnach in überwiegendem Maße den Ausschlag für den Lkw-Transport. Hinzu kamen qualitative Elemente der Beförderung, die sich in finanziellen Vorteilen niederschlugen.[81] Die Unabhängigkeit vom Schienenfahrplan, die relativ hohe Geschwindigkeit und die "kleine Raumeinheit" der Ladeflächen wurden überall als vorteilhafte Anpassung an die Bedürfnisse der Verlader herausgestellt. Hinzu kamen die kostenssenkenden Vorzüge des Haus-zu-Haus-Verkehrs, wie Ersparnis der Rollfuhr zur Bahnstation, Ersparnis von Lagerhaltungskosten, vereinfachte Kalkulation mit nur einer Durchgangsfracht, Ersparnis bei der Verpackung und gleichzeitige Schonung der Güter.[82] Dem standen entsprechende Nachteile des Eisenbahngütertarifs (DEGT) gegenüber, die den Lkw-Wettbewerb geradezu begünstigten, u.a. die generelle Überteuerung der oberen Wagenladungsklassen, die Höhe der Nebenklassenaufschläge sowie Auftarifierungen für bestimmte Güter und Bedeckungszuschläge.[83] Darüber hinaus wurde jedoch betont, daß auch nach einer Behebung dieser Mißstände nicht durchweg mit einer Rückwanderung des Verkehrs auf die Schiene gerechnet werden konnte. Viele Unternehmen hatten erkennen lassen, daß "die aus der Beförderungstechnik des Kraftwagens erwachsenen Vorteile (...) so wertvoll sind, daß (...) sogar Mehrkosten des Kraftwagens" hingenommen würden.[84]

---

80 Die Wirtschaftlichkeit des Nutzkraftwagenbetriebes, in: Die Betriebswirtschaft. Zeitschrift für Handelswissenschaft und Handelspraxis (23) 1930, H. 4, S. 115ff.

81 Ergebnis einer Untersuchung der IHK Köln über den werkeigenen Güterverkehr im Bezirk Köln, o.D. ,S. 9-11, in: WWA K 1 Nr. 1937.

82 Eisenbahn und Kraftwagen, a.a. O., S. 6.

83 Ebd., S. 55f.

84 Ebd., S. 58. Beispielhaft nannte die Denkschrift die Brauereiunternehmen: "So erscheint es ausgeschlossen, daß die Brauereien für das im Umkreis von etwa 100 km gelegene Absatzgebiet jemals wieder zur Bahnbenutzung zurückkehren würden. Die Schnelligkeit der Belieferung, Rückgewinnung leerer Fässer, Sicherheit des Inkassos, Verminderung des durch Temperatureinflüsse erwachsenden Risikos und Geldaufwandes für Eis und Kälteschutzmittel sowie das Reklamebedürfnis haben ausschlaggebende Bedeutung. (...) Mitunter ist die Schnelligkeit der Lieferung auch von so gro-

Die wachsende Bedeutung der Rationalisierung im Transportwesen nötigte zu differenzierteren verkehrspolitischen Maßstäben. Dem konnte sich auch die Reichsbahn nicht grundsätzlich verschließen. In einer umfangreichen Denkschrift zum Thema "Reichsbahn und Kraftwagenverkehr" unterschied die Bahn zwischen technisch bedingten Wettbewerbsvorteilen, die sie ohne weiteres hinnehmen wollte, und auf "bloßer" Preisunterbietung beruhenden Vorteilen, die sie unter Hinweis auf ihre eigenen Tarifbindungen ablehnte. Dabei ging sie wie der DIHT davon aus, daß die transporttechnischen Vorzüge des Lkw am stärksten im Nahverkehr zum Tragen kamen, während die Bahn bei den Beförderungsbedingungen im Fernverkehr zunehmend konkurrenzfähiger wurde und der Wettbewerb des Lkw im wesentlichen zum reinen Preiswettbewerb wurde.[85] Den Hintergrund dieser Argumentation bildete zum einen die Einsicht, daß der Nahverkehr für die Bahn selbst häufig unrentabel war und Verkehrsabwanderungen zum Lkw zudem teilweise durch Zubringerleistungen kompensiert wurden. Im Fernverkehr trat der Lkw dagegen in direkte Preiskonkurrenz zum rentabelsten Verkehr der Bahn. Seine hochwertigen Güter, Stückgut und Güter der oberen Wagenladungsklassen, bildeten die Haupteinnahmequelle der Reichsbahn. Die Denkschrift bezeichnete den Lkw-Fernverkehr als "volkswirtschaftlich ungesund und bedenklich", weil er nicht zugleich auch die gemeinwirtschaftlichen Aufgaben der Bahn wahrnahm - v.a. die Anbindung verkehrsungünstiger Gebiete - und nur deshalb günstiger sein konnte.[86] Der Lkw gründe in diesem Bereich seine Existenz "ganz überwiegend auf die Ausnutzung einer Preislage (...), die sich aus dem volkswirtschaftlichen Aufbau des Gütertarifsystems der Reichsbahn ergibt"[87]. In ihrer Denkschrift legte die Bahn auch erstmals konkrete Ausfallschätzungen vor. Danach beliefen sich die Einnahmeausfälle in den oberen Güterklassen bereits 1928 auf rund 180 Millionen RM, in den unteren Klassen auf 20-30 Millionen. Für 1929 rechnete die Bahn mit einem Gesamtausfall durch den Lkw von rund 410 Millionen RM.[88] Diese Zahlen erschienen im Rahmen der gesamten Verkehrsleistung der Reichsbahn keineswegs so dramatisch, daß sich daraus

---

ßer Bedeutung, daß demgegenüber etwaige Mehrkosten nicht ins Gewicht fallen, zumal die Eisenbahn bisweilen nicht in der Lage ist Gleichwertiges zu bieten." Eisenbahn und Kraftwagen, a.a.O, S. 60.

85 Vgl. Reichsbahn und Kraftwagenverkehr, hrsg. v. der Deutschen Reichsbahn Gesellschaft, Berlin 1930, S. 32.

86 Ebd., S. 61f.

87 Ebd., S. 63.

88 Ebd. Anlage 2.

dringender Handlungsbedarf ergeben hätte. Die Bahn sah die Verluste jedoch rückblickend zu einem Zeitpunkt, in dem sich ihre allgemeine Finanzlage infolge des sinkenden Güterverkehrsaufkommens in der Wirtschaftskrise drastisch verschlechterte. Der Einbruch im Verkehr traf die Bahn aufgrund ihrer überragenden Stellung im Landverkehr naturgemäß überproportional. Sie verlor bereits im ersten Jahr der Krise 18 Prozent ihres Güterverkehrs von 1929. Im folgenden Jahr belief sich der Rückgang bereits auf 33 Prozent.[89] Obwohl der Anteil des Lkw am Verkehrsausfall auf Schätzungen beruhte, leitete die Bahn seine zunehmende Konkurrenz aus der schon 1929 erkennbaren Kluft zwischen der Verkehrszunahme bei Rohstoffen und Massengütern einerseits und einem Rückgang bei Halbfertig- und Fertigwaren andererseits her.[90] Dieser Verkehrsverschiebung entsprachen die geringen Zuwachsraten für Stückgüter und Wagenladungsgüter der oberen Tarifklassen.[91] Ein ungehinderter Fortgang dieser Entwicklung bildete für die Bahn auf längere Sicht eine wirtschaftliche Gefahr.

Auf einer vom Langnamverein zusammen mit dem Verkehrswissenschaftlichen Institut in Köln veranstalteten Tagung zum Thema "Eisenbahn und Kraftwagen" in Düsseldorf erklärte Reichsbahndirektor Zietschmann unumwunden, daß eine ungehemmt fortschreitende Expansion des Lkw im Fernverkehr den Verkehrsbesitz der Bahn in wenigen Jahren aushöhlen würde. Gegenüber den eisenbahnnahen Industrien im Langnamverein ließ er durchblicken, daß die Reichbahn in diesem Fall gezwungen wäre, die Verluste durch Erhöhung bei den Gütern zu kompensieren, die nicht von der Konkurrenz des Lkw betroffen seien, überwiegend die Massengüter also.[92] Darüber hinaus deutete er an, die Öffentlichkeit der Tarife teilweise aufzuheben.[93] Das Szenario, mit dem die

89 Zahlen nach: Die Güterbewegung auf deutschen Eisenbahnen 1930 und 1931, in: AEW (56) 1933, S. 962; vgl. Tabelle, ebd., S. 963.

90 Vgl. Die Güterbewegung auf deutschen Eisenbahn 1929, in: AEW (53) 1930, Tabelle S. 432-435.

91 Reichsbahn und Kraftwagenverkehr, a.a.O., Anlage 2

92 Redebeitrag Zietschmanns auf der Tagung des Langnamvereins am 27.5.1930 in Düsseldorf. Eisenbahn und Kraftwagen, Verhandlungen auf der im Einvernehmen mit dem Reichsverband der Deutschen Industrie vom Verein zur Wahrung der gemeinsamen wirtschaftlichen Interessen in Rheinland und Westfalen gemeinsam mit dem Institut für Verkehrswissenschaft an der Universität Köln am 27. Mai 1930 in Düsseldorf veranstalteten Verkehrstagung, Mitteilungen des Vereins zur Wahrung der gemeinsamen wirtschaftlichen Interessen in Rheinland und Westfalen, Jg. 1930, Nr. 3, N.F. H. 18, S. 273f

93 Zietschmann, ebd., S. 275.

Reichsbahn ihre Klientel mobilisierte, stieß bei den Kraftverkehrsinteressenten auf entschiedenen Widerspruch. Der Geschäftsführer des Reichsverbandes der Automobilindustrie (RDA), Scholz, kritisierte auf derselben Tagung die Ausfallschätzungen als nicht nachvollziehbar und bestritt auch die Rentabilitätsargumentation im Hinblick auf Fernverkehr. Er wies darauf hin, daß ein erheblicher Teil des Kraftverkehrs neuer Verkehr sei.[94] Ein Vergleich des durchschnittlichen Vierjahreszuwachses zwischen 1925 und 1928 mit einem vergleichbaren Zeitraum der Vorkriegszeit lasse erkennen, daß die Zuwachsraten erstaunlich stabil seien und daher kein absoluter Verkehrsverlust der Reichsbahn durch den Lkw vorliegen könne.[95] Dem von der Reichsbahn vorgelegten volkswirtschaftlichen Kostenvergleich für den Fernverkehr trat er aus betriebswirtschaftlicher Sicht entgegen. Er betonte, daß Transportleistungen in ihrer Gesamtheit durch die Präferenzen der Nachfrage bewertet würden. Geschwindigkeit spiele in der modernen Wirtschaft eine große Rolle, und ob "dieser Mehraufwand sich wirtschaftlich lohnt, darüber entscheidet letzten Endes der Verfrachter."[96] Diese Argumentation lief darauf hinaus, Verkehrspolitik von staatlich festgelegten wirtschafts- und sozialpolitischen Zielen zu befreien und einen marktgerechten ordnungspolitischen Rahmen zu schaffen, in dem sich eine ökonomisch effiziente Verkehrsbedienung herausbilden würde.

Für die verladende Wirtschaft hatten betriebswirtschaftliche Argumente mehr Gewicht als der von der Reichsbahn entgegengesetzte Kosten-Nutzen-Vergleich für die gesamte Volkswirtschaft. Unbeschadet der Tatsache, daß ein erheblicher Teil der Industrie vom Tarifsystem der Bahn profitierte, führte die Erkenntnis, daß die gemeinwirtschaftliche Verkehrsbedienung einer durchgreifenden betrieblichen Transportrationalisierung im Wege stand, zu einer Distanzierung der Wirtschaft von generell kraftverkehrsfeindlichen Maßnahmen. Im Bestreben die rationellen Transportmöglichkeiten des Lkw auszuschöpfen, sperrten sich Industrie und Handel fortan gegen jede Erfassung und Regulierung des Werkverkehrs. Im Hinblick auf marktordnende Eingriffe im gewerblichen Güterverkehr waren die Meinungen geteilt. Hier wurden die gegensätzlichen Interessenlagen der einzelnen Wirtschaftsverbände deutlich. Jedoch wurde zunehmend ausschließlich der Fernverkehr zum Brennpunkt der Diskussion, da die Reichsbahn Abwehrmaßnahmen auf diesen Verkehr konzentrierte und der Lkw auf größere Entfernungen aufgrund seiner zahlenmäßig noch geringen Bedeutung nur eine schwache Lobby hatte. Hinzu kam eine weit verbreitete Organisations- und

---

94 Redebeitrag Scholz auf derselben Tagung, in: ebd., S. 278.

95 Scholz, ebd., S. 282.

96 Scholz, ebd., S. 283.

Kartellierungsbereitschaft der Wirtschaft, die prinzipiell geeignet war, marktordnenden Eingriffen der Verkehrspolitik Vorschub zu leisten. Beides wurde für die verkehrspolitischen Lösungsversuche im Eisenbahn-Kraftwagen-Konflikt in den Jahren von 1930 bis 1932 bedeutsam.

3.1.3 Verkehrspolitische Lösungsversuche zwischen Markt und Staat

Das Spannungsfeld zwischen volkswirtschaftlichem Gesamtinteresse und einzelwirtschaftlichem Rationalisierungsbedarf bestimmte den ordnungspolitischen Charakter der Lösungsversuche im Konflikt der Verkehrsmittel. Der Gesetzgeber hatte bereits unmittelbar nach Kriegsende erste geringfügige Schritte zur Integration des Kraftverkehrs in das bestehende System der staatlich regulierten Verkehrsbedienung unternommen. Die 1919 erlassene "Verordnung betreffend Kraftfahrlinien" unterwarf die regelmäßige Beförderung von Personen und Gütern einer Genehmigungspflicht. Sie richtete sich gezielt an den zu diesem Zeitpunkt wirtschaftlich bedeutsamsten Kraftverkehr, den Linienverkehr der in öffentlicher Hand befindlichen regionalen Kraftverkehrsgesellschaften, die nach Kriegsende aus den staatlichen Kraftverkehrsämtern entstanden waren.[97] Eine Konzession war daran geknüpft, daß die beantragte Linie nicht im Widerspruch zu öffentlichen Interessen stand. Die Linien der Post waren zunächst vom Genehmigungszwang befreit.[98] Auch das 1925 verabschiedete "Gesetz über Kraftfahrlinien" blieb auf die Zielgruppe des öffentlichen Linienverkehrs begrenzt. Es richtete sich im wesentlichen gegen die expansive Linienpolitik der Reichspost.[99] Ende der 20er Jahre konnte der Staat der realen Verkehrsentwicklung damit nicht länger gerecht werden. Die wirtschaftliche Bedeutung des gesetzlich erfaßten weitestgehend öffentlichen Linienverkehrs war inzwischen stark rückläufig,[100] dagegen blieb der expandierende private Güterkraftverkehr von staatlicher Regulierung praktisch unberührt, da er nur selten im Linienverkehr stattfand. Daran änderte auch die Neufassung des Linienbegriffs, wie sie auf Drängen der Reichsbahn mit der Kraftfahrlinienverordnung

---

97 Salzwedel, Die Aufgaben des Reichsverkehrsministeriums, in: Deutsche Verwaltungsgeschichte, a.a.O., Teil I, S. 267; Heimes, Vom Saumpfad zur Transportindustrie, a.a.O., S. 65.

98 Heimes, Vom Saumpfad, a.a.O., S. 65.

99 Salzwedel, Die Aufgaben des Reichsverkehrsministeriums, in: Deutsche Verwaltungsgeschichte, a.a.O., Teil I, S. 267.

100 P. Kirchberg: Das Wachstum der Produktivkräfte, a.a.O., S. 319.

von 1928 zu Stande kam, kaum etwas.[101] Die Verkehrsteilung zwischen Eisenbahn und Kraftwagen entzog sich staatlichem Zugriff.

In einem vielbeachteten Vortrag vor Vertretern aus Politik, Wirtschaft und Presse faßte der Generaldirektor der Deutschen Reichsbahn-Gesellschaft Dorpmüller die Mängel der Verkehrsgesetzgebung zusammen und forderte die Regierung zum Eingreifen auf. Neben der fehlenden Einbindung des Lkw in das gemeinwirtschaftliche System verzerrten laut Dorpmüller darüber hinaus Unterschiede in der Steuer- und Reparationslast[102], in der Wegebaulast und bei der Haftpflicht[103] die Wettbewerbsbedingungen zwischen Bahn und Lkw. Die Haftpflicht gab in der Folgezeit kaum Anlaß zu Diskussionen. Die Frage der allgemeinen Steuern und Reparationslasten blieb ebenfalls sekundär, nicht zuletzt, weil eine Benachteiligung der Reichsbahn darin keineswegs erwiesen war.[104] Dagegen rückte die unterschiedliche Beteiligung von Eisenbahn und Lkw an den Wegekosten politisch schnell in den Mittelpunkt. Dorpmüller kritisierte, daß die Reichsbahn für Unterhalt und Sicherung ihrer Anlagen selbst zu sorgen hatte; die Kraftfahrzeugsteuer dagegen die Straßenkosten nur zu einem Drittel aufbringe.[105] Der politische Handlungsbedarf erstreckte sich daher aus der Sicht der Reichsbahn auf zwei Bereiche: Gleiche Belastung beider Verkehrsmittel mit den Kosten für den Wegebau und - zum Schutz der Gemeinwirtschaftlichkeit der Bahn - eine Konzessionspflicht für den gesamten Kraftverkehr.[106]

Die kurz darauf erschienene Denkschrift konzentrierte sich ebenfalls auf diese beiden Forderungen, differenzierte jedoch ihre Vorschläge zur Konzessions-

---

101 Heimes, Vom Saumpfad, a.a.O., S. 66.

102 Vgl. ausführlich Eisenbahn und Kraftwagenverkehr, a.a.O., S. 21.

103 Gedruckte Fassung, Dorpmüller: Gegenwart und Zukunft der Reichsbahn, in: Die Reichsbahn (5) 1929, H. 6, S. 115, in: BA RD 97/3.

104 Ein Vergleich der steuerlichen Belastung insgesamt mußte zugunsten des Kraftverkehrs ausgehen. Der Kölner Verkehrswissenschaftler Napp-Zinn wies in einem Vortrag darauf hin, daß das Beförderungssteueraufkommen der Reichsbahn von rund 1 Mrd. Reichsmark als bloße Verzinsung von annähernd vier Prozent des Anlagekapitals aufgefaßt werden konnte, zit. n. A. Lampe, Zur Problematik der Kraftfahrzeugbesteuerung, in: Finanzarchiv (47) 1930, S. 52. So gesehen war die Bahn praktisch steuerfrei, während der Lkw die üblichen gewerblichen Steuern zu tragen hatte; Lampe, ebd. Auch bei den Reparationslasten war eine Benachteiligung der Reichsbahn nicht anerkannt, Lampe, ebd., S. 60f.

105 Dorpmüller, Gegenwart und Zukunft, a.a.O., S. 115.

106 Ebd. S. 116.

gesetzgebung, indem jetzt nur der Lkw-Fernverkehr einer staatlichen Regulierung unterworfen werden sollte, während sowohl der Nahverkehr als auch der Werkverkehr frei bleiben sollten. Konkretes Ziel der Reichsbahn war es, im in künftig konzessionierten gewerblichen Überlandverkehr keine Unterbietung der Reichsbahntarife zuzulassen.[107]

Unterstützung fand die Reichsbahn beim Deutschen Industrie- und Handelstag (DIHT).[108] Seine Stimme hatte besonderes Gewicht. Der DIHT galt in der Weimarer Republik als "amtliche Vertretung" von Industrie und Handel und war zugleich anerkannter Berater der Regierungen.[109] Auch wenn es zunächst aufgrund des neu geschaffenen Reichswirtschaftsrates[110] nicht gelang seinen Einfluß auf die Politik zu formalisieren, wurde die Teilnahme von Regierungsbeamten an den Beratungen und Versammlungen des Verbandes zur Regel, weil die Regierung ihrerseits bemüht war, ihrer Politik die Unterstützung der Wirtschaft zu sichern.[111] Der "Aufstieg" vom altehrwürdigen Dachverband zur Spitzenorganisation von Industrie und Handel entsprach der Zentralisierung der Staatsaufgaben beim Reich. Als Folge war allerdings das historisch begründete Bekenntnis des DIHT zu einer streng liberalen Wirtschaftspolitik[112] einer kompromißfähigeren Einstellung gewichen, die durch die Aggregation der vielfältigen Interessen erzwungen wurde. Der eigens eingesetzte Eisenbahn-Kraftwagen-Ausschuß (EKA) des Verbandes unter dem Vorsitz des Dortmunder Oberbürgermeisters und Münsteraner Honorarprofessors Otto Most, erkannte prinzipiell an, daß "der Leitgedanke, der dem Betrieb, insbesondere der Tarifgestaltung der deutschen Eisenbahnen" zu Grunde lag, den Interessen der Volkswirtschaft gelte, während sich der "Kraftwagenverkehr (...) vorwiegend nach rein eigenwirtschaftlichen Gesichtspunkten entwickelt hat."[113] Den daraus entstehenden Gefahren für die Bahn könne nur begegnet werden, wenn dem einen Verkehrsmittel "die wirtschaftliche Freiheit des anderen oder auch dem an-

---

107 Reichsbahn und Kraftwagenverkehr, a.a.O., S. 85.

108 Vgl. G. Frentzel, E. Jäckel: Die deutschen Industrie- und Handelskammern und der Deutsche Industrie- und Handelstag, Frankfurt 1967.

109 D. Schäfer: Der Deutsche Industrie und Handelstag als politisches Forum der Weimarer Republik, Hamburg 1966, S. 9; Frentzel, Jäckel, Die deutschen Industrie- und Handwerkskammern, a.a.O., S. 76.

110 Vgl. Anm. 218 (Kap. 3.2.2).

111 Schäfer, Der Deutsche Industrie-und Handelstag, a.a.O., S. 35.

112 Ebd., S. 30.

113 Eisenbahn und Kraftwagen, a.a.O., S. 69.

deren eine volkswirtschaftliche Bindung" auferlegt werde. Die "Notwendigkeit" einer rationellen Verkehrspolitik spreche für das letztere.[114] Demzufolge pflichtete die Denkschrift dem Konzessionsmodell der Reichsbahn bei. Sie verlangte darüber hinaus allerdings wettbewerbliche Anstrengungen in der Tarifpolitik und im Bereich der Logistik.[115]

Gegen eine weitgehende Regulierung des privaten Kraftverkehrs gab es jedoch auch Widerstände. Eine Erweiterung der Konzessionsgesetzgebung für den gewerblichen Güterverkehr wurde von verschiedenen Interessenverbänden offen abgelehnt. Der Verkehrsausschuß des Reichsverbandes des Deutschen Groß- und Überseehandels distanzierte sich von der Empfehlung des DIHT und erklärte, die Reichsbahn sei in der Lage, dem Wettbewerb des Kraftwagens auch ohne gesetzliche Hilfe zu begegnen. Die "völlig freie wirtschaftliche Betätigung des Kraftwagenverkehrs" dürfe nicht behindert werden.[116] Auch der Verkehrsverband Hessen-Niedersachsen lehnte eine Erweiterung der Genehmigungspflicht über den durch das Kraftfahrliniengesetz gegebenen Umfang hinaus ab.[117] Die liberale Wirtschaftspresse hatte ebenfalls wiederholt für eine wettbewerbliche Auseinandersetzung der Verkehrsträger plädiert und insbesondere von der Reichsbahn mehr Eigeninitiative gefordert.[118]

Obwohl die Ausfallrechnung der Reichsbahn in vieler Hinsicht anfechtbar war, da die Bahn mangels exakter statistischer Angaben über die tatsächlichen Transportleistungen des Lkw mit bloßen Schätzungen operierte,[119] wurde in einer breiten Öffentlichkeit und auch im Reichsverkehrsministerium dringender Handlungsbedarf zum Schutz der Gemeinwirtschaftlichkeit der Bahn gesehen. Der weitreichende Konsens über die Schutzwürdigkeit des überkommenen Systems der gemeinwirtschaftlichen Verkehrsbedienung hatte nachhaltigen Einfluß auf alle wichtigen verkehrspolitischen Entscheidungen, die die Entwicklung des Lkw-Verkehrs betrafen. Eine ungehinderte Expansion des Lkw-Verkehrs nach Maßgabe der einzelwirtschaftlichen Nachfrage war damit ausgeschlossen. In welchen Bereichen staatliche Regulierung ansetzen und vor allem

---

114 Ebd.

115 Ebd., S. 70f.

116 Stellungnahme des Reichsverbandes des Deutschen Groß- und Überseehandels, zit. n. VT (12) 1931, H. 23, S. 322.

117 zit. n. ebd.

118 DV (3) 1928/29, Nr. 19, S. 587; sowie DV (3) 1929, Nr. 44, S. 1489.

119 Vgl. die Kritik von Scholz (RDA) auf der Tagung des Langnamvereins am 27.5.1930, a.a.O., S. 278.

wie weit sie gehen sollte, war jedoch umstritten. Der neue Reichsverkehrsminister Theodor von Guérard zögerte zunächst, das vorgeschlagene Konzessionsmodell aufzugreifen, sondern setzte auf einen steuerlichen Ausgleich des Wettbewerbs, der bereits von seinem Vorgänger Stegerwald erwogen und zu einer Gesetzesvorlage gediehen war.

Im Frühjahr 1930 wurde im Reichsverkehrsministerium ein Gesetz über eine Ausgleichsabgabe für den Lkw vorbereitet, die einer Zusatzsteuer gleichkam. Danach sollten Fuhrunternehmer, die über eine Nahzone hinaus Güter aus den oberen Tarifklassen der Reichsbahn beförderten, dafür eine entprechende Abgabe an die Bahn entrichten, die somit gezielt vor dem sie bedrängenden Wettbewerb des Lkw bei den hochwertigen Gütern im Überlandverkehr geschützt werden sollte.[120] Die Begründung zu dem Entwurf ließ erkennen, daß sich im Reichsverkehrsministerium die Auffassung durch gesetzt hatte, daß das gemeinwirtschaftliche Tarifsystem der Bahn nur erhalten werden könnte, wenn der Lkw auf die eine oder andere Weise an die Tarifstaffelung gebunden wurde. Dabei war bereits an ein Monopol der Reichsbahn auf den gesamten Lastkraftwagenverkehr gedacht worden, jedoch stand zu befürchten, daß die technischen Vorzüge des Lkw, insbesondere seine Flexibilität, durch eine zentrale Monopolverwaltung gehemmt würden. Ein anderer Weg werde daher "durch den Gesetzentwurf über die Entrichtung einer Ausgleichsabgabe" zu gehen versucht.[121] Das geplante Gesetz stützte sich offenbar auf die Denkschrift des DIHT, die eine auf den Wettbewerbs-Lkw-Verkehr begrenzte "Sonderabgabe" vorgeschlagen hatte.[122] Die Reichsbahn modifizierte den Entwurf mit dem Vorschlag, die Abgabe zugunsten des Reiches zu erheben und für den Straßenbau zu verwenden. Dadurch gewann das Vorhaben die Unterstützung des Finanzministeriums und der Wegebaupflichtigen.[123] Es stieß jedoch auf den entschiedenen Widerstand der Kraftverkehrsunternehmen und auch der verladenden Wirtschaft. Der Reichsverband für Nutzfahrzeuge (RFN) bezeichnete die Ausgleichsabgabe als völlig indiskutable "Subventionierung der Eisenbahn durch den Kraftwagen" und als Versuch der Bahn, sich indirekt die Vorteile eines Monopols zu ver-

---

120 Zum Wortlaut des Gesetzentwurfs siehe: Geopfert für die Reichsbahn!, in: Das Lastauto (7) 1930, H. 11, S. 7.

121 Ebd.

122 Eisenbahn und Kraftwagen, a.a.O., S. 71.

123 H. D. Salinger: Eine gefährliche Alternative der Verkehrspolitik, in: Magazin der Wirtschaft (6) 1930, Nr. 17, S.10.

schaffen, ohne daß sie es selbst ausübte.[124] Scharfe Kritik übte auch der Zentralverband der Blech-, Eisen, Metall- und Stahlwaren Industrien, ein Wirtschaftssektor, dessen vielfach hochwertige Güter eine deutliche Affinität zum Lkw hatten. Der Verbandssprecher Salinger schrieb im *Magazin der Wirtschaft*, die geplante Ausgleichsabgabe für Lastkraftwagen sei eine schwere Gefahr für die Wirtschaft, insbesondere weil sowohl gewerblicher als auch privater Werkverkehr davon erfaßt sein sollte, wodurch sich die Unternehmen direkt und schmerzhaft getroffen sahen.[125] Salinger verwies außerdem auf die absurde Größenordnung des Projekts. Ein Lastkraftwagenbesitzer, der jährlich 100 000 tkm fahre, müsse dafür 7000 Reichsmark, den "dreizehn- bis vierzehnfachen Betrag der Kraftfahrzeugsteuer" bezahlen. Die Folge wäre eine mehr oder minder starke Drosselung des Lkw-Verkehrs einschließlich des Werkverkehrs.[126] Er forderte daher, daß "jeder Gedanke an eine Ausgleichsabgabe fallengelassen werden muß," da "bei der heutigen Wirtschaftslage" die "besondere(n) Vorteile" des Lastkraftwagens nicht entbehrt werden könnten"[127] Auch der RDA wandte sich in einer Entgegnung auf die Denkschrift des DIHT gegen jegliche Ausgleichs- oder Sonderabgabe für den Lkw-Verkehr. Der Verband bezeichnete die Ausgleichsabgabe "ihrem Wesen nach (als) eine Kraftfahrzeugsteuer, allerdings mit dem ausgesprochenen Zweck, diesen Verkehr zum Erliegen zu bringen",[128] und warnte eindringlich vor den Auswirkungen einer solchen Beschränkung der Autotransporte auf den Lastkraftwagenbau. Die Beunruhigung in Kreisen aller Kraftfahrzeughalter sei derart groß, daß die Umsätze der Automobilfabriken für mittlere und schwere Wagen seit Monaten zurück gingen.[129] Außerdem war der RDA der Auffassung, wie Scholz auf der Verkehrstagung des Langnamvereins ironisch bemerkte, daß die "A u s g l e i c h s a b g a b e mit dem dadurch gegebenen Zwang, 220.000 km Landstraße zu bewachen und einige 100.000 Fahrzeuge daraufhin zu prüfen, ob die mitgenommenen Waren auch in der richtigen

---

124 Geopfert für die Reichsbahn!, in: Das Lastauto (7) 1930, H. 11, S. 7.

125 Salinger, Eine gefährliche Alternative der Verkehrspolitik, a.a.O., S.10.

126 Ebd.

127 Ebd., S. 11.

128 Eisenbahn und Kraftwagen. Zur Denkschrift des Deutschen Industrie- und Handelstages, Berlin, 1930, (hrsg. v. Reichsverband der Automobilindustrie), S. 5.

129 Ebd.

Weise versteuert sind, wohl das Höchstmaß dessen darstellt, was man je einer ohnehin mit öffentlichen Lasten überbürdeten Wirtschaft zugemutet hat."[130]

Die breite Opposition der Wirtschaft blieb nicht ohne Wirkung. In der wachsenden allgemeinen Wirtschaftskrise erschien insbesondere die Bedrohung einer ohnehin notleidenden Branche[131] und damit die Gefährdung von weiteren Arbeitsplätzen nicht hinnehmbar. Der Reichstagsabgeordnete Mollath (WP) erklärte als Sprecher der mittelständisch orientierten Wirtschaftspartei[132] im Haushaltsausschuß des Reichstags: "**Steuerpläne, die den Kraftwagen unrentabel machen, würden die jetzt schon notleidende Automobilindustrie ruinieren.** Die Ausgleichsabgabe für den Kraftverkehr muß wesentlich niedriger sein, als sie bisher gefordert wird, wenn sie nicht jeden Kraftverkehr erdrosseln soll."[133] Kritik an der Reichsbahn übten auch die anderen großen Parteien, SPD, Deutsche Volkspartei und sogar das Zentrum.[134] Von Guérard stellte in dieser Lage die Belange der Wirtschaft über die der Reichsbahn und erklärte schließlich, daß er den Gedanken an eine Ausgleichsabgabe vorläufig zurückstellen werde und statt dessen durch eine stärkere steuerliche Erfassung der schweren Wagen und auch durch Belastung der Anhänger ein Ausgleich geschaffen werden könnte. Überhaupt sei die "ganze Frage" mit der kommenden Neuregelung der Kraftfahrzeugsteuer zu lösen. Er hob hervor, daß "es nicht angängig ist, der Motorisierung hindernd im Wege zu stehen. Angesichts der Tatsache, daß in der Motor- und Kraftwagenindustrie jetzt schon 500000 Menschen beschäftigt sind, muß diese Frage nicht vom Standpunkt der Eisenbahn, sondern der gesamten Volkswirtschaft aus betrachtet werden."[135] Damit war eine Sonder- oder Ausgleichsabgabe zum Schutz der

---

130 Redebeitrag Scholz auf der Verkehrstagung des Langnamvereins am 27.5.1930, a.a.O., S. 292.

131 Hennig, Kraftfahrzeugindustrie und Autobahn in der Wirtschaftspolitik des Nationalsozialismus, a.a.O., S. 222; Overy: Cars, roads an Economic Recovery in Germany 1932-38, a.a.O., S. 467.

132 Zum Profil der Wirtschaftspartei vgl. Huber, Deutsche Verfassungsgeschichte, Bd.6, a.a.O., S. 187f.

133 Mollath in der Etatdebatte für das Reichsverkehrsministerium im Haushaltsausschuß des Reichstags am 12.5.1930, zit. n. VT (11) 1930, H. 21, S. 263.

134 Vgl. die Stellungnahmen der Abgeordneten Hünlich (SPD), Hugo (Deutsche Volkspartei) und Köhler (Zentrum) in der Etatdebatte für das Reichsverkehrsministerium im Haushaltsausschuß..., in: ebd.

135 Von Guérard in der Etatdebatte für das Reichsverkehrsministerium im Haushaltsausschuß ..., zit. n. ebd.

Eisenbahn praktisch vom Tisch. Der DIHT zog seinen Vorschlag zurück.[136] In den Vordergrund trat nun die Reform der Kraftfahrzeugsteuer, mit der die zentrale verkehrspolitische Forderung nach einer angemessenen Heranziehung des Lkw zu den Wegekosten erfüllt werden sollte.[137] Damit geriet auch die Infrastrukturpolitik für den Kraftverkehr ins Spannungsfeld der Wettbewerbsregulierung zwischen Schiene und Straße. Den Trägern der Wegebaulast fiel eine Schlüsselrolle in der Kraftverkehrspolitik zu.

3.2 Straßenbau: Aktive Infrastrukturpolitik oder Eindämmung des Lkw-Verkehrs?

Eine Bestandsaufnahme der Straßenverhältnisse im Deutschen Reich zu Beginn der 30er Jahre ließ dringenden Handlungsbedarf erkennen. Die Gesamtlänge des Straßennetzes lag seit Jahren relativ unverändert bei rund 220000 km, darunter 63505 km Staats- und Provinzialstraßen und 108066 km Kreisstraßen, der Rest Gemeindestraßen.[138] Die regionalen Unterschiede waren erheblich. Hessen, Württemberg, Schaumburg-Lippe und Braunschweig verfügten über ein relativ dichtes Straßennetz zwischen 600-900 m pro km^2. Gering war die Erschließungsdichte dagegen vor allem in den östlichen Ländern wie Mecklenburg-Strelitz, Mecklenburg-Schwerin sowie Sachsen und Thüringen mit im Durchschnitt 200 m pro km^2.[139]

Die preußischen Provinzen waren ebenfalls sehr unterschiedlich erschlossen. Eine hohe Netzdichte hatten das rheinisch-westfälische Industriegebiet und die hessischen Provinzen, während das Straßennetz in Ostpreußen, Brandenburg und Pommern vergleichsweise weitmaschig war.[140]

---

136 Entschließung des DIHT v. 29.11.1930, in: BA R 43 I/1072; vgl. Verhandlungen des Deutschen Industrie- und Handelstages, Nr. 15, Berlin 1930, S. 36.

137 Stellungnahme von Guérards im Haushaltsausschuß des Reichstages, am 12.5.1930; zit. n. VT (11) 1930, H. 21, S. 263.

138 Zahlen nach: Das deutsche Straßen- und Wegewesen im öffentlichen Haushalt mit einem Überblick über das Straßen- und Wegewesen im Ausland, bearbeitet im Statistischen Reichsamt, Einzelschrift zur Statistik des Deutschen Reichs Nr. 29, Berlin 1934, S. 16.

139 Vgl. Tabelle ebd.

140 Vgl. Tabelle, ebd. S. 70.

23. Abb.: Ausbauzustand der Staats- und Provinzialstraßen im Deutschen Reich

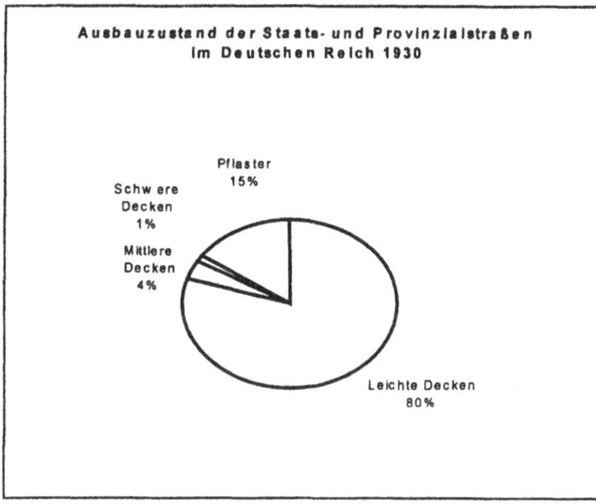

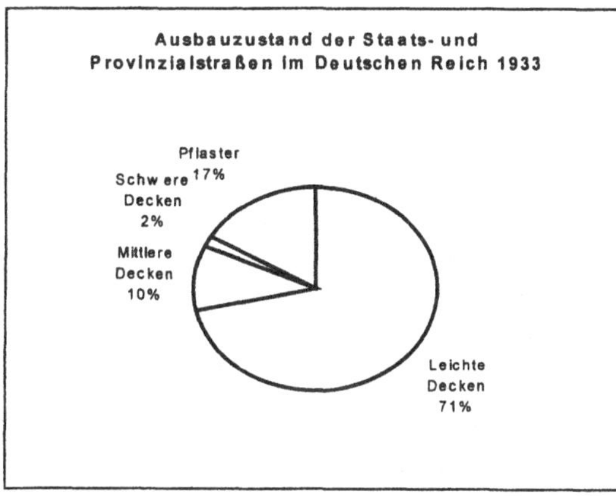

Quelle: Das deutsche Straßen- und Wegewesen im öffentlichen Haushalt mit einem Überblick über das Straßen- und Wegewesen im Ausland, bearbeitet vom Statistischen Reichsamt, Einzelschrift zur Statistik des Deutschen Reiches Nr. 29, Berlin 1934, S. 18.

Größere Bedeutung für den Kraftverkehr hatte jedoch die Qualität der Straßen. Sie war fast überall völlig unzureichend. Der Leiter der sächsischen Straßenbauverwaltung Speck, der sich als Ingenieur in den 20er Jahren besonders um eine Modernisierung und Verwissenschaftlichung des Straßenbaus bemühte, stellte bei seinen Untersuchungen fest, daß "auf den 190.000 km deutscher Landstraßen (...) nach meiner aus den sächsischen Verhältnissen errechneten

Schätzung 30 bis 40 Millionen Kubikmeter Schotter zu wenig aufgebracht worden" waren.[141] Eine andere Studie von 1928 kam zu dem Schluß, "daß keine einzige unserer Straßen auch nur einem Durchschnitts-Automobilverkehr standhalten konnte, weil sämtliche Unterbauten der Straßen mehr als unzureichend waren."[142]

Wie aus den Erhebungen des Statistischen Reichsamtes ersichtlich wird, betrug der Anteil mittelschwerer und schwerer bituminöser Decken 1930 zusammen nur fünf Prozent der 61356 km Staats-und Provinzialstraßen, 15 Prozent hatten Pflasterdecken während der überwiegende Teil der Straßen - 80 Prozent - nur leichte Decken aufwies. Bis 1933 hatte sich zwar der Anteil mittelschwerer und schwerer Decken mehr als verdoppelt, blieb mit insgesamt zwölf Prozent jedoch nach wie vor gering. Die Qualität der Straßen war ebenso wie die Netzdichte in den einzelnen Ländern sehr unterschiedlich und ergab ein ähnliches Bild: eine hohe Netzdichte korrelierte mit einem relativ hohen Anteil besser befestigter Straßen.[143]

Daß die Defizite in der Infrastruktur überhaupt von der Politik erkannt wurden, war im wesentlichen das Verdienst des 1922 von Ländern, Provinzen und Kreisen gemeinsam gegründeten Deutschen Straßenbauverbandes. Er sah seine Aufgabe in der Behandlung übergreifender Fragen des Straßenbaus und der Verwissenschaftlichung seiner Grundlagen.[144] Teilweise in Zusammenarbeit mit der 1924 entstandenen „Studiengesellschaft für Automobilstraßenbau" (Stufa)[145] unterhielt er technische Versuchsstrecken, machte Finanzierungsvorschläge und führte Verkehrszählungen durch, aus denen sich auch erstmals überhaupt Schätzungen über die tatsächliche Transportleistung des Straßengüterverkehrs ableiten ließen.[146]

Der dringende Investitionsbedarf im Straßenbau zeigte sich deutlich, als 1929 die Ergebnisse der zweiten deutschen Verkehrszählung vorlagen, die die sächsi-

---

141 "Gute Straßen - aber keine Autostraßen" Von Ministerialrat Dr. Ing. Speck, Dresden, Allgemeine Automobil-Zeitung, 1926, Nr. 43 a, S. 63.

142 zit. n. J. Radkau: Technik in Deutschland. Vom 18. Jahrhundert bis zur Gegenwart, Frankfurt 1989, S. 307.

143 Vgl. Das deutsche Straßen- und Wegewesen, a.a.O., Tabelle S. 19f.

144 Produktivkräfte in Deutschland 1917/18-1945, a.a.O., S. 310.

145 Zusammenschluß aus Vertretern der Wegebauverbände, der Baustoff- und Bauindustrie sowie wissenschaftlicher Forschungseinrichtungen.

146 Kirchberg, Das Wachstum der Produktivkräfte, a.a.O., S. 332; vgl. Produktivkräfte in Deutschland, a.a.O., S. 310f.

sche Straßenbaudirektion reichsweit durchgeführt hatte.[147] Der Vergleich mit den Werten der ersten Verkehrszählung von 1924/25 ergab nicht nur zahlenmäßig nahezu eine Verdopplung des Gesamtverkehrs, sondern zeigte vor allem auch die enorm gewachsene Gewichtsbelastung der Straßen, wobei die Zuwachsraten des Lkw-Verkehrs zwar noch immer weit hinter denen des Pkw-Verkehrs lagen, die absolute Tonnenbelastung durch den motorisierten Straßengüterverkehr jedoch mit 302 t im Reichsmittel annähernd genauso groß war wie durch den Pkw-Bestand. Durch das höhere Gewicht des einzelnen Fahrzeugs beanspruchte der Lkw die Straßen naturgemäß am meisten.

Die erforderliche Verbesserung der Infrastruktur stieß durch den Einbruch der Weltwirtschaftskrise sowie organisatorische Schwierigkeiten in folgenden Jahren auf erhebliche Widerstände. Die überkommene Organisation des Straßen- und Wegewesens hatte Verwaltung, Instandhaltung und Neubau von Straßen auf viele verschiedene und unabhängige Träger verteilt. Neben Länder, Provinzial- und Kreisverwaltungen traten noch Städte und Gemeinden mit jeweils eigenem Wegenetz.[148] Die zersplitterten Zuständigkeiten und die erheblichen Unterschiede im inneren Aufbau und in den Verfahren zur Gesetzgebung, begründete eine geringe politische Effizienz der Straßenbauverwaltung,[149] auf die das Reich trotz seiner Kompetenz für die überregionalen Landstraßen wenig Einfluß hatte.[150] Das Reichsverkehrsministerium legte zwar im Oktober 1930 nach langen Verhandlungen mit den Wegebaupflichtigen eine Reichskarte der Fernverkehrsstraßen sowie einheitliche Richtlinien für deren Ausbau vor.[151] Es bestand jedoch "keine rechtlich bindende Verpflichtung für ein bestimmtes Ausmaß und eine gewisse Frist zur Durchführung des Ausbaues."[152] Für einen kraftfahrzeugadäquaten Straßenbau fehlte nicht nur ein einheitlicher politischer Wille, sondern vor allem auch das Geld. Die Anlageinvestitionen fielen in den

---

147 Statistische Angaben über die 2. deutsche Verkehrszählung vom 1. Oktober 1928 bis 30. September 1929, bearbeitet im Auftrag des Deutschen Straßenbauverbandes unter Mitwirkung des Deutschen Landkreistages von der Sächsischen Straßenbau-Direktion, 1929.

148 Adamek, Saake, Die Straßenkosten und ihre Finanzierung, a.a.O., S. 7.

149 Ebd.

150 Die politischen Möglichkeiten der Reichsgewalt wurden von Diekmann überschätzt; vgl. ders.: Intervention als Konstante deutscher Verkehrspolitik, in: Zeitschrift für Verkehrswissenschaft (60) 1989, S. 86.

151 Abgedruckt in der Straßenbaubeilage der VT (11) 1930, H. 40, S. 151ff.

152 Ebd., S. 151.

20er Jahren noch hinter den Vorkriegsstand zurück. Während 1913 bereits umgerechnet rund 780 Mio Reichsmark[153] in den Straßenbau flossen, wurden 1925 nur 725 Mio Reichsmark aufgewendet.[154] Erst danach stiegen die Ausgaben merklich an und erreichten 1929 mit rund 1,2 Mrd. Reichsmark den höchsten Stand der Nachkriegszeit.[155] Ein großer Teil der Mittel mußte jedoch für die Restaurierung und Befestigung der durch den Krieg stark geschädigten Fahrbahnen aufgewendet werden. Die Erweiterung des Straßennetzes überforderte die finanzielle Leistungskraft der zuständigen Gebietskörperschaften. Alle Initiativen für den Bau von Autobahnen, wie der 1926 gegründete HaFraBa-Verein, hatten vor allem wegen ihres außerordentlich hohen Finanzierungsbedarf bis 1933 keine Chance, ihre Projekte zu realisieren.[156] Sinkende Steuereinnahmen und Verringerung der verfügbaren Kreditmittel bei ständig wachsenden sozialen Ausgaben,[157] engten den finanziellen Spielraum der Wegebaupflichtigen zu Beginn der 30er Jahre immer mehr ein. Anstelle der notwendigen Steigerung kam es zu einem drastischen Rückgang der Anlageinvestitionen im Straßenbau. Dies hatte auch zur Folge, daß sich das Verhältnis zwischen Unterhaltungskosten und Aufwendungen für den Umbau und Neubau von Straßen zunehmend verschlechterte.

Als Träger der Wegebaulast kam den Gebietskörperschaften, insbesondere den Ländern, in der Kraftverkehrspolitik eine Schlüsselrolle zu. Zwei Teilbereiche der Infrastrukturpolitik beeinflußten den Motorisierungsfortschritt im Güterverkehr: Zum einen die technische Gesetzgebung als Instrument der Kapazitätssteuerung, um die Straßenbelastung durch den Kraftverkehr zu regulieren, zum andern die Kraftfahrzeugbesteuerung als Teil der Straßenbaufinanzierung.

---

153 530 Mio Mark 1913 umgerechnet nach dem Preisindexdurchschnitt der Jahre 1926-1931 (je 1/2 Indexziffer für Lebenshaltungskosten und Baustoffpreise), Zahlen nach: Das deutsche Straßen- und Wegewesen, a.a.O., S. 25.

154 Zahlen nach: ebd.

155 Zahlen nach: ebd.

156 M. Kornrumpf: HaFraBa e. V. Deutsche Autobahnplanung 1926-1934, A.G. S. H. 7, München 1990, S. 20.

157 W. Zorn: Staatliche Wirtschafts- und Sozialpolitik und öffentliche Finanzen 1800-1970, in: Handbuch der deutschen Wirtschafts- und Sozialgeschichte, hrsg. v. H. Aubin u. W. Zorn, Bd. 2, Stuttgart 1976, S. 188.

24. Tab.: Anlageinvestitionen im Straßenbau
in Reichsmark und in Prozent der Gesamtausgaben

Jahr	Unterhaltung		Umbau, Neubau	
	Mio RM	%	Mio RM	%
1927/28	450,3	36,7	628,7	51,2
1929/30	491,0	39,6	536,2	43,2
1931/32	350,8	45,3	198,0	25,6
Länder und Provinzen				
1927/28	104,4	30,6	148,8	43,5
1929/30	131,8	40,9	99,3	30,9
1931/32	101,0	44,8	43,3	19,2
Kreise				
1927/28	117,2	43,3	97,8	36,4
1929/30	123,1	45,2	77,6	28,5
1931/32	82,2	43,9	42,3	22,6
Gemeinden				
1927/28	216,6	32,2	366,4	54,6
1929/30	221,3	31,6	342,4	49,0
1931/32	161,1	38,6	109,1	26,2

Quelle: Das deutsche Straßen und Wegewesen im öffentlichen Haushalt mit einem Überblick über das Straßen- und Wegewesen im Ausland, bearbeitet vom Statistischen Reichsamt, Einzelschrift zur Statistik des Deutschen Reiches Nr. 29, Berlin 1934, Tabellen S. 26/31/32

3.2.1 Straßenzustand und Motorisierung: Beschränkung des Lkw-Verkehrs durch die technische Gesetzgebung

Aufgrund ihrer schwierigen Finanzlage, versuchten die Wegebaupflichtigen durch Beschränkungen des Lkw-Verkehrs die Beanspruchung der Straßen zu verringern. Durch Gewichtsbeschränkungen und insbesondere durch moderne Bereifung sollte der Kraftwagen, d. h. vor allem der Lkw, an die Straßen angepaßt werden. Bereits in der Kraftverkehrsverordnung vom 16.3.1928 war bestimmt worden, daß alle ab 1.7.1928 zugelassenen Lkw bzw. alle ab 1.1.1930 zugelassenen Lkw mit Anhänger eine Ausstattung mit hochelastischen Vollgummireifen oder Luftreifen[158] vorweisen müßten.[159] Die Bestimmung hatte

158 Vgl. 100 Jahre Daimler-Benz, a.a.O., S. 112; Voigt, Verkehr, a.a.O., S. 449.

heftige Proteste der Wirtschaft ausgelöst, da eine kurzfristige Totalabschreibung der langlebigen alten Vollgummireifen für das noch relativ schwache, in vielen Fällen unterkapitalisierte Fuhrgewerbe[160], nicht zumutbar erschien. Alle Versuche, zur Vermeidung von Härten eine Fristverlängerung zu erreichen, waren gescheitert, da der Reichsverkehrsminister dies mit Rücksicht auf die Wegeunterhaltungspflichtigen abgelehnt hatte.[161] Allerdings hatte der Reichstag in einer Entschließung die Regierung ersucht, "auf die Länder dahingehend einzuwirken, dass (...) Anträge auf Verlängerung der Aufbrauchsfrist (für Vollgummireifen) infolge wirtschaftlicher Notlage wohlwollend und entgegenkommend zu behandeln sind."[162] Die Hoffnung, daß diejenigen, die die Kosten dieses Wohlwollens zu tragen hätten, im Sinne dieser Entschließung handeln würden, war jedoch nicht gerechtfertigt.

Statt dessen wurde 1929 eine erneute Änderung der Kraftfahrzeugverordnung vorbereitet, mit der die zulässigen Höchstgewichte nur geringfügig erhöht und die Vorschriften über die Bereifung wiederum verschärft werden sollten, indem nur noch Luftreifen zulässig waren. Aus der Wirtschaft wurden gegen den Entwurf aus dem Reichsverkehrsministerium schwere Bedenken erhoben. Der Verkehrsdezernent der Industrie- und Handelskammer Elberfeld, Hans Ries, kritisierte, daß die zuständigen Ministerien in ihrem Bestreben, "die mit der zunehmenden Motorisierung des Verkehrs verbundene starke Beanspruchung der Landstraßen einzuschränken und auf diese Weise die Lasten der Wegebaupflichtigen zu verringern" so weit gegangen seien, "dass eine Schädigung der Kraftfahrzeughalter zu befürchten ist, weil die vorgeschlagenen Änderungsbestimmungen eine Verteuerung der Betriebskosten eines Kraftfahrzeugs mit sich bringen müssen."[163] Er bemängelte, daß die vorgesehenen Höchstgewichte und der zulässige Achsdruck so niedrig angesetzt seien, "dass eine wirtschaftliche Ausnutzung des Laderaums der Kraftfahrzeuge nicht mehr möglich erscheint," und forderte daher eine Heraufsetzung der Gewichte.[164] Das Verbot

---

159 RGBl. I 1928, S. 66.

160 Piepenhagen, Die Entwicklung, a.a.O., S. 11; Heimes, Vom Saumpfad, a.a.O., S. 67.

161 Mitteilungen der Industrie- und Handelskammer zu Berlin v. 10.2.1930, in: RWWA 22-226.

162 Mitteilungen der Industrie- und Handelskammer zu Berlin v. 10.2.1930, in: RWWA 22-226.

163 Stellungnahme der Industrie- und Handelskammer Elberfeld "Zum Entwurf einer Verordnung über die Änderung der Kraftfahrzeugordnung" S. 1, in: RWWA 22-226.

164 Ebd. S. 2, in: RWWA 22-226.

von hochelastischen Vollgummireifen und die ausschließliche Verwendung von Luftreifen erschien Ries für die Wirtschaft "nicht tragbar, da sie die wirtschaftliche Grundlage der Lastkraftwagentransporte gefährdet." Die Zulassung von hochelastischen Vollgummireifen liege "im dringenden Interesse der Kraftfahrzeughalter und muss deshalb mit allem Nachdruck gefordert werden."[165]

Diese Forderung fand jedoch weder beim Reichsverkehrsministerium noch beim Reichsrat[166] Gehör, denn dort erblickte man, wie der Beigeordnete des Deutschen Landkreistages Heymann betonte, "in der Ausdehnung des Luftbereifungszwangs auf alle Kraftfahrzeuge zugleich den Ausweg aus der Forderung, das zulässige Gesamtgewicht zu erhöhen."[167] Dafür hatte sich besonders der RDA mit Nachdruck eingesetzt, um dem technischen Fortschritt und den Wünschen der Industrie nach größerer Leistungsfähigkeit und Wirtschaftlichkeit gerecht zu werden.[168] Im Einvernehmen mit Kraftverkehrswirtschaft und Großverbrauchern forderte der Verband eine Erhöhung des zulässigen Gesamtgewichts für Zweiachser von 9 t auf 12 t und für Dreiachser von 15 t auf 18t.[169] Im Gegenzug signalisierte der RDA gegenüber einer Eingabe der Wegebaupflichtigen an den Reichsverkehrsminister[170] die Kompromißbereitschaft der Industrie in der Frage der Luftbereifung, vorausgesetzt, daß eine ausreichende Übergangsfrist geschaffen werde.[171] Dennoch scheiterte die geforderte Heraufsetzung des Höchstgewichts letztlich am Widerstand der Wegeunterhaltungspflichtigen. In der Verordnung über den Kraftfahrzeugverkehr vom 15.7.1930[172] wurde für Zweiachser ein Höchstgewicht von 10,8 t, für Dreiachser von 16 t bestimmt.[173] Am Zwang zur Luftbereifung wurde gleichwohl festgehalten. Es galt eine längere Übergangsfrist bis zum 1. April 1935 für Lkw, die

---

165 Ebd. S. 6, in: RWWA 22-226.

166 Vgl. Huber, Deutsche Verfassungsgeschichte, Bd. 6, a.a.O., S. 374ff.

167 "Anpassung der Kraftfahrzeuge an die Landstraßen" von Dr. E. Heymann, Beigeordneter des Deutschen Landkreistages, Berlin, VW (24) 1930, H. 40, S. 596.

168 Die Frage der Höchstgewichte und Höchstgeschwindigkeiten für schwere Lastkraftwagen, Denkschrift des Reichsverbandes der Automobilindustrie, Berlin 1929, S. 43.

169 Ebd., S.62.

170 Eingabe des deutschen Landkreistages und des Verbandes der preußischen Provinzen an den RVM v. 22.2.1929, Auszüge abgedruckt, in: ebd., Anlage 4.

171 Ebd., Anlage 4, S. 3.

172 RGBl I 1930, S. 267

173 VT (11) 1930, H. 35, S. 445.

vor dem 1.10.1930 zugelassen wurde. Nach dem 1. Oktober konnten nur noch in Ausnahmefällen Lkw mit hochelastischen Vollgummireifen zugelassen werden.[174]

Schon nach kurzer Zeit stellte sich heraus, daß die Länder die neuen gesetzlichen Bestimmungen sehr streng umsetzten. Noch im Oktober sah sich das Reichsverkehrsministerium veranlaßt, einen offiziellen Richtlinienentwurf für die Übergangsbestimmungen in der Reifenfrage herauszugeben, um wirtschaftliche Härten abzumildern.[175] Zahlreiche Industrieverbände, die mit ihren Forderungen beim Reichsverkehrsministerium nicht durchgedrungen waren wandten sich in einer gemeinsamen Eingabe an den DIHT, um gegen die mangelnde Wirtschaftlichkeit des Lkw-Verkehrs infolge der Gewichtsbeschränkungen zu protestieren.[176] Die Industrie- und Handelskammern der einzelnen Länder bemühten sich daraufhin bei den Landesbehörden auf eine nachsichtige Auslegung des Gesetzes hinzuwirken und hatten damit auch einigen Erfolg.[177] Er blieb jedoch begrenzt, weil die Länder bereits 1931 erneut eine Änderung der Kraftfahrzeugverordnung im Sinne einer erneuten drastischen Verschärfung forderten und demgemäß immer weniger Neigung zeigten, die bestehenden Bestimmungen großzügig auszulegen.[178] Es kam zwar nicht zu der geplanten Verschärfung, aber auch die Bemühungen, die Bereifungsvorschriften rückgängig zu machen, blieben erfolglos.[179] Somit blieb die technische Gesetzgebung ein wichtiges Regulativ für die Verkehrspolitik. Die individuelle Kapazitätsausweitung des Lkw-Verkehrs wurde damit beschränkt, eine Erhöhung des Verkehrsvolumens nur durch Neuzulassungen möglich.

---

174 Ebd., S. 446.

175 Korrespondenz des DIHT zur Bereifungsfrage, in: BA R11/1523.

176 Verband der Blech-, Eisen-, Metall- und Stahlwaren-Industrie, Centralverband der Kohlenhändler, Reichsverband für Nutzfahrzeuge, Verein Deutscher Spediteure, Gemeinschaft Deutscher Kraftfahrspediteure u.a., Eingabe an den DIHT v. 26.11.1930, in: BA R11/1523.

177 Runderlaß des Preußischen Landwirtschaftsministeriums, des Innenministeriums und des Ministeriums für Handel und Gewerbe v. 13.1.1931, in: Nachrichten des Langnamvereins v. 27.1.1931, in: BA R 11/1523.

178 Vgl. Rundschreiben des Langnamvereins an die Mitglieder v. 16.12.1931 zur Eingabe des Verbandes preußischer Provinzen an den RVM gegen die im Runderlaß v. 13.1.1931 festgelegten Übergangsregelungen, in: RWWA 22-224.

179 Vgl. den Vorstoß des RFN auf der Grundlage neuer technischer Untersuchungen zur Straßenbeanspruchung durch Luft- und Elastikreifen. Der Kampf gegen die Bereifungsvorschriften, in : Das Lastauto (9) 1932, H. 2, S. 7.

Letztlich hatten die Wegebaupflichtigen in der Sache ihre Interessen durchgesetzt. Der Staat sah sich aus finanziellen Gründen zu Restriktionen für den Straßengüterverkehr veranlaßt. Dies nährte zugleich die Interessensymbiose zwischen Staat und Eisenbahn in der Erkenntnis, daß die durch Heraufsetzung der Höchstgewichte für Lastkraftwagen "stark begünstigte Abwanderung der Transporte von der Schiene auf die Straße (...) zu Lasten der Wegeunterhaltungspflichtigen (geschieht), die ihre Aufwendungen zu zwei Drittel durch Realsteuern decken müssen, da die Erträgnisse der Kraftfahrzeugsteuer etwa nur ein Drittel der wirklichen Unterhaltungskosten ausmachen."[180] Für einen kraftfahrzeugadäquaten Umbau und Ausbau des Straßennetzes mußte die Finanzierung auf eine neue Grundlage gestellt werden. Dabei gewann die Kraftfahrzeugsteuer einen wachsenden Stellenwert, weil die Einnahmen aus allgemeinen Steuern und Krediten nach 1929 stark zurückgingen. Eine Steuerreform sollte aus der Sicht der Wegebaupflichtigen eine angemessene Beteiligung des Kraftverkehrs an den Straßenkosten sicherstellen. Neben den fiskalischen Zweck trat jedoch der politische Anspruch, den Wettbewerb zwischen Eisenbahn und Kraftwagen zu regulieren und eine befriedigende Verkehrsteilung herbeiführen zu können. Damit stand die geplante Kraftfahrzeugsteuerreform zwischen Wettbewerbs- und Finanzpolitik.

3.2.2 Straßenbaufinanzierung: Die Reform der Kraftfahrzeugsteuer zwischen Finanzpolitik und Wettbewerbsregulierung

Eine Reform des Kraftfahrzeugsteuergesetzes stand zum 1. April 1931 an. Die Weimarer Republik hatte mit dem ersten Kraftfahrzeugsteuergesetz vom 8. April 1922 erstmals alle Kraftfahrzeuge einer Steuer unterworfen, während es im Kaiserreich praktisch nur eine Luxussteuer gegeben hatte, von der alle Nutzfahrzeuge befreit waren.[181] Die folgenden Neufassungen vom 15. Mai 1926 und vom 1. April 1928 hatten im wesentlichen eine Erhöhung der Steuersätze gebracht und für Lkw eine Umstellung des Steuermaßstabs zur Förderung der

---

180 Anpassung der Kraftfahrzeuge an die Landstraßen, a.a.O., S. 595; vgl. die Statistik zur Finanzierung der Ausgaben für das deutsche Straßen- und Wegewesen bei H. Ritschl: Die Deckung der Straßenkosten und der Wettbewerb der Verkehrsmittel, Berlin Köln 1956, S. 57.

181 Adamek, Saake, Die Straßenkosten und ihre Finanzierung, a.a.O., S. 103f; Kirchberg, Das Wachstum der Produktivkräfte, .a.a.O., S. 132.

Luftbereifung.[182] Das dritte Gesetz war nach dem Willen des Reichstages befristet worden, um die geeignete Art der Kraftfahrzeugbesteuerung im Hinblick auf die Wegebenutzung und -unterhaltung grundsätzlich zu prüfen und neu zu bestimmen.[183] Die bisher erhobene Pauschalsteuer war von Anfang an eine Reichssteuer, die den Ländern nach dem geltenden Gesetz zur Übergangsregelung des Finanzausgleichs zwischen Reich, Ländern und Gemeinden[184] aus dem Reichshaushalt überwiesen wurde.[185] Die Länder erhielten die Erträge der Kraftfahrzeugsteuer zu 96 Prozent.[186] Sie waren vollständig für den Wegebau zu verwenden und wurden von den Ländern anteilig an Kreise und Kommunen weitergegeben.[187] Obwohl die Steuereinnahmen in den zurückliegenden fünf Jahren beachtliche Steigerungsraten aufgewiesen hatte, lagen sie 1929/30 erst bei einem Aufkommen von 196 Mio Reichsmark. Die Einnahmen aus der Kraftfahrzeugsteuer deckten damit die Ausgaben aller Gebietskörperschaften für den Wegebau nur zu 15,8 Prozent, während 25,8 Prozent durch Kredite und 43,1 Prozent durch allgemeine Deckungsmittel aufgebracht werden mußten.[188]

Eine Verbesserung dieser Relation erhofften sich die Wegebaupflichtigen durch eine Änderung der Bemessungsgrundlage. Nach ihren Vorstellungen sollte die Pauschalsteuer gesenkt oder völlig abgeschafft und durch eine Betriebsstoffsteuer ersetzt werden, weil diese über den Verbrauch auch als Maßstab für die Wegebenutzung des Fahrzeugs gelten könnte und zudem aufgrund des entsprechend höheren Verbrauchs schwerer Lkw auch die Fahrzeugart in gerechter Weise berücksichtige.[189] Idealziel der Besteuerung sollte sein, daß der

182 Adamek, Saake, Die Straßenkosten und ihre Finanzierung, a.a.O., S. 104f; vgl. K. Raetz: Die Besteuerung der Kraftfahrzeuge in Deutschland und ihre Wirkungen, Diss., Erlangen 1933, S. 15f.

183 Adamek, Saake, Die Straßenkosten und ihre Finanzierung, a.a.O., S. 105.

184 RGBl I 1927, S. 91.

185 Ebd, S. 104.

186 Vier Prozent behielt das Reich als Verwaltungsgebühren. Verwaltungsaufbau, Steuerverteilung und Lastenverteilung im Deutschen Reich. Einzelschrift zur Statistik des Deutschen Reiches Nr. 6, hrsg. v. Statistischen Reichsamt, Berlin 1929, S. 138.

187 Ebd., S. 145.

188 Zahlen nach: Das deutsche Straßen- und Wegewesen, a.a.O., Tabellen S. 30 und 36.

189 Dabei wurde auf das Vorbild der us-amerikanischen Regelung verwiesen. A. Heller: Automobilbesteuerung, in: DV (4) 1929/30, Nr. 11, S. 337. Vgl. die Forderung der Wegeunterhaltungspflichtigen im Arbeitsausschuß zur Beratung der Kraftfahrzeugsteuer, Vorläufiger Reichswirtschaftsrat Tgb. Nr. 2327/30, in: Denkschrift über die

gesamte Kraftverkehr anteilig die von ihm verursachten Straßenkosten zu tragen hätte.

Diese Zielvorstellung erfaßte zugleich den politischen Aspekt der Besteuerung, weil man hoffte, damit einen ungerechtfertigten Wettbewerbsvorteil des Lkw gegenüber der Bahn abzubauen. Prinzipiell sah die Reichsbahn in den Infrastrukturleistungen des Staates eine Verkehrsverbilligung für den Kraftwagen aus Mitteln der Allgemeinheit, während die Bahn ihre Anlage selbst finanzieren mußte. Sie legte daher äußerst rigorose Vorschläge für die Neugestaltung der Kraftfahrzeugsteuer vor. Bei der Berechnung des Kraftfahrzeugsteueranteils an den Straßenkosten ging sie von einem relativ zu niedrigen Gesamtaufwand der Vorkriegszeit von rund 270 Millionen Reichsmark und den für die nächsten Jahre errechneten Straßenbaukosten von jährlich rund 1 Mrd. Reichsmark aus und befand "der gesamte Unterschiedsbetrag (...) ist gerechterweise vom Kraftwagenverkehr zu tragen."[190] Begründet wurde diese schlichte Logik mit dem Argument, daß der übrige Straßenverkehr gegenüber der Vorkriegszeit nicht zugenommen habe, sondern vielmehr sogar leicht rückläufig sei und daher die erheblichen Mehrkosten alle dem Kraftwagen, besonders den schweren Lkw anzulasten seien.[191] Eine derartige Operation mit Zukunftsbeträgen die "eigentlich" in den nächsten Jahren aufgewendet werden müßten, wurde in der Öffentlichkeit schnell als "offenbar unzulässiges Argument" kritisiert.[192] Es lag auf der Hand, daß eine Kraftfahrzeugsteuer in Höhe des sogenannten gesamten Unterschiedsbetrags von den Fahrzeughaltern nicht mitgetragen werden konnte und damit einer Prohibitivsteuer gleichkam. Die Durchsichtigkeit der Argumentation der Reichsbahn löste auch in der Wirtschaft heftige Proteste aus.[193] Der Reichsverband der Deutschen Industrie (RDI) wies die Forderung, der Kraftwagen müsse seine Fahrbahnkosten selbst tragen als undifferenziert zurück und erkannte darin die klare Absicht der Reichsbahn, den unerwünschten Konkurrenten loszuwerden:

> Man male sich die ungeheuerlichen Folgerungen dieser Forderung aus: eine Überspannung des Transportmonopols auf der einen Seite, Knebelung aller Wettbewerber der Reichsbahn auf der anderen. Und dieses Ergebnis des neuesten

---

Besteuerung der Kraftfahrzeuge, Reichstag. V. Wahlperiode 1930, DS Nr. 620. Ausgegeben am 23. Dezember 1930, Berlin 1930, VIII. Anhang, Anlage Nr. 1, S. 19.

190 Reichsbahn und Kraftwagenverkehr, a.a.O., S. 35.

191 Ebd. S. 34.

192 So der kritisch-liberale *Deutsche Volkswirt*, DV (4) 1929/30, Nr. 19, S. 594.

193 So der RDI im "Berliner Börsen-Courier", Nr. 61 v. 6.2.,1930; in: RWWA 22-239.

> Kampfes der Reichsbahn ist das Interessanteste für weiteste Kreise, auch außerhalb der am Kraftwagenverkehr Beteiligten, denn es zeigt die gewaltige Gefahr, die der gesamten deutschen Wirtschaft aus dem immer stärkeren Selbständigkeitsstreben der Reichsbahn droht.[194]

Die Stellungnahme offenbarte die prinzipielle Einstellung des RDI zum Wettbewerb zwischen Eisenbahn und Kraftwagen. Als Spitzenverband mußte der RDI die Gegensätze der verschiedenen großen Industriegruppen überbrücken, wobei intern häufig der Vorwurf erhoben wurde, daß die Interessen der Schwerindustrie zu deutlich im Vordergrund standen.[195] Demgegenüber war die Verbandsspitze bemüht, einen allseitigen Vertretungsanspruch aufrecht zu erhalten. Gemeinsamer Nenner aller Wirtschaftszweige war die Abneigung gegen die Wiederherstellung eines Angebotsmonopols der Reichsbahn. Die Stellungnahme ließ deshalb erkennen, daß die verladende Wirtschaft aus dem Wettbewerb des Kraftwagens Vorteile zog, auf die sie nicht mehr verzichten wollte. Allerdings zeigte sich auch bald, daß eine solche Prohibitivsteuer verkehrspolitisch nicht ernsthaft in Betracht gezogen wurde. Sie hätte als völlig willkürliche Unterdrückungsmaßnahme gelten müssen, da der Kraftverkehr nicht Alleinnutzer der Straße war und sein Teilnutzen bzw. sogar die durch den Lkw verursachte Abnutzung kaum jemals verläßlich bestimmt werden konnte.[196]

In der Reichstagsdebatte zur Kraftfahrzeugsteuerreform wurde den wettbewerbspolitischen Zielsetzungen der Steuer wenig Gewicht beigelegt. Auf breite Zustimmung stieß der Redebeitrag des Abgeordneten der Christnationalen, Klönne. Er wies darauf hin, daß bestimmte Güter niemals wieder in größerem Umfang auf die Reichsbahn zurückkehren würden, und eine Behinderung des Kraftverkehrs deshalb widersinnig sei.[197] Er schlug vor, statt einer stärkeren Belastung des Kraftverkehrs sollte eventuell an eine Entlastung der Reichsbahn

---

194 Ebd.

195 M. Grübler: Die Spitzenverbände der Wirtschaft und das Erste Kabinett Brüning, Düsseldorf 1982, S. 16f.

196 Darauf verwiesen der DIHT, Eisenbahn und Kraftwagenverkehr, a.a.O., S. 22; ebenso der Finanzwissenschaftler Adolph Lampe gestützt auf Untersuchungen des Deutschen Straßenbauverbandes; ders.: Zur Problematik der Kraftfahrzeugbesteuerung, a.a.O., S. 32f.

197 Klönne (ChrNa) in der Reichstagsdebatte am 19.5.1930, in: Verhandlungen des Reichstages, V. Wahlperiode 1930, Stenographische Berichte, Bd. 428, S. 5165.

gedacht werden.[198] Das Hauptinteresse des Reichstags konzentrierte sich darüber hinaus auf den fiskalischen Zweck der Steuer und die Durchsetzung übergeordneter Reichsinteressen gegenüber den Ländern. Der DP-Abgeordnete Wieland kritisierte die mangelnde Kooperationsbereitschaft der Länder bei der Suche nach einer für die Straßenbaufinanzierung angemessenen Steuerformel. Er plädierte für eine Betriebsstoffsteuer als "das einzig Richtige für den Straßenbau" und forderte die Länder sollten "endlich beigeben", um in der Sache voran zukommen.[199]

Das Bestreben eine Steuerformel zu finden, die fiskalischen und wettbewerbspolitischen Interessen gleichermaßen gerecht wurde und darüber hinaus für den Kraftverkehr gerade noch tragbar war, bestimmte die Vorschläge der verschiedenen Interessenverbände. Der Verkehrsverband Niedersachsen Kassel vertrat die Ansicht, daß die Kraftfahrzeugsteuer so bemessen sein müßte, daß neben der ungleichen Verteilung der Wegebaulasten auch ein Ausgleich für die politischen Lasten, für Beförderungssteuer und Pensionslast sowie die gemeinwirtschaftlichen Auflagen der Reichsbahn geschaffen würde.[200] Um eine "gerechte Wettbewerbsgrundlage" zu schaffen schlug der Verband vor, der Kraftverkehr müsse "angemessen" zur Wegeinstandhaltung beitragen, wobei für 1931 eine Gesamtbelastung[201] von 350 bis 400 Millionen Reichsmark für tragbar gehalten wurden, die ausschließlich zweckgebunden sein sollte.[202] Die Steuer sollte als Treibstoffsteuer in Verbindung mit einer Pauschalsteuer, die bei Lastwagen nach dem "betriebsfertigen Eigengewicht" zu staffeln war, erhoben werden.[203] Zu ähnlichen Empfehlungen kam der Langnamverein. Oberstes Leitziel der Kraftfahrzeugsteuerreform war aus der Sicht des Vereins die stärkere Heranziehung des Kraftwagen zu den Wegebaukosten, weniger jedoch wegen der hohen Straßenbaukosten, sondern vorrangig zur Angleichung der Wettbewerbsgrundlagen für Bahn und Lkw.[204] Er ließ jedoch keinen Zweifel daran,

---

198 Ebd. S. 5166; vgl. die Stellungnahmen des SPD-Abgeordneten Schumann, ebd. S. 5172, sowie des DNVP-Abgeordneten Hartmann, ebd. S. 5176.

199 Stellungnahme des DP-Abgeordneten Wieland, ebd. S. 5182.

200 Tagung des Verkehrsverbandes Niedersachsen-Kassel am 26.5.1930 in Hannover, Bericht in VT (11) 1930, H. 27, S. 353.

201 Unter Berücksichtigung der Mineralölsteuern; vgl. Gesetz über Zolländerungen. Vom 15. April 1930, RGBl I, 1930, S. 131.

202 VT (11) 1930, H. 27, S. 353.

203 Ebd. S. 354.

204 Stellungnahme des Langnamvereins, zit. n. VW (24) 1930, H. 23, S. 321.

daß diese Grundlagen geeignet sein sollten, ein weitergehendes Vordringen des Lkw einzudämmen.

Demgegenüber machten die Spitzenverbände des Kraftfahrwesens geltend, eine Angleichung der steuerlichen Wettbewerbslage könne nur zu dem Ergebnis der "Entlastung des Kraftwagenverkehrs" führen, der neben allgemeinen Steuern bereits die durch ihn verursachten Mehrkosten der Straßenunterhaltung trage.[205] Der RDA forderte überdies, daß die Mittel für Neubau und Umbau der Straßen aus Anleihen beschafft werden müßten, deren Amortisation und Verzinsung durch den rasch ansteigenden Ertrag aus der Kraftfahrzeugsteuer ausreichend gesichert wäre.[206] Schließlich, so betonte der ADAC in einer eigenen Denkschrift zur Kraftfahrzeugsteuerreform, sei "nicht der Kraftverkehr Nutznießer der Straße, sondern umgekehrt die Allgemeinheit Nutznießer des Kraftverkehrs".[207] Die Argumente waren ökonomisch nicht zu widerlegen. Sie hatten bereits zu grundsätzlicher Kritik an der Finanzierung der Straßen durch Steuern geführt.[208] Eine verstärkte Anleihe-Finanzierung war im Zuge der Verwissenschaftlichung des Straßenbaues seit längerem propagiert worden. Der Syndikus der Industrie- und Handelskammer Krefeld, Heisterbergk, wies darauf hin, "daß es auch wirtschaftlich falsch wäre, allein die Gegenwart mit Beträgen für Herstellungen zu belasten, die dem Verkehr noch in 20 bis 30 Jahren zugute kommen werden."[209] Hinzu kam daß der enorme Gesamtbedarf zur Anpassung der Straßen an die Anforderungen des Kraftverkehrs ohnehin niemals aus laufenden Mitteln der Wegeunterhaltungspflichtigen bestritten werden konnte.[210] Anleihen waren daher bereits seit Mitte der 20er Jahre in spürbarem Umfang zur Finanzierung der Straßenkosten begeben worden. Nach 1927 war es jedoch zu

---

205 Der Geschäftsführer des RDA, Wilhelm Scholz, auf derselben Tagung, zit. n. VT (11) 1930, H. 27, S. 354; vgl. auch die Berechnungen des RDA in seiner Denkschrift, Eisenbahn und Kraftwagen, a.a.O., S. 11.

206 Ebd.

207 Denkschrift des ADAC zur Kraftfahrzeugsteuerreform, München 1930, zit. n. VW (25) 1931, H. 9, S. 138.

208 Lampe, Zur Problematik der Kraftfahrzeugsteuer, a.a.O., S. 34f; Heller, Automobilsteuer, a.a.O., S. 338.

209 E. Heisterbergk: Zur Finanzierung des deutschen Straßenbaues, in: DWZ (27) 1930, Nr. 48, S. 1132.

210 Ebd. S. 1134; Vgl. Deutsche Verkehrsprobleme der Gegenwart. Verhandlungen der Friedrich-List-Gesellschaft e. V., hrsg. v. E. Salin, Berlin 1929, S. 36; Vgl. Die Finanzierung des deutschen Strassenbaus. Denkschrift der Studiengesellschaft für die Finanzierung des deutschen Straßenbaus, Berlin 1930, S. 41.

einem starken Rückgang der Aufnahmen gekommen. Fachleute wie der Landesbaurat in Königsberg, Platzmann, führten dies darauf zurück, daß in der Öffentlichkeit noch immer nicht genug deutlich gemacht wurde, daß "Straßen keineswegs Wohlfahrtseinrichtungen", sondern im gleichen Sinne produktiv wie jede andere Verkehrsanlage seien.[211] In einem Vortrag vor den Mitgliedern des Deutschen Straßenbauverbandes warb er um eine Ausweitung der Anleihe-Finanzierung:

> Mit dem gleichen Rechte wie bei anderen Verkehrsanlagen und bei öffentlichen Werken können auch im Straßenwesen die Mittel für größere Neuanlagen und für dauernde Verbesserungen zunächst durch Anleihen aufgebracht werden, deren Verzinsung und Tilgung aber aus den eigenen Einnahmen zu bestreiten ist. Die gerade in neuester Zeit manchmal vertretene Anschauung, daß man im Straßenwesen ohne Anleihen auskommen sollte, ist durchaus unberechtigt. Ebenso wie im 19. Jahrhundert ein leistungsfähiges Eisenbahnnetz ohne starke Inanspruchnahme von Anleihen nicht geschaffen werden konnte, läßt sich im 20. Jahrhundert ein befriedigendes Netz von Straßen für den Kraftverkehr nur herstellen, wenn auch hierfür ein großer Teil der Mittel aus Anleihen bereitgestellt wird, deren Verzinsung und Tilgung wiederum der Kraftverkehr zu tragen hat.[212]

Die hier anklingende Vorstellung, daß die Motorisierung ein vergleichbar bedeutender Fortschritt im Verkehrswesen des 20. Jahrhunderts sei wie die Eisenbahnen im 19. Jahrhundert und der Staat diese Entwicklung deshalb durch entsprechende Vorleistungen in der Infrastruktur fördern sollte, fand zu diesem Zeitpunkt allerdings keine breite Unterstützung; obwohl sich weitere Fachleute auch unter Hinweis auf die Rationalisierungswirkungen im Kraftverkehr selbst und auf die langfristige Ersparnis in der Unterhaltung bei rechtzeitigem Ausbau der Straßen dafür einsetzten.[213] Eine weitreichende Finanzierung des Straßenbaues durch Anleihen stieß auf reale Hindernisse; denn es schien zweifelhaft, ob eine niedrig kapitalisierte "Deutsche Straßenbau-AG", wie sie von der „Studiengesellschaft für die Finanzierung des deutschen Straßenbaues“ (Stufi) vorgeschlagen wurde, mit den vielen kleinen Bürgschaften von Provinzen, Kreisen und Gemeinden die notwendige Anziehungskraft auf die internationalen Kapitalmärkte ausüben konnte.[214] Überdies mußte man bei genauerer Be-

---

211 Platzmann: Die Finanzierung des Straßenwesens, in: VT (11) 1930, H. 9, S. 30.

212 Ebd. S. 30f.

213 R. Schirmer: Die Rentabilität der Landstrasse. Sind Straßenbau-Anleihen produktiv?, in: ATZ (33) 1930, H. 3, S. 61-63.

214 DV (4) 1930, Nr. 41, S. 1399.

trachtung eingestehen, daß das Aufkommen aus der Kraftfahrzeugsteuer auch in den kommenden Jahren nicht groß genug sein würde, um neben den laufenden Unterhaltungskosten noch die Verzinsung und Tilgung der Anleihen zu sichern.[215] Der DIHT stellte daher in einer weiteren Stellungnahme im Juli 1930 lediglich pauschal fest, daß der "Kraftwagenverkehr als Ganzes entsprechend der durch ihn verursachten Wege Be- und Abnutzung an den laufenden Wegeunterhaltungskosten und am Kapitaldienst für den Wege-Neu- und -ausbau zu beteiligen ist."[216] Dabei wollte er klar zwischen Unterhaltungsaufwand und Neubau unterschieden wissen und nur für letzteres eine entsprechende Kreditfinanzierung befürworten.[217] Die etwas vage Formulierung ließ erkennen, daß die Realisierbarkeit auch dieses Vorschlags beim DIHT in Zweifel stand. Befürwortet wurde also ein prinzipiell berechtigtes Programm, dessen Deckung vorläufig noch völlig ungeklärt war.

Dieser Empfehlung schloß sich schließlich auch der Reichswirtschaftsrat an. Der Rat bildete in der Weimarer Republik die im Gegensatz zum DIHT verfassungsrechtlich institutionalisierte Interessenorganisation der Wirtschaft, mit der die Verbände eine angemessene staatspolitische Vertretung im "Parteienstaat" finden sollten.[218] Er setzte sich überwiegend aus Vertretern der verschiedenen Wirtschaftszweige zusammen, darüber hinaus benannten jedoch auch die Regierung und der Reichsrat sowie die Kommunen Mitglieder.[219] Der mit der Ausarbeitung der Richtlinien beauftragte Arbeitsausschuß zur Beratung der Kraftfahrzeugsteuer setzte sich aus Mitgliedern des finanz- und des wirtschaftspolitischen Ausschusses des Reichstages sowie den Sachverständigen der Wirtschaft im 27er Ausschuß[220] zusammen. Bei der Anhörung externer Sachverständiger beschränkte er sich auf Vertreter der Wirtschaft und der Wegebaupflichtigen sowie der Automobilindustrie und des Kraftverkehrsgewerbes. Als ständige Sachverständige wurden der Vertreter der IHK Berlin, Feilchen-

215 Heisterbergk, Zur Frage der Finanzierung, a.a.O., S. 1135.

216 Eisenbahn und Kraftwagen, in: DWZ, Sonderdruck Nr. 29, 17.7.1930, in: RWWA 22-239.

217 Eisenbahn und Kraftwagen, in: DWZ, Sonderdruck Nr. 29, 17.7.1930, in: RWWA 22-239.

218 Huber, Deutsche Verfassungsgeschichte, Bd. 5. Weltkrieg, Revolution und Reichserneuerung, Stuttgart 1978, S. 390.

219 Ebd. S. 396ff.

220 Bereits 1927 hatte der Reichstag einen Ausschuß zur Vorbereitung einer Kraftfahrzeugsteuerreform beauftragt.

feld, und der Geschäftsführer des RDA, Scholz, bestimmt. Gehört wurden darüber hinaus Vertreter der Provinzen und des Landkreistages von Preußen, Repräsentanten des Fuhrgewerbes sowie Mitglieder des ADAC und auch der Direktor der Daimler-Benz AG, Schippert, für die Autoindustrie.[221] Gemäß seiner Zusammensetzung konzentrierte der Ausschuß seine Beratungen auf die fiskal- und wirtschaftspolitischen Wirkungen der Kraftfahrzeugsteuer. Die wettbewerbspolitischen Zielsetzungen der Reichsbahn kamen nicht zur Sprache.

Nach weiteren Protesten der Wirtschaft gegen die vom Reichsverkehrsministerium vorgeschlagene stärkere Steuerbelastung der schweren Lkw[222] sahen die Richtlinien des Reichswirtschaftsrates von einer deutlichen Erhöhung der Steuerlast ab mit der Begründung, daß die Gesamtbelastung des Kraftverkehrs mit Abgaben (Verbrauchssteuern) und Kraftfahrzeugsteuern bereits 1930/31 rund 450 Millionen Reichsmark erreiche und eine weitere Erhöhung für nicht vertretbar gehalten wurde.[223] Der Sachverständigenrat befürwortete allerdings einen Steuerzuschlag für Lastwagen mit Anhängern.[224] Wichtiger erschien dem Ausschuß jedoch die Bemessungsgrundlage und die Zweckbesteuerung. Er sprach sich für eine Verbrauchsbelastung des Betriebsstoffes in Verbindung mit einer Pauschalsteuer aus und forderte darüber hinaus entschieden die Verwendung aller Kraftfahrzeugsteuern und Abgaben für den Wegebau. Für den Bau langlebiger Straßen sah der Ausschuß eine Aufbringung durch Anleihen vor, deren Verzinsung und Tilgung aus Kraftfahrzeugabgaben sichergestellt werden sollte.[225]

Die Argumentation der Sachverständigen war im wesentlichen von den Interessen der Wegeunterhaltungspflichtigen diktiert. Darüber hinaus wurde eher ein Schutzbedürfnis der Autoindustrie vor weiteren Absatzeinbußen infolge zu hoher Besteuerung als ein Schutzbedürfnis der Reichsbahn vor Konkurrenz anerkannt. Die wettbewerbspolitischen Zielsetzungen der Kraftfahrzeugsteuer waren damit praktisch vom Tisch. In der Denkschrift des Reichsfinanzministerium

---

221 vgl. Ausschuß zur Beratung der Kraftfahrzeugsteuer, Vorläufiger Reichswirtschaftsrat Tgb. Nr. 2327/30, a.a.O., S. 18.

222 Vgl. "Weitere Drosselung des Lastkraftwagenverkehrs? Gegen die neuen Steuervorschläge", in: Kölnische Zeitung v. 13.7.1930, in: RWWA 22-226,

223 Ausschuß zur Beratung der Kraftfahrzeugsteuer, Vorläufiger Reichswirtschaftsrat Tgb. Nr. 2327/30, a.a.O., S. 21.

224 Um zehn Prozent für einen Anhänger, 20 Prozent für Lkw mit zwei Anhängern, siehe ebd.

225 Ebd.

über die Besteuerung der Kraftfahrzeuge, die die Grundlage für das neue Gesetz bildete, blieben die Reformvorschläge noch hinter den Empfehlungen des Ausschusses zurück. Die geforderte Betriebsstoffsteuer wurde mit der Begründung abgelehnt, daß sie besonders für den gewerblichen Lastwagenverkehr zu einer "unerwünschten Benachteiligung" führen könnte, die "unter Umständen wirtschaftlich untragbar werden kann."[226] Es blieb also bei einer Pauschalsteuer, die für Lastkraftwagen in Antracht der bestehenden "hohen Belastung" nicht angehoben werden sollte. Lediglich einer Anhängerbesteuerung in der vorgeschlagenen Größenordnung stimmte die Denkschrift zu.[227] Entgegen ursprünglicher Absichten ging die Regierung davon ab, die Kraftfahrzeugsteuer als Mittel der Wettbewerbspolitik in der Auseinandersetzung zwischen Eisenbahn und Kraftwagen zu instrumentieren. Sie wies darauf hin, daß es offenbar unmöglich sei, "den den Wettbewerb verursachenden Kraftverkehr von dem übrigen abzugrenzen". Infolgedessen konnte auf diesem Wege keine Steuergerechtigkeit erreicht werden und die Regierung gelangte zu der Meinung, "daß dem steuerlichen Ausgleich des Wettbewerbs durch die den Kraftverkehr allgemein betreffenden Abgaben (...) bereits Genüge geschieht."[228] Das folgende Kraftfahrzeugsteuergesetz vom 16.3.1931 wurde allerdings erneut bis zum 1.4.1933 befristet.[229]

Die wettbewerbspolitischen Ziele der Kraftfahrzeugsteuerreform scheiterten letztlich an ihrer "Breitenwirkung". Sie erfaßte den gesamten Lkw-Verkehr und wäre als Wettbewerbssteuer zugunsten des gemeinwirtschaftlichen Verkehrsträgers pauschal auf eine Drosselung sowohl des öffentlichen Linienverkehrs als auch des gewerblichen Güterverkehrs in Nah- und Fernverbindungen und schließlich des privaten Werkverkehrs hinaus gelaufen, ohne der unterschiedlichen wirtschaftlichen Bedeutung dieser Verkehre Rechnung zu tragen. Das zeigte sich auch an der kurzlebigen Idee der Ausgleichsabgabe, obwohl sie verkehrspolitisch zielgerecht nur den für die Bahn schädlichen Fernverkehr treffen sollte. Beide scheiterten letztlich daran, daß sie zu viele Interessen berührten.

---

226 Denkschrift über die Besteuerung der Kraftfahrzeuge, Reichstag. V. Wahlperiode 1930, DS Nr. 620. Ausgegeben am 23. Dezember 1930, Berlin 1930, S. 82.

227 Ebd.

228 Ebd. S. 86.

229 Gesetz zur Änderung des Kraftfahrzeugsteuergesetzes vom 16. März 1931 (RGBl I, S. 63); Kraftfahrzeugsteuergesetz vom 16. März 1931 (RGBl I, S. 64).

3.3 Marktordnung im gewerblichen Güterfernverkehr

3.3.1 Rationalisierung durch Kartellierung: Die Auseinandersetzung um den Schenker-Vertrag als umstrittene Selbsthilfe der Bahn

Nachdem bereits im Herbst 1930 zunehmend deutlich geworden war, daß von der Reform der Kraftfahrzeugsteuer keine wettbewerbspolitischen Wirkungen zu erwarten waren, verstärkte die Reichsbahn ihre Bemühungen um eine gesetzliche Marktordnung im gewerblichen Güterverkehr. Die Aussichten darauf erschienen jedoch nach den Septemberwahlen ungünstiger als zuvor, weil im neuen Reichstag keine stabilen Mehrheiten möglich waren, und die politische Handlungsfähigkeit der Minderheitsregierung Brüning durch die fortschreitende Wirtschafts- und Finanzkrise immer geringer wurde. Kontroverse Gesetzesvorhaben konnten nur noch gegen das Parlament mit Hilfe von Notverordnungen durchgesetzt werden, von denen die Regierung immer öfter Gebrauch machte. In dieser Lage hatten die wiederholten Vorstellungen von Reichsbahn-Generaldirektor Dorpmüller im Reichsverkehrs- und im Reichsfinanzministerium zur Entlastung vom Kraftwagenwettbewerb wenig Erfolg.[230]

Unterdessen geriet die Bahn durch den drastischen Einbruch des Verkehrsaufkommens infolge der Wirtschaftskrise finanziell immer mehr unter Druck, so daß eine Abwehr des Kraftwagenwettwerbs aus ihrer Sicht dringlicher wurde. Die Versuche, dem Lkw durch tarifarische Reformen entgegenzutreten, waren gescheitert. Zunächst hatte die Bahn den Tarifwettbewerb durch sogenannte K(onkurrenz)-Tarife aufgenommen. Sie wurden in Gestalt individueller Ausnahmetarife, zum Teil als Werks- oder Fabriktarife, zum Teil als Spediteurtarife, für bestimmte Güterarten und für einzelne Verkehrsbeziehungen gewährt,[231] mit dem Ziel gefährdete Verkehre für die Bahn zu erhalten. 1930 waren nach Angaben der Reichsbahn 170 solcher Tarife in Geltung, und zwar gezielt für bestimmte hochwertige Güter, die den Lastwagen bevorzugten.[232] Diese Tarifpolitik geriet jedoch schnell in die öffentliche Kritik, denn sie galt als Verstoß gegen die in der Eisenbahnverkehrsordnung (EVO) festgelegte Gleichheit und Öffentlichkeit der Tarife, die als unverzichtbarer Bestandteil der gemeinwirt-

---

230 Vgl. Müller: Krise im deutschen Verkehrswesen. Ordnung oder Willkür, Aufstieg oder Niedergang, in: VT (11) 1930, H. 40, S. 544.

231 Reichsbahn und Kraftwagenverkehr, a.a.O., S. 80.

232 Ebd., S. 82.

schaftlichen Verkehrsbedienung angesehen wurde.[233] Gemäß der Empfehlung des DIHT hatte die Bahn daher eine grundlegende Reform des Stückguttarifs vorgenommen, indem die Werttarifierung fallengelassen wurde und künftig eine Einstufung nach Gewicht und Menge erfolgte.[234] Der neue Deutsche Eisenbahn-Stückguttarif trat zum 1. Juni 1930 in Kraft.[235] Seine Zielsetzung war die gleiche wie die der K-Tarife: Durch Preissenkung bzw. durch Nivellierung einzelner Tarifklassen wurde die Wertstaffel insgesamt zusammengedrückt, um einer Abwanderung des Verkehrs auf den Lkw vorzubeugen. Damit waren jedoch die Möglichkeiten einer wettbewerblichen Tarifpolitik im Rahmen des gemeinwirtschaftlichen Systems erschöpft. Die Wirksamkeit wurde auch beim DIHT bezweifelt, weil sich gezeigt hatte, daß die Frachtverbilligung durch den Lkw zwischen bis zu 64 Prozent im Nahverkehr und immer noch 26 bis 35 Prozent im Fernverkehr allein durch die geringfügige Ermäßigung in den oberen Tarifklassen kaum aufgefangen werden konnte.[236]

Daher hatte der EKA, um die Wettbewerbsfähigkeit der Bahn zu stärken, auch eine Rationalisierung der An- und Abfuhr von Gütern vorgeschlagen. Die geeigneten Maßnahmen sollten allerdings einer besonderen Untersuchung vorbehalten bleiben.[237] Die Reichsbahn jedoch, überging diesen Vorbehalt und machte sich mit dem Abschluß des sogenannten Schenker-Vertrages selbst zum Agens einer Verkehrspolitik mit weitreichenden Konsequenzen. Gegenstand des Vertrages war eine "verbesserte Zusammenarbeit" mit dem Speditionsgewerbe, das in seiner häufigen Doppelfunktion als Transportvermittler und Rollfuhrunternehmen erheblichen Einfluß auf die Verkehrsteilung zwischen Bahn und Lkw hatte.[238] Die Bahn legte ihre gesamte Rollfuhr in die Hände der deut-

---

233 Eisenbahn und Kraftwagen, a.a.O., S. 69.

234 Ebd., S. 70.

235 Domsch: Der neue deutsche Eisenbahn-Stückguttarif vom 1. Juni 1930, in: Zeitung des Vereins Deutscher Eisenbahnverwaltungen (70) 1930, Nr. 28, S. 759.

236 Ermittlungen des EKA, Eisenbahn und Kraftwagen, a.a.O., S. 8, Tabelle Anhang

237 Vgl. Eisenbahn und Kraftwagen, S. 70.

238 Erste präzise Überlegungen dazu äußerte die Reichsbahn bereits im März 1930. Vgl. Burger: Brennende Fragen, in: Zeitung des Vereins Deutscher Eisenbahnverwaltungen (70) 1930, Nr. 10, S. 295ff. Burger forderte ein Gegengewicht gegen den organisierten Sammeldienst der Kraftwagenspediteure: "Man setze dieser Organisation ein Vertreternetz von Reichsbahnspediteuren entgegen! Ein Großspediteur, der das Vertrauen der Reichsbahn genießt, übernimmt die Führung und verbindet sich mit geeigneten Spediteuren im gesamten Reichsbahngebiet zur Zusammenarbeit." (S. 295).

schen Bahnspedition Schenker & Co GmbH, einem Tochterunternehmen der Speditionsfirma Schenker & Co Berlin, die sich verpflichtete die An- und Abfuhr von Stückgütern und hochwertigen Wagenladungsgütern reichsweit zu einem einheitlichen Gebührentarif zu übernehmen. Den Verladern wurde damit zugleich die Möglichkeit eines Haus-zu-Haus-Tarifs geboten, der Frachtkosten und Rollfuhr umfaßte. Die Firma Schenker konnte die Rollfuhr selbst übernehmen oder mit einem örtlichen Speditions- oder Fuhrunternehmen einen Vertrag schließen, wobei sie gehalten war, den bisherigen bahnamtlichen Rollfuhrnternehmer weiterzubeschäftigen oder ggf. einen anderen "geeigneten" Unternehmer zu wählen.[239] Die Gebühren wurden gegenüber den bisher geltenden Sätzen erheblich ermäßigt. Als Gegenleistung garantierte die Bahn den Unternehmen einen Ausgleich in Höhe der Selbstkosten der Rollfuhr zuzüglich eines Nutzungszuschlag von 10 bis 15 Prozent des Gebührensatzes.[240] Die Vertragsfirmen wurden verpflichtet, von der Reichsbahn gewünschte Sammelgutverkehre einzurichten und vor allem auch aktiv Güter für die Bahn zu werben, u. a. durch "fortdauernde Beobachtung des gesamten Güterverkehrs".[241] Damit sollte ein Gegengewicht zu den Kraftwagenspediteuren geschaffen werden, die mit der Gedekra bereits über eine reichsweit operierende Organisation verfügten. Gleichzeitig enthielt der Vertrag äußerst restriktive Bestimmungen für die Kraftwagennutzung. Die Unternehmen durften - "bei einer Konventionalstrafe von 200 Reichsmark je verbotswidrig beförderte Tonne - keinen Lastkraftwagenverkehr über 50 km hinaus (...) und keinen regelmäßigen Kraftwagenverkehr bis 50 km ohne ausdrückliche vorherige Einwilligung der Reichsbahn betreiben."[242] Die Bestimmungen des Vertrags sollten eine gezielte wirtschaftliche Integration des Lkw-Nahverkehrs ermöglichen und zugleich einen eigenständigen Wettbewerbsverkehr auf weitere Entfernungen unterbinden. Zu diesem Zweck enthielt der Vertrag Anreize für den Zubringerverkehr, der allerdings ebenfalls streng reglementiert wurde, während ein Fernverkehr nur in Ausnahmefällen zugelassen und auch dann an Mindestfrachtsätze in Höhe der Bahntarife gebunden wurde.[243]

---

239 Kopie des Vertrags zwischen der Deutschen Reichsbahn-Gesellschaft und der Deutschen Bahnspedition Schenker GmbH & Co Berlin, in: BA R 34 I/1072, Bl. 136.

240 Kopie des Vertrags...., in: BA R 34 I/1072, Bl. 138.

241 Kopie des Vertrags...., in: BA R 34 I/1072, Bl. 142.

242 Kopie des Vertrags...., in: BA R 43 I/1072, Bl. 142.

243 Kopie des Vertrags..., in: BA R 34 I/1072, Bl. 142f.

Aus der Sicht der Reichsbahn war der Abschluß des Schenkervertrages ein Schritt legitimer Selbsthilfe in der Auseinandersetzung mit dem Kraftwagen. In der großen Sitzung der Reichsbahn-Hauptverwaltung unmittelbar nach Bekanntgabe des Vertrags benannte Direktor von Beck offen die Gründe, die zu dem Vertragsschluß geführt hatte. Zum einen war in der Gesetzgebung "für die Lösung des Problems bis jetzt noch nichts geschehen", zum anderen habe er "von Anfang an die Hoffnung auf einen Lastenausgleich zwischen Kraftwagen und Schiene nicht allzu hoch gespannt".[244] Er bekannte, es bestünde wenig Hoffnungen auf durchgreifende steuerliche Belastungen des Kraftverkehrs, nachdem selbst die Wegebaupflichtigen, bisher treue Verbündete der Bahn, unter dem Eindruck eines erstmals rückläufigen Kraftfahrzeugsteueraufkommens geneigt seien, sogar gewissen Steuerermäßigungen zuzustimmen, und das Reichsverkehrsministerium sich klar gegen weitere Erhöhungen ausgesprochen habe.[245] Im übrigen hatten Zweifel bestanden, ob "alle überhaupt möglichen Maßnahmen gesetzgeberischer Natur", wie Lockerung der Eisenbahngesetzgebung, Verschärfung der Bindungen für den Kraftwagen, steuerliche Entlastung der Bahn, stärkere Belastung des Kraftwagens zum Ziel führen würden, da "gewisse Überlegenheiten des Kraftverkehrs" immer bleiben würden, und zwar bei der An- und Abfuhr der Güter und im Werbedienst.[246] Die Erläuterungen von Becks belegen deutlich die primär verkehrspolitischen Zielsetzungen des Schenker-Vertrags, die die Rationalisierungsabsichten in den Hintergrund treten ließen. Dies bestätigte kurze Zeit später auch die Stellungnahme der Reichsbahndirektion zum "Lastkraftwagenverkehr nach dem Schenker-Vertrage" in der Zeitung deutscher Eisenbahnverwaltungen.[247]. Darin wurde betont, die Verbote für die Vertragsfirmen und die hohen Strafen seien zwingend, damit die verkehrswirtschaftlichen "Aufgaben des Kraftwagens" möglichst "scharf umrissen" würden.[248]

Die Bahn setzte jedoch darauf, daß sie mit dem Programm "Rationalisierung durch planmäßige Verkehrsteilung" leichter die Unterstützung breiter Wirt-

---

244 Von Beck in der großen Sitzung der Reichsbahn-Hauptverwaltung am 6.2.1931 in Berlin, Protokoll, S. 4, in: BA R 5/3675.

245 Ebd., S. 5f, in: BA R 5/3675.

246 Ebd. S. 10, in: BA R 5/3675.

247 Teubner: Der Lastkraftwagenverkehr nach dem Schenker-Vertrage, in: Zeitung des Vereins Deutscher Eisenbahnverwaltungen (71) 1931, Nr. 11, S. 285f.

248 Ebd. S. 286.

schaftskreise finden würde. In einer über ihren Pressedienst verbreiteten Stellungnahme hieß es:

> Die **Spedition** ist ebensowenig wie die **Reichsbahn** Selbstzweck, vielmehr sind beide als **Verkehrsträger** Mittel zum Zweck im Wirtschaftsablauf, und die **Gesamtwirtschaft** kann **Vorrang** vor **eigenwilligen** Sonderinteressen beanspruchen. (...) Die Verpflichtung im Interesse von Handel und Industrie auf möglichst niedrige Beförderungskosten bedacht zu sein, nötigt die Reichsbahn auch dazu, ihren Einfluß in der gleichen Richtung auf benachbarte Verkehrsträger geltend zu machen. Sie kann das mit größerem Recht besonders dort tun, wo historisch bedingte Entwicklungen den Übergang zu organischer rationeller Gestaltung nicht ohne äußeren Anstoß zu finden vermögen.[249]

Die Zwangskartellierung des Speditionsgewerbes ließ nicht unbedingt den Widerstand der verladenden Wirtschaft erwarten. Es war keineswegs ungewöhnlich, daß spektakuläre Zusammenschlüsse mit dem allgegenwärtigen Schlagwort "Rationalisierung" begründet wurden.[250] Konzernorganisation war nach allgemeiner Auffassung die beste Voraussetzung für eine optimale Betriebsorganisation, Kostendegression, für steigende Produktivität und technischen Fortschritt.[251] Nachteile der Kartellierung wurden dagegen insbesondere von der Industrie heruntergespielt. In der vom RDI herausgegebenen Schrift "Kartelle als Produktionsförderer" wurden die Produktivitätseffekte eindeutig über die Schattenseiten solcher Zusammenschlüsse gestellt. Selbst wenn zugegeben wurde, daß Kartelle eher konservativ wirkten, indem sie für die Mitglieder gewissermaßen wirtschaftlichen Bestandsschutz boten, während die Rationalisierung "ihrem Wesen nach" auf der "Auslese der Besten" beruhe, wurde den Kartellen in der Praxis eine gute Synthese bescheinigt:

> "Schließlich liegt ja in jeder Quotenvereinbarung für die wirtschaftlich und technisch Stärksten ein Verzicht auf die volle Ausnutzung ihres technischen Vorsprungs, ihrer technischen Möglichkeit. Aber dieser Verzicht ist ja kein altruistischer, sonder er ist im allgemeinen das Ergebnis der Überlegung, daß es noch besser und wirtschaftlich nützlicher ist, auf die volle Ausschöpfung und Ausnutzung des technischen Vorsprungs zu verzichten, um damit einen Kampf und Opfer die-

---

249 Zit. nach: Verkehrsmittel untereinander, VW (25) 1931, H. 9, S. 140f.

250 O. Dascher: Probleme der Konzernorganisation, in: Industrielles System und politische Entwicklung in der Weimarer Republik. Verhandlungen des Internationalen Symposiums in Bochum v. 12.-17. Juni 1973, hrsg. v. H. Mommsen u. a., Düsseldorf 1974, S. 128f.

251 Ebd., S. 129.

> ses Kampfes zu vermeiden. So werden eben hier Nutzen der Rationalisierung auf der einen Seite und Nutzen der Kartellierung auf der anderen Seite in gewissen Einklang gebracht."[252]

Nach diesem Rationalisierungsverständnis war Wettbewerb ein Kräfteverschleiß der Unternehmen mit fragwürdiger Entschädigung. Kartellen dagegen wurde die "Sicherung des Ertrags" und der "gesunden Wirtschaftsentwicklung" der Unternehmen durch Rationalisierungsmaßnahmen als Vorzug angerechnet, und man ging sogar davon aus, die "Gemeinschaftsarbeit" so gestalten zu können, daß nicht "allein nach privatwirtschaftlichen Interessen" sondern auch im "volkswirtschaftlichen Interesse" gehandelt würde.[253] Die ersten Stellungnahmen aus der Wirtschaft bestätigten, daß dieser Gesichtspunkt Anerkennung fand. Der Abgeordnete Mollath als Mandatsträger der Wirtschaftspartei und zugleich Vorsitzender des Verkehrsausschusses im RDI ließ in einer ersten Besprechung mit Brüning durchblicken, daß die Industrie ein Interesse an einer Transportkostensenkung haben müsse. Da der RDI noch keinen offiziellen Beschluß gefaßt hatte, erklärte Mollath zunächst unverbindlich, es bestehe "ein allgemeines Interesse" die Reichsbahn gesund zu erhalten. Deswegen würde wohl das Vorgehen zur Ordnung des Rollfuhrwesens und einer Einflußnahme auf die Konkurrenz des Kraftwagens "grundsätzlich begrüßt werden müssen." Das Speditionsgewerbe bezeichnete er als "übermäßig zersplittert" mit der Folge unwirtschaftlich großer Selbstkosten. Der Vertrag sei "sehr klar und enthalte gesunde Gedanken." Er schlug eine Kommission aus Vertretern der Spediteure und der Wirtschaft vor, um notwendige Änderungen am Vertrag auszuarbeiten.[254] Auch der DIHT kam in einer ersten Sitzung im Verkehrsausschuß, an der von Beck für die Reichsbahn, Eugen Silberstein als Vertreter des Speditionsgewerbes sowie der Heisterbergk für den DIHT teilnahmen, zu dem Schluß, daß der Vertrag "eine Reihe von Verbesserungen des gegenwärtigen Zustandes (verspricht)..., die vom Standpunkt der Verfrachter und damit der gesamten Wirtschaft zu begrüssen sind."[255] Der Spitzenverband machte jedoch zugleich schwere Bedenken geltend. Sie richteten sich aus der Sicht der Wirtschaft vor

---

252 Vortrag von Prof. Dr. Flechtheim in der Vorstandssitzung des RDI v. 15.12.1927, in: Kartelle als Produktionsförderer, Schriften der Kartellstelle des RDI, Nr. 4, Berlin 1928, S. 10f.

253 Vortrag von Dr. Reichert, M.d.R., Berlin, in der Vorstandssitzung des RDI v. 15.12.1927, in: ebd., S. 32.

254 Mollath in der Besprechung bei Brüning am 18.2.1931, in: BA R 43 I/1072.

255 Schreiben des DIHT an den Reichskanzler v. 20.2.1931, in: BA R 43 I/1072.

allem gegen die Gefahr des Eingriffs in bewährte Geschäftsbeziehungen zwischen Verfrachtern und Spediteuren sowie gegen die "Gefahr der Ausschaltung des gesunden Wettbewerbs anderer Verkehrsmittel", insbesondere des Kraftverkehrs. Eine "Behinderung" des Kraftverkehrs "in wichtigen Verkehrsbeziehungen" widersprach demnach den Interessen der Verlader.[256]

Im Speditionsgewerbe brach unmittelbar nach der Bekanntgabe des Vertrages regelrechte Panik aus. Die Gedekra erklärte in einer Eingabe an den Reichskanzler, 3000 Unternehmen seien in ihrer Existenz bedroht und damit 250000 Arbeitsplätze gefährdet.[257] Die Spediteure sahen sich als Opfer des Reichsbahn-Kampfs gegen den Kraftwagen, während der wirtschaftliche Sinn der Rationalisierung zweifelhaft blieb.[258]

Entsprechende Befürchtungen äußerte der Vertreter des Reichsverbandes der Fuhrbetriebe, Lilge. Er vermutete, daß von den rund 60.000 lokalen Fuhrbetrieben, die sich hauptsächlich im Zulieferverkehr der Reichsbahn betätigten, der "grösste Teil" vernichtet würde.[259] Auch der RDI befand nach eingehenden Beratungen, daß die Vorzüge eines unabhängigen Speditionsgewerbes höher zu veranschlagen sei als die in Aussicht gestellten Rationalisierungs- und Kostensenkungseffekte des Schenkervertrags.[260] Nachdem sich der Verkehrsausschuß des RDI entschieden gegen den Vertrag ausgesprochen und Mollath eine scharfe Protestnote an die Adresse des Reichstages überreicht hatte, erklärte dieser in der Debatte, die wirtschaftlichen Vorteile des Vertrages seien zweifelhaft. Es sei wahrscheinlich, daß infolge der abgesenkten Rollgebühren bald eine Tariferhöhung ins Haus stehe.[261] Offenbar war es die Befürchtung, der Reichsbahn ihren Kampf gegen den Kraftwagen bezahlen zu müssen, die die Industrie veranlaßte, sich auf die Seite der Spediteure zu stellen. Auf einhellige Kritik stieß

---

256 Schreiben des DIHT an den Reichskanzler v. 20.2.1931, in: BA R 43 I/1072.

257 Schreiben der Gedekra an den Reichskanzler v. 10.2.1931, in: BA R 43 I/1072.

258 Der Geschäftsführer des VDS, Dr. Kes, in der Besprechung mit Brüning am 18.2..1931, in: BA R 43 I/1072.

259 Lilge in der Besprechung bei Brüning am 18.2..1931, in: BA R 43 I/1072. Lilge war Mitglied des Vorläufigen Reichswirtschaftsrates und hatte sich als Interessenvertreter des Reichsverbandes der Fuhrbetriebe zur Verfügung gestellt.

260 Reichsverband der Industrie zum Schenker-Vertrag, in: Berliner Börsenzeitung, Nr. 87 v. 21.2.1931, in: RWWA 22-235.

261 Redebeitrag Mollath (WP) in der Sitzung des Reichstages v. 19.2.1931, Verhandlungen des Reichstages, V. Wahlperiode 1930, 27. Sitzung v. 19.2.1931, Stenographische Berichte, Bd. 445, S. 1065f.

im Reichstag die politische Eigenmächtigkeit der Reichsbahn und die Mißachtung des Reichsverkehrsministeriums,[262] nachdem von Guérard vor dem Parlament jede Kenntnis von den Vertragsverhandlungen bestritten hatte.[263] Ordnungspolitische Bedenken wurden dagegen nur vereinzelt laut. Einzig der DVP-Abgeordnete Hugo fand energische Worte. Er protestierte gegen die "Herabsetzung" der Spediteure. Die Verpflichtung zur Verkehrswerbung komme der "Geschäftsspionage" gleich. Eine solche Politik sei absolut abzulehnen, die Konkurrenz müsse erhalten bleiben.[264] Für die Wirtschaftspartei stellte Mollath den Antrag, den Vertrag rückgängig zu machen, konnte sich damit jedoch nicht durchsetzen. Die Mehrheit zeigte sich kompromißbereit und stimmte dafür, den Vertrag im Verkehrsausschuß zu diskutieren.

Es war inzwischen unverkennbar, daß die Reichsbahn der Regierung in der Verkehrspolitik das Heft aus der Hand genommen hatte. Von Guérard, mußte eingestehen, daß der Schenker-Vertrag ohne seine Genehmigung zu Stande gekommen war, und offenbarte damit die Schwäche seiner eigenen Behörde, der die Beaufsichtigung der Reichsbahn oblag. Damit geriet die Rolle des Ministers selbst immer mehr ins Zwielicht. Befremdlich wirkte vor allem, daß er von den Plänen und Verhandlungen der Bahn mit dem Schenker-Konzern nichts gewußt haben wollte, obwohl er einen ständigen Vertreter in die Sitzungen des Verwaltungsrates der Reichsbahn entsandte. So gab er erst in der Kabinettssitzung am 18. Februar bekannt, Dorpmüller habe ihm vertraulich mitgeteilt, daß die Reichsbahn die Firma Schenker gekauft habe, und der Schenker-Vertrag nur geschlossen wurde, um den Kaufvertrag vor der Öffentlichkeit geheim zu halten.[265] Angesichts derart weitreichender Eigenmächtigkeiten der Bahn, wirkte sein nachgeschobener Protest an der selbständigen Politik wenig überzeugend, zumal die Bahn nicht nur seine Genehmigungspflicht übergangen hatte, sondern auch einem Gesetzentwurf des Verkehrsministeriums zur Regulierung des Überlandverkehrs, der bereits in Arbeit war,[266] zuvorkam. Von Guérard beharrte zwar wiederholt darauf, daß die Bahn den Vertrag nachträglich zur Genehmi-

---

262 Vgl. die Redebeiträge des SPD-Abgeordneten Hünlich und des DVP-Abgeordneten Hugo in derselben Debatte, ebd. S. 1076f/1080.

263 Redebeitrag von Guérards in derselben Debatte, ebd. S. 1072.

264 Redebeitrag des DVP-Abgeordneten Hugo in derselben Debatte, ebd. S. 1080.

265 Von Guérard in der Kabinettssitzung v. 18.2.1931, in: BA R 43 I/1072.

266 Von Guérard kündigte den Gesetzentwurf am 29.12.1930 im Kabinett an. in: BA R 43 I/1072.

gung vorlegen müsse, äußerte sich jedoch nicht zu inhaltlichen Fragen.[267] Daher verdichteten sich schnell Gerüchte, daß der Minister die Öffentlichkeit belogen hatte, und die Reichsbahn im Grunde in seinem Einvernehmen handelte. Nachdem schließlich bekannt geworden war, daß der Ministerialdirektor im Reichsverkehrsministerium Vogel auf Weisung von Guérards nicht an den einschlägigen Sitzungen des Reichsbahn-Verwaltungsrates teilgenommen hatte, wurde Mollath deswegen beim Reichskanzler vorstellig. Er wies darauf hin, daß aus dem Protokoll des Verwaltungsrates klar hervorgehe, daß der Minister informiert war, und es nicht anginge, daß er hinterher behaupte, überrascht worden zu sein.[268] In dieser Lage war es kaum verwunderlich, daß der Reichsverkehrsminister in den folgenden Änderungsverhandlungen zum Schenker-Vertrag weitgehend in eine Zuschauerrolle abgedrängt wurde.

Die Federführung der Verhandlungen lag in den folgenden Monaten beim DIHT. Dort überwogen nun doch ordnungspolitische Bedenken gegen einen derart tiefgreifenden strukturpolitischen Eingriff in das Speditionsgewerbe die anfänglich begrüßten Rationalisierungseffekte. So schrieb die DWZ: "Ein bisher freier Berufszweig droht, wenn nicht formell, so doch tatsächlich in den Bereich der öffentlichen Hand gezogen werden, droht seinen privatwirtschaftlichen Charakter zu einem erheblichen Teil zu verlieren".[269] Ebenso wie der RDI erkannte auch der DIHT, daß es sich bei dem Vertrag in dieser Form um keine echte Rationalisierung handelte. Der Spediteur hätte durch die ihm auferlegten Bindungen die Freiheit verloren, seine Kunden bei der Auswahl des jeweils günstigsten Verkehrsmittels zu beraten. "Auf diese Weise wird die Konkurrenzfähigkeit des Schienenwegs gegenüber dem Kraftwagen wiederhergestellt nicht durch Verbilligung der Eisenbahnfrachten, sondern durch künstliche Verteuerung der Kraftwagenfrachten." Die Kosten hätten in diesem Fall die Verfrachter zu tragen, was "in der gegenwärtigen Depression" nicht hingenommen werden konnte.[270]

Demgemäß führte der DIHT die Verhandlungen zwischen Verladern und Spediteuren und Fuhrgewerbe einerseits und der Reichsbahn andererseits zunächst mit dem Ziel, den Vertrag inhaltlich auf seinen Kern, Verbilligung der Rollfuhr, zurückzuführen, indem er eine "Vereinbarung" zur freiwilligen Sen-

---

267 Vgl. die Haltung des Ministers in den Kabinettssitzungen v. 18., 19. u. 24. 2. 1931, in: BA R 43 I/1072.

268 Vermerk über eine Aussprache Mollaths in der Reichskanzlei am 29.4.1931, in: BA R 43 I/1072.

269 Der Schenker-Vertrag vor dem Reichstag, in: DWZ (28) 1931, Nr. 9, S. 205.

270 Ebd.

kung der Rollgeldsätze innerhalb des Speditionsgewerbes anstrebte.[271] Damit sollte dem Interesse der Reichsbahn nach einer verbesserten Wettbewerbsposition gegenüber dem Lkw entsprochen werden, ohne den Kraftverkehr durch vertragliche Bindungen des Spediteurs regelrecht zu beschränken und somit der verladenden Wirtschaft die Vorteile des Lkw gänzlich zu entziehen. Es stellte sich heraus, daß mit einer solchen Vereinbarung die Gebühren nur unwesentlich gesenkt werden konnten, so daß eine vertragliche Lösung über Selbstkostenzuschüsse von Seiten der Reichsbahn unabwendbar wurde.[272] Die kraftverkehrsfeindlichen Bestimmungen des Vertrages wurden jedoch teilweise entschärft. Das Verbot, gewerblichen Kraftverkehr zu betreiben und die Verpflichtung darüber hinaus einseitig als Werber für die Schiene tätig zu sein, wurde auf einen engeren Kreis von bahnamtlichen Rollfuhrunternehmern beschränkt. Anderen wurde die Möglichkeit geboten, eine lockerere vertragliche Bindung als "Auftragsspediteur" einzugehen und damit ebenfalls die Rollkostenzuschüsse zu erhalten jedoch von den Kraftwagenbindungen befreit zu sein. Die umstrittene Verpflichtung zur Verkehrsbeobachtung entfiel. Im übrigen erklärte sich die Bahn bereit, die Regulierung des Lkw-Verkehrs einer kommenden gesetzlichen Regelung des Überlandverkehrs mit Kraftfahrzeugen zu überlassen und deren Bestimmungen in den Vertrag zu übernehmen.[273] Daraufhin stimmten der RDI, der Reichsverband des deutschen Groß- und Nebenhandels, der Verband deutscher Verkehrsverwaltungen, der Reichsverband deutscher Bahnspediteure und der DIHT in einer gemeinsamen Erklärung an das Reichsverkehrsministerium dem Vertrag zu, da der "zunächst vorhanden gewesene Monopolcharakter des Vertrages, soweit als es im Interesse der Gesamtwirtschaft erforderlich" war, beseitigt sei.[274]

Nicht beseitigt waren jedoch nach wie vor die Bedenken gegen den eigentlich kritischen Punkt des ganzen Vertrags, auf den es der Bahn als Wettbewerbsinstrument hauptsächlich ankam. Es handelte sich um die fallweise Beweglichkeit der Rollgebühren bis zur Absenkung unter die Selbstkosten, mit denen die Bahn ggf. den technisch bedingten Kostenvorteil des Lkw ausschalten wollte. Dieser Punkt war in den Verhandlungen mit der Wirtschaft wegen Uneinigkeit vorläufig ausgeklammert worden. Der mit der Kabinettsvorlage beauftragte Mitarbeiter der Reichskanzlei schrieb dazu, dies bilde für die Reichsbahn "die Essentiale

---

271 E. Hay: Zur Neugestaltung des deutschen Verkehrswesens, in: DWZ (28) 1931, Nr. 25, S. 581.

272 Rundschreiben des DIHT an die Mitglieder v. 5.6.1931, S. 2, in: RWWA 22-235.

273 Rundschreiben des DIHT an die Mitglieder v. 5.6.1931, S. 4, in: RWWA 22-235.

274 Rundschreiben des DIHT an die Mitglieder v. 5.6.1931, S. 5, in: RWWA 22-235.

des ganzen Vertrags". Ohne die Möglichkeit zur fallweisen Senkung der Rollgebühren" habe sie an dem ganzen Vertrag kein Interesse mehr." Über die Haltung der Wirtschaft äußerte er vage, sie sei dem Standpunkt der Bahn in dieser Frage "im allgemeinen beigetreten". In der Kraftverkehrswirtschaft seien die Ansichten geteilt.[275] Tatsächlich herrschten in Teilen der Industrie große Bedenken gegen diese Bestimmung. Andererseits wollten die Industrie nicht selbst einer Senkung der Rollgebühren entgegenstehen, die im Interesse der Verlader naturgemäß so niedrig wie irgend möglich sein sollten. Der RDI hatte daher versucht, einen Mittelweg zu finden, indem er nachträglich ins Protokoll schreiben ließ, daß die fallweise Senkung der Rollgebühren ausschließlich der wettbewerblichen Gleichstellung und keinesfalls der Unterbietung des Lkw dienen sollte und überdies die Rollgebühren nicht "in irgendeiner Weise zu Eingriffen in den Wirtschaftskampf" außerhalb des Eisenbahn-Kraftwagen-Wettbewerbs benutzt werden dürften.[276] Im Ergebnis war dies jedoch kaum mehr als eine protokollarische Floskel, wohl auch in den Augen der Kraftverkehrswirtschaft; denn nur die Deukraft als Dachverband der meist öffentlichen Kraftfahrlinienbetriebe hatte zugestimmt, während der RDA und die Spediteure ablehnend blieben.[277] Der VDS und der Reichsverband der Fuhrbetriebe hatten in wiederholten Eingaben an den Reichsverkehrsminister und den Reichskanzler gegen die fortbestehende Existenzgefährdung des freien Speditionsgewerbes protestiert[278] und der Regierung deutlich vor Augen geführt, daß eine Bezuschussung des Rollgeldes "absolut unwirtschaftlich" sei und nicht den Namen Rationalisierung verdiene.[279]

Von Guérard überging solche Argumente und mahnte im Kabinett für die Inkraftsetzung des Vertrages zur Eile, nachdem Dorpmüller unter Hinweis auf die schwierige wirtschaftliche Lage der Reichsbahn eine schnelle Genehmigung

---

275 Kabinettsvorlage zum Schenkervertrag v. Regrat. Krebs unter Bezug auf die abschließenden Verhandlungen unter dem Vorsitz des Staatssekretärs a. D. Voigt vom 3.7.1931, in: BA R 43 I/1073, Blatt 62.

276 Scheiben des RDI an die Hauptverwaltung der Deutschen Reichsbahn-Gesellschaft v. 4.7.1931, in: WWA K 2 Nr. 328.

277 Kabinettsvorlage zum Schenkervertrag v. Regrat Krebs, in: BA R 43 I/1073, Bl. 62.

278 Eingabe des VDS an den Reichskanzler v. 9.6.1931, Verweis auf gemeinsame Eingabe mit dem Reichsverband der Fuhrbetriebe an den RVM v. 8.9.1931, beide in: BA R 43 I/1072; siehe erneute Eingabe des VDS an en Reichskanzler v. 4.9.931, in: BA R 43 I/1073.

279 Eingabe des VDS an den Reichskanzler v. 4.9.1931, in: BA R 43 I/1073.

verlangt hatte.[280] Um die Widerstände zu umgehen, verzichtete er darauf, den beteiligten Verhandlungspartnern der Wirtschaft die geänderte Fassung des Vertrages erneut vorzulegen, zumal er selbst zu der Auffassung gelangt war, daß dem ganzen Werk inzwischen eigentlich jede politische und wirtschaftliche Berechtigung abging. In einem vertraulichen Schreiben an Brüning gab von Guérard offen zu, der Schenker-Vertrag bedeute nichts anderes als die "Inanspruchnahme einer Verkehrshoheit, die nur dem Reiche, nicht der Reichsbahn zusteht."[281] Der "Hauptzweck" des Vertrages, "die Bekämpfung" des Kraftwagens, solle aber durch ein Gesetz über den Kraftwagenverkehr geregelt werden, für den Schenker-Vertrag bestände daher kein Bedürfnis mehr.[282] Er schlug vor, den Vertrag "zur Verzögerung" in einen Interparlamentarischen Ausschuß zu überweisen. Gänzlich sterben lassen, wollte er ihn nicht.[283] Die Reichsbahn beharrte jedoch auf schnellstmöglichster Inkraftsetzung sowohl des Schenker-Vertrages als auch des geplanten Kraftverkehrsgesetzes.[284] Der neue Reichsverkehrsminister Treviranus[285] genehmigte den Vertrag, der zum 1. März 1932 wirksam wurde, noch im Dezember.[286]

3.3.2 Eigendynamik der Marktordnungspolitik: Vom Konzessionszwang zur Monopoldebatte

Der Streit um den Schenker-Vertrag zeigte in vollem Ausmaß das Dilemma einer Politik, die den Status quo in der Verkehrswirtschaft ungeachtet neuer technischer Entwicklungen fortschreiben sollte. Sie lief auf eine mehr oder minder weitgehende Drosselung des neuen Verkehrsmittels hinaus, da sein technischer Vorsprung anders nicht kompensiert werden konnte. Diesem Dilemma stand die Regierung bei den Vorbereitungen für ein neues Überlandverkehrsgesetz erneut gegenüber. Um dem Vorwurf einer offen kraftverkehrs-

---

280 Schreiben von Guérards an den Reichskanzler v. 28.7.1931 mit Verweis auf Beschwerdebrief von Dorpmüller vom 25.7.1931, in: BA R 43 I/1073.

281 Schreiben von Guérards an Brüning v. 8.9.1931, in: BA R 43 I/1073.

282 Schreiben von Guérards an Brüning v. 8.9.1931, in: BA R 43 I/1073.

283 Schreiben von Guérards an Brüning v. 8.9.1931, in: BA R 43 I/1073.

284 Eingabe von Dorpmüller an den Reichskanzler v. 17.9.1931, in: BA R 43 I/1073.

285 Treviranus löste nach dem Rücktritt der Regierung am 7. Oktober 1931, im Zweiten Kabinett Brüning den bisherigen Reichsverkehrsminister von Guérard ab.

286 Aktenvermerk v. 8.12.1931, in: BA R 43 I/1073.

feindlichen Politik zu entgehen und andererseits dem Interesse der Reichsbahn an einer Regulierung des Kraftverkehrs Rechnung zu tragen, orientierte sich der Gesetzentwurf des Reichsverkehrsministers überwiegend an den Empfehlungen des DIHT, zumal sie auch der Reichsbahn in wesentlichen Punkten entgegenkamen. Überdies waren auch weniger Vorbehalte von seiten der Wirtschaft zu befürchten, da im Gegensatz zur Ausgleichsabgabe der Werkverkehr, d. h. der weitaus größten Teil des gesamten Lkw-Verkehrs, aus der gesetzlichen Regelung herausfiel.

Was den gewerblichen Verkehr betraf, stand die Wirtschaft einer "Organisierung" des Kraftverkehrs prinzipiell keineswegs ablehnend gegenüber, zumal wenn sie unter einheitlicher Führung durch die Reichsregierung stand. Der Vorsitzende des Langnamvereins, Paul Silverberg, hatte sich bereits für eine Konzessionierung des "gewerblichen Verkehrs beim Reich, nicht bei den Ländern" ausgesprochen, die weitreichende Kontrollen über "Betrieb, Material, Tarife, Fahrpläne und Bilanzen" umfassen sollte.[287] Auch Salinger war im September 1930 mit dem Vorschlag einer "Reichsverkehrsreform" an die Öffentlichkeit getreten, als deren Grundlage er "nicht Ausgleich des Wettbewerbs zwischen Schiene und Landstraße, sondern Ausschaltung dieses Wettbewerbes durch klare Verkehrsteilung mit den Mitteln der Organisation." anpries.[288] Er plädierte für eine Aufteilung der Verkehrskompetenzen, wobei der Bahn der Fernverkehr, dem Lkw aufgrund seiner technischen Eigenarten der Nahverkehr sowie der gesamte Sammlungs- und Verteilungsverkehr, also auch die Speditionsaufgabe, zufallen sollte, um auf diese Weise einen organisatorischen Anschluß des Kraftwagens an die Schiene zu erreichen.[289] Administrativ sollte diese Verkehrsteilung umgesetzt werden, indem neben der Deutschen Reichsbahn-Gesellschaft eine ähnlich strukturierte "*Deutsche Reichskraftwagen- und Speditionsgesellschaft*" zu gründen wäre. Salinger dachte dabei an ein Syndikat aus bestehenden Kraftverkehrs- und Speditionsgesellschaften. Beispielhaft schwebten ihm als "Kristallationspunkt des Syndikats" die großen gemischtwirtschaftlichen Kraftverkehrsunternehmungen, wie die Gedekra vor. Die Gesellschaft sollte dann auch das Bahnspeditions-Monopol erhalten, um damit zugleich die Mißstände im Rollfuhrwesen zu beheben.[290] Zugleich wollte er durch eine 49- bzw. 51prozentige Beteiligung des Reiches sicherstellen, daß die

---

287 Silverberg auf der Tagung des Langnamvereins am 27.5.1930, zit. n. VW (24) H. 23, S. 322.

288 Reichsverkehrsreform, in: Magazin der Wirtschaft (6) 1930, Nr. 36, S. 1670.

289 Ebd.

290 Ebd., S. 1671.

Gesellschaft in ähnlicher Form wie die Reichsbahn unter öffentlicher Aufsicht steht und den Interessen der Allgemeinheit verpflichtet würde.[291] Damit war bereits angedeutet, worin die Wirtschaft die Vorteile einer Sydizierung der Kraftverkehrswirtschaft sah. Einige Monate später präzisierte Salinger an anderer Stelle seine Überlegungen in einem Aufsatz über die Preisbildung im Verkehrswesen. Darin gab er dem Wettbewerb auf Dauer keine Chance, früher oder später werde der Konkurrenzdruck ohnehin zum Zusammenschluß in der Kraftverkehrswirtschaft führen müssen. Andererseits, betonte er, "entspricht der Zwang zur Organisation auch den Bedürfnissen der Verladerschaft."[292] Eine durch den "Wettbewerb bestimmte Preisbildung" sei für die Industrie von Nachteil, weil sie die "Frachtkosten zu einer spekulativen Größe macht", was zumal in Zeiten der Depression für jede gesunde Kalkulation nicht erträglich sei.[293] Die Wirtschaft sah demnach in der Organisation und Regulierung des Kraftverkehrs durchaus Vorteile, die das Unternehmensrisiko minderten. Entscheidend war, daß die technischen Vorzüge des Kraftwagens der Industrie voll zugute kommen sollten, eine freie wettbewerbliche Auseinandersetzung der Verkehrsmittel erschien da entbehrlich. Als Idealziel seiner Reformvorstellungen bezeichnete Salinger eine "Verkehrsharmonie", in der ein technischer Wettbewerb im Interesse des Fortschritts weiterhin stattfinden, ein unternehmerischer Wettbewerb aber ausgeschaltet werden sollte, um einer "ungesunden Aufblähung" des Verkehrsapparates entgegenzutreten.[294] Organisation wurde erneut als Mittel einer rationellen Verkehrspolitik propagiert. Der Salinger-Vorschlag wurde auch vom RDA unterstützt und propagiert. Der Verband trat prinzipiell für eine "Ordnung" im Kraftverkehrsgewerbe ein, war aber zunächst gegen ein Konzessionsmodell, weil keine Gewähr bestand, daß das Genehmigungsverfahren absolut neutral gehandhabt wurde. Dagegen sah der RDA im Zusammenschluß von Kraftverkehrsgesellschaften, Spediteuren und Lastzugbesitzern mit einheitlichen Beförderungsbedingungen und Tarifen ein geeignetes Gegengewicht zur Organisation der Reichsbahn und gleichzeitig eine Möglichkeit zur Ordnung des Gewerbes, indem Preisschleuderei unterbunden und

---

291 Ebd. S. 1671f.

292 Irrungen und Wirrungen der Verkehrspolitik, in: Magazin der Wirtschaft (7) 1931, Nr. 4, S. 200.

293 Ebd.

294 Ebd. S. 202.

unsolide Firmen vom Markt verdrängt würden.[295] Dahinter stand nicht nur das generelle Interesse der Automobilindustrie an einem gesunden expandierenden Kraftverkehr, sondern vor allem auch die Hoffnung, daß durch Ausschaltung der Konkurrenz innerhalb der Kraftverkehrswirtschaft, eine wirtschaftliche Konsolidierung der Fuhrunternehmen herbeigeführt würde und die Produzenten vor finanziellen Ausfällen durch insolvente Kunden geschützt würden. Ein solches Kraftverkehrskartell hatte jedoch zu diesem Zeitpunkt keine Aussichten auf Verwirklichung, da es vom EKA (somit vom DIHT) abgelehnt wurde. Der Ausschuß hegte wohl zurecht Bedenken gegen ein im Gegensatz zur Eisenbahn "rein privatwirtschaftlich" organisiertes Kartell, das vom Standpunkt noch weit mehr als durch die Bahn die Ausnutzung monopolistischer Marktmacht befürchten ließ.[296] Überdies erschienen die Vorschläge dem EKA bei der "Vielgestaltigkeit" und "Verschiedenartigkeit der einzelnen Unternehmungen" im Kraftverkehrsgewerbe auch organisatorisch nicht durchführbar.[297] Damit wurde die Kartellidee zunächst nicht weiter verfolgt.

Die Kraftverkehrswirtschaft konzentrierte ihren Widerstand gegen das Konzessionsmodell nunmehr ausschließlich auf zwei Punkte: die vom Reichsverkehrsminister geplante schematische Übertragung der Reichsbahntarife auf den Lkw und der Bedürfnisprüfung als Grundlage der Konzession. Von Guérard folgte damit den von der Reichsbahn in ihrer Denkschrift erhobenen Forderungen. Der RFN vermutete daher zu Recht, daß bei der Beurteilung der Bedürfnisfrage wohl das Votum der Reichsbahn als Interessent ein solches Gewicht erlangen würde, daß es "dann wohl nur noch in Ausnahmefällen zu einer Konzessionserteilung" käme.[298] Dennoch sah der Verband in der geplanten gesetzlichen Regelung das geringste Übel. Inzwischen war es gelungen zahlreiche Wirtschaftsverbände für den Lkw zu mobilisieren,[299] so daß die Gefahr einer

---

295 Stellungnahme von RDA-Geschäftsführer Scholz in einer Besprechung mit Vertretern des EKA am 21.10.1930, Zwischenbericht des EKA, S. 1f, in: WWA K 2 Nr. 916/2.

296 Stellungnahme des EKA zu den Vorschlägen der Automobilindustrie, ebd., S. 2, in: WWA K 2 Nr. 916/2.

297 Stellungnahme des EKA zu den Vorschlägen der Automobilindustrie, ebd., S. 17, in: WWA K 2 Nr. 916/2.

298 Reichsbahnattacke gegen das Auto, in: Das Lastauto (7) 1930, H. 8, S. 7; Vgl. auch Salinger, Irrungen und Wirrungen, a.a.O., S. 204.

299 Auf Initiative des RFN hatten sich im Juli 1930 zahlreiche Wirtschaftsverbände zu einem Arbeitsausschuß über den Kraftverkehr zusammengetan, u.a. der Verband Deutscher Verkehrsverwaltungen, die Gedekra, Deutscher Brauer-Bund, Centralverband der Kohlenhändler Deutschlands, Reichsverband der Auto-Ferntransport-

regelrechten Unterdrückung des Lkw-Verkehrs als gebannt gelten konnte. Zur Jahreswende 1930 waren nach Auffassung des RFN die Zeiten '"extremster Forderungen" wie die Ausgleichsabgabe oder ein generelles Unterbietungsverbot von Reichsbahntarifen vorbei, und die "Bedürfnisfrage" als letzte gefährliche Klippe noch offen.[300] Der RDA lehnte weiterhin jede gesetzgeberische Maßnahme, die mit Hilfe der Bedürfnisfrage, der Beschränkung der Freizügigkeit des Kraftverkehrs durch feste Linienführung oder durch Verkopplung der Frachtsätze mit der Bahn die natürliche Entwicklung des Kraftverkehrs hemmte, ab. Um Wettbewerbsauswüchse" zu unterbinden sperrte sich der Verband jedoch nicht länger prinzipiell gegen den Konzessionszwang. Als Kriterien sollten allerdings lediglich Zuverlässigkeit und berufliche Eignung des Unternehmers gelten.[301] Die Industrie hielt sich in der Debatte lange Zeit zurück. Innerhalb des RDI erwies sich die Willensbildung als schwierig. In einer ersten Besprechung im Wirtschaftsministerium war deutlich geworden, daß "eine gewichtige Mehrheit" im RDI das geplante Überlandverkehrsgesetz in dieser Form ablehnte.[302] Der Verband konnte daher in einer ersten Sitzung kein einheitliches Votum beschließen. Im zweiten Anlauf einigte man sich auf einen Kompromiß: Ja zur Konzessionierung, Nein zur Bedürfnisprüfung.[303] In seiner offiziellen Stellungnahme vertrat der Verband grundsätzlich den Standpunkt, daß Transporte die wirtschaftlicher auf der Schiene befördert werden könnten nicht dem Lkw überlassen werden sollten. Dahinter stand die Befürchtung, daß die Bahn versucht sein könnte, ihre Verluste durch die erfolgreiche Konkurrenz des Lkw mit Tariferhöhungen in den Güterklassen zu kompensieren, die weniger oder gar nicht vom Wettbewerb betroffen waren. Die Befürchtungen waren keineswegs unbegründet, denn die Reichsbahn hatte wiederholt angedeutet, daß sie bald zu einer Erhöhung der Massengüterfrachten gezwungen sein könnte,

---

Unternehmer, Erdöl-Reichsverband. Vgl.: Der Arbeitsausschuß ist gebildet!, in: Das Lastauto (7) 1930, H. 21/23, S. 1.

300 Auf die Barrikaden! Freiheit dem Lastkraftwagen!, in: Das Lastauto (7) 1930, H. 32, S. 4f.

301 Stellungnahme des RDA nach: Auf die Barrikaden! Freiheit dem Lastkraftwagen, in: Das Lastauto (7)1930, H. 32, S. 5.

302 Mitteilung Hays in der Sitzung des EKA v. 15.10.1930, in: WWA K 2 Nr. 916.

303 Der RDI vertagte sich nach einer gescheiterten Sitzung am 26.11.1930 auf den 10.12.1930, vgl. die Stellungnahme der Niederrheinisch-Westfälischen Verkehrskonferenz v. 13.12.1930, in: WWA K 2 Nr. 916.

was die Schwerindustrie innerhalb des RDI unbedingt abwenden wollte.[304] Wo möglich wollte die Industrie jedoch von den niedrigen Selbstkosten des Lkw profitieren. Eine Bindung der Frachten an die Reichsbahntarife würde daher abgelehnt. Die Konzession wollte der Verband lediglich von polizeilichen Gesichtspunkten abhängig machen. Wettbewerbserwägungen sollten keine Rolle spielen. Auch in der Stellungnahme des RDI klang die Hoffnung auf einen größeren Organisationsgrad des Kraftverkehrsgewerbes an, weil eine dadurch gewährleistete bessere Überwachung der Tariftreue auch im Interesse der Verlader lag.[305] Im Gegensatz zur Industrie blieb der Großhandel - allerdings als einziger Großverband - konsequenter Gegner des geplanten Gesetzes.[306]

Bei dem weitgehenden Konsens über Konzessionierung und Preisbindung im gewerblichen Güterverkehr erwies sich jedoch bald, daß eine Grenzziehung schwer möglich war. Dies zeigte sich in der Haltung der Länder und Kommunen sowie des Verbandes deutscher Verkehrsverwaltungen. Beider Interessen wurden insbesondere durch den Nahverkehr berührt. Nach ihren Vorstellungen sollte auch in diesem Bereich eine Regulierung des Kraftverkehrs stattfinden, indem der Kreis der genehmigungspflichtigen Unternehmen noch weiter ausgedehnt wurde.[307] Der Verbandsvorsitzende Müller bezeichnete die freie 50-km-Zone als untragbar: "Wenn innerhalb der 50-km-Zone überhaupt keine staatliche Regelung Platz greifen soll, so wird sich hier ein schranken- und zügelloser Wettbewerb zu vorhandenen Verkehrsmitteln aller Art entwickeln, der nicht nur diese selbst, sondern darüber hinaus auch die Allgemeinheit aufs schwerste zu schädigen geeignet ist."[308] Müller ging es um die öffentlichen Verkehrsunternehmen im Nahverkehr, die der Verband vertrat, und die er ebenso vor der Konkurrenz des privaten Güterverkehrs geschützt wissen wollte. Er wies darauf hin, "daß das Verkehrsgebiet aller deutschen Nebenbahnen und nebenbahnähnlichen Kleinbahnen sowie der meisten öffentlichen Kraftfahrbetriebe innerhalb

---

304 Vgl. den Bericht über die Verhandlungen zum Kraftverkehrsgesetz siehe: Hay, Zur Neugestaltung des deutschen Verkehrswesens, in : DWZ (28) 1931, H. 24., S. 558.

305 Ebd.

306 Stellungnahme des Verbandes des Deutschen Groß- und Überseehandels, nach: Auf die Barrikaden! Freiheit dem Lastkraftwagen, in: Das Lastauto (7) 1930, H. 32, S. 5.

307 Schreiben von Guérards an Brüning zu den Wünschen des Verbandes deutscher Verkehrsverwaltungen im Hinblick auf das Überlandverkehrsgesetz, v. 12.3.1931, in: BA R 43 I/1072; erneute Eingabe des Verbandes an den Reichskanzler v. 21. 7.1931, in: BA R 43 I/1073.

308 K. A. Müller: Der Entwurf eines Gesetzes betr. den Überlandverkehr mit Kraftfahrzeugen, in: VT (12) 1931, H. 32, S. 386.

der 50 km-Zone liegt," und es diesen dann nicht mehr möglich sein werde, die "zum Besten der Allgemeinheit übernommenen Verpflichtungen weiter zu tragen."[309] Der Verband forderte daher die Einschränkung des freien Nahverkehrs auf eine 20-km-Zone. Unterstützt wurde er darin von den Ländern, die einen stark anwachsenden Nahverkehr und eine entsprechend starke Beanspruchung der Gemeindewege fürchteten.[310] Die Forderungen konnten sich jedoch nicht durchsetzen, da nach Auffassung des DIHT wegen der technischen Vorzüge des Lkw auch eine engere Freizone keine Entlastung der Neben- und Kleinbahnen gebracht hätte.

Das Reichsverkehrsministerium hielt zunächst an der umstrittenen Bedürfnisprüfung bei der Genehmigung fest. Überdies enthielt der Entwurf die Bestimmung, daß "unangemessen hohe Gewinne" der Kraftfahrunternehmer vom Reich besteuert werden und als eine Art Sonderabgabe in neuem Gewand dem Wegebau zufließen sollten.[311] Bei der Tariffestlegung sollte jedoch die "Individualität des Kraftwagens" Berücksichtigung finden, wenn möglich auf Grundlage der Selbstkosten etwa in Gestalt eines Wagenraumtarifs.[312] Weder die umstrittene Bedürfnisprüfung noch die Gewinnsteuer erwiesen sich jedoch letztlich als durchsetzbar. Die Steuer wurde entschieden abgelehnt, weil auf diese Weise jegliche Rationalisierungsanstrengungen zur Senkung der Selbstkosten, die letztlich der Wirtschaft zugute kamen, bestraft worden wären. In diesem Sinne protestierten zahlreiche Interessenverbände, darunter in erster Linie auch der DIHT scharf gegen den geplanten Paragraphen.[313] Daraufhin gab von Guérard nach.[314] Der erzielte Kompromiß kam schließlich allen Beteiligten entgegen. Die umstrittenen Paragraphen entfielen. Ebensowenig kam es zu einer

---

309 Ebd.

310 Gemeinsame Eingabe des Deutschen Städtetages, des Deutschen Landkreistages, des Verbands preußischer Provinzen, des Reichsstädtebundes und des deutschen Landgemeindetages an den Reichskanzler v. 21.7.1931, in: BA R 43 I/1073;

311 Schreiben des DIHT an die Mitglieder des EKA v. 2.6.1931, Anlage 1 (Referentenentwurf zum Überlandverkehrsgesetz), in: WWA K 2 Nr. 328.

312 Schreiben des DIHT an die Mitglieder des EKA v. 2.6.1931, Anlage 2, in: WWA K 2 Nr. 328.

313 Eingabe des DIHT an den Reichskanzler v. 13.8.1931, in: BA R 43 I/1073; Eingabe des RDA an den Reichskanzler v. 17.8.1931, in: BA R 43 I/1073; Eingabe des Vereins Deutscher Maschinenbau-Anstalten v. 17.8.1931, in: BA R 43 I/1073; Eingabe des Zentralverbandes der Blech-, Eisen-, Metall- und Stahlwarenindustrien v. 20.8.1931, in: BA R 43 I/1073.

314 Von Guérard an Brüning am 20.8.1931, in: BA R 43 I/1073.

Bindung des Kraftverkehrs an die Reichsbahntarife, jedoch wurde die bisher freie Preisbildung durch ein bürokratisches Verfahren ersetzt, das ähnlich wie bei der Reichsbahn der verladenden Wirtschaft - und in diesem Falle auch der Reichsbahn als Konkurrenzunternehmen - Mitsprache sicherte.[315] Der EKA hatte sich trotz seiner Bedenken[316] gegen eine zu starke Schematisierung der Beförderungspreise ebenfalls für den Kompromiß ausgesprochen. Erstens konnte immerhin ein eigenständiger Kraftwagentarif durchgesetzt werden und zweitens mußte im Interesse der Reichsbahn anerkannt werden, daß jede Differenzierung des Tarifs eine wirksame Kontrolle unmöglich gemacht hätte.[317] Der Gesetzentwurf, den von Guérard im Juli als Kabinettsvorlage präsentierte, legte die Preisfindung in die Hände des Reichsverkehrsministers, der für das gesamte Reichsgebiet einheitliche Tarife festsetzte. Sie waren so zu bemessen, daß der "gemeinwirtschaftliche Aufbau des deutschen Eisenbahngütertarifs nicht gefährdet wird." Änderungen sollten ggf. nach Anhörung der Reichsbahn, einer vom Reichsverkehrsminister anerkannten Spitzenvertretung der Kraftverkehrswirtschaft sowie Vertretern der Wirtschaft vorgenommen werden.[318] Damit konnte auch der Widerstand des Fuhrgewerbes weitgehend überwunden werden, da die kartellähnliche Wirkung, die von festen öffentlichen Preisen ausging, solange sie nicht den Tarifen der Reichsbahn direkt entsprachen, durchaus begrüßt wurden, weil damit auch die harte Konkurrenz innerhalb der Kraftverkehrswirtschaft vermindert wurde.[319] Im übrigen knüpfte das Fuhrgewerbe an seine Kompromißbereitschaft beim Kraftverkehrsgesetz die Hoffnung, daß der Schenker-Vertrag dadurch nicht mehr notwendig wäre und nicht in Kraft träte.[320] Insbesondere gemischtwirtschaftliche Kraftfahrunternehmen ver-

---

315 Vgl. Hay, Zur Neugestaltung des deutschen Kraftfahrwesens, in: DWZ (27) 1931, H. 25, S. 580.

316 Noch in der EKA-Sitzung am 8.6.1931 waren Zweifel an der Berechtigung des gesamten Gesetzes und an der Tariffindung aufgetreten. Hay nannte das Gesetz ein "bedenkliches Experiment", betonte aber schließlich die Blockadehaltung des Großhandels sei keine Lösung, in: WWA K 2 Nr. 328.

317 Hay, Zur Neugestaltung des deutschen Kraftfahrwesens, in: DWZ (27) 1931, H. 25, S. 580.

318 Paragraph 22 des Gesetzentwurfs zum Überlandverkehrsgesetz v. 15.7.1931, in: BA R 43 I/1073.

319 Vgl. DV (5) 1931, Nr. 46, S. 1544.

320 Eingabe des Reichsverbandes der Fuhrbetriebe an den Reichskanzler v. 25.7.1931, in: BA R 43 I/1073.

banden mit dem Gesetz darüber hinaus Hoffnungen, einen höheren Organisationsgrad im Gewerbe durchzusetzen, indem etwa auch eine Zusammenarbeit von Spediteur und Frachtführer gesetzlich verankert würde. Die Spediteure sahen darin die Chance, einen besseren Einblick in die Wirtschaftlichkeit der Lkw-Transporte zu erhalten und davon selbst durch ihre Geschäftspolitik gegenüber den Fuhrunternehmern zu profitieren.[321]

Nachdem schließlich in Verhandlungen mit den Ländern letzte Vorbehalte gegen eine zu starke Kompetenzverschiebung auf das Reich ausgeräumt waren,[322] trat das Gesetz mit der dritten Notverordnung des Reichspräsidenten zur Sicherung von Wirtschaft und Finanzen am 6. Oktober 1931 in Kraft.[323] Unmittelbar danach erwies sich die angestrebte schematische Preisbewirtschaftung im Kraftverkehr bereits als der neuralgische Punkt des gesamten Gesetzes. Sein Hauptzweck, den Lkw-Überlandverkehr daran zu hindern, "durch willkürliche Preisstellung das volkswirtschaftliche Tarifsystem der Eisenbahnen und damit die gesamte Wirtschaft zu erschüttern,"[324] sollte durch den neuen "Reichskraftwagentarif für Güter und Tiere (RKT)"[325] gesichert werden. Danach wurden für einen einheitlichen Kraftwagentarif bis 3500 kg die Reichsbahn-Stückguttarife und darüber hinaus die Frachtsätze der höchsten Wagenladungsklasse A/B zu Grunde gelegt, während die Reichsbahn zugleich die Tarife der oberen Wagenladungsklassen A-C sowie die sämtlicher Nebenklassen zu senken hatte. Damit sollten möglichste viele auf den Lkw abgewanderte Güter für die Reichsbahn zurückgewonnen und überdies eine allgemeine Preissenkung für die verladende Wirtschaft erzielt werden. Die K-Tarife wurden verboten.[326] Hatten sowohl die Verlader als auch die Kraftverkehrswirtschaft in dem

321 Vgl. die Stellungnahme der Gedekra zu Schenker-Vertrag und Überlandverkehrsgesetz v. 31.8.1931, S. 6, in: RWWA 22-239.

322 Den Ländern kam es darauf an, daß ihre Kompetenzen als Genehmigungsbehörden gewahrt blieben. Vgl. Aktenvermerk v. 20.8.1931 über die Verhandlungen am 14.8.1931 zwischen dem Reichsverkehrsminister und den Ländern, in: BA R 43 I/1073.

323 3. Verordnung des Reichspräsidenten zur Sicherung von Wirtschaft und Finanzen und zur Bekämpfung politischer Ausschreitungen vom 6. Oktober 1931, RGBl. I, 1931, Nr. 67, S. 558.

324 Der Ministerialrat im Reichsverkehrsministerium, Georg Hein, über "Die gesetzliche Neuregelung des Überlandverkehrs mit Kraftfahrzeugen, in: VT (12) 1931, H. 43/44, S. 513.

325 RMinBl. 1931, S. 7.

326 Hein, Die gesetzliche Neuregelung, a.a.O., S. 513.

gesetzlichen Preiskartell prinzipiell wirtschaftliche Vorteile gesehen, sahen sich insbesondere die Kraftverkehrsbetriebe durch die Höhe des Reichskraftwagentarifs in ihren Hoffnungen getrogen. Bei einer derartigen Preisfestsetzung war der Lkw sogar nach Auffassung der Reichsbahn nur noch gegenüber dem Eilgut wettbewerbsfähig.[327] Der Deutsche Volkswirt bemerkte zutreffend: "Während sich die Kartellhoffnungen der Kraftverkehrswirtschaft erfüllen, so ist unterdessen das Objekt der Kartellierung zum größten Teil beseitigt."[328] Indessen bezeichnete Treviranus die sich abzeichnende Krise im Kraftfahrgewerbe als "Reinigungskrisis" und begründete die Höhe des Tarifs mit der lapidaren Feststellung, daß Tarifermäßigungen in der Öffentlichkeit leichter durchzusetzen seien als Erhöhungen, "wenn man etwa bei der Festsetzung des Tarifs nach unten fehlgegriffen hätte."[329] Er kündigte an, den RKT nach ersten Erfahrungen durch eine weitere Güterklasse fortzubilden, lehnte aber niedrige Tarife, die dem Lkw auch die Beförderung von Massengütern erlaubt hätten, im "öffentlichen Interesse" entschieden ab.[330] Der RDA, der selbst im Interesse einer "gesunden" Selbstkostenkalkulation, den "künstlichen Eingriff" in die Preisbildung akzeptiert hatte,[331] protestierte nun scharf das Resultat, das sich tatsächlich als "Tariftorso" für den Lkw erwies. Als Folge des neuen Reichskraftwagentarifs wurde das bisher billigste Verkehrsmittel bei allen Gütern unterhalb der obersten Tarifklasse der Reichsbahn noch teurer als diese. Damit war im Güterfernverkehr eingetreten, was insbesondere der DIHT bei den Verhandlungen über den Schenker-Vertrag unbedingt hatte verhindern wollen, nämlich eine künstliche Verteuerung des Kraftwagens auf Kosten der Wirtschaft. Die Kraftverkehrspolitik lief damit, wie der RDA bemerkte, "den grundsätzlichen Richtlinien der sonst herrschenden Wirtschaftspolitik ... absolut zuwider", indem sie die angestrebte "Politik der Selbstkostenentlastung" durchkreuzte.[332] Zu Beginn des Jahres 1932 wurden daraufhin erneut Verhandlungen über eine Reform des RKT aufgenommen. Nunmehr wurde eine dritte Klasse C für Lkw-Verkehr vorgesehen. Entsprechende Vorschläge in einer ersten Sitzung

---

327 DV (6) 1931, Nr. 4, S. 110.

328 Ebd.

329 Der Reichsverkehrsminister zum neuen Kraftverkehrsrecht, in: VT (12) 1931, H. 43/44, S. 523.

330 Ebd.

331 Das Zerstörungswerk am deutschen Güterkraftverkehr, hrsg. v. Reichsverband der Automobilindustrie, Berlin 1932, S. 6.

332 Ebd., S. 9.

des Tarifbeirats, scheiterten jedoch wenig später am Einspruch der Reichsbahn.[333]

In dieser Lage war ein Scheitern der Notverordnung vorprogrammiert. Verlader und Kraftfahrunternehmen hatten ein gemeinsames Interesse, den hohen gesetzlichen Tarif zu unterlaufen. Dies konnten auch die scharfen Strafbestimmungen[334] nicht verhindern, zumal eine wirksame Kontrolle in der Praxis kaum durchzusetzen war.[335] Schon nach kurzer Zeit forderte die Reichsbahn für sich die Wiederherstellung des Monopols im Binnenverkehr. Reichsbahndirektor Katter kritisierte offen, daß mit der ganzen Debatte über eine "Synthese" der einzelnen Verkehrsmittel, d.h. einer vertraglich oder gesetzlich geregelten Zusammenarbeit nur "kostbare Zeit und Nationalvermögen" vertan worden sei.[336] Da es weder möglich sei, dem Lkw die gleichen Bindungen wie der Reichsbahn aufzuerlegen, noch diese von ihren gemeinwirtschaftlichen Auflagen zu befreien, bliebe nur der Weg, daß "der Zustand wiederhergestellt werden muß, der allein die innere Berechtigung für diese Sonderlasten der Reichsbahn bildet, nämlich das Verkehrsmonopol."[337] Dabei wollte Katter auch den "sogenannten Werkverkehr" einbeziehen, weil nicht einzusehen sei, "warum irgendwelche großen Werke von den der Allgemeinheit obliegenden Lasten, wie sie in den Reichsbahntarifen ihren Ausdruck finden, frei bleiben sollen."[338] Die aus der Sicht des Kraftverkehrs und der Wirtschaft verhängnisvolle Eigendynamik der Marktordnungspolitik des Reiches mobilisierte eine breite Interessenfront gegen die Monopolisierungspläne; denn es wurde schnell deutlich, daß die Regierung den Plänen keineswegs ablehnend gegenüberstand. Es stellte sich heraus, daß die durch die Krise der Kraftverkehrsbetriebe selbst schwer geschädigte Autoindustrie den Stein ins Rollen gebracht hatte, indem sie die Übernahme ihrer Wechselforderungen an zahlungsunfähige Fuhrunternehmer durch die öffentliche Hand gefordert hatte.[339] Treviranus regte daraufhin an, die Autoindustrie möge sich mit der Reichsbahn in Verbindung setzen, und die nannte den

---

333 Neuer Reichskraftwagentarif ab 10. Februar 1932, in: Das Lastauto (9) 1932, H. 4, S. 8.

334 Paragraph 24 des Überlandverkehrsgesetzes, vgl. Anm. 323.

335 Vgl. DV (6) 1931, Nr. 4, S. 110.

336 Die Reichsbahn und ihre Wettbewerber in der Verkehrswirtschaft, in: Die Reichsbahn (8) 1932, H. 9, S. 228.

337 Ebd.

338 Ebd.

339 DV (6) 1932, Nr. 30, S. 973.

Preis für die Übernahme der Forderungen.[340] Zahlreiche Industrie- und Handelskammern wandten sich in Entschließungen gegen das geplante Monopol, wobei insbesondere die Einbeziehung des Werkverkehrs als verhängnisvoll und für die Wirtschaft untragbar bezeichnet wurde.[341] Der DIHT hatte sich im Sinne des EKA selbst darauf festgelegt, alles zu verhindern, was irgendwie zu einer Monopolisierung des Kraftverkehrs führen könnte.[342] Obwohl der Verband prinzipiell ein Schutzbedürfnis der Reichsbahn anerkannte, machte er nunmehr deutlich, daß in deren wirtschaftlichen Schwierigkeiten keine Rechtfertigung für ein Monopol zu erkennen sei. Er kritisierte erstmals offen, daß der Umfang des Kraftverkehrs von der Reichsbahn weit überschätzt würde und forderte eine strenge Trennung der Verluste, die durch die allgemeine Wirtschaftskrise entstanden waren, von denen, die der Lkw-Wettbewerb verursachte.[343] Abgesehen davon, daß die technischen Eigenarten des Lkw einem Monopolbetrieb zuwider liefen, war sich der Dachverband auch der Gefahren für die verkehrswirtschaftliche Entwicklung bewußt. Er wies darauf hin, daß von der Reichsbahn nicht erwartet werden könnte, daß sie der Wirtschaft im Einzelfall das bessere Verkehrsmittel zur Verfügung stellen würde, weil sie in erster Linie an der Rentabilität ihrer Anlagen interessiert war.[344] Der EKA-Vorsitzende Most stellte sich mit den gleichen Bedenken an die Spitze wissenschaftlicher Kritik.[345] Die Wissenschaftler befürchteten das "Ende der freien Verkehrswirtschaft" und eine folgenschwere "Hemmung der Motorisierung".[346] Die Reichsbahn beharrte jedoch auf der Schaffung eines Monopols mit dem alten Argument, daß gemeinwirtschaftliche und erwerbswirtschaftliche Verkehrsbedienung neben einander nicht existieren könnten. Sie argumentierte bezeichnenderweise, daß die Notverordnung auf dem Gedanken der "Einordnung des Kraftverkehrs in die gemeinwirtschaftliche Verkehrsbedienung" aufgebaut habe und nach ihrem

---

340 Ebd.

341 Vgl. u.a. die Stellungnahmen zahlreicher Kammern in der DWZ (29) 1932, Nr. 27, S. 658.

342 Stellungnahme von Hay in der Sitzung des EKA v. 8.6.1931, in: WWA K 2 Nr. 328.

343 Kraftverkehrsmonopol oder freie Verkehrswirtschaft?, in: DWZ (29) 1932, Nr. 16, S. 366.

344 Ebd.

345 Most: Ein Güterverkehrsmonopol für die Reichsbahn?, in: DV (6) 1931, Nr. 31, S. 1015.

346 Prof. Esch in: Kölnische Zeitung, Nr. 169, v. 26.3.1932, zit. n. Most, Ein Güterverkehrsmonopol, a.a.O., S. 1015.

Scheitern die "gesetzliche Festsetzung eines Monopols" nur "ein folgerichtiges Weiterschreiten auf dem einmal eingeschlagenen Weg" sei.[347] Ein privates Zwangskartell, wie es von Salinger vorgeschlagen worden war, lehnte Reichsbahndirektor von Beck ab, da keine Änderung der Unternehmensform des Kraftverkehrs den "Unternehmerwettbewerb", der den "an sich gesunden technisch-wirtschaftlichen Wettstreit" der Verkehrsmittel zum Problem mache, ausschalten könnte.[348] Den Vorschlag, auch den Werkverkehr in das Monopol der Reichsbahn einzubeziehen, zog er jedoch zurück, um den Widerstand der Wirtschaft gegen die Pläne abzuschwächen.[349]

Im Bestreben, den Monopolplänen der Reichsbahn entgegenzutreten, hatte die Gedekra inzwischen ihre eigenen Organisationsanstrengungen verstärkt. Sie gründete am 21. Februar den Gedekra-Reichsverband, dem nach eigenen Angaben 90 Prozent aller Kraftwagenspediteure beitraten, der sich hauptsächlich eine höhere Wirtschaftlichkeit des Lkw-Verkehrs zum Ziel gesetzt hatte, durch zentrale Erfassung des Laderaums, Sicherung der Rückfrachten und Pflege des Sammelverkehrs. Darüber hinaus wollte er zur Sicherstellung der gesetzlichen Bestimmungen der Notverordnung beitragen.[350] Darüber hinaus hatte der Verband einen Vertrag mit dem Reichsverband Deutscher Auto-Ferntransport-Unternehmer geschlossen und somit den Zusammenschluß von Spedition und Fuhrgewerbe vollzogen, ebenfalls mit dem die Effektivität des Lkw-Verkehrs weiter zu steigern und außerdem die Fähigkeit der Kraftverkehrswirtschaft zu "freiwilliger, auf privatwirtschaftlicher Grundlage beruhender Konzentration" unter Beweis zu stellen.[351] Schließlich kündigte die Gedekra an, für eine effektive Tarifkontrolle zu sorgen, indem zentrale Frachtprüfungsstellen eingerichtet werden sollten, um der Notverordnung zum Erfolg zu verhelfen und das Monopol abzuwenden.[352] Allerdings ließ sie ebenfalls keinen Zweifel daran, daß die im Gesetz festgelegten Tarife und das Verbot der Vergütung von Spediteurleistungen für die Kraftverkehrswirtschaft untragbar blieben.[353]

---

347 Von Beck: Das Problem Eisenbahn - Kraftwagen, Eine Erwiderung, in: DV (6) 1932, Nr. 33, S. 1086.

348 Ebd., S. 1087.

349 Ebd., S. 1087f.

350 Eingabe des Gedekra-Reichsverbandes an den Treviranus, Kopie des DIHT S. 3, in: BA R 11/1516.

351 Eingabe des Gedekra-Reichsverbandes..., S. 5, in: BA R 11/1516.

352 Eingabe des Gedekra-Reichsverbandes..., S. 8, in: BA R 11/1516.

353 Eingabe des Gedekra-Reichsverbandes..., S. 9f, in: BA R 11/1516.

Der Vorstoß blieb jedoch ohne große Wirkung. In einer vertraulichen Sitzung des EKA wurde deutlich, daß die Reichsbahn bereits mit der Wirtschaft in Verhandlungen getreten war und dabei auch versucht hatte, Druck auszuüben. Hay erklärte zu Beginn der Sitzung, daß das Monopol bei zahlreichen Kammern und Verbänden auf Ablehnung gestoßen sei, die bedeutendsten Wirtschaftsverbände dagegen eine unentschlossene Haltung erkennen ließen. Der Kraftverkehrsausschuß des RDI sei zu einer ablehnenden Stellungnahme gekommen, die jedoch nicht veröffentlicht wurde. Der Langnamverein habe eine "zunächst ablehnende aber immerhin abwartende Haltung" eingenommen.[354]

Die Reichsbahn hatte inzwischen gegenüber Vertretern der Wirtschaft erneut durchblicken lassen, daß sie im Falle der Fortdauer des Kraftwagenwettbewerbs gezwungen sein könnte, die Tarife der unteren Klassen zu erhöhen.[355] Hay bekannte, die letzte Entwicklung mache den Eindruck "als ob nicht geringe und unmassgebliche Kreise der deutschen Wirtschaft" durch diese Drohung beeindruckt seien.[356] In dieser Lage mehrten sich unter den Sitzungsteilnehmern die Stimmen, die für die Bildung eines Zwangssyndikates eintraten, zumal in den regionalen Handwerkskammern Zweifel an der Wirksamkeit des Kraftverkehrsgesetzes laut geworden waren.[357] Als Spitzenvertretung der Wirtschaft wollte sich der Ausschuß offenbar nicht zu sehr gegen ein Monopol aussprechen, solange die Haltung der verschiedenen Wirtschaftsverbände nicht eindeutig war.[358] Im übrigen erschien das Zwangssyndikat einigen Teilnehmern als das kleinere Übel gegenüber einem Reichsbahnmonopol. Gleichwohl bestanden auch gegen das Syndikat erhebliche Bedenken, was etwa die Einbeziehung des Werkverkehrs anging. Der Ausschuß konnte sich deshalb auf keine konkrete Empfehlung festlegen und beschloß daher gegenüber dem Verkehrsministerium weiter auf "straffe Durchführung" der Notverordnung zu drängen.[359]

---

354 Bericht von Hay in der EKA-Sitzung v. 16.6.1932, Protokoll, S. 3f. in: BA R 11/1516.

355 Hinweis von Hay auf eine Zusammenkunft von Dorpmüller und von Beck mit Vertretern der Wirtschaft am 10.6.932, ebd., S. 4, in: BA R 11/1516.

356 Bericht von Hay in der EKA-Sitzung v. 16.6.1932, Protokoll, S. 4, in: BA R 11/1516.

357 Redebeitrag von Kinzelbach in der EKA-Sitzung v. 16.6.1932, Protokoll, S. 5, in: BA R 11/1516.

358 Redebeitrag von Drücker in der EKA-Sitzung v. 16.6.1932, Protokoll, S. 7, in: BA R 11/1516.

359 Übereinkunft des EKA in der Sitzung v. 16.6.1932, Protokoll, S. 13f, in: BA R 11/1516.

Dabei blieb es vorläufig, denn die Diskussion um die Schaffung eines Kraftverkehrsmonopols wurde durch die Regierungskrise vom 30. Mai 1932 überlagert. Nach dem Rücktritt des Kabinetts Brüning trat in der neuen Regierung ein Eisenbahner an die Spitze des Reichsverkehrsministeriums. Der parteilose Paul Frh. v. Eltz-Rübenach[360] leitete zugleich das Reichspostministerium, womit zwei bisher rivalisierende Ressorts in eine Hand übergingen. Dies und seine parteipolitische Ungebundenheit gaben für die Nationalsozialisten mit den Ausschlag, ihn auch nach der Regierungsübernahme 1933 im Amt zu lassen. Seine Eisenbahn-Herkunft drückte der Politik des Reichsverkehrsministerium in den folgenden Jahren ihren Stempel auf. Der Rücktritt von Eltz-Rübenachs am 2. Februar 1937 markierte dann zugleich das Ende einer Ära.

360 Zur Person vgl. Huber, Deutsche Verfassungsgeschichte, Bd. 6, a.a.O., S. 1047, Anm. 6.

4 Der Güterkraftverkehr unter dem Nationalsozialismus: Transportmodernisierung contra Verkehrsbewirtschaftung

4.1 Der Lkw in der Phase der wirtschaftlichen Stabilisierung Gebremste Motorisierung im Zeichen der Bedarfsdeckung

4.1.1 Zwischen Kontinuität und Reform:'Organische' Einbindung der Verkehrspolitik in die allgemeine Wirtschaftspolitik

Unmittelbar nach der Machtergreifung rückte die Verkehrspolitik rasch ins Zentrum nationalsozialistischer "Erneuerungspolitik". Hitlers Begeisterung für das Auto als "geniales" Verkehrsmittel der Moderne wurde von der Propaganda als grundlegende Neubewertung der Technik gefeiert, deren Leistungen im Bau der Reichsautobahnen ihren sichtbaren Ausdruck fanden. Hinter der propagandistischen Fassade, im politischen und bürokratischen Alltag erwies sich jedoch die Verkehrspolitik bald als schwieriges Terrain, auf dem Veränderungen nur mühsam gegen zähe Widerstände durchzusetzen waren. Zwar begann die neue Regierung auch in diesem Bereich mit einem grundlegenden Reformanspruch, der die Mängel der Weimarer Gesetzgebung beheben sollte. Er erstreckte sich zunächst jedoch weniger auf konkrete politische Inhalte als vielmehr auf die Reorganisation der politischen Willensbildung. Ziel war die Einbeziehung des Verkehrs in den angestrebten "organischen Aufbau" der Wirtschaft. Das bedeutete zum einen auch im Verkehrswesen die Durchsetzung einer einheitlichen politischen Willensbildung, zum anderen - ganz folgerichtig - die konsequente Unterordnung der Verkehrspolitik unter die allgemeine Wirtschaftspolitik.

Unter den verkehrspolitisch aktiven Verbänden mußte der DIHT als bisher einflußreichster wirtschaftlicher Spitzenverband als erster einen spürbaren Einflußverlust erfahren.[1] In der ersten Sitzung des Verkehrsausschusses des DIHT 1933, die sich mit den Grundsätzen der neuen Verkehrspolitik auseinandersetzte, erklärte der Staatssekretär im Reichsverkehrsministerium Koenigs zu den Grundsätzen der politischen Willensbildung: "Verkehrspolitik ist - das ist der

---

1 Der DIHT, der seine Position als Sprachrohr der Wirtschaft gefährdet sah, schwankte 1933 zwischen Anspruchs- und Anpassungshaltung, tendierte aber aufgrund mangelnder Geschlossenheit der Verbandsspitze vermehrt zur Anpassung. Vgl. Hüttenberger, Interessenvertretung und Lobbyismus, a.a.O., S. 444ff. In offiziellen Verlautbarungen über seine Position verfolgte der Verband eine Doppelstrategie: traditionalistisch im Vokabular und nationalsozialistisch im Inhalt. Vgl. die nach einer Zusammenkunft der Industrie- und Handelskammern am 13.6.1933 erschienene Denkschrift " Die Industrie- und Handelskammern im Ständestaat", München 1933.

Ausgangspunkt jeder Betrachtung über Verkehrspolitik - ein Teil der Wirtschaftspolitik und muß sich den Zielen und den Bedingungen der Wirtschaftspolitik ohne Umschweife unterordnen."[2] Im einzelnen lief seine Erklärung auf einen konsequenten staatlichen Dirgismus mit ggf. rigorosen Eingriffen, z. B. in der Preisbildung, hinaus.[3] Koenigs legitimierte die verstärkte Staatseinmischung ganz im Sinne des Nationalsozialismus mit der hergebrachten Feststellung, daß Verkehr kein Selbstzweck, sondern "immer nur Dienst am Volke" sein könnte. Ziel und Aufgabe jedes Verkehrs müsse sein, "sich selbst so billig und unsichtbar wie möglich zu machen."[4] Dieses Ziel erklärte er als mit der "Absicht auf Gewinnerzielung" unvereinbar, um damit zu schließen, daß die Gemeinwirtschaftlichkeit "meiner Ansicht nach ein rein nationalsozialistisches Programm enthält", somit auch künftig Leitmotiv der Verkehrspolitik bleiben sollte.[5] Damit war der künftige ordnungspolitische Rahmen und zugleich der Spielraum verbandspolitischer Aktivitäten abgesteckt. Die Äußerungen Königs kennzeichnen am besten das Spannungsfeld von Reformanspruch und Kontinuität, das die Politik des Reichsverkehrsministeriums nach 1933 prägte. Der Bruch gegenüber dem Prozeß der politischen Willensbildung der Republik wurde den Interessenverbänden unmittelbar deutlich angezeigt. Ein größeres Revirement im Reichsverkehrsministerium blieb jedoch aus. Der Reichsverkehrsminister blieb im Amt und ebenso seine Beamten. Sie bestimmten noch auf Jahre hinaus die verkehrspolitische Gesetzgebung. Damit blieben auch die Paradigmen dieselben. Allerdings erfuhren sie eine spezifisch nationalsozialistische Ideologisierung.

Die Aufrechterhaltung und Durchsetzung der Gemeinwirtschaftlichkeit im Verkehrswesen unter der Prämisse einer neuen politischen Handlungsfähigkeit entsprach einem gegenüber der Weimarer Republik veränderten Begriffsinhalt. War das dualistische Ordnungsmodell in den 20er Jahren von einer Marktwirtschaft mit einigen spezifischen gemeinwirtschaftlich organisierten Ausnahmebereichen ausgegangen, griff das nationalsozialistische Gemeinwirtschaftverständnis auf das Konzept einer wettbewerbsfeindlichen Bedarfsdeckungswirtschaft zurück, die als Ausdruck jener in der Weltwirtschaftskrise wiederent-

---

2 Koenigs in der Sitzung des Verkehrsausschusses des DIHT v. 28.9.1933, zit. n. Verhandlungen des DIHT 1933, H. 8, S. 9f. Anwesend waren in der Sitzung auch Vertreter der Reichsbahn und Vertreter der Gesellschaft zur Vorbereitung der Reichsautobahnen (GEZUVOR).

3 Koenigs in ders. Sitzung, ebd.

4 Ebd.

5 Ebd.

deckten nationalistisch-etatistischen Tradition deutlich antikapitalistische Züge trug.[6] Die reale politische Bedeutung solcher ideologischer Konzepte für die Wirtschaft des dritten Reiches wurde lange Zeit als gering eingeschätzt. In der älteren Literatur wurde häufig die Ansicht vertreten, daß die nationalsozialistische Wirtschaftspolitik völlig konzeptionslos als "fortgesetztes Improvisieren" betrieben wurde.[7] Weltanschauliche Elemente der Wirtschaftslehre[8] galten als leere Propaganda und "nicht handlungsrelevantes Ideal".[9] Dagegen kommen neuere Arbeiten zu dem Schluß, daß die Nationalsozialisten bei allem Pragmatismus im wirtschaftspolitischen Alltag "ideologisch vorkonzipierte Vorstellungen von einer auf lange Sicht einzuleitenden Wirtschafts- und Gesellschaftsordnung" besaßen und diese auch in einigen Bereichen praktische Geltung erlangten.[10]

Einen dieser Bereiche bildete die (Neu)Ordnung des Verkehrswesens. Die gemeinwirtschaftlich orientierte Politik der Jahre 1933-1938 läßt eine deutliche Übereinstimmung verkehrspolitischer Handlungsmaxime mit den weltanschaulichen Leitbildern der allgemeinen Wirtschaftspolitik erkennen, die in der spezifisch nationalsozialistischen Auslegung des Gemeinwirtschaftsbegriffs zum Ausdruck kommt.

Ein bedeutender Vordenker dieses Gemeinwirtschaftsbegriffs war der Wirtschafts- und Verkehrswissenschaftler Hans Ritschl, dessen in mehreren Auflagen erschienene Monographie über Gemeinwirtschaft und kapitalistische Marktwirtschaft[11] eine vorauseilende Anpassung an nationalsozialistische Anschauungen in ihrer Terminologie verriet. In der "freien Marktwirtschaft" gelte das wirtschaftliche Selbstinteresse des Einzelnen, herrsche als "regelnder Faktor aller Beziehungen der Eigennutz", dagegen in der Gemeinwirtschaft, vertreten

---

6 Vgl. F. Blaich: Kapitalistische Planwirtschaft. Ein ordnungspolitischer Versuch zur Überwindung der Weltwirtschaftskrise, in: Schmollers Jahrbuch für Wirtschafts- und Sozialwissenschaften (90) 1970, S. 43ff; W. Krause: Wirtschaftstheorie unterm Hakenkreuz, Berlin 1969, S. 28.

7 F. Facius: Wirtschaft und Staat. Die Entwicklung der staatlichen Wirtschaftsverwaltung in Deutschland vom 17. Jahrhundert bis 1945, Boppard am Rhein 1959, S. 129.

8 Zum Begriff der Wirtschaftslehre anstelle von Wirtschaftstheorie siehe H. Woll: Die Wirtschaftslehre des deutschen Faschismus, München Wien 1988.

9 Woll, Die Wirtschaftslehre, a.a.O., S. 7.

10 Barkai, Das Wirtschaftssystem, a.a.O., S. 7; vgl. H. Jaeger, Geschichte der Wirtschaftsordnung in Deutschland, Frankfurt 1988, S. 182.

11 H. Ritschl: Gemeinwirtschaft und kapitalistische Marktwirtschaft, Tübingen[1] 1931.

durch den Staat, der "Gemeinsinn. Opfergeist, Einordnungswille und Gemeinsinn treten an die Stelle des Egoismus".[12] Liberale Wissenschaftler kritisierte Ritschl als "Vertreter einer überklugen materialistischen Soziologie, die mit der Verdächtigung als Ideologie jede geistige Einheit und Größe glauben zersetzen zu können, (...) glauben mit ihrem engstirnigen Realismus diese Theorie des Gemeinsinns abtun zu können. Aber lassen wir sie dabei."[13] Nach Ritschl ruhte die Marktwirtschaft allein auf dem Prinzip der Entgeltlichkeit mit dem Streben nach Gewinn, dagegen die Gemeinwirtschaft auf dem "Opfer ihrer Glieder" mit dem Streben nach Bedarfsdeckung. Schärfste Kritik übte er am dezentralen Planungssystem der Marktwirtschaft: "Die freie Marktwirtschaft als dezentralistisch geordnete Wirtschaftsverbindung, die auf dem Erwerbsstreben ihrer Elemente beruhend in arbeitsteiliger Ergänzung einen bloßen Wirkungszusammenhang darstellt, kennzeichnet sich damit als anarchische, herrschaftslose und planlose Konkurrenzwirtschaft. Sie ist nicht von einem einheitlichen Willen geleitet und damit ist sie anarchisch, herrschaftslos; ihr liegt kein Plan gesamten Wirtschaftens zugrunde, damit ist sie planlos."[14] Ein solches Gemeinwirtschaftsverständnis machte sich zum Wegbereiter einer neuen Ordnung, die, wie Ritschl sehr richtig erfaßte, von einem veränderten Dualismus zwischen Markt- und Gemeinwirtschaft unter stetigem Vordringen der letzteren geprägt war. Ritschls Darstellung offenbart eine tiefgreifende Ablehnung des Liberalismus als Grundlage der politischen und ökonomischen Beziehungen, die allen nationalsozialistischen Ideologen gemeinsam war. Der Antiliberalismus bildete eine weitgespannte geistige Klammer für die an sich konfligierenden Strömungen nationalsozialistischer Wirtschaftsauffassung. Sowohl die frühen, von Feder formulierten, antikapitalistisch-sozialistischen Zielsetzungen als auch das später immer mehr durchgesetzte Modell eines gelenkten Kapitalismus ließen sich unter seiner Flagge propagieren.[15] Unter den nationalsozialistischen Wirtschaftstheoretikern setzte sich die Überzeugung durch, daß durch den verstärkten staatlichen Interventionismus bisher geltende ökonomische Grundgesetze überwunden und eine ganz neue Epoche sozialer und wirtschaftlicher Entwicklung zu verzeichnen wäre.[16] Nachdem die Grenzen und grundlegenden Mängel der Planwirtschaft bekannt waren, fand die offizielle Wirtschaftsideologie einen

---

12 Ebd., S. 38f.

13 Ebd., S. 40.

14 Ebd., S. 57.

15 Vgl. Barkai, Das Wirtschaftssystem, a.a.O., S. 24.

16 Krause, Wirtschaftstheorie, a.a.O., S. 141.

Kompromiß: Eine strikte Planwirtschaft wurde abgelehnt, ein starker staatlicher Einfluß auf die Wirtschaft jedoch ausdrücklich gefordert. Allerdings weniger durch unmittelbare Eingriffe, "als im Einsatz des großen geistigen, moralischen und materiellen Übergewichts, das nun einmal die im Staat verkörperte Allgemeinheit den einzelnen Wirtschaftsgliedern gegenüber besitzt oder wenigstens besitzen sollte."[17] Anstelle der direkten Lenkung trat die mittelbare durch Bindungen und Beschränkungen im Interesse des Volkswohls. "Es muß die selbstherrliche Stellung des Individuums auf dem Markte beschränkt werden. Das ist der zentrale Punkt, an dem alles hängt. ... (Man muß) die Bedarfsdeckung wieder zu Ehren bringen. Der freie Markt muß jetzt systematisch mit Hilfe der Wirtschaftspolitik gebunden werden."[18] Die Auswirkungen solcher Anschauungen wurden noch dadurch verstärkt, daß in einer veränderten politischen Kultur für einen kontroversen verkehrspolitischen Diskurs kaum noch Platz war. Die Folge war eine drastische Einschränkung und Verarmung der verkehrspolitischen Diskussion. Mögliche Alternativen zu einer streng gemeinwirtschaftlich orientierten Politik wurden nicht erarbeitet. Entsprechend kläglich gestalteten sich die Reformbemühungen um eine zukunftsorientierte Gesetzgebung für den Güterfernverkehr.

Die Debatte wurde zunächst stark von der Ideologisierung bestimmt. Diese spiegelte sich in den Grundsatzpositionen zur Verkehrspolitik und zum Verhältnis von Schiene und Straße "im nationalsozialistischen Staat". Insbesondere die Reichsbahn, die von der angekündigten aktiven Motorisierungspolitik der neuen Regierung überrascht worden war,[19] berief sich in ihrer Standortbestimmung auf die neuen Leitlinien der Wirtschaftspolitik. Der Präsident der Kölner Reichsbahndirektion Remy setzte auf einen strengen staatlichen Dirigismus im Verkehr. Er forderte die "organische Eingliederung der Reichsbahn in eine neue Verkehrsteilung" in Gestalt eines "demnächst zu schaffenden Gleichgewichts" der verschiedenen Verkehrsmittel. "Dem Durcheinander eines ungezügelten

---

17 A. Pietzsch, F. Grünig: Grundlagen der Wirtschaftslenkung, in: Grundlagen, Aufbau und Wirtschaftsordnung des nationalsozialistischen Staates, Bd 3, Berlin 1939, H. 45, S. 43.

18 Krause, Wirtschaftstheorie, a.a.O., S. 142.

19 Das ehemalige Mitglied der Reichsbahndirektion, Teubner, erklärte, man habe sich "wohl im Laufe der Zeiten" daran gewöhnt, die Vorzüge des Autos anzuerkennen, ... "Aber diese Herausstellung des Autos von der höchsten Stelle der Regierung war etwas ganz Neues!", ders.: Reichsbahn und Kraftwagen im Dritten Reich, in: V W (27) 1933, H. 44, S. 653.

Wettbewerbs mußte und muß weiterhin gesteuert werden".[20] An anderer Stelle erklärte Remy eine "planmäßige Umgestaltung" der deutschen Verkehrswirtschaft "im Zeitalter der Organisationskunst" für unverzichtbar.[21] Damit meinte er durchaus wettbewerbliche Anstrengungen der Schiene aus eigener Kraft, insbesondere durch eine fortschrittliche Technik. Darüber hinaus schwebte ihm eine Reform, der Gesetzgebung vor, die Bahn und Auto gleichstellen sollte, notfalls auch, indem gemeinwirtschaftliche Auflagen gelockert würden.[22] Langfristig sah jedoch auch er keine Alternative zum Schutz der Bahn und damit der Erhaltung ihres Verkehrsbesitzes, vor allem im Fern- und im Massengüterverkehr, wenn nicht ureigenste nationalsozialistische Zielsetzungen gefährdet werden sollten.[23] Diesen Schutz konnte naturgemäß nur der Staat gewährleisten. „Mann kann sich die Durchführung dieser Aufgabe nur in einer Hand vorstellen," die die Verkehrsteilung von Schiene und Straße "systematisch ordnet", lautete sein Fazit.[24] Bei den Bemühungen der Reichsbahn um programmatischen Anschluß an die neuen politischen Leitlinien stand die Tarifpolitik als Kern der Gemeinwirtschaftlichkeit der Eisenbahnen von Anfang an im Mittelpunkt. Dorpmüller pries sie als unverzichtbares Element staatlicher Gestaltungsmöglichkeiten im Verkehr.[25] Der für die Gütertarife zuständige Reichsbahndirektor Holtz beeilte sich zu versichern, "daß nicht daran zu zweifeln ist, daß die Reichsbahn bei ihrer gesamten Geschäftsgebarung einschließlich der Tarifgestaltung in vollkommenem Einvernehmen mit den leitenden Grundgedanken des Regierungsprogramms vorgeht und vorgehen muß."[26] Dies sei allerdings ohne jede Änderung möglich, weil die Reichsbahn "schon von jeher nach Grundsätzen verfahren ist, die heute als Richtschnur für das gesamte öffentliche und private Leben anerkannt sind.(...) Der Satz 'Gemeinnutz geht

---

20 K. Remy: Die wirtschaftliche und staatspolitische Aufgabe der Reichsbahn im Dritten Reich, in: Zeitschrift für Verkehrswissenschaft (12) 1934, S. 10f.

21 Remy: Die Schienenbahnen an der Schwelle eines neues Verkehrszeitalters, in: Zeitung des Vereins Mitteleuropäischer Eisenbahnverwaltungen (74) 1934, Nr. 49, S. 877.

22 Ebd., S. 878ff.

23 Ebd., S. 890f.

24 Ebd., S. 891.

25 Dorpmüller: Die Reichsbahn in ihrer Verbundenheit zu Wirtschaft und Staat, in: Die Reichsbahn (9) 1933, H. 21, S. 428.

26 Holtz: Die Grundgedanken der nationalsozialistischen Weltanschauung und die Tarifpolitik der Reichsbahn, in: Die Reichsbahn (9) 1933, H. 40, S. 829.

vor Eigennutz' hat nicht erst jetzt, sondern schon immer als Motto über dem deutschen Eisenbahntarif gestanden[27] Folglich zeigte er sich zuversichtlich, daß "nun auch das Gerede verstummen (wird), die Volkswirtschaft könne leichten Herzens auf das gemeinwirtschaftliche Tarifsystem verzichten, wenn seine Aufrechterhaltung der Reichsbahn gegenüber dem Wettbewerb der übrigen nicht gemeinwirtschaftlich gebundenen Verkehrsmittel nicht mehr möglich sei. D a s g e m e i n w i r t s c h a f t l i c h e T a r i f s y s t e m i s t d i e I n k a r n a t i - o n d e s S a t z e s : 'G e m e i n n u t z g e h t v o r E i g e n n u t z .' Von allen Verkehrsmitteln befindet sich allein die Reichsbahn in ihrer Tarifgebarung bereits in voller Übereinstimmung mit den Leitsätzen des nationalsozialistischen Wirtschaftssystems."[28]

Aus dieser Warte entsprach die gelenkte (Verkehrs-)Wirtschaft dem von den Nationalsozialisten selbst im Munde geführten "Sozialismus". Diese Gleichsetzung von Gemeinwirtschaft und "Sozialismus" im Verkehr diente jahrelang als offizielle Legitimation einer strikten Marktordnungspolitik. Unter dem Titel "Sozialistische Verkehrswirtschaft" hieß es in der Verkehrstechnik zu den "Grundsätzen neuer deutscher Volkswirtschaft", daß ihre Aufgabe "in erster Linie Bedarfsdeckung und nicht möglichst hohe Rentabilität ist." Daher bekenne sich die vom "nationalen Rechtsstaat aufzubauende Wirtschaftsordnung (...) bewußt zu sozialistischen Auffassungen", - wohlgemerkt nicht marxistischer Prägung, sondern "in seinem eigenen zeit- und ortsgebundenen Sozialismus (...), der dem G e m e i n s i n n im edelsten Sinne des Wortes entspringt."[29] Deshalb gelte es, "ein altes Ideengut unserer Volkswirtschaftslehre, 'Die Vorteile der Gemeinwirtschaft für die Gesamtheit', stärker zu betonen. Demgegenüber muß das private Gewinnstreben zurücktreten."[30] Für die Verkehrswirtschaft bedeute dies, daß der Standpunkt "individueller Wirtschaftstätigkeit im Verkehrswesen überholt ist." Anstelle "individueller Willkür" müsse die staatliche Beaufsichtigung treten, allerdings ohne daß deshalb eine vollständige Sozialisierung des Verkehrswesens nötig sei. Eine Wettbewerbsregulierung, die jedem Verkehrsmittel den ihm zukommenden Verkehr zuweise, reiche aus.[31] Die Pra-

---

27 Ebd.

28 Ebd., S. 830; "Gemeinnutz geht vor Eigennutz" lautete die sozialistische Formel unter Punkt 24 im Parteiprogramm der NSDAP vom 24.2.1920, vgl. Mommsen, Deutsche Parteiprogramme, a.a.O., S. 550.

29 W. Böttger: Sozialistische Verkehrswirtschaft, in: VT (15) 1934, H. 15, S. 405.

30 Ebd.

31 Ebd., S. 406.

xis folgte der Ideologie konsequent durch die Fortführung einer Eisenbahn-Schutzpolitik um nahezu jeden (ökonomischen) Preis. Anstelle einer weitergehenden Motorisierung wurde unter "organischer Verkehrsteilung" eine möglichst reibungslose Bewirtschaftung des Status Quo verstanden.

Demgegenüber hatten die kraftverkehrsinteressierten Teile der verladenden Wirtschaft, allen voran der Handel, 1933 große Hoffnungen auf eine stärker mittelstandsfreundliche Verkehrspolitik der neuen Regierung gesetzt, die den Interesse kleiner und mittelständischer Fuhrunternehmen Vorrang vor der übermächtigen Reichsbahn einräumte. - Immerhin hatten die Nationalsozialisten im Vorfeld ihrer Machtergreifung wiederholt um den Mittelstand geworben.[32] - In der Zeitschrift "Betriebswirtschaft" wurde offen die Benachteiligung des Einzelhandels durch das gemeinwirtschaftliche Tarifsystem der Reichsbahn kritisiert, die vor allem aus den hohen Frachten im Stückgutverkehr resultierte. Die Zeitschrift forderte eine Senkung der Transportpreise für diese Versendungsart mit der Begründung, daß zwar anerkannt würde, daß der Bahn im Stückgutverkehr selbst hohe Kosten entstünden, jedoch andererseits "zahlreiche Industriegruppen und vor allem die Landwirtschaft in den Genuß von Frachtvergünstigungen" gelangt seien, "die nicht in Einklang mit der Selbstkostenlage der Reichsbahn stehen."[33] Benachteiligt sah sich der Einzelhandel überdies durch die stärkere Belastung der Nahtransporte bei der Reichsbahn, die zugleich das Hauptversendungsgebiet des mittelständischen Handels ausmachten. Diese hatte sich durch den Schenker-Vertrag und die behördliche Organisation des Kraftverkehrs noch stärker ausgeprägt; denn die "Erschwerung des gewerblichen Kraftverkehrs" und seine Verteuerung schon ab Versandweiten über 50 Kilometer trafen die kleinen und mittelständischen Handelsunternehmen besonders. Große Unternehmen konnten auf den Werkverkehr ausweichen, "während im mittelständischen Betrieb nur selten so große Frachtmengen für den Nahverkehr anfallen, daß der Erwerb von Kraftwagen wirtschaftlich möglich wird."[34] Daher forderte der Mittelstand, die "endgültige Regelung des Verkehrswesens muß den Anteil von Eisenbahn und Kraftwagen am Gesamtverkehr nach der

---

32 Vgl. Punkt 16 des Parteiprogramms bei Mommsen, Deutsche Parteiprogramme, a.a.O., S. 549. H. A. Winkler: Mittelstand Demokratie und Nationalsozialismus - Die politische Entwicklung von Handwerk und Kleinhandel in der Weimarer Republik, Köln 1972, S. 160; Barkai, Das Wirtschaftssystem, a.a.O., S. 30.

33 Mittelständische Verkehrsfragen. Von Theodor Wessels, in: Die Betriebswirtschaft (26) 1933, H. 8/9, S. 224.

34 Ebd., S. 225.

tatsächlichen Eignung der beiden Verkehrsmittel bestimmen."[35] Die Forderung fand prinzipiell Unterstützung bei den Mittelstandspolitikern der NSDAP, die eine "Säuberung" des Verwaltungsrats der Reichsbahn wünschten, weil sie den Rat als reine Interessenvertretung der Industrie ansahen. Durch die Umbildung sollten auch Mittelstandsvertreter in das Gremium Einlaß finden.[36] Indes ließ die neue Regierung bereits kurz nach der Machtergreifung erkennen, daß sie entgegen vorhergehenden programmatischen Äußerungen keine mittelstandsorientierte Politik betreiben würde. Hitler widersetzte sich - zunächst - einer konsequenten Umbildung in der Führung der Reichsbahn.[37] Daher hatte der erneute Vorstoß des Handels in Richtung auf eine in den technischen Eigenschaften der Transportmittel begründete Verkehrsteilung zu diesem Zeitpunkt wenig Aussichten.

Unmittelbar nach der Machtergreifung ging es in der allgemeinen Wirtschaftspolitik um andere Dinge. Der Kapitalismus hatte sich durch die Wirtschaftskrise und vor allem durch ein riesiges Arbeitslosenheer diskreditiert. Die nationalsozialistische Regierung trat daher mit einem antiliberalen Gegenprogramm an, das in den Jahren 1933 bis 1936 seinen sozialistischen Anspruch besonders betonte. Die Gemeinwirtschaftlichkeit der Eisenbahnen als Ausdruck staatlicher Kontrolle sowie wirtschafts- und sozialpolitischer Zielsetzungen war ein wichtiges Element dieses Programms und wurde vor allem auch propagandistisch genutzt. Auf der ersten Tagung des neu gegründeten "Verkehrswissenschaftlichen Forschungsrates" in Berlin erklärte Koenigs, es sei geboten,

> "sich klarzumachen, wie in der Verkehrswirtschaft den verkehrspolitischen Grundgedanken der Reichsführung Rechnung getragen worden ist. Weitaus der größte Teil des Güter- und Personenverkehrs wird von der Reichsbahn bewältigt. Die Bedeutung der Reichsbahn erschöpft sich aber nicht in dem gewaltigen Ausmaß ihrer Verkehrsaufgaben, ihre Führerstellung beruht vielmehr auf dem klar ausgesprochenen Ziel, **nicht für die Gewinnerzielung,** sondern ausschließlich **für die Verkehrsbefriedigung** zu arbeiten. Dieser sozialistische Gedanke der Gemeinschaftsarbeit verpflichtet die Reichsbahn für die Ausgestaltung ihrer inneren Organisation in gleicher Weise wie für ihre nach außen in Erscheinung tretende Betriebsführung, insbesondere die Tarifpolitik. (...) Der Staat hat die Pflicht die gemeinwirtschaftlichen Grundlagen der Reichsbahn vor Angriffen durch andere Verkehrsmittel zu schützen und dafür zu sorgen, daß Kraftwagen und Binnen-

---

35 Ebd., S. 226.

36 Ruser, Die Reichsbahn als Reparationsobjekt, a.a.O., S. 328.

37 Ebd., S. 329.

schiffahrt sich auf die gleichen gemeinwirtschaftlichen Ziele wie die Deutsche Reichsbahn ausrichten."[38]

Zu all dem hinzu kam schließlich, daß dem Verkehr auch in militärischer Hinsicht eine Schlüsselrolle zufiel, die aus der Sicht der Nationalsozialisten eine staatliche Lenkung wünschenswert machte. Dabei konnte davon ausgegangen werden, daß ein behördlich organisierter oder gar monopolisierter Verkehrsträger generell am besten zu kontrollieren war. Auch dies lief einer mittelstandsfreundlichen Politik entgegen.

Andererseits ging der antiliberale Konsens alles in allem nicht soweit, die klassischen Anreize und Funktionen des Privateigentums außer Kraft zu setzen, denn das auf der Initiative des einzelnen beruhende Leistungsprinzip war ebenso unverzichtbarer Bestandteil der nationalsozialistischen Wirtschaftsauffassung. Hitler selbst verstand den Wettbewerb als Auslese der Besten und sah in der wirtschaftlichen Konkurrenz die Triebfeder des Fortschritts. Daher lehnte er kollektivistische Lösungen ab. Seine Anschauung entsprach allerdings nicht dem Bekenntnis zum klassischen Liberalismus, sondern wurzelte in seiner Begeisterung für den Sozialdarwinismus.[39] Leistungsbereitschaft und unbedingte Erfolgsorientierung bildeten einen Grundzug nationalsozialistischen Selbstverständnisses, der von zahlreichen mittel- und hochrangigen Funktionären immer wieder betont wurde. Dem entsprachen Todts wiederholte Appelle an die technische Elite ebenso wie später Görings Aufruf an die Privatwirtschaft anläßlich der Verkündung des neuen Vierjahresplans 1936.

Die Verkehrspolitik befand sich also in einem Dilemma. Als Baustein einer wiederholt geforderten Wirtschaftspolitik aus einem Guß widersprach eine konsequente Förderung des Autos dem jedenfalls bis 1936 geltenden "sozialistischen "Anspruch der Wirtschaftspolitik. Dem konnte nur das Gegenteil - Wahrung und Schutz der Gemeinwirtschaft - entsprechen. Andererseits war eine solche dem Status quo ante verpflichtete Politik wiederum unvereinbar mit dem Ziel der beschleunigten Motorisierung und dem in ihr verkörperten technischen Fortschritt. Es ist bezeichnend für die Inkonstistenz der nationalsozialistischen Verkehrspolitik, daß dieser Widerspruch nicht gelöst, sondern durch eine mehr oder minder voneinander losgelöste Einzelpolitik der verschiedenen involvierten Ressorts und Ämter eher verschärft wurde.

---

38 Redebeitrag Koenigs auf der Tagung des Verkehrswissenschaftlichen Forschungsrates, im März 1936 in Berlin, zit. n. Der gewerbliche Kraftverkehr (1) v. 17.4.1936, S. 9.

39 H. A. Turner: Hitlers Einstellung zu Wirtschaft und Gesellschaft vor 1933, in: GG (2) 1976, S. 90; vgl. jüngst Zitelmann, Hitler, a.a.O., S. 256.

4.1.2 Reform der Kraftfahrzeugsteuer: Die Entkopplung der Besteuerung von der Verkehrswirtschaft

Unmittelbar nach der nationalsozialistischen Machtergreifung gewann zunächst die Kraftfahrzeugsteuerreform politische Priorität. Diese war keine originäre Idee Hitlers, sondern stand gesetzlich infolge der Befristung des Kraftfahrzeugsteuergesetzes von 1931 ohnehin zum 1. April 1933 an. Daher war das Reichsfinanzministerium bereits seit längerem mit der Ausarbeitung eines entsprechenden Referentenentwurfs befaßt und stand gemäß den politischen Gepflogenheiten der Republik in Kontakt mit den interessierten Verbänden. Im Vorfeld der Neuregelung hatte sowohl die Kraftverkehrswirtschaft als auch der DIHT eine fühlbare Steuerermäßigung gefordert. Beim DIHT hatte sich die Auffassung durchgesetzt, daß die Misere in der Kraftverkehrswirtschaft ein Ausmaß erreicht hatte, das über das konjunkturell bedingte hinausging. In der Sitzung des Verkehrsausschusses im November 1932 mahnte der zuständige Referent Feilchenfeld unter Hinweis auf die statistisch rückläufige Motorisierung[40] eine tatkräftigere Annahme "der Interessen des beruflichen und gewerblichen Kraftverkehrs" bei den Verhandlungen über die Neuregelung des Steuersystems an.[41] Feilchenfeld verwies auf die 1931 enorm angewachsene Treibstoffbelastung durch die sogenannte zweite Zollaufstockung vom April des Jahres, die einer verkappten Benzinsteuer gleichkam, sowie aus dem Spiritusbezugszwang[42], der 1932 auf 10 Prozent angehoben wurde.[43] Die Belastung der Treibstoffe wollte er daher demnächst durch eine angemessene Senkung der Pauschalsteuer ausgeglichen wissen, damit insbesondere der Lkw-Verkehr entlastet würde, der durch Benzinsteuer und Beimischungszwang inzwischen das

---

40 Bei Lkw ging der Bestand 1932 um 8.652 Fahrzeuge zurück. Zahlen n. Die Kraftfahrzeuge im deutschen Reich am 1. Juli 1933, VJH zur Statistik des Deutschen Reiches III, 1932, S. 73

41 Redebeitrag Feilchenfeld zur Neuordnung der Kraftfahrzeugsteuer in der Sitzung des Verkehrsausschusses des DIHT am 2.11.1932, in: Verhandlungen des DIHT, H. 8, 1932, S. 76.

42 Der Zwang zur Beimischung von Spiritus war eine der Kraftverkehrswirtschaft zugunsten der landwirtschafltichen Kartoffelbrennereien auferlegte Belastung, wodurch ein Überangebot an Kartoffeln verhindert werden sollte.

43 Kabinettsbeschluß v. 28.7.1932, in: BA R 43 I/728.

zwei- bis dreifache der Pauschalsteuer zu zahlen hatte.[44] Als dringlichste Reformen forderte Feilchenfeld die steuerliche Begünstigung einer ganzjährigen Haltung des Kraftfahrzeugs, um den umfangreichen Stillegungen im Winter entgegenzutreten, sowie eine Begünstigung des Verkaufs gebrauchter Wagen, um die Besteuerung der Abschreibung anzupassen.[45] Der Verkehrsausschuß des DIHT signalisierte damit seine Unterstützung für den Reichsausschuß der Kraftverkehrswirtschaft (RAK)[46], der vergebens gegen die neuerliche Belastung durch den erhöhten Spritbeimischungszwang protestiert hatte.[47] Das Kabinett entsprach den Interessen der Landwirtschaft sogar gegen die ausdrückliche Intervention von Eltz-Rübenachs.[48] Im Dezember übersandte der RAK dem Reichskanzler eine offizielle Protestnote, der auch statistische Ausführungen über den Zusammenhang zwischen motorisierungshemmenden Politikbeschlüssen und dem Rückgang des Kraftwagenbestands sowie ein Vergleich mit England und Frankreich beigefügt waren.[49] In einer Denkschrift zur Kraftfahrzeugsteuerreform sprach sich der RAK für eine radikale Ermäßigung der Kraftfahrzeugsteuer um die Hälfte aus.[50] Die daraus entstehenden Einnahmeausfälle sollten aus dem Aufkommen der Treibstoffabgaben gedeckt und den Ländern

---

44 Redebeitrag Feilchenfeld zur Neuordnung der Kraftfahrzeugsteuer in der Sitzung des Verkehrsausschusses des DIHT am 2.11.1932, in: Verhandlungen des DIHT, H. 8, 1932, S. 79f.

45 Redebeitrag Feilchenfeld zur Neuordnung ..., in: ebd., S. 80f.

46 Der Ausschuß wurde vom RDA ins Leben gerufen. Zum Präsidium des RAK gehörte der ehemalige WP-Abgeordnete Mollath, der auch die öffentlichen Stellungnahmen vorbereitete. Mitglieder des RAK waren alle wichtigen Interessenverbände der Kraftverkehrswirtschaft aus den Bereichen Produktion, Handel und Gewerbe, Privater Kraftverkehr, hier z. B. der ADAC, der AvD, der Deutsche Touring-Club etc., Gewerblicher Kraftverkehr, hier insbes. die Spitzenvertretung des gewerblichen Kraftverkehrs, zu der u.a. die Gedekra, der Reichsverband des Fuhr- und Kraftwagengewerbes, der Reichsverband Deutscher Autoferntransport-Unternehmer, der Verband deutscher Verkehrsverwaltungen gehörten. Zur genauen Zusammensetzung siehe das Mitgliederverzeichnis des RAK, Stand 1.7.1932, in: WWA K 1 Nr. 1931.

47 Eingabe des RAK an den Reichskanzler v. 13.7.1932, in: BA R 43 I/728.

48 Schreiben von Eltz-Rübenachs an den Reichskanzler v. 19.7.1932, in: BA R 43 I/728.

49 Anlage zum Schreiben des Reichsausschusses der Kraftverkehrswirtschaft an den Herrn Reichskanzler v. 20.12.1932, in: BA R 43 I/728.

50 Die Kraftverkehrswirtschaft zur Neuregelung der Kraftfahrzeugsteuer. Auszug aus der Denkschrift des Reichsausschusses der Kraftverkehrswirtschaft zur Aenderung der Kraftfahrzeugbesteuerung, in: Das Lastauto (10) 1933, H. 2, S. 8.

für Zwecke der Wegeunterhaltung überwiesen werden. Anstelle der bisherigen "planlos" erfolgten Belastungen des Kraftverkehrs forderte der RAK, daß in Zukunft alle Belastungen des Kraftverkehrs in einem "Rahmengesetz über die Belastung des Kraftverkehrs" zusammengefaßt werden sollten, das u.a. Regelungen über die Kraftfahrzeugsteuer, die Besteuerung der Treibstoffe sowie die Zweckbindung der Abgaben für den Wegebau enthalten sollte.[51] Damit versuchte der Ausschuß die Bedenken der Länder zu entkräften, die sich zuvor erneut gegen jede Entlastung des Kraftverkehrs ohne entsprechenden Ausgleich für die Wegeunterhaltungspflichtigen gewendet hatten. Denn diese standen auf dem Standpunkt, daß der Anteil des Kraftverkehrs am Wegebau an den notwendigen Ausgaben bemessen werden müßte, nicht nur an den geleisteten. Sie befanden besonders die für Lkw geltende Anhängersteuer nach wie vor als zu gering und forderten eine steuerliche Belastung so hoch wie irgend tragbar, um die Straßenbaumittel der Kommunen zu erhöhen. Begründet wurde diese Forderung mit dem Hinweis, daß eine Mittelbeschaffung durch Anleihen aufgrund der hohen Verschuldung der Kommunen zu diesem Zeitpunkt praktisch unmöglich war.[52] Der Verband der preußischen Provinzen war im Gegensatz zum DIHT der Auffassung, daß der Rückgang der Zulassungszahlen in der Wirtschaftskrise kein ungewöhnliches Ausmaß erreicht habe und nicht auf steuerliche Überlastung zurückzuführen sei, da sich das Ende Stagnation bereits abzeichne.[53] Der Leiter des Verbands, Ministerialrat a.D. von Schenck, stellte sich auf den Standpunkt, daß eine Ermäßigung der Kraftfahrzeugsteuer schon deshalb unnötig sei, weil diese nachweislich den geringsten Teil der Belastung des Kraftverkehrswirtschaft ausmachte.[54] In gleicher Weise protestierten auch der Deutsche Gemeindetag und der Deutsche Landkreistag gegen die geplanten Steuererleichterungen.[55] Schützenhilfe erhielten die Länder vom Deutschen Landwirtschaftsrat, der befürchtete, daß nach einer Senkung der Kraftfahrzeugsteuer auch für Lkw jede Aussicht schwinden müsse, bei der Reichsbahn eine

---

51 Ebd.

52 Eingabe des Verbands der preußischen Provinzen an den Reichskanzler v. 14.1.1933, in: BA R 43 I/1074.

53 Der Wochenbericht des IfK, Sonderbeilage Nr. 45 v. 8.2.1933, belegte tatsächlich bereits einen leichten Anstieg der Zulassungszahlen zu Beginn des Jahres 1933.

54 Eingabe des Verbands der preußischen Provinzen an den RFM v. 13.2.1933, in: BA R 2/21082; vgl. die Eingabe des Verbands an den Reichskanzler v. 21.2.1933, in: BA R 43 II/796.

55 Eingaben des Deutschen Gemeindetages v. 16.2.1933 und des Deutschen Landkreistages v. 27.2.1933 an den RFM, in: BA R 2/321082 .

Tarifermäßigung für die landwirtschaftlichen Massengüter zu erreichen.[56] Dagegen setzte sich vor allem der Handel nachdrücklich für eine Steuerermäßigung ein, um seine Transportkosten senken zu können.[57] Die offizielle Stellungnahme des DIHT stellte sich weitgehend auf die Seite der Kraftverkehrswirtschaft, wollte sich jedoch mit Rücksicht auf die Finanzlage des Reiches nicht konkret auf den Umfang der Ermäßigung festlegen. In der Verlautbarung hieß es daher lediglich, die derzeitige Belastung des Kraftverkehrs sei zu hoch und müsse ermäßigt werden. Die Denkschrift des RAK bilde dazu "eine sehr brauchbare Grundlage".[58]

Die Referentenentwürfe des Reichsfinanzministeriums standen weitgehend im Einklang mit der Auffassung des DIHT. Unmittelbar nach dem Regierungswechsel ging man dort in hohem Maße von finanz- und steuerpolitischer Kontinuität gegenüber den vergangenen Jahren aus, indem den Empfehlungen des Spitzenverbands entsprechendes Gewicht beigemessen wurde. Die Vorarbeiten lassen erkennen, daß es darum ging, einen Entlastungsgrad für den Kraftverkehr zu erzielen, der mit Rücksicht auf die finanzielle Lage des Reiches gerade noch tragbar erschien.[59] Der Gesetzentwurf, den Schwerin von Krosigk schließlich dem Reichskanzler vorlegte, enthielt drei Vorschläge zur Steuerermäßigung für alle Kraftfahrzeuge: erstens die Gewährung von drei steuerfreien Monaten im Winter, zweitens die Beseitigung des Aufgeldes bei Teilzahlung bzw. Erwerb von befristeten Steuerkarten und drittens gleichzeitig ein Rabatt für Jahreskarten.[60] In der Begründung für die maßvolle Entlastung, die das Reich rund 30 bis 35 Millionen RM kosten sollte, hob der Minister hervor, die Reichsregierung habe den Forderungen der Kraftverkehrsinteressenten stets "grundsätzlich" Verständnis entgegengebracht, jedoch "Zeitpunkt und Maß der Durchführung

---

56 Eingabe des Deutschen Landwirtschaftsrats an den RFM o.D., in: BA R 2/21082; vgl. die Eingabe des Reichs-Landbunds an den Reichskanzler v. 22.2.1933, in: BA R 43 II/796.

57 Eingabe des Reichsverbandes des Deutschen Groß- und Überseehandels an den RFM v. 24.2.1933, in: BA R 2/21082.

58 Amtliche Mitteilungen des DIHT, Sitzung des Verkehrsausschusses (15.2.1933), in: DWZ (30) 1933, Nr. 8, S. 186.

59 Referentenentwürfe v. 3.2. bzw. v. 8.2.1933, in: BA R 2/21082.

60 Entwurf zur Reform der Kraftfahrzeugsteuer Art. I, Schreiben des RFM an den Reichskanzler v. 28.2.1933, in: BA R 43 II/796.

von der Finanzlage des Reiches" abhängig gemacht. Dies gelte noch immer.[61] Schwerin von Krosigk stellte sich hinter die preußischen Provinzen mit dem Hinweis, daß dort 1932 trotz eines verlängerten Straßennetzes aufgrund sinkender allgemeiner Steuereinnahmen nur 46 Prozent der Beträge des Jahres 1929 für die Wegeunterhaltung aufgewendet werden konnten.[62] Nach Protesten der Länder hatte er diesen bereits eine Garantie des Reichs für die zu erwartenden Steuerausfälle in Aussicht gestellt und schlug deswegen eine entsprechende Änderung des Finanzausgleichsgesetzes vor.[63]

Hitler ging jedoch nicht auf den Entwurf seines Finanzministers ein. Anstelle der geplanten gleichmäßigen Entlastung für den gesamten Kraftverkehr verlangte er zur Konjunkturbelebung in der Automobilindustrie einen vollständigen Steuererlaß für neue Pkw.[64] Der gewerbliche Güterkraftverkehr blieb dagegen völlig unberücksichtigt. Der RAK, der nach Hitlers Rede auf der Automobilausstellung große Hoffnungen in die Kraftfahrzeugsteuerreform gesetzt hatte,[65] war über diese Wendung der Reformpläne bestürzt. Er appellierte in letzter Minute an Hitler mit dem Einwand, daß eine derart begrenzte Steuerreform eine "Verdünnung der grossen Idee" bedeuten und "den Erfolg der ganzen Aktion illusorisch machen würde."[66] Denn nach dem geänderten Entwurf mußte die Entlastung des Kraftverkehrs erheblich geringer ausfallen als zuvor angenommen. Die Einschätzung des RAK, die vom Reichsfinanzministerium geteilt wurde, belief sich nunmehr auf eine geringe Entlastung von bestenfalls fünf bis sechs Prozent des Jahresaufkommens,[67] während man sich von dem ursprünglichen Vorschlag des Reichsfinanzministers durch Einbeziehung auch des Kraftomnibus- und des Lkw-Verkehrs eine Entlastung von rund 22 Prozent des zu

---

61 Entwurfbegründung im Schreiben des RFM an den Reichskanzler, S. 12, in: R 43 II/796.

62 Entwurfbegründung im Schreiben des RFM an den Reichskanzler ebd., in: R 43 II/796.

63 Art. II des neuen Kraftfahrzeugsteuergesetzes, Entwurf im Schreiben des RFM an den Reichskanzler, in: R 43 II/796.

64 Aktenvermerk des Referenten im RFM v. 28.3.1933, in: BA R 2/21082.

65 Der RAK hatte sich unmittelbar danach mit seiner Denkschrift direkt an Hitler gewandt: Schreiben v. 22.2.1933 an den Reichskanzler, in: BA R 43 II/748.

66 Eingabe des RAK an den Reichskanzler v. 5.4.1933, S. 3, in: BA R 43 II/796.

67 Vgl. die Schätzung des RFM, Aktenvermerk v. 28.3.1933, in: BA R2/21082.

erwartenden Aufkommens versprochen hatte.[68] Der Ausschuß forderte erneut die Einbeziehung aller Kraftfahrzeuge in die Steuerfreiheit für Neuwagen und darüber hinaus eine fühlbare Erleichterung für Altwagen durch die Gewährung von steuerfreien Wintermonaten. Zugleich wurde angenommen, daß die daraus entstehenden Steuerausfälle des Reiches durch Mehreinnahmen infolge der erhöhten Zahl der Neuzulassungen, Wegfall der Winterabmeldungen und erhöhtem Treibstoffverbrauch bereits hinreichend ausgeglichen würden.[69] Hitler überging jedoch diese Einwände. Nach den Ausführungen Schwerin von Krosigks zum geänderten Gesetzentwurf[70] gaben sozial- und beschäftigungspolitische Gründe den Ausschlag für die Umorientierung der Regierung: zum einen der in Deutschland im Vergleich zu andern Ländern sehr niedrige Motorisierungsstand, der besonders im Hinblick auf den Pkw "einem so dicht bevölkerten und kulturell auf so hoher Stufe stehenden Land" unangemessen erschien.[71] Zum anderen hob Schwerin von Krosigk hervor, daß die Verminderung der Arbeitslosigkeit durch die Kraftverkehrspolitik Vorrang haben müßte. Um unmittelbar auf die Belebung der Produktion einzuwirken, ging der Entwurf nicht von einer allgemeinen Ermäßigung der Steuer aus, sondern von einer völligen Steuerbefreiung für Neuwagen,[72] wobei im Pkw-Bereich mit dem größeren Absatzmarkt gerechnet werden konnte.[73] Es blieb beim Steuererlaß für alle neu zugelassenen Pkw (und Krafträder)[74] Für ältere Pkw und Krafträder wurde kurz darauf die Möglichkeit einer einmaligen Ablösung geschaffen, weil aufgrund der extremen steuerlichen Bevorzugung der Neuwagen drastische Einbrüche im

---

68 Anlage 1 zum Schreiben des RAK an den Reichskanzler v. 5.4.1933, in: BA R 43 II/796.

69 Anlage 2 zum Schreiben des RAK an den Reichskanzler v. 5.4.1933: in: BA R 43 II/796. Der RAK fügte seinem eigenen Vorschlag zur Neuordnung einen detaillierten Kosten-Nutzen-Vergleich für die Reichsfinanzen an, wobei er allerdings auch spekulative Entlastungsannahmen im Reichshaushalt, z. B. durch verringerte Ausgaben bei der Arbeitslosenunterstützung, mit einbezog.

70 Kabinettsvorlage v. 6.4.1933 für die Sitzung am folgenden Tag, in : BA R 43 II/796.

71 Vgl. die Begründung zu dem geänderten Standpunkt der Regierung, Kabinettsvorlage S. 4, in: BA R 43 II/796.

72 Ebd., S. 6, in: BA R 43 II/796.

73 Zu den konjunktur- und beschäftigungspolitischen Wirkungen für die Automobilindustrie vgl. H. Hennig: Kraftfahrzeugindustrie und Autobahn, a.a.O., S. 222.

74 Gesetz über Änderung des Kraftfahrzeugsteuergesetzes. Vom 10. April 1933, RGBl. I 1933, S. 192, Art. I Paragraph 2a.

Kraftfahrzeughandel drohten.[75] Auch hier wurde der Lkw übergangen. Die Einwände des neugebildeten Arbeitsausschusses des Beirats für das Kraftfahrwesen[76], daß damit der Lkw nun noch deutlicher als bisher benachteiligt werde, und im übrigen der Vorgriff auf die durch die Ablösezahlungen bereitstehenden Straßenbaumittel zu Einbrüchen in späteren Jahren führen müsse, blieben unge-

---

75 Gesetz über Ablösung der Kraftfahrzeugsteuer. Vom 31. Mai 1933, RGBl I 1933, S. 315, Art. I.

76 Der Arbeitsausschuß für das Kraftfahrwesen wurde vom RVM aufgrund der Verordnung über den Beirat für das Kraftfahrwesen v. 11. Juli 1924 gebildet, offiziell um der geplanten Förderung des Kraftverkehrs durch die Reichsregierung Ausdruck und Stimme zu verleihen. Mitglieder dieses Ausschusses waren u.a. der Präsident des RDA, Geh. Kommerzienrat Dr. Allmers, Major a.D. Hühnlein, Chef des Kraftfahrwesens der SA, der frühere WP-Abgeordnete Mollath, der Leiter des Verbandes der Preußischen Provinzen, Ministerialrat a.D. von Schenck und acht weitere Personen. Zur vollständigen Liste der Mitglieder vgl. Ein Arbeitsausschuß für das Kraftfahrwesen, in: VT (14) 1933, H. 7, S. 176. Von Eltz-Rübenach ließ jedoch in der ersten Sitzung des Ausschusses am 29.3.1933 durchblicken, daß es ihm darum ging, den Kraftverkehr als integralen Bestandteil seines Ressorts zu erhalten.: "Ich hoffe auch, daß der Ausschuß dazu beitragen wird, diejenigen Meinungen abzuschwächen oder zu beseitigen, welche eine wirksame Betreuung des Kraftwagens nur von der Errichtung eines selbständigen Reichskommissars erhoffen. Solchen Bestrebungen vermag ich nicht zu folgen. Ich bekenne mich vielmehr ganz als ein Anhänger einheitlicher Verkehrspolitik und glaube, daß die einzelnen Zweige des Verkehrs - insbesondere auch des Kraftwagens - am besten gefördert werden können, wenn die Abstimmung der Interessen in ein und demselben Hause stattfindet." zit.n. ebd.; vgl. die Eingabe des NADAC an den Reichskanzler v. 30.1.1933. Der Verband forderte die Ernennung eines Reichskommissars für das Kraftfahrwesen, in: BA R 43 II/748; vgl. die Eingabe des Verbands deutscher Kraftwagenbesitzer v. 7.3.1933 an den Reichskanzler gegen den "Eisenbahnminister" von Eltz-Rübenach, in: BA R 43 I/1074. Die Eingaben hatten jedoch nur einen Teilerfolg, indem der Kraftverkehr nun als eigenständige Abteilung des Verkehrsministeriums geführt wurde. Leiter wurde der Ministerialdirektor Brandenburg. Darüber hinaus ernannte Hitler am 15.12.1933 Hühnlein zum Beauftragten für das Kraftfahrwesen, allerdings mit dem Auftrag eine Neuordnung der Interessenvertretung des Kraftverkehrs im Sinne einer Vereinheitlichung und Zentralisierung. Im Zuge dieser Entscheidung wurden die Befugnisse des RVM ausgeweitet, indem er künftig auf die Anhörung der Beiräte als auch des Reichsrats verzichten konnte. Als allein anerkannte Vertretung der Interessengruppen sollte im folgenden Jahr der Reichsverkehrsrat gebildet werden. Vgl. Schreiben des RVM an den Reichskanzler v. 27.111933 (Auflösung des Beirats), Kabinettssitzung v. 1.12.1933 bzw. Beschluß v. 15.12. 1933, in: BA R 43 II/748. Der o.g. Arbeitsausschuß war daher kurzlebig und ohne weitere politische Bedeutung.

hört.[77] Vom ursprünglichen Entwurf des Reichsfinanzministers blieb im Kern nur die Ausfallgarantie für die Länder erhalten. Es wurde beschlossen den verringerten Kraftfahrzeugsteueranteil der Länder aus Mitteln des Reiches aufzustocken.[78]

Somit blieb die Kraftfahrzeugsteuerreform der neuen Regierung weit hinter den Erwartungen zurück.[79] Tatsächlich hatte die Republik unmittelbar vor Hitlers Amtsantritt als Reichskanzler bereits deutlich weitergehende Steuererleichterungen geplant. Unter dem Gesichtspunkt der Konjunkturbelebung in der Automobilindustrie hätte sich in jedem Fall eine Einbeziehung des gesamten gewerblichen Kraftverkehrs angeboten. Dagegen sprach der erheblich höhere Steuerausfall, der durch den ursprünglichen Entwurf entstanden wäre, so daß es Schwerin von Krosigk, mit Rücksicht auf die Kosten der Wegeunterhaltung zumal, leicht fiel, auf Hitlers Vorschläge einzugehen. Zum anderen hatte auch die Reichsbahn erneut gegen jede Entlastung des Lkw-Verkehrs protestiert, solange der Überlandverkehr nicht abschließend gesetzlich geregelt sei.[80] Vor allem die Priorität der sozial- und beschäftigungspolitischen Zielsetzungen läßt jedoch erkennen, daß die Kraftfahrzeugsteuerpolitik den Gedanken einer Modernisierung des Gütertransports durch den Lkw völlig vernachlässigte. Die mangelnde Berücksichtigung der verkehrswirtschaftlichen Auswirkungen der Kraftfahrzeugsteuer zeigt sich nirgends deutlicher als an der vollständigen Ignoranz nahezu aller wirtschaftlichen Interessengruppen und politischen Institutionen, die in der parlamentarischen Republik unweigerlich in die Diskussion und Entscheidungsfindung eingegriffen hätten. Sie gipfelte in der Ausschaltung des Reichsverkehrsministers, der an den Vorarbeiten zum geänderten Entwurf des Kraftfahrzeugsteuergesetzes komplett unbeteiligt gelassen wurde.[81] Aber auch

---

77 Aktenvermerk des Ministerialrats Wahl v. 20.5.1933, in: BA R 2/21082.

78 Art. III. des Gesetzes über Änderung des Kraftfahrzeugsteuergesetzes. Vom 10. April 1933, RGBl. I 1933, S. 192.

79 Und der Nutzkraftwagen?, in: Das Lastauto (10) 1933, H. 7, S. 5f.

80 Eingabe der Reichsbahn an RVM v. 10.3.1933, Kopie, in: BA R 2/21082.

81 Bei den Vorbereitungen zum Gesetz über die Ablösung der Kraftfahrzeugsteuer wurde von Eltz-Rübenach zunächst erneut übergangen. Er legte daraufhin bei der Reichskanzlei formell Protest gegen diese neuerliche Ausschaltung ein. Die Verhandlungen wurden daraufhin vertagt; vgl. Schreiben des RVM an die Reichskanzlei v. 13.5.1933, in: BA R 43 II/796.

die Vorschläge des DIHT wurden ohne weitere Anhörung übergangen.[82] Komplett ausgeschaltet wurden schließlich auch die Länder.[83] Mit dieser deutlichen Absage an die in der Weimarer Republik übliche Beteiligung von Interessenverbänden an der für sie relevanten Gesetzgebung setzte die Regierung Hitler das erste deutliche Signal einer vollständig veränderten politischen Willensbildung. Die Kraftfahrzeugsteuer wurde zum erklärten Anwendungsbeispiel des Führerprinzips. Das Ergebnis dieser Ingnoranz war ökonomisch in zweifacher Hinsicht ungünstig: zum einen für die Motorisierung des Güterverkehrs zum andern auch für die Finanzen des Reiches. Eine Belebung des Lkw-Verkehrs durch die Steuerpolitik blieb aus. Statt dessen stiegen die Belastungen für den Lkw bis 1935 nochmals an. Ursache waren die hohen zusätzlichen Lasten in Gestalt von Zöllen auf Treibstoffe und Öle sowie die Mineralölsteuer und der Spiritusbezugszwang, die vom DIHT als verkappte Steuern bezeichnet worden waren.[84] Der Fiskus profitierte zwar durch die steigenden Einnahmen aufgrund des erhöhten Verbrauchs jedoch längst nicht in dem Maße wie bei einer Einbeziehung des Lkw-Verkehrs in die Steuerreform von 1933. Eine Belebung dieses Verkehrs hätte sich aufgrund des relativ höheren Treibstoffverbrauchs gegenüber dem Pkw sehr viel mehr zugunsten der Reichsfinanzen niedergeschlagen. So beliefen sich die Mehreinnahmen des Reiches 1934, bereinigt um die einmalige Kraftfahrzeugsteuerablösung für gebrauchte Pkw, auf knapp 20 Millionen Reichsmark gegenüber dem Vorjahr.[85] Dagegen hatte der RAK im Vorfeld der Reform einen Einnahmeanstieg von rund 44 Millionen Reichsmark errechnet, gestützt insbesondere auf eine deutliche Erhöhung der Neuzulassungen und demzufolge des Verbrauchs beim gewerblichen Kraftverkehr.[86]

---

82 Der DIHT erfuhr sachlich nichts mehr vom Fortgang der Dinge und mußte auch den geplanten Zeitpunkt der Inkraftsetzung des neues Gesetzes aus der Tagespresse entnehmen. Vgl. Amtliche Mitteilungen des DIHT zur Kraftfahrzeugsteuer, in: DWZ (30) 1933, Nr.11, S. 310.

83 Protestschreiben des Württembergischen Finanzministeriums an den RFM wegen der Ausschaltung des Reichsrats v. 2.3.1933, sowie Proteste zahlreicher anderer Länder, in: BA R 2/21082.

84 Vgl. unten Tab. 41 (Kap. 4.2.1.1).

85 Zahlen nach einem Vergleich der Einnahmen aus Treib- und Schmierstoffen in den Jahren 1933 und 1934, Mitteilungen der RGI, Nr. 8, 1935, S. 209, in: BA R 13 XXIX/52.

86 Die Kraftverkehrswirtschaft zur Neuregelung der Kraftfahrzeugsteuer, in: Das Lastauto (10) 1933, H. 2, S. 8.

Die am Lkw interessierten Verbände ließen nicht locker, sondern wiesen in verschiedenen Eingaben nach Inkrafttreten der Kraftfahrzeugsteuerreform wiederholt auf die Vorteile einer deutlichen Steuerermäßigung auch für Lkw hin.[87] Mit Unterstützung des Reichswehrministers General von Blomberg, der aus militärischen Gründen eine Vermehrung insbesondere der schwereren Lkw wünschte, erreichten sie schließlich, daß im Reichsfinanzministerium Überlegungen über ein der getroffenen Regelung für den Pkw-Verkehr vergleichbares Steuerermäßigungsmodell angestellt wurden. Diese kamen jedoch zu dem Schluß, daß die damit verbundenen Ausfälle für den Fiskus nicht tragbar wären, wenn der Reichsverkehrsminister darauf bestand, alle neuen Lkw in die Lösung einbezogen würden.[88] Von Eltz-Rübenach wollte im Falle einer Kraftfahrzeugsteuerbefreiung für neue Lkw unbedingt alle Neuwagen einbezogen wissen, weil er fürchtete, daß eine Begünstigung der schweren Wagen zu einer ihm unerwünschten Ausweitung des gewerblichen Güterfernverkehrs führen würde.[89] Von Blomberg drängte jedoch gegenüber Hitler auf steuerliche Ermäßigungen für Lkw ab 2,5 t. Er bezeichnete die gänzliche Steuerfreiheit als wünschenswert, mindestens aber fühlbare Steuererleichterungen als erforderlich. Militärisch wichtige Dreiachser mit Vierradantrieb seien unbedingt steuerfrei zu lassen.[90] Mit Rücksicht auf den Fiskus wurde schließlich ein Kompromiß erzielt, der den Wünschen des Reichswehrministers allerdings weiter entgegenkam als dem Reichsverkehrsminister. Die Novelle des Kraftfahrzeugsteuergesetzes vom 23. März 1935 begünstigte zwei Fahrzeugarten : erstens Lkw, die mit sogenannten Ersatztreibstoffen aus Holz und Kohle anstelle des flüssigen Benzins angetrieben wurden. Damit sollte nach dem Willen der Reichsregierung der Abhängigkeit der Motorisierung vom Erdölimport entgegengewirkt werden. Die Kraftfahrzeugsteuer ermäßigte sich gegenüber benzingetriebenen Lkw um die Hälfte

---

87 So schlug die Spitzenvertretung für den gewerblichen Kraftverkehr eine 50prozentige Ermäßigung der Steuer für neue Lkw und gleichzeitig eine Herabsetzung der Benzinzölle vor. Vgl. Eingaben der Spitzenvertretung für den gewerblichen Kraftverkehr an den RFM v. 8.11. und v.30.11. 1933, in: BA R 2/B 10413.

88 Schreiben des RFM an den GI v. 15.1.1934, in: BA 46.01/1279 sowie Aktenvermerk eines Referenten im Reichsfinanzministerium o. D., in: BA R 2/B 10413.

89 Schreiben des RVM an den Reichswehrminister von Blomberg v. 25.9.1934, in: BA R 2/B 10413.

90 Schreiben des Reichswehrministers an den Reichskanzler v. 3.12.1934, in: BA R 43 II/796.

sowohl bei fabrikneuen als auch bei Altwagen.[91] Darüber hinaus gab es Steuererleichterungen für als schwer klassifizierte (neue) Wagen über 2400 kg Eigengewicht, offiziell weil diese Fahrzeuge einen im Verhältnis zur Nutzlast geringeren Treibstoffverbrauch hatten.[92] Tatsächlich wurde damit den militärischen Bedürfnissen Rechnung getragen. Außerdem wurde auch die zusätzliche Besteuerung nichtluftbereifter Lkw zurückgenommen und die 1931 nach hartem Ringen eingeführte Anhängersteuer abgeschafft.[93] Dies bedeutete die vollständige Entkopplung der Kraftfahrzeugsteuer von der verkehrswirtschaftlichen Entwicklung. Während das Kraftfahrzeugsteuergesetz bisher an der Relation von Fahrzeuggewicht und Beitrag zu den Straßenkosten festgehalten hatten, wurde dieser Maßstab nunmehr völlig aufgegeben. Eine derartige Gesetzesänderung war nur aufgrund des inzwischen eingetretenen politischen Gewichtsverlusts der Länder durchsetzbar.[94] Auch transportwirtschaftliche Gesichtspunkte kamen in dem neuen Steuergesetz nicht zum Ausdruck; denn gerade die ökonomisch bedeutendste Kategorie der leichteren Lkw erfuhr keinerlei Erleichterungen. Die Begünstigung der schweren Wagen ging an der Verkehrswirtschaft vorbei und folgte ausschließlich militärischen Erwägungen.

4.1.3 Der Primat der Infrastrukturpolitik: Aufwertung der Technik und das Postulat der "Straßen für den Kraftfahrzeugverkehr"

4.1.3.1 Die Reichsautobahnen: Modellprojekt zur Modernisierung im Straßenbau und Rationalisierung des Güterverkehrs

Im Gegensatz zu den Regierungen der Weimarer Republik setzten die Nationalsozialisten im Verkehrswesen auf eine aktive Infrastrukturpolitik, die binnen kurzer Zeit den bisher höheren Stellenwert der Ordnungspolitik revidierte. Inbegriff dieser Gewichtsverschiebung wurde das Projekt "Reichsautobahnen", dessen Monumentalität im damaligen Straßenbau keine Parallele fand. Dennoch

---

91 Amtliche Begründung zur Änderung des Kraftfahrzeugsteuergesetzes v. 28.2.1935 (RGBl I, S. 407.), zit. n. Das Lastauto (12) 1935, H. 3, S. 8.

92 Ebd.

93 Ebd., S. 24.

94 Zur Gleichschaltung der Länder und zur Neuordnung des Verhältnisses von Zentralgewalt und Verwaltung der Länder vgl. D. Rebentisch: Innere Verwaltung, in: Deutsche Verwaltungsgeschichte. a.a.O., Teil II, S. 745ff.

wurden die Autobahnen lange Zeit nicht im Licht ihrer verkehrswirtschaftlichen Bedeutung gesehen, sondern als unverzichtbarer Bestandteil eines auf die Motorisierung abgestellten Kriegsführungskonzeptes interpretiert.[95] Ein derart eindimensionaler Erklärungsansatz wird jedoch zunehmend in Zweifel gezogen. Hansjoachim Hennig hat auf den Zusammenhang zwischen den konjunkturpolitischen Motiven der Motorisierungspolitik und einem entsprechenden Straßenbauprogramm hingewiesen. Angesichts des erheblichen Kapazitätsüberhangs in der Automobilindustrie zu Beginn des Jahres 1933 habe eine steuerliche Begünstigung dort sofort zu einer Initialzündung führen müssen.[96] Aufgrund der gestiegenen Produktion sei es dann nur folgerichtig gewesen, dem wachsenden Kraftfahrzeugbestand die entsprechenden Straßen zu bauen. Militärische Gründe hätten dagegen kaum eine Rolle gespielt, weil der Generalstab früh die Schwächen des Motorisierungskonzepts - Treibstoff- und Ersatzteilmangel, Orientierungsfunktion der Autobahnen bei feindlichen Luftangriffen - erkannte. Und auch beschäftigungspolitische Wirkungen des Straßenbaus seien erst zum Tragen gekommen, als die Konjunktur in der Automobilindustrie nachließ.[97] Tatsächlich hatten militärische Belange weder im politischen Entscheidungsprozeß noch bei der Bauplanung und Ausführung besonderes Gewicht. Vielmehr wurden sie in allen Diskussionen lediglich am Rande erwähnt, während aktuelle und zukünftige wirtschafts- und verkehrspolitische Erwägungen grundsätzlich oben an standen. Dies hatte seinen wesentlichen Grund in der Wahl der Persönlichkeiten und des Personenkreises, denen die Aufgabe des Autobahnbaus übertragen wurde. Nicht politische Funktionsträger und Militärs hatten die Leitung für Planung und Bau der Autobahnen in der Hand, sondern vorrangig Techniker, Ingenieure und Wirtschaftsfachleute.[98] Die herausragende Persönlichkeit war der spätere Generalinspektors für das deutsche Straßenwe-

---

95 A. Schweitzer: Die wirtschaftliche Wiederaufrüstung Deutschlands von 1934-36, in: Zeitschr. f. d. ges. Staatswissenschaft (114) 1958, S. 594, später v.a. K. Lärmer: Autobahnbau in Deutschland 1933-1945. Zu den Hintergründen, Berlin (Ost) 1975, S. 106ff.

96 Hennig, Kraftfahrzeugindustrie und Autobahn, a.a.O., S. 222.

97 Ebd., S. 233; vgl. Overy, Transportation and Rearmement, a.a.O., S. 393; vgl. K. Kaftan: Der Kampf um die Autobahnen, Berlin 1955, S. 132f.

98 Vgl. den Aufbau der Gesellschaft zur Vorbereitung der Reichsautobahnen (GEZUVOR), in: Die Planungsarbeiten für die Reichsautobahnen. Zweieinhalb Jahre GEZUVOR (Gesellschaft zur Vorbereitung der Reichsautobahnen), Berlin 1937, S. 27f.

sen, Fritz Todt, dem später eine Schlüsselrolle in der Verkehrspolitik zufiel.[99] Todt war promovierter Bauingenieur. Er traf zu Beginn der 20er Jahre in München auf Hitler und trat 1922 in die NSDAP ein.[100]

Mit dem Projekt "Reichsautobahnen" sollte ein modernes technisches Monumentalbauwerk Vorrang vor einer konservativen, auf das gegenwärtig dringliche konzentrierten Straßenbaupolitik erhalten. Bisher war dies genau umgekehrt gewesen, weil dem Autobahnbau durchaus berechtigte ökonomische Argumente wie zu geringer Motorisierungsgrad, Kapitalvernichtung durch Unterauslastung der Eisenbahn, nicht zuletzt Widerstände von Grundbesitzern gegen die Enteignung ihrer Ländereien entgegengehalten wurden. Dies hatte die Umsetzung der baureifen Pläne in der Weimarer Republik verhindert.[101] Unmittelbar nach Hitlers Amtsantritt, als er noch in einer Weimarer Parteienkoalition regieren mußte, stießen die großdimensionierten Pläne daher erwartungsgemäß auf Widerstand. Der ging aufgrund der Gegnerschaft der Reichsbahn insbesondere vom Reichsverkehrsministerium aus. Ministerialdirektor Brandenburg äußerte in einer Besprechung mit Hof bei Hitler erhebliche Zweifel an der Zweckmäßigkeit von Autobahnen und ließ erkennen, daß der Reichsverkehrminister daran festhalte, vorrangig die bestehenden Straßen auszubauen.[102] Darauf hatte offenbar Dorpmüller bei von Eltz-Rübenach gedrungen.[103] Hitler bestand jedoch auf dem Neubau der Autobahnen. Um die Gegnerschaft der Reichsbahn zu überwinden, wurde in dem Gesetzentwurf, den von Eltz-Rübenach Anfang Juni vorlegte, bereits vorgesehen, das Unternehmen Reichsautobahnen als Tochter der Deutschen Reichsbahn-Gesellschaft zu errichten.

---

99 F. W. Seidler: Fritz Todt, Baumeister des Dritten Reiches, München Berlin 1986.

100 Ebd., S. 23f.

101 Kaftan: Der Kampf um die Autobahnen, S. 130f.

102 Brandenburg in der Besprechung mit Hitler und Hof am 18.5.33, Vermerk des Ministerialrats Willuhn über eine Besprechung des Reichskanzlers mit Verkehrsexperten zur Frage des Autobahnbaus am 18. Mai 1933, in: Akten der Reichskanzlei, a.a.O., Nr. 133, S. 463.

103 Dorpmüller sagte in einer Besprechung mit Hof am 15.5.1933 laut dessen Schreiben an den HaFraBa-Vorstand v. 18.5.1933 ,"daß man darauf dringen müsse, die allgemeinen Landstraßen in Ordnung zu bringen. Dieses sei jedenfalls die Auffassung des Reichsverkehrsministers, wovon er Kenntnis geben wolle." Hof betonte jedoch, daß er den Eindruck gehabt hätte, dies sei vielmehr der Wunsch der Reichsbahn. Besprechung des Reichskanzlers mit dem Generaldirektor der Deutschen Reichsbahn-Gesellschaft v. 10. April 1933, in: Akten der Reichskanzlei, a.a.O., Nr. 95., S. 332 (Anm. 7).

Das neue Unternehmen sollte in deren Verwaltung aber unter der Aufsicht des Reiches stehen.[104] Der Entwurf ließ in Hitlers Augen jedoch keine ausreichende Sicherstellung der Kraftverkehrsinteressen und damit des ökonomischen Erfolgs der Reichsautobahnen erkennen, so daß die Verabschiedung verschoben wurde mit der Begründung, daß zuvor eine Zentralstelle für das gesamte deutsche Straßennetz geschaffen werden müßte, um eine "organische Gestaltung" des deutschen Wegenetzes sicherzustellen.[105] Der Entschluß ging vermutlich auf ein Schreiben Gottfried Feders zurück, der die in dem Entwurf vorgeschlagene enge Verkopplung des Autobahnbaus mit der Eisenbahnverwaltung scharf kritisierte: "Die Möglichkeit einer Sabotage ihrer großartigen Pläne ist damit gegeben. Die Eisenbahn ist nun einmal Gegner des Kraftwagens."[106] Feder forderte eine Zentralstelle mit "diktatorischen Vollmachten", etwa in Gestalt eines " 'Generalkommissariat für Straßenbau' " mit weitreichenden Vollmachten für Planung, Enteignung und Durchführung des Fernstraßennetzes sowie Verbesserung des übrigen Straßennetzes.[107] Auf Hitlers Anordnung wurde im Gesetzestext zum Reichsautobahngesetz die letzte Verfügungsgewalt des Generalinspektors für das deutsche Straßenwesen (GI) festgeschrieben.[108] Wenige Tage später übertrug er Todt dieses Amt.[109] Dies war eine folgenreiche Entscheidung. Hitlers Gewohnheit, mit der Schaffung derartiger Sonderverwaltungen und der Berufung entsprechender Sonderbevollmächtiger politische Prioritäten zu setzen, aber auch die Person Todts verschafften dem GI im Laufe der Jahre großes verkehrspolitisches Gewicht. Durch seinen unermüdlichen, auch propagandistischen Einsatz erzielte er bald eine Ausweitung seiner Kompetenzen. Mit der Durchführungsverordnung zum Reichsautobahngesetz[110] wurden seine Befug-

---

104 Entwurf des Gesetzes über die Errichtung des Unternehmens Reichsautobahnen v. 2.6. für die Kabinettsitzung am 8.6.1933, Akten der Reichskanzlei, a.a.O., Nr. 156, S. 552, Anm. 21.

105 Hitler in der Kabinettssitzung v. 8.6.1933, zit. n: Akten der Reichskanzlei, a.a.O., Nr. 156, S. 552.

106 Schreiben von Feder an Hitler v. 6.6.1933, in: BA R 43 II/503, Bl. 40.

107 Schreiben von Feder an Hitler v. 6.6.1933, in: BA R 43 II/503, Bl. 40f.

108 Paragraph 5 des Gesetzes über die Errichtung des Unternehmens Reichsautobahnen v. 27.5.1933, RGBl. II 1933, S. 509.

109 Bestellung Todts mit der Ernennungsurkunde v. 31.5.1933, in: BA R 43 II/508, Bl. 5-11.

110 Durchführungsverordnung zum Gesetz über die Errichtung von Reichsautobahnen v. 7.8.1933, RGBl I 1933, S. 521.

nisse auf das allgemeine Straßenwesen ausgedehnt. Zur Sicherstellung der Einheitlichkeit in der Planung des Landstraßenwesens hatte er das Recht, die Pläne für den Neu- und Ausbau von Straßen einzusehen und ggf. dagegen Einspruch zu erheben. Er konnte selbst Richtlinien für den Bau von Landstraßen erlassen und deren Durchführung überwachen.[111] Am 30. November 1933 erhielt der GI schließlich gegen den Willen des Reichsverkehrministers[112] den Status einer obersten Reichsbehörde und damit auch gesetzgeberische Vollmachten.[113]

Todts Ernennung unterstrich die gesellschaftliche Aufwertung der Technik bzw. des Ingenieurs durch die Politik der nationalsozialistischen Regierung. In der Person Todts spiegelte sich die gelungene Koexistenz des fortschrittsgläubigen Technikers und engagierten Nationalsozialisten. Mit ihm als Leitfigur gelang dem Regime gleichsam die Entteufelung der Technik und zugleich die Aussöhnung der technischen Intelligenz mit dem Staat. Technikbegeisterung und Fortschrittsglaube Todts fanden in der Verwirklichung von Hitlers Motorisierungspolitik eine Aufgabe, die er mit großem Ehrgeiz vorantrieb. Er war überzeugt, daß vor allem das Fehlen technischer Köpfe für die Defizite im deutschen Straßenbau verantwortlich war.[114] Aus seiner neuerworbenen Führungsposition heraus umwarb er seine Berufskollegen. In der von Gottfried Feder ab 1933 herausgegebenen Zeitschrift „Deutsche Technik“ appellierte Todt an die Ingenieure, ihr technisches Wissen dem Straßenbau zur Verfügung zu stellen. Er hob die architektonische und technische Vollkommenheit als Kennzeichen eines "neuzeitlichen" Straßenbaus hervor und forderte die Ingenieure auf, diese Herausforderung anzunehmen.[115] Zugleich wies er ihnen eine besondere Verantwortung zu, indem er erklärte, daß es "der Sache der Ingenieure und der technischen Industrie am besten dient, wenn nicht kleinlicher industrieller Ei-

---

111 Paragraph 17, ebd..

112 Von Eltz-Rübenach erhob gegen diese Kompetenzausweitung Todts Einspruch mit dem Hinweis, daß dadurch die Einheitlichkeit der Staatsverwaltung gefährdet werde, hatte jedoch keinen Erfolg. Chefbesprechung v. 24.11.1933, in: R 43 II/508 Bl. 36-38.

113 Erlaß des Reichspräsidenten v. 30.11.1933, vgl. Salzwedel, Das Verkehrswesen und seine Verwaltung, in: Deutsche Verwaltungsgeschichte, a.a.O., Teil II, S. 920.

114 Todt, Straßenbau, Bl. 5ff, in: BA R 65 I/1a

115 Todt: Das Straßenbauprogramm Adolf Hitlers und die deutschen Ingenieure, in: Deutsche Technik, (1) 1933, S. 53f.

gennutz im Vordergrund steht."[116] Unter seiner Führung fiel den Ingenieuren über das Monumentalprojekt der Reichsautobahnen nun selbst die Aufgabe einer Inkorporation neuester Straßenbautechnik in die künftige (Verkehrs)-Wirtschaft zu. In einem Vortrag vor der Deutschen Gesellschaft für Mineralöltechnik erklärte Todt: "Diese drei Gebiete: Kraftwagentechnik, Mineralölwirtschaft und Straßenbau, werden nicht nur primär und passiv beeinflußt von jenem großen Motorisierungsvorgang, sie geben auch von sich aus wie ein Induktor die empfangene Anregung zurück und verstärken und vermehren als eine Art sekundären Impuls den Motorisierungsvorgang selbst wieder. Kraftwagentechnik, Mineralölwirtschaft und Straßenbau sind mit diesem Motorisierungsvorgang zu einer Totalität verbunden, wie die Spule eines Elektromotors mit dem Ganzen."[117] Todts Engagement war geeignet, dem in Weimar verbreiteten Mißbrauchsvorwurf des gesamten Berufsstandes gegen die kapitalistische Verwertung technischer Erkenntnisse ein Stück Boden zu entziehen. Die Aussicht, daß künftig nicht mehr in erster Linie Juristen und Verwaltungsfachleute die Entwicklung des Straßenbaus bestimmen sollten, sondern vor allem (Bau-) Ingenieure, bewirkte auch bei vielen, die während der 20er Jahre im Lager der Rechtskonservativen gestanden und rückwärtsgewandten Utopien zugewandt gewesen waren, einen Sinneswandel zugunsten der Moderne, den Jeffrey Herf sehr treffend mit dem Begriff "Reactionary Modernism" beschrieben hat.[118] Der VDI verschrieb sich den technisch-ökonomischen Zielen der neuen Regierung. Zahlreiche Techniker und Ingenieure publizierten fortan in den einschlägigen technischen Zeitschriften und setzten sich aktiv für die Motorisierung ein. Die fortschrittsgläubigen Straßenbauer sammelten sich alle in der neu gegründeten Forschungsgesellschaft für das Straßenwesen, die als Nachfolgerin der Stufa auch deren technische Köpfe übernahm.[119] In der neuen Gesellschaft führte

---

116 Ebd., S. 54; vgl. auch den pathetischen Beitrag von Karl Meyer: Ein neues Geschlecht von Ingenieuren wächst an den Reichsautobahnen auf, in: Deutsche Technik (5) 1937, S. 218f.

117 Todt: Kraftwagentechnik - Mineralölwirtschaft - Straßenbau, Vortrag gehalten in der Hauptversammlung der Deutschen Gesellschaft für Mineralölforschung, Berlin, in: Deutsche Technik (2) 1934, S. 438.

118 "The reactionary modernists were nationalists who turned the romantic anticapitalism of the German right away from backward-looking pastoralism, pointing instead to the outlines of a beautiful new order replacing the formless chaos due to capitalism in a united, technologically advanced nation." Herf, Reactionary Modernism, a.a.O., S. 2.

119 Ende 1934 wandelte sich die Stufa in die Forschungsgesellschaft für das Straßenwesen um. Vorstandsbeschluß v. 15.12.1934, in: BA R 13 XXII/1659.

Todt den Vorsitz. Weitere Vorstandsmitglieder waren u.a. RDA-Präsident Allmers, Most und zunächst auch Scholz.[120] Zugleich wurde das Arbeitsgebiet der Forschungsgesellschaft erweitert. Neben Straßenbau und - planung traten auch verkehrspolitische Aufgaben.[121] Signum einer fortschrittlichen Straßenbautechnik wurde in den Jahren nach 1933 die Kombination von technisch, ökonomisch und landschaftsplanerisch abgestimmten Bauformen, die den Modellcharakter der Reichsautobahnen für einen modernen wirtschaftlichen Straßenbau begründeten. Dabei konnten die Nationalsozialisten auf die umfangreichen Vorarbeiten der HAFraBA zurückgreifen, die über komplette baureife Pläne für die erste Teilstrecke Frankfurt-Darmstadt-Mannheim-Heidelberg verfügte.[122]

Das galt zum einen für die ökonomische Seite, d.h. die Finanzierung. Für die Autobahnen als langfristig produktive Anlagen wurde konsequent eine Kreditfinanzierung über langfristige Anleihen am Kapitalmarkt - emittiert durch die Verkehrs-Kredit-Bank - vorgenommen.[123] Ihre Tilgung und Verzinsung erfolgte ab 1936 durch Anteile der Mineralölsteuer und der Beförderungssteuer.[124] - Das galt jedoch vor allem für die bautechnische Planung und Ausführung. Sie wurde mit hohem wissenschaftlichen Anspruch betrieben. Dabei griff man zwecks schnellen Baubeginns ebenfalls auf die Vorarbeiten der HaFraBa zurück. Die im August 1933 gegründete Gesellschaft zur Vorbereitung der Reichsautobahnen (GEZUVOR) war die direkte Rechtsnachfolgerin der bereits seit 1926 bestehenden HaFraBa, deren Vorsitzender Hof auch den Vorsitz der GEZUVOR übernahm und gleichzeitig in die Direktion der Gesellschaft "Reichsauto-

---

120 Vgl. Mitgliederliste, Anlage zum Vorstandsbeschluß v. 15.12.1934, in: BA R 13 XXII/1659.

121 Zu den Arbeitsgruppen im einzelnen vgl. Straßenbau-Jahrbuch 1939/40, hrsg. v. der Forschungsgesellschaft für das Straßenwesen im nationalsozialistischen Bund Deutscher Technik, Berlin 1940.

122 Der Verband hatte bereits im Vorjahr in einem Antrag an den RFM eine genaue Kostenkalkulation der einzelnen Abschnitte, ein entsprechendes Finanzierungsmodell sowie ein Papier über die arbeitsmarktpolitische Bedeutung des Projekts vorgelegt. Antrag des HaFraBa-Vereins an den Reichsfinanzminister auf Erteilung einer Ausnahmebewilligung nach § 13 Satz 4 und 6 des Finanzausgleichgesetzes (Überreicht am 28. August 1932), im Wortlaut komplett abgedruckt bei Kaftan, Der Kampf um die Autobahnen, a.a.O., S. 135ff.

123 Vgl. die jährlichen Geschäftsberichte in der Verkehrstechnik, e.G. VT (16) 1935, H. 12, S. 326; VT (17) 1936, H.11, S. 290.

124 Vgl. Die Finanzierung der Reichsautobahnen und der Anteil Österreichs an den Kosten für den Bau der Reichsautobahnen, S. 2, in: BA R 2 Anh. 30

bahnen" eintrat.[125] Die Organisation gliederte sich in elf über das deutsche Reich verteilte regionale Sektionen, die binnen zwei Jahren ein Netz von rund 7000 Kilometern Reichsautobahnen erarbeiteten. Die Berichte der Oberbauleitungen über die Planungsarbeiten in den einzelnen Regionen zeigen, daß die Trassenführung fast ausschließlich von ökonomischen Erwägungen bzw. vereinzelt von rechtlichen Problemen beeinflußt wurde.[126] Die Planfeststellung etwa für die Streckenführung durch das Ruhrgebiet nach Westen verzögerte sich, weil der Ruhrsiedlungsverband mit einem eigenen Wirtschaftsgutachten eine alternative Trasse durchsetzen wollte.[127] Der Ruhrsiedlungsverband machte geltend, daß eine "nördliche Linie" über Düsseldorf, Duisburg, Oberhausen und Bottrop nach Dortmund sehr viel geeigneter sei als "Sammelkanal" für den Verkehr des Ruhrgebiets als die vom GI bevorzugte sogenannte "südliche Linie". Zur Begründung führte der Verband an, die "augenblicklich entscheidende Frage" sei die bestmögliche Lösung der allgemeinen Verkehrsaufgaben durch die Autobahnen. Sie sollten nach Ansicht des Verbands vor allem dem "weiträumigen Lkw- und Speditionsverkehr" dienen, da der Pkw-Verkehr weiträumig gegenüber der Eisenbahn nicht konkurrenzfähig sei. Militärische Belange seien zur Zeit völlig nachrangig. [128] Dieser Standpunkt setzte sich durch. Die Trasse wurde entsprechend geändert. Militärische Fragen wurden bei der Streckenplanung insgesamt nur vereinzelt angesprochen, von den meisten Oberbauleitungen jedoch gar nicht. In einer abschließenden Sektionsführerbesprechung der GEZUVOR im Februar 1935 hielt der Hauptreferent Prof. von Grünberg zwei Gesichtspunkte als maßgeblich für den Autobahnbau fest: erstens als kurzfristigen Gesichtspunkt die Arbeitsbeschaffung, zweitens als längerfristig bedeutend die Verbesserung der Infrastruktur für Deutschland als "Transitland".[129] Grünberg vertrat die Auffassung, daß in Zukunft die Verkehrsverbin-

---

125 Die Planungsarbeiten, a.a.O., S. 13.

126 Vgl. Bericht der Oberbauleitungen an die RAB-Direktion, über Geländefragen und Grundstücksprobleme auf der Strecke Hamburg-Lübeck. Schreiben der RAB-Direktion an den GI v. 12.12.1933, S.1, in: BA 46.01/1266.

127 Gutachten über die Frage des zweckmäßigen Anschlusses des rheinisch-westfälischen Industriegebiets an das Netz der Reichsautobahnen, eingereicht vom Ruhrsiedlungsverband an die GEZUVOR. Schreiben der GEZUVOR an den GI v. 31.10.1933, in: BA 46.01/1491.

128 Gutachten über die Frage des zweckmäßigen Anschlusses ...., eingereicht vom Ruhrsiedlungsverband, S. 1-4, in: BA 46.01/1491.

129 Vortrag von Prof. von Grünberg auf der Sektionsführerbesprechung der GEZUVOR am 8.2.1935 in Berlin, S. 2f, in: BA 46.01/1293.

dungen nach Osten aufgrund des "Strukturwandels" infolge der Weltwirtschaftskrise besondere Bedeutung gewinnen würden.[130] In einer kritischen Betrachtung einzelner Linienführungen in dem fertiggestellten Autobahnnetz forderte oder begründete er noch kurzfristig erfolgte Änderungen aus wirtschaftlichen Gründen. So habe die Trasse der Verbindung zwischen Berlin und Dresden zunächst das Braunkohlengebiet in der Lausitz links liegen gelassen und müsse daher geändert werden.[131] Aus wirtschaftlicher Sicht verbessert war zu diesem Zeitpunkt bereits die geplante Verbindung von Hamburg in die Mitte und den Westen Deutschlands. Die Strecke ins Ruhrgebiet verlief nun nicht, wie ursprünglich geplant, durch die wirtschaftlich unbedeutende Lüneburger Heide, sondern weiter nordwestlich von Hamburg über Bremen und Osnabrück nach Münster und ins Ruhrgebiet.[132] Insgesamt hob der abschließende Bericht über die Planungsarbeiten wirtschaftliche und landschaftliche Aspekte als leitende Gesichtspunkte hervor.[133]

Ökonomische Faktoren überwiegen auch in der bautechnischen Ausgestaltung der Reichsautobahnen. Der Bericht läßt erkennen, daß zunächst von sehr ehrgeizigen konstruktiven Daten zur Erhöhung der Reisegeschwindigkeit und Minimierung des Treibstoffverbrauchs ausgegangen wurde, indem eine großzügige Fahrbahnbreite, ausgedehnte Krümmungsradien, Steigungen von maximal fünf Prozent sowie geringstmögliche Abweichungen von der maximalen Querschnittsneigung und Kurvenneigung vorgesehen wurden.[134] Später mußten von diesen Vorgaben jedoch Abstriche aufgrund geographischer Unterschiede gemacht werden. Eduard Schönleben, Ministerialrat beim GI, verteidigte die Kompromisse bei der Trassierung mit dem Hinweis, daß die zunächst angenommene optimale Streckengeschwindigkeit von 180 km/h, nur mit erheblichen Eingriffen in die Landschaft durch hohe Dämme oder Viadukte durchgängig zu ermöglichen gewesen wäre, was damals angesichts der erwarteten Durchschnittsgeschwindigkeiten von 80-90 km/h als unverhältnismäßig erschienen sei.[135] Über die Rückwirkungen von Trassierung und Deckenbeschaffenheit auf den Verbrauch an Treibstoff und anderem Material fehlten zu Beginn der 30er

---

130 Ebd., S. 5, in: BA 46.01/1293.

131 Ebd., S. 12, in: BA 46.01/1293.

132 Ebd., S. 13., in: BA 46.01/1293.

133 Die Planungsarbeiten, a.a.O.,S. 30ff.

134 Die Planungsarbeiten, a.a.O., S. 30f.

135 E. Schönleben: Linienführung und Ausgestaltung neuzeitlicher Autostraßen, in: Die Straße (2) 1934, H. 5, S. 149f.

Jahre noch gesicherte wissenschaftliche Erkenntnisse. Zwar lagen bereits Untersuchungen vor; ihr Erkenntniswert beschränkte sich jedoch auf vergleichsweise pauschale Feststellungen wie die, daß generell ein guter Zustand der Decken die Reifenabnutzung und den Treibstoffverbrauch reduziert.[136] Der grundlegende Mangel der vorliegenden Untersuchungen bestand vor allem darin, daß sie auf der Basis niedriger Geschwindigkeiten erstellt worden und daher allenfalls für den Landstraßenbau jedoch nicht für die Autobahnen verwendbar waren.[137] Die Forschungsarbeiten wurden in den folgenden Jahren vorangetrieben. Fortschritte wurden insbesondere beim Deckenbau und den Straßenunterdecken erzielt. Mit der Zentralisierung im Straßenwesen zielte die Entwicklung auf eine Verringerung und Vereinheitlichung der Deckenbauweisen, um auf diese Weise auch Rationalisierungspotentiale im Straßenbau auszuschöpfen.[138]Auch hier hatten die Reichsautobahnen eine Pilotfunktion, indem innerhalb weniger Jahre Standardbauweisen entwickelt wurden, die in einer Richtlinie des GI 1937 als "Anweisung für den Bau von Betonfahrdecken" veröffentlicht wurden.[139] Analog dazu wurden technische Vorschriften für den Landstraßenbau erarbeitet, die gemäß unterschiedlichen Verkehrsbedürfnissen vielfältiger waren, sich jedoch im wesentlichen auf die bekannten mittelschweren Deckenbauweisen konzentrierten.[140] Alle Deckenbauweisen sollten möglichst dem Ziel der Wirtschaftlichkeit im engeren Sinne, d.h. bezogen auf die Unterhaltungs- und Tilgungssätze, wie auch dem eines hohen Gebrauchswertes, bezogen auf Griffigkeit und Ebenmäßigkeit, dienen.[141]

Mit dem Bau und der Ausgestaltung der Reichsautobahnen stand die Wirtschaftlichkeit der Transporte und die Rationalisierung des Güterkraftverkehrs in engem Zusammenhang. Die "verkehrspolitische" Zukunftsrolle der Reichsautobahnen wurde zum einen in einer Rationalisierung des Verkehrs durch verkürz-

---

136 Raben (TH Braunschweig) über die Ergebnisse auf dem 7. Kongreß des Internationalen Ständigen Verbandes der Straßenkongresse. Ders.: Die Wirtschaftlichkeit der Transporte, in: Deutsche Technik (2) 1934, S. 655.

137 Schönleben, Linienführung und Ausgestaltung, a.a.O., S. 150.

138 O. Huber: Der Stand der Straßenbautechnik, Vortrag auf der Straßenbautagung 1937 in Bayreuth, in: Straßenbau-Jahrbuch 1937/38, S. 51.

139 Ebd.

140 Sogenannte "Technische Vorschriften für die Herstellung von Tränk-, Streu- und Mischmakadamdecken und Oberflächenbehandlungen", kurz TV Mak, nach: ebd., S. 52.

141 Ebd., S. 53.

te Verbindungen, geringeren Materialverbrauch etc., zum anderen in der Erschließung bisher wirtschaftlich unterentwickelter Gebiete durch Dezentralisierung von Industrien und die Vergrößerung von Absatzmärkten durch höhere Transportgeschwindigkeiten gesehen. Todt schwebte eine optimale Verbindung von Technik und Ökonomie vor, die als das Fernziel des "modernen" Straßenbaus zu gelten hatte. Über die Förderung des technischen Fortschritts in der Automobilindustrie, für die gleichsam *freie Bahn* geschaffen wurde, sollte die Verbesserung des Güteraustausches der Wirtschaft erreicht werden. In der DWZ schrieb er, daß die "Vereinfachung des Transportvorganges" durch den Lkw, einen Verkehr mit schnellem Umschlag und Güterumsatz in beliebigen Mengen ermöglicht habe und damit den Bedürfnissen einer kapitalarmen Wirtschaft entgegenkomme. Aufgabe des Straßenbaus sei es, die Entfaltung der technischen und wirtschaftlichen Vorteile des neuen Verkehrsmittels zu ermöglichen.[142] Als Beispiel nannte Todt die Ausdehnung des Absatzradius von Frischfisch aus der Nord- und Ostsee, der bisher im Mittelgebirgsraum endete, bis in die Alpen.[143] Todt machte wiederholt deutlich, daß der moderne Straßenbau vor allem verkehrswirtschaftlichen und wirtschaftspolitischen Zielen dienen sollte; im weiteren Sinne besaß er für ihn auch sozial- und kulturpolitische Bedeutung. Für militärische Gesichtspunkte war dagegen in seinen Vorstellungen kein Platz.[144] Die Reichsautobahnen sollten ein Verkehrsnetz aus einem Guß sein, daß sich zugleich flexibel, den sozioökonomischen Strukturen einzelner Wirtschaftsräume anpaßte und so ihre möglichst optimale Vernetzung (=Verbindung) ermöglichte.[145] In Verbindung mit einem gut ausgebauten Netz von Zubringerstraßen sollten die Reichsautobahnen explizit den Kraftwagen als Flächenverkehrsmittel entwickeln und damit die wirtschaftliche Benachteiligung der "rund 32.000 Gemeinden" ohne direkten Bahnanschluß mindern. Insgesamt erwartete Todt von den Autobahnen ähnlich umwälzende Wirkungen auf die wirtschaftliche Raumordnung wie sie im 19. Jahrhundert von den Eisenbahnen ausgegangenen war.[146]

Die Vorteile des Autobahnbaus konnten erst von einem hinreichend ausgebauten Netz erwartet werden. In dieser Hinsicht bedeutete das Jahr 1936 einen

---

142 Todt: Reichsautobahnen und Wirtschaft, in: DWZ (31) 1934, Nr. 43, S. 1005.

143 Ebd., S. 1006.

144 Todt: Der Straßenbau im nationalsozialistischen Staat, in: Grundlagen, Aufbau und Wirtschaftsordnung, a.a.O., H. 57, S. 3f.

145 Ebd., S. 18.

146 Ebd., S. 27f.

Quantensprung. Die Länge der fertiggestellten Strecken überschritt zum Jahresende die 1000 Kilometer, darunter die längsten Teilstrecken Hannover-Berlin, Nürnberg-Leipzig und Heidelberg-Bad Nauheim. Wichtige Abschnitte für den Lückenschluß waren im Bau, wie etwa die Strecke Frankfurt-Köln oder die Strecke von München über Karlsruhe bis zum Anschluß nach Heidelberg. Zugleich waren die Bauaufwendungen und damit der Finanzbedarf sprunghaft gestiegen. Er betrug mit 1,4 Mrd. Reichsmark mehr als in den beiden vorausgegangenen Jahren zusammen.[147] Die steigenden Lasten, die teilweise durch Steuererhöhungen bei der Beförderungs- und Mineralölsteuer kompensiert wurden,[148] setzten die Reichsautobahnen in der Öffentlichkeit zunehmend unter Legitimationszwang, zumal sie nach wie vor nur einem geringen Teil des motorisierten Verkehrs dienten.[149] In der von Todt herausgegebenen Zeitschrift *Die Straße* entfalteten die Ingenieure eine rege Propagandatätigkeit. In regelmäßigen Abständen erschienen Beiträge über die erwarteten verkehrswirtschaftlichen Modernisierungswirkungen der Reichsautobahnen in verschiedenen Wirtschaftsräumen und Ballungsgebieten des Reiches. Die Befürworter der Autobahnen wiesen dabei insbesondere auf die Chancen der verarbeitenden Industrien mit hochwertigen und oft eilbedürftigen Gütern hin. So erwartete das Rhein-Main-Gebiet, das als erstes durch den Autobahnbau erschlossen wurde, als unmittelbare Auswirkung eine erhebliche Verdichtung des Großraums durch einen wachsenden beschleunigten Binnenverkehr, insbesondere durch die Zunahme des Werkverkehrs und des Lieferverkehrs des Großhandels an Handwerk und Einzelhandel im umliegenden ländlichen Raum.[150] Abgesehen davon daß die Autobahnen ohnehin erst bei größerem Baufortschritt als Träger eines weiterreichenden Güterfernverkehrs in Betracht kamen, spielte für solche Überlegungen vor allem die Wirtschaftsstruktur eine Rolle. Im Rhein-Main-Gebiet dominierten Edelgüterindustrien mit erheblichem Zuliefer- bzw. Wechselverkehr mit den Betrieben der Produktionsvorstufen. Das galt für die Werke der I.G. Farbenindustrie Frankfurt und Ludwigshafen, ebenso für die Automobilindustrie mit Werken von Opel (Rüsselsheim) Adler (Frankfurt) und Daimler-Benz (Mannheim) und darüber hinaus für die pharmazeutische Industrie, die

---

147 7. Statistik im Geschäftsbericht der Gesellschaft Reichsautobahnen für 1938, nach: Adamek, Saake, Die Straßenkosten und ihre Finanzierung, a.a.O., S. 103.

148 Adamek, Saake, Die Straßenkosten und ihre Finanzierung, S. 11.

149 Vgl. U. Redmann: Die Reichsautobahnen in der deutschen Volkswirtschaft, Erlangen-Bruck 1938, S. 26f.

150 T. Krebs: Aussichten der Verkehrsentwicklung im Rhein-Main-Gebiet durch den Bau der Reichsautobahnen, in: Die Straße (2) 1935, H. 9, S. 328f.

Lederwaren- und Papierindustrien, Konservenfabriken, Spezialmaschinenhersteller und Textilunternehmen im Großraum Frankfurt, denen allen gemeinsam war, daß ihr Transportbedürfnis eher durch Stückgutverkehr und kleinere Wagenladungen als durch Massen- und Großraumbeförderung geprägt war.[151] Das Potential für den Lkw-Verkehr wurde deutlich am Anteilsumsatz von Eilstück und Frachtstückgut gegenüber den Wagenladungen in den größeren Städten des Rhein-Main-Gebiets. 1933 machte der Stückgutverkehr (Versand und Empfang zusammen) 5,7 Prozent des gesamten Stückgutverkehrs des Reiches aus, die Wagenladungen dagegen nur 3,9 Prozent. 1934 waren es 5,6 Prozent gegenüber 3,8 Prozent.[152] Hervorgehoben wurde auch das Entwicklungspotential von Wirtschaftsräumen, in denen hochwertige Industrieproduktionen gegenüber Halbfertigwaren und Rohstoffen noch eine untergeordnete Rolle spielten. Dazu zählten zum einen ländliche Räume wie Mitteldeutschland oder das von der Schwerindustrie geprägte rheinische Industriegebiet.

Für Mitteldeutschland, wo die Strecken Leipzig-Berlin und Dresden-Berlin zum Bau freigegeben waren, wurden die Vorteile eines wachsenden Lkw-Verkehrs über die Autobahnen für die chemische Industrie bei Bitterfeld und vor allem für die Porzellanfabrikation und Glasindustrie im Raum Dresden hervorgehoben, deren Transportrisiko durch die neu geschaffenen Infrastruktur für den Lkw erheblich sinken mußte.[153] Das Rhein-Ruhrgebiet wies trotz des hohen Verkehrsaufkommens von Kohle und Erzeugnissen der Schwerindustrie den stärksten Lkw-Verkehr im gesamten Deutschen Reich auf[154]: zum einen bedingt durch den Nah- und Werkverkehr im Bereich der Kleineisenindustrie, der chemischen Industrie sowie der gesamten Textilherstellung,[155] zum andern durch einen relativ umfangreichen Güterfernverkehr. Die Laderaumverteilungsstelle der Gedekra in Düsseldorf unterhielt stark frequentierte Verkehrsbeziehungen

---

151 Ebd., S. 329; vgl. F. Krebs: Die wirtschaftliche Bedeutung der Reichsautobahnen für die Stadt Frankfurt a.M., in: Die Straße (2) 1935, H. 9, S. 332. Der Verfasser wies auch bereits auf die längerfristige Bedeutung der Verbindung mit den großen Wirtschaftsräumen Rhein-Neckar sowie das rheinisch-westfälische Industriegebiet hin, ebd. S. 332f.

152 Zahlen nach: ebd., S. 330.

153 G. Röllig: Der mitteldeutsche Wirtschaftsraum und die Reichsautobahnen, in: Die Straße (3) 1936, Nr. 8, S. 230.

154 Vgl. oben Tabelle20, oben S. 55.

155 Zur Industriestruktur des rheinisch-westfälischen Industriegebiets vgl. Produktivkräfte in Deutschland 1917/18 bis 1945, a.a.O., S. 374.

zu allen wichtigen Industrieregionen Deutschlands.[156] Daher erschien vor allem die weiträumige Anbindung durch die Autobahnen als bedeutsamer Wachstumsfaktor.[157]

Angesichts ihres enormen Kapitalbedarfs veranlaßte der GI 1937 gezielte Untersuchungen über die "produktive Kraft" der Autobahnen.[158] Die Rationalisierungswirkungen für den Verkehr sollten anhand von Vergleichsfahrten demonstriert werden. Dazu wurde eine Reihe ausgewählter Pkw und Lkw auf einem Streckenabschnitt der Reichsautobahnen und auf der parallel verlaufenden Landstraße getestet.[159] Verglichen wurden die Länge der Gesamtstrecke, das Verkehrsaufkommen, die Geschwindigkeit und die Beanspruchung von Fahrer und Fahrzeug. Nachdem sich in jüngster Zeit im Lastkraftwagenbau der Dieselmotor immer mehr durchgesetzt hatte, stellte Todt die Vergleichsfahrt eines 6,5 t Lastzuges besonders heraus. Mit Anhänger und 8 t Nutzlast hatte der Lkw auf der Landstraße einen Treibstoffverbrauch von 48,2 l/100 km, während er auf der parallel laufenden Autobahnstrecke mit 33,3 l/100 km auskam, was einer Ersparnis von über 30 Prozent entsprach. Bei einer Leerfahrt betrug die Ersparnis immerhin noch zehn Prozent.[160]

Die aktive Modernisierungs- und Rationalisierungskampagne im Transportwesen diente vor allem dazu, die Chancen der Motorisierung aufzuzeigen und die Entwicklung des Straßengüterverkehrs politisch zu begünstigen. Militärische Erwägungen spielten dabei keine erkennbare Rolle. Wenn somit die Reichsautobahnen eindeutig als intentionales wirtschaftliches Modernisierungsprojekt bezeichnet werden können, sagt dies noch wenig darüber, ob die Nationalsozialisten eine gezielte effektive Modernisierungspolitik im Transportwesen mitttels der Verkehrsinfrastruktur betrieben. Denn die verkehrswirtschaftliche Realität hinkte den Visionen Mitte der 30er Jahre noch weit hinter-

---

156 In der Entfernungsgruppenstatistik regelmäßiger Sammelgutverkehre der Gedekra hatten 38 Prozent des Düsseldorfer Kraftverkehrs eine Reichweite von 200-300 km und 35 Prozent eine Reichweite von 300-500 km. Zahlen nach Mellerowicz, Der gegenwärtige Stand der Kraftverkehrswirtschaft, a.a.O., S. 144.

157 J. Wilden: Die wirtschaftliche Bedeutung der Reichsautobahnen im Rhein-Ruhrgebiet, in: Die Straße (3) 1936, H. 9, S. 270.

158 Redmann, Die Autobahnen, a.a.O., S. 40f.

159 A. Liese, W. Ostwald, A. Rothweiler: Vergleichsfahrten auf Reichsautobahnen und Reichsstraße, in: Die Straße (4) 1937, H. 10, S. 262.

160 Zahlen nach: Die Reichsautobahnen als Vorbilder einer gesunden Baugesinnung. Die Rede des Hauptamtsleiters Dr. Todt auf dem Parteikongreß 1937, in: ATZ (40) 1937, H. 18, S. 470.

her. 1937 schätzte der Tarifreferent der Reichswirtschaftskammer, Walter Linden, die Zahl der Lkw, die insgesamt für die Benutzung der Reichsautobahnen in Betracht kam auf 23.600 Fahrzeuge, einschließlich Werkverkehr und Kraftwagenpark der Reichsbahn.[161] Überdies gab er zu Bedenken, daß die im Werkverkehr für Ferntransporte eingesetzten Wagen darüber hinaus oft mit derselben Ladung Orts- und Nahtransporte ausführten und damit die Autobahnen wiederum nur mit Einschränkungen nutzten.[162] Tatsächlich blieb das Lkw-Aufkommen auf den Reichsautobahnen weit hinter den Pkw-Zahlen zurück. Die dritte allgemeine deutsche Verkehrszählung aus dem Jahr 1936/37 weist als Ergebnis für das Gesamtnetz einen mittleren Lkw-Tagesverkehr von 156 Fahrzeugen aus - gegenüber 820 Pkw.[163]

Die weitere Entwicklung in den Jahren 1937 und 1938 ergibt insgesamt nur eine geringfügige Zunahme des Lkw-Verkehrs auf den Reichsautobahnen. Ein Vergleich der Tagesmittelwerte im Reichsdurchschnitt in den Monaten Januar 1937 bis Dezember 1938 ergibt für die erste Jahreshälfte eine Zunahme von durchschnittlich 10 Prozent. Erst in der zweiten Jahreshälfte 1938 nahm der Lkw-Verkehr sprunghaft um 31 Prozent gegenüber dem Vorjahreszeitraum zu. Hier zeigten sich die ersten Auswirkungen einer vorsichtigen Lockerung der bisherigen strengen Marktordnungspolitik und ein nochmals deutlich gestiegener Transportbedarf in der zweiten Phase des Vierjahresplans.[164] Dennoch blieb die Tatsache bestehen, daß für den weit überwiegenden Teil des gesamten Lkw-Verkehrs die Landstraßen auf längere Sicht ihre herausragende Bedeutung behalten würden.

---

161 W. Linden: Güterkraftverkehr und Reichsautobahn, in: Die Straße (4) 1937, H. 3, S. 64.

162 Ebd.

163 Zahlen nach: Der Kraftverkehr auf Reichsautobahnen, Reichs- und Landstraßen im dritten Reich, hrsg. v. Generalinspektor für das deutsche Straßenwesen, Berlin 1939, Tabelle 60 (Zusammenstellung der Verkehrsergebnisse der Reichsautobahnen für das Gesamtnetz), S. 148f.

164 Vgl. Kap. 4.2.1, unten S. 259ff.

25. Tab.: Lkw Tagesverkehr auf den Reichsautobahnen 1937 und 1938

	Fahrzeuganzahl 1937	Fahrzeuganzahl 1938	Veränderung 1938 zu 1937 in %
Januar	319,6	283,7	-11,2
Februar	325,3	328,4	+1
März	330,6	334,4	+1,1
April	474,1	386,2	-18,5
Mai	436,5	425,2	-2,4
Juni	309,3	432,2	+39,7
Juli	417,4	430,4	+3,1
August	565,6	403,4	-18,7
September	532,3	495,5	-7,1
Oktober	378,3	385,7	+1,9
November	394,0	465,3	+18,1
Dezember	374,6	514,2	+37,3

Quelle: Mittlerer Tagesverkehr auf den Reichsautobahnen, Reichsdurchschnittswerte der Fahrzeuganzahl in den Monaten Januar 1937 bis Dezember 1938, in: Der Kraftverkehr auf Reichsautobahnen, Reichs- und Landstraßen im dritten Reich I, hrsg. v. Generalinspektor für das deutsche Straßenwesen, Berlin 1939, Tabelle 73, S. 169, nur Lkw.

4.1.3.2 Verfehlte Prioritäten im Landstraßenbau: Ein wachsender Flächenverkehr belastet das nachrangige Straßennetz

Der Bau der Reichsautobahnen war als Modell und gleichsam als Pilotprojekt des modernen Straßenbaus gedacht. Die Form der Finanzierung galt als ebenso vorbildlich wie die technische Ausführung. Im Landstraßenbau wurde daher langfristig eine Anpassung an diesen modernen Standard angestrebt, der politisch durch die weitreichenden Kompetenzen des Generalinspektors für das deutsche Straßenwesen sichergestellt werden sollte. Die Einrichtung einer zweiten obersten Reichsbehörde im Verkehrswesen erwies sich jedoch sehr bald als problematisch. Sie verletzte den Grundsatz der Einheitlichkeit der Verwaltung und führte praktisch zu einer Kompetenzaufspaltung mit gravierenden Folgen, insbesondere für die Infrastrukturpolitik. Die Zurückhaltung und Skepsis, die das Reichsverkehrsministerium gegenüber dem Motorisierungsprogramm der Nationalsozialisten erkennen ließ, die zur Einsetzung Todts geführt hatte, bestand auch weiterhin. Die Voraussetzungen für eine zielgerichtete Zusammenarbeit im Interesse des Gesamtverkehrs waren daher von Anfang an schlecht. Der um seine Kompetenz besorgte von Eltz-Rübenach bereitete in eigener Initiative neue Kraftverkehrs- und Straßenbaugesetze vor, während Todt das gleiche tat, ohne daß es zu einer notwendigen Abstimmung kam. Die Folgen waren erhebliche Verzögerungen in der Gesetzgebung und eine starke Verunsicherung der nachgeordneten Behörden bei Ländern und Kommunen.

Im Reichsverkehrsministerium wurde im Rahmen der angekündigten Motorisierungspolitik eine Novellierung der Kraftverkehrsverordnung von 1930 vorbereitet mit dem Ziel eine einheitliche Straßenverkehrsordnung für das gesamte Reich einzuführen. Den Hintergrund für diese erste reichsrechtliche Gesetzesänderung im Verkehrswesen mit erheblicher Tragweite bildete die im Dezember 1933 erfolgte Ausweitung der Kompetenzen des Reichsverkehrsministers durch das neue Kraftverkehrsgesetz.[165] Die Kompetenzausweitung ging vor allem auf Kosten der Länder. Durch eine Umgestaltung des Verordnungrechts wurde der Reichsrat ausgeschaltet, wodurch auch die Anhörung der Länder und ihrer Gremien entfiel. Statt dessen besaß nun der Reichsverkehrsminister allein das Verordnungsrecht und überdies die Zuständigkeit für den gesamten Straßenverkehr, was den Ländern die Befugnis von Ausführungsbestimmungen bei Gesetzesänderungen nahm. Schließlich verschwand der Beirat für das Kraftfahrwesen und die Anhörung von Sachsverständigen wurde künftig ins Belieben des Ministers gestellt.[166] Anstelle der verschiedenen Beratungsgremien für die einzelnen Verkehrszweige trat als einziges Gremium der Reichsverkehrsrat.[167] Der Entwurf zur neuen Straßenverkehrsordnung, den der Leiter der neu geschaffenen Kraftverkehrsabteilung im Reichsverkehrsministerium, Ministerialdirektor Brandenburg, im Reichsverkehrsrat vorstellte, stand im Zeichen der Liberalisierung der technischen Vorschriften für Lkw, um "in keiner Weise die Konstruktion und die Initiative der Konstrukteure" zu binden. Im Gegensatz zur bisherigen Regelung, die Eigengewicht, Gesamtgewicht und

---

165 Kraftfahrzeuggesetz v. 13.12.1933, RGBl I 1933, S. 1058.

166 F. Müller: Die Änderung des Kraftfahrzeuggesetzes, in: VT (15) 1934, H. 1, S. 1f.

167 Als Mitglieder des Reichsverkehrsrats waren für den Kraftverkehr von Bedeutung: Reichsbahn-Generaldirektor Dorpmüller, der Obergruppenführer Hühnlein als Beauftragter der Kraftverkehrswirtschaft, Konsul Ohlendorf als Vertreter des Speditions- und Lagereigewerbes sowie Todt als Straßenbaufachmann. Die Industrie vertrat insgesamt Generaldirektor Fritz Springorum, die Automobilindustrie der Präsident des RDA, Geh. Kommerzienrat Allmers, für die IHKn insgesamt war IHK-Präsident Freiherr von Schröder vertreten, für den Deutschen Gemeindetag sprach der Mannheimer Oberbürgermeister Renniger. Nach: Westdeutsche Wirtschaftszeitung Nr. 10 v. 8.3.1934, in: RWWA 22-214.

Zuladung festlegte, sah die Neuregelung nur eine Beschränkung des Achsdrucks als entscheidende Belastungsgröße auf ein Höchstmaß vor.[168] Die von den Kraftverkehrsinteressenten seit Jahren geforderte Ausdehnung der Gewichte und Breiten für Lkw stieß bei den Vertretern der Wegebaupflichtigen auf ernste Bedenken, die jedoch nun mit dem Hinweis auf die vorrangige Motorisierung zurückgewiesen wurden. Todt zeigte zwar Verständnis für die Sorgen der Länder und Kommunen, stellte sich aber prinzipiell auf den Standpunkt, daß die Straßen den Verkehr nicht behindern dürften. Da 70 Prozent der Straßen noch nicht geeignet seien, einen stärkeren Verkehr mit Fahrzeugen wachsender Breite aufzunehmen, bliebe als Ausweg nur eine entsprechende Erhöhung der Mittel für den Straßenbau. Andernfalls müßte bei zu starkem Ansteigen der Zahl der schweren Lkw ihre Zulassung auf solche Straßen beschränkt bleiben, die dafür geeignet seien. Todt betonte jedoch, daß es soweit nicht kommen sollte, vielmehr der Straßenbau mit allen Mitteln gefördert werden müsse.[169] Dieser Standpunkt setzte sich durch. War zunächst noch erwogen worden, den Entwurf den Landesregierungen und den großen interessierten Verbänden zukommen zu lassen und ihn vielleicht auch der Kritik der Öffentlichkeit zu stellen,[170] entschied die Regierung schließlich doch für eine schnelle Verabschiedung. Die neue Reichs-Straßenverkehrsordnung[171] brachte erweiterte Maße bei Höhe, Breite und Gewicht der Fahrzeuge, wobei für Lkw insbesondere die Gewichtsbestimmungen Bedeutung hatten. Brandenburg stellte auf der Kraftfahrtechnischen Tagung im Oktober 1934 in Berlin nochmals heraus, daß "Freiheit des Konstrukteurs und Erhöhung der Wirtschaftlichkeit des Kraftfahrzeugs die leitenden Gesichtspunkte" gebildet hatten.[172] Das zulässige Gesamtgewicht wurde bei Zweiachsern von 10,8 t auf 13 t und bei Dreiachsern von 16 t auf 18,5 t heraufgesetzt. Damit sollte ausdrücklich der bisher stark in

---

168 Redebeitrag Brandenburg in der Sitzung des Reichsverkehrsrats v. 3.5.1934, Protokoll S.3, in: BA 46.01/1272.

169 Redebeitrag Todt in der Sitzung des Reichsverkehrsrats v. 3.5.1934, Protokoll S. 5, in: BA 46.01/1272.

170 Redebeitrag Brandenburg, in der Sitzung des Reichsverkehrsrats v. 3.5.1934, in: BA 46.01/1272..

171 Reichsstraßenverkehrsordnung v. 28.5.1934, RGBl I, S. 455.

172 Brandenburg auf der von der Automobil- und Flugtechnischen Gesellschaft gemeinsam mit dem VDI veranstalteten Kraftfahrtechnischen Tagung in Berlin am 29.10.1934, zit. n. VT (15) 1934, H 21, S. 565.

den Hintergrund gedrängte Schwerlastwagen gefördert werden.[173] Dies entsprach im Ergebnis den langjährigen Forderungen von Automobilindustrie und Kraftverkehrsgewerbe.

Um die technische Gesetzgebung mit den Interessen der Wegebaupflichtigen in Einklang zu bringen, hatte Todt ursprünglich zeitgleich mit der neuen Straßenverkehrsordnung das Gesetz über die einstweilige Neuregelung des Straßenwesens und der Straßenverwaltung vorbereitet. Dieses hatte prinzipiell zwei Ziele: zum einen die rechtliche Verankerung der Kompetenz Todts im Landstraßenbau, wodurch auch hier eine starke politische Zentralgewalt eingerichtet wurde; zum andern eine systematische Neuklassifizierung des bestehenden Straßennetzes, die auch zur Verschiebung von Verwaltung und Baulast führte. Die Straßen wurden neu eingeteilt in vier Gruppen: 1. Kraftfahrbahnen, 2. Reichsstraßen, 3. Landstraßen I. Ordnung, 4. Landstraßen II. Ordnung. Die Baulast für die neuen Reichsstraßen sollte das Reich tragen. Den Ländern und Provinzen verblieb die Unterhaltung für Landstraßen I. Ordnung, für Landstraßen II. Ordnung, i.d.R. die bisher von Kreisen und Gemeinden unterhaltenen Straßen, die zugleich den umfangreichsten Teil des bestehenden Straßennetzes ausmachten, wurde zunächst noch keine Trägerschaft festgelegt. Diese sollten von Todt laut dessen Entwurf im Einvernehmen mit dem Reichsfinanzminister festgelegt werden. Die Verwaltung der Reichsstraßen sollten die Länder und Provinzen im Auftrag des Generalinspektors für das deutsche Straßenwesen übernehmen, die Landstraßen in eigener Regie verwalten jedoch unter der "Fachaufsicht" des GI. Über die Leitung beim Neubau von Landstraßen entschied Todt durch Bestimmung der Baubehörde. Auch legte er insbesondere die Anforderungen für die Unterhaltung von Landstraßen II. Ordnung fest.[174] Die weitgehende Kompetenzanmaßung Todts stieß jedoch auf Widerstände. Der um seine Kompetenzen besorgte von Eltz-Rübenach hatte seinerseits einen Entwurf für ein Reichswegegesetz ausarbeiten lassen, nach dem die höheren Gemeindeverbände zur Stärkung des Reichseinflusses in einem Reichsstraßenverband zusammengefaßt werden und als Auftragsverwaltungen des Reiches die Unterhaltung von rund 100.000 km Landstraßen übernehmen sollten, wobei der Reichsverkehrsminister einheitliche Grundsätze des Wegebaus erließ.[175] Das Gesetz

---

173 Ebd.

174 Entwurf des Gesetzes über die Einstweilige Neuregelung des deutschen Straßenwesens v. 6.3.1934, in: BA R 43 II/502, Bl. 99-103.

175 Die Vorarbeiten hatten bereits im Vorfeld des Reichsautobahngesetzes begonnen und sollten ursprünglich die Einsetzung Todts abwenden. Wegen ungeklärter Kompeten-

kam nicht, wurde jedoch offiziell nur zurückgestellt, so daß die Länder und Kommunen weiterhin darauf warteten. Auch der preußische Innenminister verzögerte durch seine Einschaltung das einstweilige Straßenbaugesetz.[176] Er wehrte sich ebenfalls gegen die weitgehende Alleinkompetenz des GI und setzte durch, daß dieser seine Bestimmungen für die Landstraßen II. Ordnung auch im Einvernehmen mit dem Reichsinnenminister zu treffen habe.[177]

Schließlich verzögerten Todts ehrgeizige Pläne über eine weitgehende "Hochklassifizierung" der Straßen die Neueinteilung des Straßennetzes. Die Wegebaupflichtigen erklärten sich außerstande, ein Netz von 150.000 Kilometern Landstraßen I. Ordnung, wie es Todt vorschwebte, zu unterhalten.[178] Die angestrebte Neuklassizifierung des Straßennetzes erwies sich bereits als zeitaufwendig, die Neuverteilung der Straßenbaulast war noch schwieriger. Das Gesetz vom 26. März enthielt daher noch keine Bestimmungen über die Vorschriften und Maßstäbe der Neuklassifizierung der Straßen und ließ auch die finanzielle Auseinandersetzung zwischen dem Reich und den bisherigen Trägern offen.[179] Letzteres erwies sich so schwierig und zeitraubend, daß die Durchführungsverordnung sich monatelang verzögerte. Wegen der Unsicherheit über die künftige Baulastverteilung beklagte das Reichsfinanzministerium im Juli 1934, daß "die Kreise und Provinzen nicht zur Durchführung von Straßenbauarbeiten zu gewinnen seien.[180] Zur Begründung hätten die Vertreter Preußens erklärt, daß niemand wüßte, wer für eine bestimmte Straße in Zukunft unterhaltspflichtig sei. Die Provinzen rechneten damit, daß ein Teil ihrer Straßen

---

zen wurden sie danach fortgeführt. Chefbesprechung v. 15.6.1933, in: BA R 43 II/503, Bl. 57-65.

176 Vgl. das Schreiben des Preußischen Innenministers an den GI v. 2.3.1934, in: BA R 43 II/502.

177 Kabinettsbeschluß v. 22.3.1933, in: Akten der Reichskanzlei, ..., 2 Sept. 33: Dez. 34, Nr. 321, S. 1201f.

178 Nach Todts Plänen sollten 25.000 Kilometer zu Reichsstraßen, 150.000 Kilometer zu Landstraßen I. Ordnung und nur 44.000 Kilometer zu Landstraßen II. Ordnung deklariert werden. Die Baulastträger wehrten sich jedoch dagegen 150.000 Kilometer mit den zweithöchsten Anforderungen an den Ausbaustandard zu versehen, weil ihnen die Mittel fehlten. Eingabe des Deutschen Gemeindetages an den GI v. 10.10.1934, in: BA 46.01/1424.

179 Gesetz über die einstweilige Neuregelung des Straßenwesens und der Straßenverwaltung v. 26.3.1934, hier bes. Paragraphen 1, 2 u. 9, RGBl I 1934, S. 243.

180 Vermerk des MinR Poerschke über eine Besprechung im Reichsfinanzministerium v. 26.7.1934, in: BA R 2/23440.

auf das Reich übergehe, und die Landkreise erwarteten einen Übergang der Straßenbaulast auf die Provinzen.[181] Die Folgen dieser Verunsicherung für den Landstraßenbau waren um so gravierender als die Gebietskörperschaften ohnehin in einer sehr schwierigen finanziellen Lage waren. Der Deutsche Gemeindetag[182] hatte bereits mit zahlreichen Eingaben an das Reichsfinanzministerium Alarm geschlagen, um auf den fortschreitenden Niedergang der Straßenbauhaushalte von Ländern und Gemeinden aufmerksam zu machen.[183] Der Verband forderte wiederholt dringend die Bereitstellung von laufenden Mitteln und Kreditmitteln aus dem Reichshaushalt, weil den Kommunen "im ganzen tatsächlich nur die Hälfte der Aufwendungen des Jahres 1929" zur Verfügung ständen, mußte jedoch 1934 trotz aller Bemühungen einen fortgeschrittenen Verfall der kommunalen Landstraßen feststellen, aufgrund der bevorzugten Behandlung der Reichsstraßen.[184] Das Gesetz bestimmte, daß der Anteil der Länder an der Kraftfahrzeugsteuer um ein Drittel gekürzt wurde zum Ausgleich für die Kosten, die dem Reich durch die Übernahme eines Teils der bisherigen Landstraßen entstehen würden.[185] Der Kürzung des Länderanteils von 33 Prozent stand jedoch nur eine Entlastung von 11 Prozent bei der Straßenbaulast gegenüber.[186] Noch härter als die Länder waren die Kreise betroffen. Mit dem folgenden Beispiel aus Braunschweig wollte der Deutsche Gemeindetag auf die Benachteiligung der Kreise bei der Neuordnung der Straßenbaulast aufmerksam machen. Demnach hatten sich in der Provinz nur drei von neun Kreisen finanziell verbessert, während die anderen teilweise erhebliche Mehrbelastungen in Kauf nehmen mußten.

---

181 Ebd.

182 Der Deutsche Gemeindetag wurde am 22. Mai 1933 als Nachfolgeverband der kommunalen Spitzenverbände gegründet. Bis dahin gab es den Deutschen Städtetag, den Reichsstädtebund, den Deutschen Landkreistag, den Deutschen Landgemeindetag, den Landgemeindetag West und den Verband der Preußischen Provinzen. Vgl. H. Matzerath: Nationalsozialismus und kommunale Selbstverwaltung, Berlin 1970, S. 103.

183 Eingaben des Deutschen Gemeindetages v. 8.7.1933, 24.1.1934, 20.2.1934 an den RFM, Vermerk in: Vorbericht für die Sitzung des Ausschusses für Straßenwesen des Deutschen Gemeindetages v. 7.6.1934, in: BA R 36/2564, S. 2.

184 Ebd.

185 Paragraph 9 des Gesetzes über die einstweilige Neuregelung des Straßenwesens und der Straßenverwaltung, wie Anm. 201.

186 Vorbericht für die Sitzung des Ausschusses für Straßenwesen des Deutschen Gemeindetages v. 7.6.1934, S. 4f, in: BA R 36/2564.

26. Abb.: Be- und Entlastung der Straßenbauträger in Braunschweig (Werte in RM)

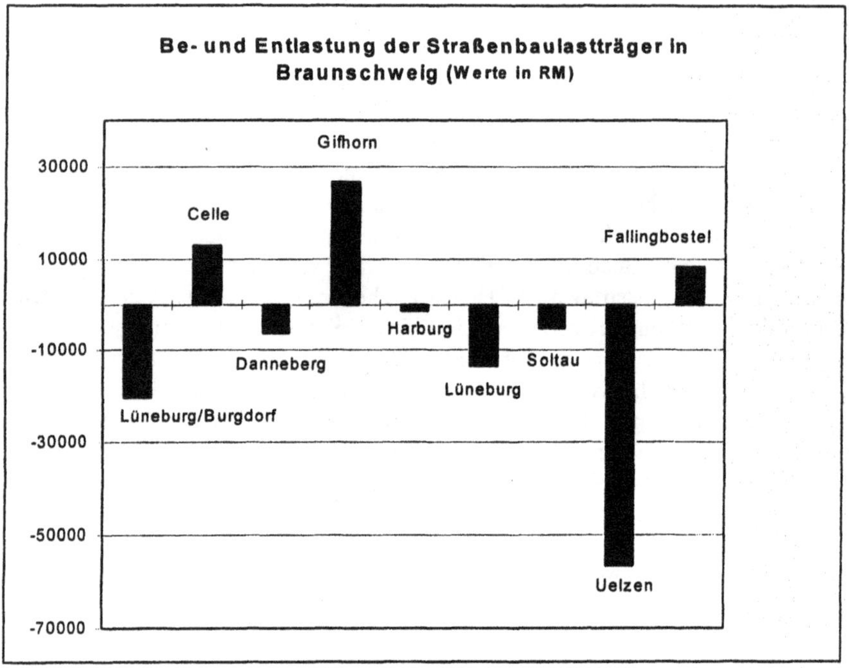

Quelle: Akten des Deutschen Gemeindetages, in: BA R 36/2527, Bl. 31

Grundsätzlich litten die untergeordneten Straßen unter der Priorität der höherrangigen, weil Todt eine entsprechende Anweisung gegeben hatte.[187] Die offizielle Klassifizierung durch den GI ergab schließlich ein Reichsstraßennetz, das rund 20 Prozent (40.000 km) der dem Gesetz unterliegenden Straßen umfaßte. Dieses Grundnetz von Überlandstraßen wurde weitgehend unter Verwendung der Vorarbeiten der Landesbaubehörden für die Fernverkehrsstraßen erstellt, die

---

187 Ebd.; vgl. die Verordnung zur Regelung der finanziellen Auseinandersetzung zwischen den alten und neuen Trägern der Straßenbaulast vom 12.2.1935. Danach wurde für die Träger der Straßenbaulast an den Landstraßen II. Ordnung schließlich ein Anteil am Länderanteil an der Kraftfahrzeugsteuer von höchstens 20 Prozent festgeschrieben, der Rest war für die Landstraßen I. Ordnung bestimmt, die darüber hinaus noch weitere Mittelzuweisungen des Reiches erhalten sollten. Paragraphen 1, 2 der Verordnung, VT (16) 1935, H. 5, S. 136.

1930 vom Reichsverkehrsministerium als bevorzugt auszubauende Überlandstraßen bestimmt worden waren. Wie aus der Graphik hervorgeht, waren 84 Prozent der Reichsstraßen zuvor Staats- und Provinzialstraßen. Ihre Bedeutung wurde jetzt primär in einer Zubringer- und Verteilerfunktion des Verkehrs auf den Reichsautobahnen gesehen. Um diese Funktion möglichst flächendeckend zu erzielen, wurden auch teilweise bisherige Kreis- und Gemeindestraßen umbewertet und vom Reich übernommen, wobei der gegenwärtige Ausbauzustand, Linienführung und Verkehrsaufkommen nur zweitrangig berücksichtigt wurden.[188] Daraus folgte zwangsläufig ein hoher Mittelbedarf für das künftige Reichsstraßennetz. Als Landstraßen I. Ordnung galten solche, deren verkehrswirtschaftliche Bedeutung über das Gebiet mehrerer Kreise hinausging und die Anschluß an eine Reichsstraße hatten. Ihr Netz bestand zu rund einem Drittel aus den früheren Staats- und Provinzialstraßen, zu über der Hälfte jedoch aus bisherigen Kreisstraßen.

27. Abb.: Herkunft von Reichsstraßen, Landstraßen I. und II. Ordnung

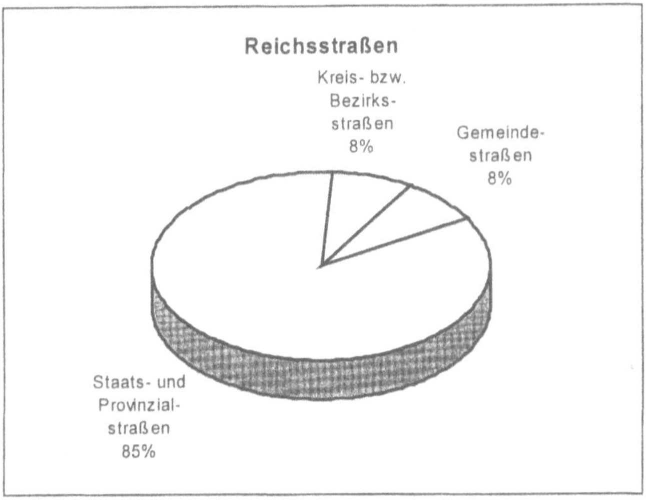

188 E. Hay: Zur einstweiligen Neuregelung des Straßenwesens und der Straßenverwaltung, in: DWZ, (32) 1935, Nr. 2, S. 32.

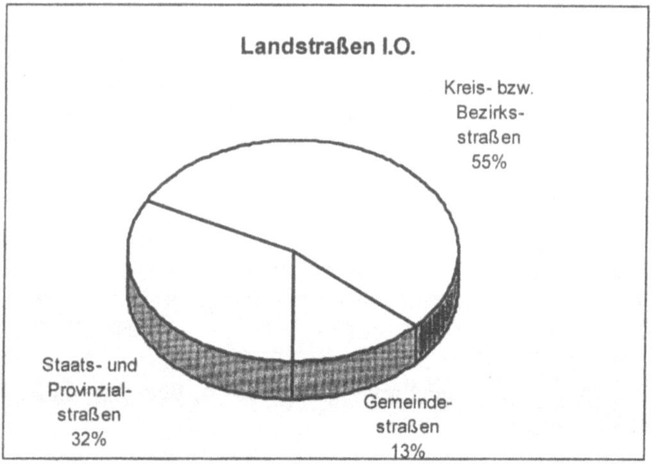

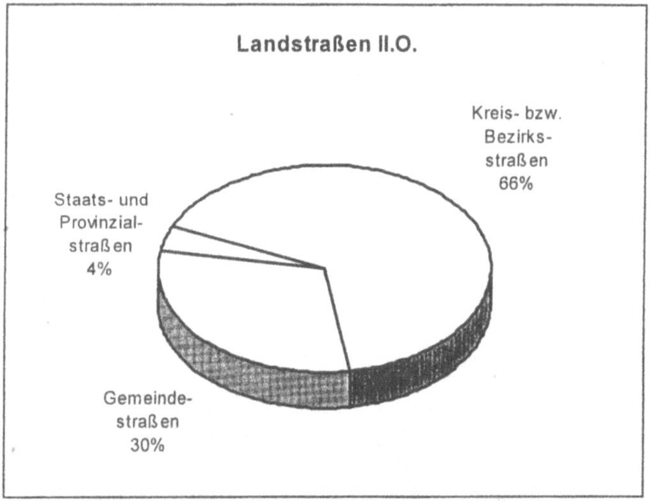

Quelle: Straßenbau-Jahrbuch 1936/37, hrsg. von der Forschungsgesellschaft für das Straßenwesen e.V., 1938, S. 26.

Die regionalen Unterschiede waren erheblich. In den östlichen Ländern wie Pommern, Schlesien und Brandenburg lag der Anteil bisheriger Kreisstraßen zwischen 70 und 80 Prozent, in Posen/Westpreußen sogar bei rund 95 Prozent.

Auch in Sachsen und Westfalen betrug er rund 60 Prozent, dagegen in der Rheinprovinz nur rund zehn Prozent.[189]

Das Gesamtnetz der Landstraßen I. Ordnung umfaßte ebenso wie die verbleibenden Landstraßen II. Ordnung etwa 40 Prozent des gesetzlich klassifizierten Straßennetzes. Die Landstraßen II. Ordnung entsprachen im allgemeinen den bisherigen Kreis- und Gemeindestraßen, jedoch galten nunmehr bestimmte Auflagen. So mußten die Straßen mindestens an einem Ende an die Reichs- oder Landstraßen I. Ordnung angeschlossen sein und unentbehrlich für die Verbindung zwischen zwei Orten, oder einer Eisenbahnstation bzw. einem Schiffsladeplatz.[190] Dies hatte zur Folge, daß rund 20 Prozent des gesamten Straßennetzes von der Neuregelung nicht erfaßt wurden. Sie verblieben den Kreisen und Kommunen zur Unterhaltung, zusätzlich zu den Landstraßen II. Ordnung, die mit der Durchführungsverordnung zum Gesetz über die Neuregelung des Straßenwesen, endgültig ebenfalls i.d.R. in der Baulast der Kreise und Kommunalverbände verblieben.[191]

Die Straßenbaufachleute der Länder und Kommunen hatten zunächst große Hoffnungen in die Neuregelung des Straßenwesens gesetzt. Das von Todt geförderte Engagement der Ingenieure wandte sich rasch dem allgemeinen Landstraßenbau zu, in der Erkenntnis, daß die Verbesserung dieser Straßen für den größten Teil des Verkehrs von entscheidender Bedeutung war. Zum einen blieb der in näherer Zukunft noch immer überwiegende Nahverkehr auf die Landstraßen angewiesen, zum anderen sollten sie im Rahmen des Autobahnbaus als Zubringer dienen.[192] Daher machte sich auch sogleich Enttäuschung breit, als sich herausstellte, daß der allgemeine Landstraßenbau nicht unter die Arbeitsbeschaffungsmaßnahmen nach dem Gesetz zur Verminderung der Arbeitslosigkeit fiel[193] und demgemäß auch keine außerordentlichen Mittelzuweisungen zu erwarten hatte. Dies erschien um so bedenklicher als die Straßenbauhaushaltsplä-

---

189 Zahlen nach: Akten des Deutschen Gemeindestages, in: BA R 36/2537, Bl. 110.

190 Hay, Zur einstweiligen Neuregelung, a.a.O., S. 32.

191 Paragraph 7 der Verordnung zur Durchführung des Gesetzes über die einstweilige Neuregelung des Straßenwesens und der Straßenverwaltung v. 7.12.1934, RGBl I 1934, S. 1237.

192 Der Bau der Reichsautobahnen, in: Straßenbau und Straßenunterhaltung (Straßenbeilage der VT), (14) v. 20.7.1933, S. 361.

193 Die Durchführungsverordnung zum Gesetz zur Verminderung der Arbeitslosigkeit v. 28.6.1933 (RGBl I 1933, Nr. 73) beschränkte das Gesetz auf gezielt solche Arbeiten, bei denen eine Vielzahl ungelernter Arbeitskräfte zum Einsatz kam, wie z.B. Erdbewegungen, die beim Autobahnbau anfangs überwiegend von Hand bewältigt wurden.

ne der Länder und Kommunen in den beiden zurückliegenden Krisenjahren einen "katastrophalen Rückgang" erfahren hatten.[194]

Die Verhältnisse in der Straßenbaufinanzierung waren in den unmittelbar zurückliegenden Jahren durch einen hohen Anteil Allgemeiner Deckungsmittel und zweckgebundener Steuern und vergleichsweise geringer Kreditdeckung gekennzeichnet, u.a. auch weil es den Gebietskörperschaften nicht gelungen war, Anleihen in nennenswertem Umfang bekommen. Die Steuerfinanzierung und besonders die Finanzierung durch die Kraftfahrzeugsteuer hatte sich als unzweckmäßig erwiesen, da sie bei den Wegeunterhaltungspflichtigen das Bestreben erweckt hatte, ihre Leistungen am Aufkommen der Steuer und nicht an den objektiv notwendigen Instandsetzungsarbeiten zu orientieren. Um den Straßenbau "unabhängig" zu machen, wurde in der *Straße* - in Anlehnung an die Finanzierungsform der Reichsautobahnen - die alte Forderung der Fachleute nach einer Mittelvermehrung durch die verstärkte Aufnahme öffentlicher Anleihen wieder aufgebracht, wobei man wohl hoffte, daß die teilweise Verschiebung der Baulasten auf höhere Gebietskörperschaften und besonders die Beteiligung des Reiches geeignet seien, mehr Geld zu mobilisieren als früher.[195] Die Realität wurde diesen Visionen allerdings letztlich nicht gerecht. Die Gesamtausgaben der Gebietskörperschaften einschließlich des Reichs im allgemeinen Straßenbau stiegen in den Jahren 1933-36 nur geringfügig von rund 869 Millionen Reichsmark 1933 auf rund 1,05 Mrd. Reichsmark 1936 an.

28. Tab.: Ausgaben für das Straßenwesen in Mio RM*

Jahr	U+I	A+U	Insgesamt
1933	322	360	869
1934	323	431	956
1935	347	437	1010
1936	317	471	1046
1937	347	559	1220
1938	422	808	1641

*Öffentliche Verwaltung insgesamt= Länder, Provinzial- und Kreisverbände (ab 1934 auch das Reich), Gemeinden und Hansestädte. U+I= Unterhaltung und Instandsetzung, A+U= Ausbau und Umbau.

Quelle: R. Adamek, F. Saake: Die Straßenkosten und ihre Finanzierung, Bielefeld 1952, S.56-61 (Tabellen: 27,29,33)

---

194 Der Bau der Reichsautobahnen, in: Straßenbau und Straßenunterhaltung (Straßenbaubeilage der VT) (14) v. 20.7.1933, S. 361.

195 K. Massar: Die deutschen Landstraßen, in: Die Straße (2) 1935, H. 2, S. 78.

29. Tab.: Schuldenaufnahme für das Straßenwesen in Mio. RM

Jahr	Eigenausgaben (RF)*	Schuldenaufnahme	Anleihen in % des RF
1928	1189	337	28,4
1931	760	85	11,1
1932	590	65	11
1933	869	233	26,8
1934	956	135	14,1
1935	1100	67	6,6
1936	1046	41	3,9
1937	1220	27	2,2
1938	1641	33	2,0

Quelle: R. Adamek, F. Saake: Die Straßenkosten und ihre Finanzierung, Bielefeld 1952, S. 78 (Tabelle 52) * RF= Reiner Finanzbedarf (Allgemeine Deckungsmittel, zweckgebundene Steuern und Gebühren)

Danach stiegen die Straßenbauhaushalte stärker an und erreichten 1938 ihren Höhepunkt vor dem Krieg mit rund 1,6 Mrd. Reichsmark. Ein wesentlicher Grund für die relativ geringe Steigerung der Straßenbauausgaben war - entgegen der erklärten Absicht - die drastische Zurückführung der Anleihefinanzierung. Der Kreditmarkt wurde nach 1934 stark durch die Rüstungsausgaben in Anspruch genommen, so daß die Regierung Schuldenaufnahme der Gebietskörperschaften durch gesetzliche Restriktionen einschränkte. Die Entwicklung für die einzelnen Straßengruppen verlief abhängig von der finanziellen und rechtlichen Lage ihrer Kostenträger sehr unterschiedlich. Die Aufwendungen für die verschiedenen Straßenklassen sind deutlich am Ausbaufortschritt erkennbar. 1936 hatten noch 49 Prozent der Reichsstraßen leichte Decken aus Schotter oder mit Oberflächenschutz, nur 24 Prozent hatten mittelschwere Bauweisen (Teer- oder Asphaltmischungen) und 27 Prozent schwere Decken (Pflaster, Asphalt oder Zement), wobei Kleinpflaster und Altes Kopfsteinpflaster, also zum Teil innerörtliche Straßenbeläge, zusammen 18,5 Prozent ausmachten. Innerhalb von drei Jahren verringerte sich der Anteil leichter Decken auf 44 Prozent, während der Anteil mittelschwer gebauter Straßen stark anstieg, auf rund 34 Prozent der Reichsstraßen. Dafür nahmen die schweren Decken auf 22 Prozent ab. Somit kann davon ausgegangenen werden, daß vielfach altes Pflaster oder angegriffene stärkere Teer- oder Asphaltbetondecken nur noch mittelschwer instandgesetzt wurden.

30. Abb.: Entwicklung des Ausbauzustandes von Reichs- u. Landstraßen in Km

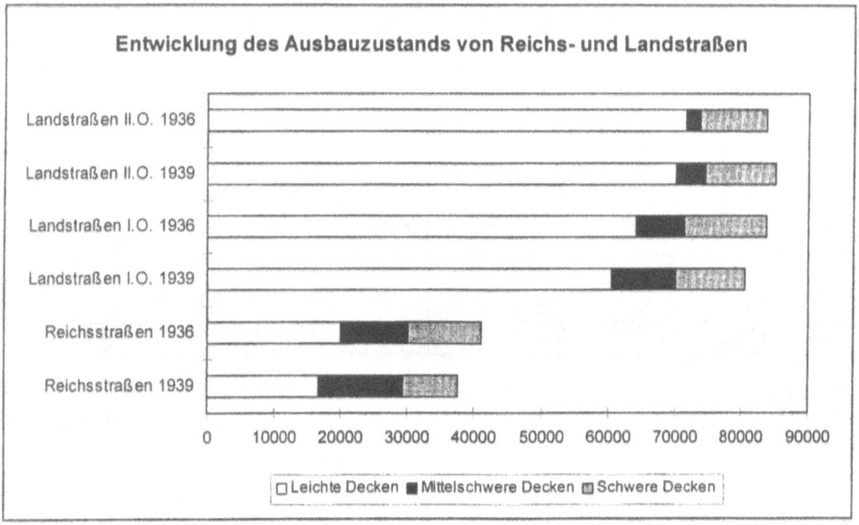

Quellen: Für 1936: K. Massar: Die Reichsstraßen in der amtlichen Statistik, in: VT (17) 1936, H. 19, S. 494f; Die Straße (4) 1937, Nr. 18, S. 602-606, für 1939: Die Straße (6) 1939, Nr. 16/17/18, S. 536f; R. Adamek, F. Saake: Die Straßenkosten und ihre Finanzierung, Bielefeld 1952, Tab L. 3, S. 38f.

Diese Ausbaustrategie folgte dem Ergebnis der dritten allgemeinen deutschen Verkehrszählung aus dem Jahr 1936/37, wonach rund 44 Prozent der Reichsstraßen im Bereich einer mittleren Belastungsgröße von 1000 bis 3000 Tonnen pro Tag unterlagen, für die mittlere Bauweisen angemessen erschienen. In der Stufe 3000 bis 5000 Tonnen und darüber fanden sich dagegen bis dahin nur 12 Prozent der Reichsstraßen. Das Gros der Landstraßen I. Ordnung lag im Bereich niedriger Belastungsstufen bis 1000 Tonnen am Tag.[196] Gegenüber der letzten Zählung 1928 war jedoch die durchschnittliche tägliche Gesamtbelastung beider Straßengruppen erheblich angestiegen. Der Anstieg des Lkw-Verkehrs machte bei der Tonnenbelastung der Reichsstraßen 287 Prozent, bei den Landstraßen I. Ordnung immerhin noch 157 Prozent aus. Der Ausbau der Landstraßen I. Ordnung machte nur geringe Fortschritte. Die Länge der leichten Decken verminderte sich nur geringfügig von 76,5 auf 75 Prozent.

196 Zahlen nach: Der Kraftverkehr auf Reichsautobahnen, Reichs- und Landstraßen im dritten Reich, a.a.O., S. 16f.

31. Abb.: Belastungsgrößen von Reichsstraßen und Landstraßen I.O.

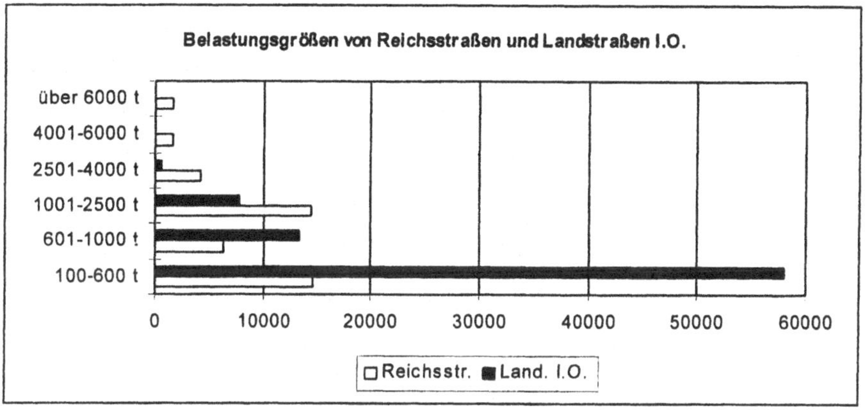

Quelle: Der Kraftverkehr auf Reichsautobahnen, Reichs- und Landstraßen im dritten Reich, hrsg. v. Generalinspektor für das deutsche Straßenwesen, Berlin 1939, S. 16f.

32. Tab.: Gewichtsbelastung der Straßen durch den Lkw-Verkehr

	Zahl der Fahrzeuge			Gewicht in Tonnen		
Straßen	1928	1936	**+/- in %**	1928	1936	**+/- in %**
Reichsstr.	51	189	**+270**	271	1049	**+287,1**
Land I.O.	24	63	**+162,5**	129	332	**+157,4**
Zus.	35	115	**+228,6**	188	626	**+233**

Quelle: Der Kraftverkehr auf Reichsautobahnen, Reichs- und Landstraßen im Dritten Reich, hrsg. v. Generalinspektor für das deutsche Straßenwesen, Berlin 1939, S. 116-125

Am auffälligsten auch hier die Steigerung der mittelschweren Bauweisen um drei Prozent, die damit allerdings immer noch nur elf Prozent des Gesamtnetzes ausmachten. Die Zahl der schweren Decken fiel von 15 auf 13 Prozent zurück. Die Landstraßen waren zwar allgemein geringer belastet als die Reichsstraßen. Sie lagen zum überwiegenden Teil von 89 Prozent in der Gruppe der leichten Belastungsstufen bis 1000 Tonnen am Tag. Nur rund zehn Prozent lagen im mittleren Belastungsbereich.[197]

---

197 Zahlen nach: ebd.

33. Abb.: Entwicklung des Ausbauzustandes in ausgewählten Ländern und Provinzen

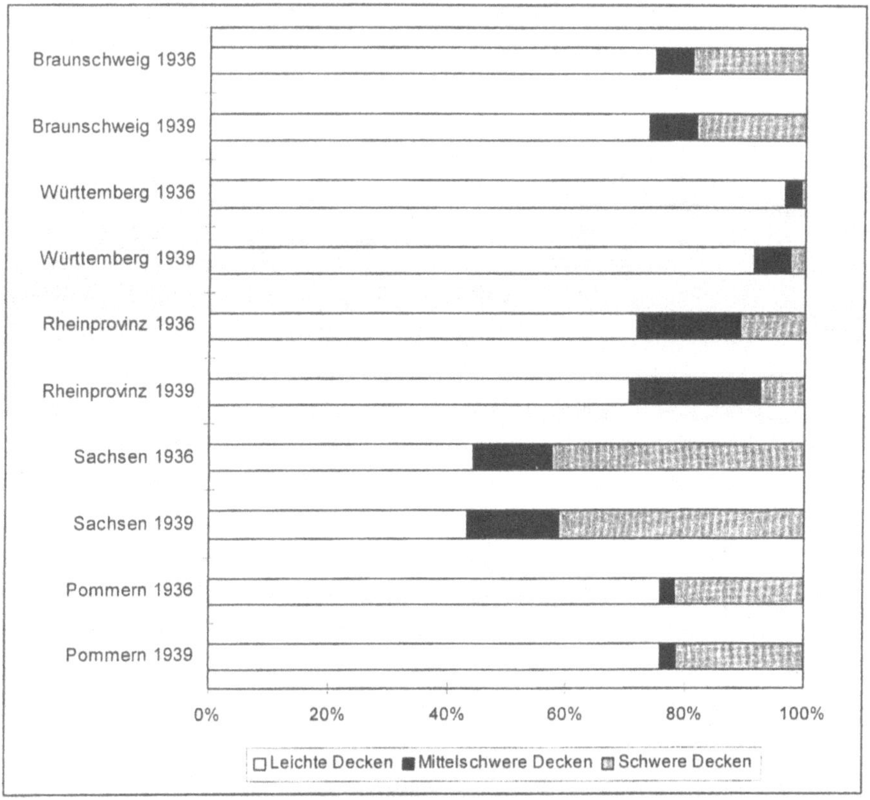

Quellen: Für 1936: K. Massar: Die Reichsstraßen in der amtlichen Statistik, in: VT (17) 1936, H. 19, S. 494f; Die Straße (4) 1937, Nr. 18, S. 602-606, für 1939: Die Straße (6) 1939, Nr. 16/17/18, S. 536f; R. Adamek, F. Saake: Die Straßenkosten und ihre Finanzierung, Bielefeld 1952, Tab L. 3, S. 38f.

Allerdings lag der Anteil einfacher Schotterdecken, die auch bei leichtem Verkehr ständig erneuerungsbedürftig waren, noch immer bei 39 Prozent, während diese Decken bei den Reichsstraßen mit fünf Prozent keine Bedeutung mehr hatten. Noch schlechter war der Zustand der Landstraßen II. Ordnung. 1936 waren noch 90 Prozent der Decken einfach geschottert, nur zehn Prozent hatten leichten Oberflächenschutz. Daran änderte sich bis 1939 kaum etwas. Die Konzentration des Ausbaus des gesamten Reichs- und Landstraßennetzes auf die mittelschweren Decken war verkehrsgerecht. Es bleibt aber fraglich, ob im Hinblick auf den Straßengüterverkehr, die Bevorzugung der Reichsstraßen pauschal verkehrsgerecht war. Nachdem 1934 die 150 Millionen RM aus dem Reinhard-Programm und die von Todt zusätzlich mobilisierten 55 Millionen RM den Reichsstraßen zugeflossen waren, traf dieser mit Schwerin- von-Krosigk die Vereinbarung, daß für den Ausbau der Reichsstraßen in den kommenden Jahren jeweils ein Betrag von rund 180 Millionen RM in den Reichshaushalt eingestellt würde.[198] Demgegenüber wurden die jährlichen Steuerüberweisungen des Reichs für die Landstraßen I. und II. Ordnung zusammen für die Jahre 1935-38 auf jeweils 90 Millionen RM festgelegt.[199] Allerdings sollten die Länder für die Landstraßen I. Ordnung, die bisher Kreis- oder Gemeindestraßen waren einen Zuschuß von 700 RM pro Kilometer im Jahr unterhalten.[200] Dies konnte jedoch nicht verhindern, daß die Investitionen im Reichs- und Landstraßenbau in den folgenden Jahren weit auseinander klafften. In den preußischen Provinzen erreichten die Mittel, die für die Landstraßen I. Ordnung pro Kilometer aufgewendet wurden, bestenfalls ein Drittel der Aufwendungen für die Reichsstraßen. Das galt vor allem für die östlichen Provinzen wie Brandenburg Pommern oder auch Schlesien. Im Industriegebiet des Rheinlands und in Westfalen fielen die Landstraßen I. Ordnung mit rund einem Viertel oder Fünftel des Betrags der Reichsstraßen noch weiter zurück.

Hinzu kam, daß von im Jahr 1936 in zahlreichen Provinzen die Mittel insgesamt weiter gekürzt wurden oder, wie in der Rheinprovinz eine weitere deutliche Verschlechterung für die Landstraßen eintrat. Eine noch größere Kluft zwischen Landstraßen I. Ordnung und Reichsstraßen konnte nach Angaben des Deutschen Gemeindetages bei den meisten Provinzen nur durch eine Erhöhung der Provinzialabgabe verhindert werden, die vielfach noch durch eine Vorausbelastung der durch Umwandlung bisheriger Kreisstraßen entlasteten Landkreise ergänzt wurde.[201]

---

198 Die Finanzierung des allgemeinen Straßenbaues, in: VT (16) 1935, H. 5, S. 136.

199 Ebd.

200 Paragraph 2 der Verordnung zur Regelung der finanziellen Auseinandersetzung zwischen den alten und neuen Trägern der Straßenbaulast, zit. n: ebd.

201 Akten des Deutschen Gemeindetages, Vorbericht für die Sitzung des Ausschusses für Straßenwesen am 15. September 1936 in München, S. 1, in: BA R 36/2564.

34. Abb.: Bauaufwand für Reichsstraßen und Landstraßen I.O. 1935 in RM

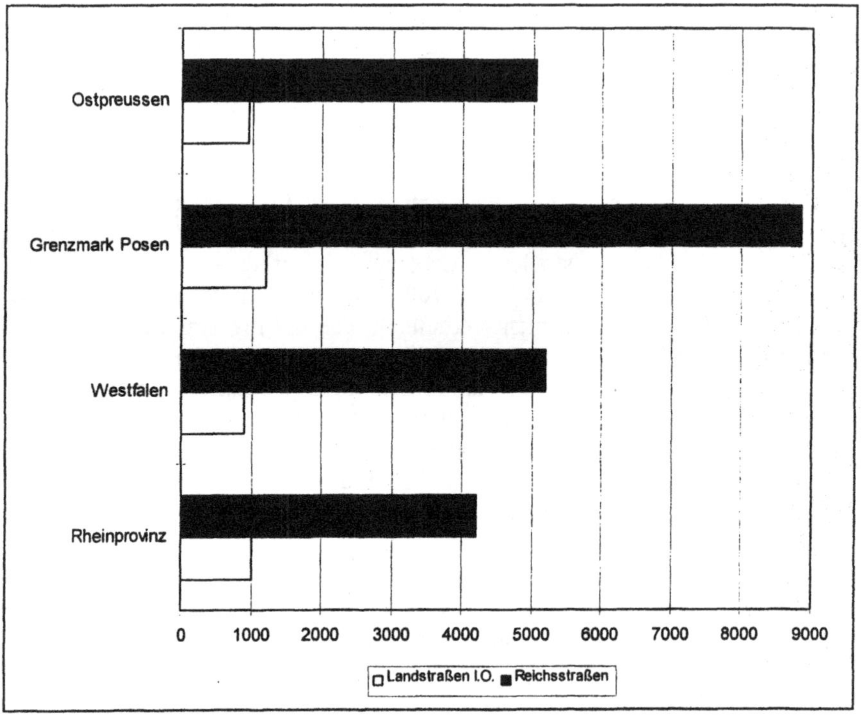

Quelle: Akten des Deutschen Gemeindetages, in: BA R 36/2527, Bl. 106 (Siehe Anhang).

Der Deutsche Gemeindetag beklagte überdies, daß die Länder und Provinzen die Verwaltungskosten für die Reichsstraßen zu tragen hatten und daß ihnen die Tilgung und Verzinsung der für die jetzigen Reichsstraßen aufgenommenen Kredite verblieben war.[202] Noch ungünstiger war die Lage bei den Landstraßen II. Ordnung, denn die Landkreise waren finanziell noch schlechter gestellt, als die Provinzen. Ihre Finanzkraft hing unmittelbar davon ab, wie die finanzielle Lage der kreisangehörigen Gemeinden war und diese hatte sich in den zurückliegenden Jahren ständig verschärft.[203] Ein drastischer Einbruch des Aufwands

202 Akten des Deutschen Gemeindetages, Vorbericht für die Sitzung des Ausschusses für Straßenwesen ..., S. 1f, in: BA R 36/2564.

203 Vgl. dazu rückblickend: Die Schulden der Gemeinden, in: Wirtschaft und Statistik (17) 1933, Nr. 9, S. 351f.

für die Landstraßen II. Ordnung wurde vor allem dadurch verhindert, daß ihre Länge mit 87.000 km um rund ein Viertel geringer war als die früher von den Landkreisen zu unterhaltenden Straßen. Obwohl 1936 über die Auswirkungen der Reform der Straßenverwaltung auf die Landstraßen II. Ordnung noch keine genauen Zahlen vorlagen, standen die Aufwendungen für die einzelnen Straßengruppen nach Auffassung des Deutschen Gemeindetages im Rechnungsjahr 1935/36 in keiner angemessenen Relation. Nach seiner Schätzung konnten von den Landkreisen nur "wenige hundert RM" pro Kilometer für Unterhaltung, Instandsetzung und Ausbau bei den Landstraßen II. Ordnung bereitgestellt werden, gegenüber durchschnittlich 900 Reichsmarkt für die Landstraßen I. Ordnung und rund 4000-5000 Reichsmark für die Reichsstraßen.[204] Eine Aufstellung der Preußischen Bau und Finanzdirektion über die Aufwandsentwicklung der Jahre 1928 bis 1935, die von Schenck vertraulich zugespielt wurde, bestätigt die Schätzungen des Deutschen Gemeindetages. Sie zeigt eindeutig den Trend ständig fallender Beträge. Einem Aufwand von 1674 Reichsmark pro Kilometer stehen nur noch 835 Reichsmark für 1935 gegenüber.[205] In dem Schreiben wurde darauf hingewiesen, daß der Betrag "sogar noch niedriger (war)... als im Krisenjahr 1931." Dazu komme, "daß die Kreise in Verfolg der Neuregelung des Straßenwesens bekanntlich ihre besten Straßen an das Reich oder die Provinzen abgegeben haben und dafür durchschnittlich wesentlich schlechtere Straßen von den Gemeinden übernehmen mußten."[206] Die Vernachlässigung der Landstraßen, insbesondere der Landstraßen II. Ordnung stand prinzipiell im Widerspruch zur Entwicklung des Straßengüterverkehrs. Mit dem Werkverkehr nahm gerader jener Teil des Lkw-Verkehrs rasch zu, der überwiegend Orts- und Flächenverkehr war. Dadurch wurde das Netz der ehemaligen Kreisstraßen sowie der Gemeinde- und Stadtstraßen am stärksten beansprucht, während die Mittel für ihre Unterhaltung fehlten.

Die Gemeinden selbst waren durch die Neuordnung des Straßenwesens am härtesten getroffen. Ihre Finanzkrise hielt seit Jahren an. Bereits in der Weimarer Republik war die Finanzlage der Gemeinden als schwächstes Glied in der Kette der staatlichen Gebietskörperschaften das "drückendste Problem" der

---

204 Akten des Deutschen Gemeindetages, Vorbericht für die Sitzung des Ausschusses für Straßenwesen am 15. September 1936 in München, S. 4, in: BA R 36/2564.

205 Schreiben des Präsidenten der Preußischen Bau- und Finanzdirektion, Abt. IV Finanzwirtschaft Tagebuch-Nr. 1909 Fin.37. an den Deutschen Gemeindetag z. Hd. des Herrn Jelten v. 7.10.1937, beiliegende Tabelle, in: BA R 36/2537.

206 Schreiben von Tapolski an Herrn von Schenck v. 13.10.1937, in: BA R 36/2537.

kommunalen Selbstverwaltung.[207] Während der Wirtschaftskrise spitzte sich die Lage zahlreicher Kommunen kritisch zu, so daß eine Konsolidierung der kommunalpolitischen Haushalte nur über eine allgemeine Umschuldung möglich erschien. Das Umschuldungsgesetz von 1933 übertrug alle kommunalen Schulden einem Umschuldungsverband, der mit der langfristigen Tilgung beauftragt war. Dadurch wurde jedoch der Handlungsspielraum der Gemeinden weiter eingeschränkt.[208] Hinzu kam daß die gemeindlichen Selbstverwaltungs- und Interessenorgane nach 1933 politisch stark an Einfluß verloren. Der Deutsche Gemeindetag als offizieller Nachfolger der kommunalen Spitzenverbände stand in Konkurrenz zu dem neugeschaffenen Amt für Kommunalpolitik, über das die Partei ihren Einfluß geltend zu machen suchte.[209] In den folgenden Jahren geriet die kommunale Finanzpolitik immer mehr unter das Diktat der Reichspolitik. Sie wurde streng auf die allgemeinen wirtschafts- und finanzpolitischen Ziele des Reiches und das hieß vor allem auf die Rüstungsziele ausgerichtet. Unter diesem Gesichtspunkt steuerte das Reich den Gemeindefinanzausgleich, die kommunalen Ausgaben sowie die Kredit- und Rücklagenpolitik.[210] Letztere erwies sich als besonders effektives Instrument zur Steuerung der kommunalen Finanzpolitik. Durch entsprechende Gesetzesauflage ließen sich große Teile der gemeindlichen Ausgaben und vor allem der Investitionen kontrollieren. Hinter dem wohlklingenden Wort der Konsolidierung verbarg sich die drastische Einengung kommunaler Handlungsspielräume. Auf der Einnahmenseite wurde die Möglichkeit zur Kreditaufnahme unter Hinweis auf die übermäßige Verschuldung der Gemeinden stark eingeschränkt. Gleichzeitig wurden die vorgeschriebenen Rücklagen zur Finanzierung langfristiger Bauvorhaben erhöht.[211] Ab 1936 blieb der Kapitalmarkt für die Kommunen praktisch verschlossen, weil seine Mittel vollständig für das Reich zur Finanzierung

---

207 Matzerath, Nationalsozialismus und kommunale Selbstverwaltung, a.a.O.,S. 23ff.

208 Ebd., S. 97.

209 Vgl. ebd., S. 203ff.

210 Ebd., S. 353.

211 Die Ausgaben und Einnahmen der Gemeinden und Gemeindeverbände für 1935/36 und vorläufige Angaben für 1936/37, in: Wirtschaft und Statistik (17) Nr. 9, S. 348f. Bereits mit der Notverordnung v. 5.8. 1931 war den Sparkassen und kommunalen Kreditinstituten verboten worden, den Gemeinden Kredite zu geben oder für sie Anleihen zu begeben. Dies wurde im dritten Reich durch das Umschuldungsgesetz v. 21.9.1933 (RGBl I, S. 647), bzw. Neufassung v. 29.3.1935 (RGBl. I, S. 4569) fortgeschrieben. Die Rücklagen wurden gesteuert durch die Rücklagenverordnung v. 5.5.1936 (RGBl. I, S. 435).

der Rüstung gebraucht wurden,[212] während zugleich immer mehr liquide Mittel in Rücklagenfonds gebunden waren. Daraus ergab sich die groteske Situation, daß sich die finanzielle Lage der Gemeinden durch den fortschreitenden Schuldenabbau tatsächlich konsolidierte, ihnen aber dennoch die Mittel fehlten ausreichend in die Sicherung ihrer Vermögenswerte zu investieren. Die Folgen hatte vor allem der Straßenbau zu tragen. Der Anteil von Krediten zur Finanzierung des Straßenbaus ging bei den Gemeinden nach 1934 drastisch zurück. Die für straßenbauliche Zwecke verwendeten Kreditaufnahmen der Gemeinden sanken bereits von 1935 auf 1936 absolut von 35 auf 22 Millionen Reichsmark.[213]

35. Abb.: Verlauf der Schuldenaufnahme der Gemeinden (Werte in Prozent)

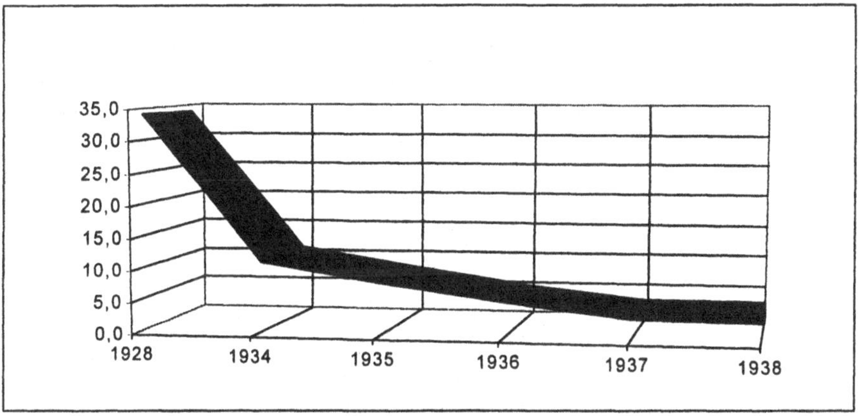

Quelle: R. Adamek, F. Saake: Die Straßenkosten und ihre Finanzierung, Bielefeld 1952, S. 79 (Tab. 54)

Darüber hinaus hatte die Neuregelung des Straßenwesens den Gemeinden neue erhebliche Zusatzlasten gebracht, indem alle Kommunen mit mehr als 6000 Einwohnern ihre Ortsdurchfahrten im Zuge von Reichs- und Landstraßen selbst zu unterhalten hatten.[214] Nach einer Erhebung des Jahres 1937 waren dies 9466

212 Matzerath, Nationalsozialismus und Kommunale Selbstverwaltung, a.a.O., S. 361.

213 Die Ausgaben und Einnahmen der Gemeinden und Gemeindeverbände für 1935/36 und vorläufige Angaben für 1936/37, in: Wirtschaft und Statistik (17) 1937, Nr. 9, S. 352.

214 Durchführungsverordnung zum Gesetz über die einstweilige Neuregelung des Straßenbaus und der Straßenverwaltung, RGBl I 1935, S. 243.

Kilometer, die zu den befestigten Gemeindestraßen hinzukamen. Insgesamt hatten dadurch alle Gemeinden über 1000 Einwohner befestigte Straßen in einer Länge von 98183 Kilometer zu unterhalten. Daneben unterhielten die Gemeinden unter 1000 Einwohnern noch ein befestigtes Straßennetz von 89.968 Kilometern, so daß das kommunale Straßennetz insgesamt eine Länge von 191.348 Kilometer auswies und damit noch einmal fast solang war wie das klassifizierte Straßennetz.[215] Die Straßen in den kleinen Landgemeinden waren zum größten Teil nur sehr einfach ausgebaut, jedoch auch keinem schweren Verkehr ausgesetzt, so daß ihr Ausbau als wenig dringlich angesehen werden konnte.

36. Tab.: Ausbauzustand der von Gemeinden über 1000 Einwohner unterhaltenen befestigten Straßen am 31.3.1937

Ausbauzustand	Kilometer	Prozent
Leichte Decken	53373,7	54,4
Mittelschwere Decken	17611,7	17,9
Altes Kopfsteinpflaster	7737,1	7,9
Schwere Decken insges.	27197	27,7
Gesamtlänge	98183	100

Quelle: Wirtschaft und Statistik (18) 1938, Nr. 19, S. 775.

Anders war die Lage in den Großstädten und ihrem Umland. Hier konzentrierte sich der Lkw-Verkehr weit stärker als im überregionalen Netz der Reichs- und Landstraßen, weil der Werkverkehr in den Großstädten überragende Bedeutung hatte. Aufgrund des beschränkten Handlungsspielraums aller Kommunen fiel es schwer, diesen Belastungen im Straßenbau gerecht zu werden. Immerhin hatten die großstädtischen Kommunen über 100.000 Einwohner 1937 rund 40 Prozent ihrer Straßen mit schweren Decken versehen, wobei allerdings altes langlebiges Kleinpflaster vorherrschte. Fast ebenso groß war jedoch der Anteil der Straßen mit leichten Decken (45 Prozent). In den kleineren Gemeinden mit geringerer Finanzkraft nahm jedoch der Anteil schwerer Decken rasch ab und der Prozentsatz leichter Bauweisen zu. Dies wurde vor allem dort problematisch, wo diese Kommunen im Einzugsgebiet größerer Städte oder Industriezentren lagen und den auf die Stadt ausgerichteten Zielverkehr bzw. den von dort ausstrahlenden Lkw-Verkehr verkraften mußten. Die Belastung der von den Gemeinden unter-

---

215 Zahlen nach: Wirtschaft und Statistik (18) 1938, Nr. 19, S. 775. (Die Erhebung umfaßte Gemeinden mit über 1000 Einwohnern, ohne Berlin. Die Stadt hatte 3197,2 Kilometer befestigte Straßen.)

haltenen Ortsdurchfahrten von Reichsstraßen lag in den Ländern und Provinzen mit Industriezentren signifikant hoch. So lag die mittlere Tonnenkilometerlast durch Lkw in 24 Stunden im Jahresdurchschnitt in brandenburgischen Kommunen bei 214.346 tkm, in westfälischen bei 351.493 tkm, in den Kommunen der Rheinprovinz bei 245.168 tkm sowie in den sächsischen Gemeinden bei 319.166 tkm. Demgegenüber lag das Reichsmittel bei 2537 tkm in 24 Stunden.[216]

37. Tab.: Ausbauzustand der von Gemeinden über 1000 Einwohner unterhaltenen befestigten Straßen nach Gemeindegrößenklassen

	Straßenlängen in Kilometer				
Gemeinden nach Einwohnerzahl	Befestigte Straßen ges.	Leichte Decken	Mittelschw. Decken	Altes Kopfsteinpf.	Schwere Decken
über 100.000	20287,7	9137	1956,2	954,2	8240,4
50.001-100.00	5871,4	1992	643,4	286,4	1949,6
25.001-50.000	7694,4	4151,8	652	698,1	2192,5
10.001-25.000	11367,9	6830,6	851,4	1179,9	2506
6.001-10.000	8,469,4	5413	524,8	962,4	1569,3
5.001-6.000	3495,8	2668	157,6	331,5	338,7
2.001-5.000	18985	14970,2	675,9	1795,1	1543,7
1.001-2.000	22011,4	18981,2	380,4	1529,6	1120,2
Zusammen	98183	65143,7	5841,7	7737,1	19460,5

Quelle: Wirtschaft und Statistik (18) 1938, Nr. 19, S. 776.

Da bis 1939 alle Bemühungen scheiterten, die Kreditrestriktionen für die Kommunen zu lockern,[217] gelang es diesen nicht, ihre Straßenbauausgaben in nennenswertem Ausmaß zu steigern. Die Investitionen blieben insgesamt deutlich hinter den 20er Jahren zurück. Den Gemeinden fiel es daher zunehmend

---

216 Zahlen nach: Der Kraftverkehr auf Reichsautobahnen, Reichs- und Landstraßen, a.a.O., Mittelwerte der Länder und Provinzen und Mittelwerte des Reichs innerhalb der Ortsdurchfahrten (Tabelle 39, Teil a) Reichsstraßen), S. 106f. Die Werte für die Reichsstraßen können als ein Indikator gelten, da die Belastungen der kommunalen Straßen und Wege nicht erfaßt wurde. Dort lag jedoch das Problem, denn der Ausbauzustand der Reichsstraßen war auch in den Ortslagen gut, nicht jedoch der der Kommunalstraßen. Vgl. Wirtschaft und Statistik (18) 1938, Nr. 19, S. 776.

217 Matzerath, Nationalsozialismus und Kommunale Selbstverwaltung, a.a.O., S. 3362.

schwerer, den Ausbauanforderungen des GI für die Ortsdurchfahrten von Reichs-und Landstraßen sowie die Anschlußstellen für die Reichsautobahnen in den Städten aus eigenen Kräften zu entsprechen. Die Bauräte der Kommunen klagten beim Deutschen Gemeindetag über den unzulänglichen Kraftfahrzeugsteueranteil der Gemeinden und forderten für die Anschlußstellen Zuschüsse aus den Mitteln für die Reichsautobahnen.[218] Diesem Ansinnen war Todt jedoch bereits mit einem Runderlaß entgegengetreten. Er räumte zwar ein, daß infolge des Autobahnbaus oft ein starker Lkw-Verkehr die schwach befestigten Wege abnutze, wollte eine Entschädigung, wenn überhaupt aber nur für leistungsschwache Wegebaupflichtige in Betracht ziehen.

38. Tab.: Ausgaben der Gemeinden für Unterhaltung und Neubau von Straßen in Mio RM

Jahr	U+I	A+U
1926	198	311,6
1927	217	366,4
1928	214	350,8
1929	221	342,4
1930	206	206,2
1931	161	109,1
1932	136	95,2
1933	154	194,2
1934	161	183,2
1935	161	197,3
1936	156	209,1
1937	173	239,2
1938	242	242

Quelle: R. Adamek, F. Saake: Die Straßenkosten und ihre Finanzierung, Bielefeld 1952, S.56-61 (Tabellen:27,29,33)

Dabei sollten auch Vorteile durch die Reichsautobahnen, Wirtschaftsbelegung, höhere Steuereinnahmen etc. berücksichtigt werden.[219] Das bedeutete praktisch, daß es nur in den seltensten Fällen zu einer Entschädigung kam. Bald wurden

---

218 Akten des Deutschen Gemeindetages, Redebeitrag des Stadtbaurats Dr. Leske in der Sitzung des Straßenbauausschusses v. 30.6.1936, in: BA R 36/2564.

219 Der Generalinspektor für das deutsche Straßenwesen, Runderlaß Nr. 13/36, v. 10.3.1936, in: BA R 36/2547.

vom GI jegliche Reichszuschüsse, auch in Form von Darlehen oder Grundförderung, abgelehnt. Die Wegeunterhaltungspflichtigen müßten "allmählich mehr als bisher mit eigenen Mitteln eintreten."[220] - Die Abschöpfung eines Großteils dieser Eigenmittel durch Rücklagenfonds wurde vom GI dabei übersehen. Heymann wies demgegenüber darauf hin, daß die Lasten der Gemeinden ständig ohne Ausgleich vermehrt würden. Der Zustand der Straßen müsse sich dauernd verschlechtern, wenn vom Reich keine Hilfe komme.[221] Dabei bezog er sich nicht nur auf die Belastung der Gemeinden durch Ortsdurchfahrten und Anschlußstellen, sondern auch auf den Verteilungsschlüssel der Baukosten der einzelnen Wegearten. Dieser war ebenfalls drastisch zu Lasten der Gemeinden geändert worden. In einem Schreiben an den GI schilderte der Landrat von Ekkernförde, Alnor, mit offenen Worten die Situation. Zum einen machte er deutlich, daß der Straßenbau zunehmend eine zentral vom Reich gelenkte Veranstaltung wurde: "Einmal sind die Ursache Industrie-Verlagerung, dann ländliche Siedlung, dann militärische Zwecke usw." Auf jeden Fall handele es sich immer um Gründe, "die zwingend sind, bei denen eine Vertagung nicht möglich ist." Kreise und Gemeinden hätten jedenfalls "durchgängig hierauf keinen Einfluß".[222] Andererseits warteten die Kommunen noch immer auf das 1933 angekündigte Reichswegegesetz, das die Lastenverteilung im Straßenbau regeln sollte. Alnor wies darauf hin, daß der Verteilungsschlüssel für die jetzigen Landstraßen I. Ordnung von früher 30:30:40 (Prozente für Provinz, Kreis, Gemeinde) in 25:25:50 geändert worden sei. Die Beteiligung der Gemeinden sei somit so groß, "daß ein Neubau praktisch ausgeschlossen war." Für die Landstraßen II. Ordnung sei der Verteilungsschlüssel von 25:25:50 in 15:15:70 geändert worden, "was praktisch eine Stillegung des Wegebaues bedeutete."[223] Vor dem Hintergrund dieser prekären Situation sah sich der Kreis nun mit der Forderung nach Erschließung der Kieler und Eckernförder Außenförde konfrontiert, und zwar in der Hauptsache aus militärischen Gründen. Die in den letzten Jahren gebauten oder im Bau befindlichen militärischen Anlagen zwangen den Kreis zum Bau einer Landstraße I. Ordnung und belasteten darüber hinaus das gesamte regionale Straßennetz. Alnor wies nachdrücklich daraufhin, daß "alle diese Anlagen" einen "derartigen Lastkraftwagen- und sonstigen Au-

---

220 Redebeitrag des MinR. Schulze beim GI in der Sitzung des Straßenbauausschusses v. 30.6.1936, in: BA R 36/2564.

221 Redebeitrag Heymanns in ders. Sitzung, in: BA R 36/2564.

222 Akten des Deutschen Gemeindetages, Schreiben des Landrats von Eckernförde, Alnor, an den GI v. 28.10.1937, 1. Bl., in: BA R 36/2547.

223 Ebd., 2. Bl., in: BA R 36/2547.

toverkehr" hervorriefen, "daß den Gemeinden schlechterdings nicht mehr zugemutet werden kann, die Wegeunterhaltung für eine derartige allerschwerste - Munitionstransporte-Wegebenutznung zu tragen." Ganz abgesehen davon, "daß die Wege - unausgebaute Gemeindewege - gar nicht in der Lage sind, eine derartigen Verkehr zu tragen."[224]

Die wachsende Zentralisierung des Straßenbaus führte immer mehr zur Mißachtung regionaler Besonderheiten und Erfordernisse, die besser dezentral entschieden und betreut worden wären. Vor allem die Kreise beklagten den Verlust ihrer eigenständigen Bauverwaltungen. Der Landrat des Kreise Calbe, Vorstandsmitglied beim Deutschen Gemeindetag, kritisierte, die Landesbauämter hätten viel zu wenig Personal, um die erforderlichen technischen Arbeiten rechtzeitig zu erledigen. Im Falle eines Bauprojekte war er dazu übergegangen, die Vorbereitung durch eigene Mitarbeiter zu übernehmen, daraufhin sei jedoch das Provinzialbauamt doch noch tätig geworden, allerdings ziehe sich die Sache bereits über Jahre hin.[225] Der Landrat klagte außerdem über die Bevorzugung der Reichs- und großen Durchgangsstraßen, die "stets den Vortritt vor der Pflege der bisherigen Kreisstraßen" erhielten. Dadurch müsse ihr Verfall fortschreiten.[226] Bereits 1937 kursierte das Gerücht über eine weitere Zentralisierung der kommunalen Bauverwaltungen und Zusammenfassung beim GI.[227] In den folgenden Jahren wurde die Machtfülle Todts und seine Eingriffe in die Verwaltung zunehmend kritisch gesehen. Heymann monierte, daß die unscharfe Abgrenzung der Befugnisse des GI gegenüber den Baulastträgern der Landstraßen I. und II. Ordnung dazu führen müsse, daß dieser seine Befugnisse nach Möglichkeit auszudehnen suche. Es falle wohl nicht unter den Begriff Fachaufsicht, daß der GI neuerdings auch die "Finanzgebarung" der Provinzialverbände im Hinblick auf den Straßenbau nachprüfe.[228]

Tatsächlich war eine vollständige Zentralisierung des Straßenbaues das Ziel Todts. Ein Jahr später leitete er dem Innenministerium seine Vorstellungen über eine erneute "Neuregelung" des Straßenwesens zu, die von dem Gedanken ausging, daß der "Straßenbau Hoheitsaufgabe sei, der auf die Dauer nicht zum

---

224 Ebd., 3. Bl., in: BA R 36/2547.

225 Akten des Deutschen Gemeindetages, Schreiben des Landrats des Kreises Calbe an Herrn von der Lühe v. 10.5.1937, in: BA R 36/2530.

226 Schreiben des Landrats des Kreises Calbe...., in: BA R 36/2530.

227 Schreiben des Landrats des Kreises Calbe...., in: BA R 36/2530.

228 Schreiben Heymanns an Herrn Assessor Kniepmeyer, v. 9.4.1938, S. 3, in: BA R 36/2530.

Wirkungskreis von Selbstverwaltungskörperschaften - abgesehen von der Aufbringung der Unterhaltskosten für einzelne Straßengruppen - gehören könne."[229] Dieser Eingriff in die Selbstverwaltung der wegebaupflichtigen Gebietskörperschaften lief darauf hinaus, sie ausschließlich zu weisungsgebundenen Ausführungsorganen der Reichsbehörde zu machen und wurde von ihnen daher heftig bekämpft. Die Proteste verwiesen auf die verhängnisvollen Folgen einer solchen Zentralisierung, die auf der Hand lagen: mangelndes Interesse eines Kreises an Straßen, für die er nur bezahlen, über die er aber nicht bestimmen durfte, die ständige Bevorzugung der Straßen höherer Ordnung vor den kleinen durch Überlastung einer zentralen Behörde und damit fortschreitender Verfall der Straßen.[230] "Die ausschließlich Kompetenz eines Reichsstraßenbauamtes, wie sie Todt vorschwebte, mußte nach Ansicht der Kreise im Land groteske Folgen zeitigen: "Der bäuerliche Gemeindebürgermeister wird dann zu dem 70 km entfernten Baurat fahren müssen, mit dem er sonst nie etwas zu tun hat."[231] Nicht zuletzt wurden die negativen Folgen für die "Einheit der Verwaltung" angeführt. Die Kreise und Kommunen setzten damit auf die Unterstützung des Reichsinnenministers, der seit Jahren die von Hitler betriebene Auflösung der einheitlichen Verwaltung durch die Einsetzung von immer neuen Sonderbehörden auf Reichsebene bekämpfte.[232] Todt setzte sich jedoch durch. Im April 1939 mußten die Kreise die Verwaltung ihrer Straßen an die Länder und Provinzen übergeben. Die Baulast verblieb ihnen.[233] Vor diesem Hintergrund erscheint ein Szenario, mit dem der Regierungsrat a.D. von der Lühe 1930 in der Automobiltechnischen Zeitschrift Forderungen zur Reform der Straßenbauverwaltung entgegentrat als geradezu prophetisch: „Wenn ein solches Zentralinstitut, das, nebenbei bemerkt, einen Riesenapparat umfassen müßte, mit diesen Zuständigkeiten begründet würde, so würde das praktisch darauf hinauskommen, daß die Straßen in seine ausschließliche Unterhaltung übergingen; den jetzigen Trägern würde gnädigst gestattet, ihr Personal zur Verfügung zu stellen

---

229 Schreiben des RIM an die preußischen Oberpräsidenten der Provinzialbauämter v. 10.1.1939, in: BA R 36/2530.

230 Schreiben des Landrats von Ahaus an den Regierungspräsidenten von Münster v. 24.1.1939, in: BA R 36/2530.

231 Schreiben des Landrats von Ahaus...., in: BA R 36/2530.

232 Frick war der einzige, der an den Maßstäben eines modernen Verfassungs- und Verwaltungsstaates festhalten wollte. Vgl. M. Rauh: Anti-Modernismus im nationalsozialistischen Staat, in: Hist. Jb. 107 (1987), S. 96f.

233 Verwaltung der Landstraßen II. Ordnung. RdErl. d. RMdI. v. 20.3.1939 - V Wi 53/39-5030, in: RMBliV. S. 631.

und aus ihren Steuermitteln zu der Unterhaltung beizutragen. Eine solche Organisation, bei der die Länder und Kommunen (...) von einer Berliner Stelle am Gängelband geführt werden, wäre eine völlige Unmöglichkeit. Sie wäre eine Über- und Doppelorganisation wie sie schlimmer nicht gedacht werden könnte."[234] Das zeigt, daß auch in diesem Bereich „Reformen", die unter dem Nationalsozialismus rasch umgesetzt wurden, bereits in der Weimarer Zeit vorgedacht worden waren. Schon damals erhoben sich Stimmen, die von einer straffen Zentralorganisation mit entsprechender Weisungsbefugnis Abhilfe gegen den mühsamen Prozeß dezentraler demokratischer Willensbildung erhofften. In einem irrte allerdings von der Lühe, als er schrieb: „Daß sie (die Zentralorganisation) auch politisch gegen den Widerstand der Länder und Kommunen niemals durchsetzbar wäre, darüber kann wohl auch kein Zweifel bestehen."[235]

Insgesamt wurden in den Jahren 1933 bis 1939 große Anstrengungen unternommen, um das Straßennetz dem wachsenden Kraftverkehr anzupassen. Dies zeigte sich in einem beachtlichen Ausbaufortschritt der Decken bei den überregionalen Reichsstraßen und einem Teil der Landstraßen. Andererseits wirkte die Zentralisierung der Straßenbauverwaltung und die strikte Priorität der Reichsstraßen gegenüber den Landstraßen einem bedarfsgerechten Ausbau entgegen. Die Vernachlässigung der Landstraßen II. Ordnung und der Straßen, die sich in kommunaler Trägerschaft befanden, wurde der allgemeinen Verkehrsverteilung nicht gerecht. Ein stark angewachsener Werkverkehr beanspruchte vor allem die kommunalen Straßen und die ländlichen ehemaligen Kreisstraßen (Landstraßen II. Ordnung), während dem zahlenmäßig viel geringeren Fernverkehr Autobahnen und gut ausgebaute Reichsstraßen zur Verfügung standen. Der wichtigste Grund für diese Entwicklung lag - neben den mangelnden Entscheidungsbefugnissen auf dezentraler Ebene - vor allem in den beschränkten Finanzierungsmöglichkeiten. Die strengen Kreditrestriktionen für die Gebietskörperschaften, vor allem für die Gemeinden, machten es den Baulastträgern unmöglich den Aus- und Umbau von Straßen weitgehend durch Anleihen zu finanzieren, wie es dem Gebot einer modernen Finanzierungsform entsprochen hätte. Was beim Autobahnbau konsequent vollzogen wurde, blieb im Landstraßenbau entgegen der erklärten politischen Absicht Wunschdenken. Modernisierungsanspruch und Realität klafften auseinander.

---

234 Von der Lühe: Die reformbedürftige Straßenbaufinanzierung, in: ATZ (33) 1930, H.8, S. 210.

235 Ebd.

4.1.4 Konkurrierende Entwürfe der Güterverkehrswirtschaft: Großes Monopol oder "Freies Gewerbe"

Die Verkehrsordnungspolitik suchte im Spannungsfeld zwischen Wirtschaftslenkung und Leistungswettbewerb nach einem Mittelweg, einer Synthese von Markt und Staat.[236] Die konkrete Form dieser Synthese im Verkehr war zunächst heftig umstritten, was zu einer Verzögerung der geplanten gesetzlichen Neuregelung für Eisenbahn- und Lkw-Verkehr führte. Einerseits erschien gerade in der Verkehrspolitik ein straffer staatlicher Dirigismus notwendig, um den Verkehr konsequent für die politischen Ziele der Regierung zu instrumentieren; andererseits herrschte Skepsis, ob auf diese Weise der gewünschte Fortschritt in der Motorisierung, vor allem auch in der technischen Entwicklung des Kraftwagens erzielt werden könnte. Hitler selbst befaßte sich unmittelbar nach der Machtübernahme im Rahmen des geplanten Autobahnbaus selbst mit der künftigen Entwicklung des Güterkraftverkehrs. Am 16. März empfing er Generaldirektor Dorpmüller zu einer Aussprache über den Konflikt zwischen Eisenbahn und Kraftwagen. Die Reichsbahn hielt an ihren Monopolforderungen fest, stieß damit jedoch bei Hitler auf Skepsis.[237] Hitler äußerte sich überzeugt, daß dem Kraftverkehr die Zukunft gehöre, daß sich der Verkehr immer mehr von der Schiene abwenden und der Straße und dem Luftweg zuwenden würde. Er betonte, die Entwicklung des Kraftwagens sei bisher "unter Verkennung seiner Bedeutung" aufgehalten worden. Nunmehr müsse der Kraftverkehr "nach Kräften unterstützt werden". Dabei wollte er zwar anerkennen, daß Eisenbahn- und Kraftwagenverkehr "nicht nach verschiedenen Grundsätzen" behandelt werden könnten, befürchtete jedoch, daß die Reichsbahn, wenn man ihr auch für den Kraftverkehr das Monopol überlassen würde, den Lkw verkümmern ließe. Und das verstieß nach seiner Auffassung sowohl gegen die Interessen der Wirtschaft als auch der Wehrmacht. Andererseits gab Hitler zu, er stehe "auf dem Boden der Monopolisierung", und zwar aus militärischen Gründen, "damit das Reich im Verteidigungsfalle über eine genügende Zahl betriebsfähiger Kraftwagen" verfügen könnte. Der Reichsbahn wollte er nur dann das Monopol anvertrauen, "wenn die Sicherheit dafür geschaffen werden könnte, daß auch der Kraftwa-

---

236 Vgl. Petzina: Soziale und wirtschaftliche Entwicklung, in Deutsche Verwaltungsgeschichte, a.a.O., Teil II, S. 665f;

237 Gespräch zwischen Hitler und Dorpmüller in der Reichskanzlei am 16.3.1933, in: BA R 43 I/1074.

genverkehr" von ihr wesentlich gefördert würde.[238] Hitler beauftragte zunächst von Eltz-Rübenach einen Gesetzentwurf über ein Kraftverkehrsmonopol auszuarbeiten. Der Inhaber des Monopols blieb vorläufig offen. Hitler wollte eine Konfrontation mit der Reichsbahn wenn möglich vermeiden.[239]

Ein neuer Gesetzentwurf, der insbesondere die Form der Einbindung des privaten Unternehmertums in die Organisation der Reichsbahn berücksichtigen sollte, wurde vom Reichsverkehrsministerium im Sommer 1933 in Umlauf gebracht.[240] Der Entwurf knüpfte erkennbar an die Bestimmungen der Notverordnung an und enthielt keine grundlegend neuen Gedanken zur Förderung der Motorisierung. Dagegen waren zwei Verschärfungen vorgesehen, die beide in der Weimarer Zeit diskutiert und abgewendet worden waren: die Konzession wurde an eine volkswirtschaftliche Bedürfnisprüfung gebunden, und die Unternehmen mußten einem Zwangsverband beitreten. Dem Reichskraftwagen-Betriebsverband (RKB) wurde der Abschluß von Beschäftigungsverträgen mit der Reichsbahn übertragen. Außerhalb dieser Verträge durfte kein Unternehmer Güterfernverkehr betreiben.[241] Damit wären die Unternehmen zwar formal selbständig geblieben, de facto jedoch zu "Lohnkutschern der Reichsbahn" geworden, denn die "Vergütung" für die Beförderungsleistungen sollte von einem Ausschuß aus Reichsbahn- und Verbandsvertretern festgelegt werden.[242] Letztlich wäre der Güterfernverkehr durch die Konstruktion des Gesetzentwurfs zu einem staatlich dirigierten Monopolbetrieb der Reichsbahn geworden.

Die Verabschiedung des Gesetzes hatte von Eltz-Rübenach für den 1. Oktober 1933 in Aussicht genommen.[243] Für die Übergangszeit versuchte der Minister eine weitere Verschärfung des Wettbewerbs durch eine vorläufige Konzes-

---

238 Gespräch zwischen Hitler und Dorpmüller in der Reichskanzlei am 16.3.1933, in: BA R 43 I/1074.

239 Hitler versicherte Dorpmüller seiner Anerkennung über die Verdienste der Reichsbahn und avisierte ihm in naher Zukunft ein Gespräch, in dem er sich "über die Lage und Ziele der Reichsbahn" eingehend unterhalten wollte, Hitler zu Dorpmüller, ebd. in: BA R 43 I/1074.

240 Gesetzentwurf für ein neues Überlandverkehrsgesetz v. 12.4.1933, Kopie, in: DBU-Archiv Ob Schmidt 16.

241 Gesetzentwurf für ein neues Überlandverkehrsgesetz v.12.4.1933, Kopien, in: DBU-Archiv Ob Schmidt 16.

242 Heimes, Vom Saumpfad zur Transportindustrie, a.a.O., S. 112.

243 Schreiben des RVM an die Spitzenvertretung des gewerblichen Kraftverkehrs v. 1.7.1933, in: BA R 43 I/1074.

sionssperre im Güterfernverkehr zu verhindern.[244] Die Reichsbahn durfte sich weiter motorisieren, wurde jedoch in ihren Einsatzmöglichkeiten beschränkt, indem sie bis zu einer gesetzlichen Neuregelung des Eisenbahn-Kraftwagen-Wettbewerbs von Hausanlieferungen durch eigene Kraftwagen absehen mußte, um die Benachteiligung des Kraftverkehrs bis dahin nicht zu groß werden zu lassen. Aus dem gleichen Grund verfügte der Reichsverkehrsminister die endgültige Einstellung der umstrittenen fallweisen Rollgeldzuschüsse zum 30. September 1933.[245] Das Speditionsgewerbe, das unter den Auswirkungen des Schenker-Vertrages zu leiden hatte, versuchte seit Jahresbeginn in zahlreichen Eingaben eine Annullierung des Vertrages zu erreichen[246] und statt dessen eigene Ordnungsvorstellungen, wie sie etwa die Gedekra formuliert hatte, durchzusetzen.[247] Der Entwurf des Reichsverkehrsministeriums ließ dagegen erkennen, daß mit der geplanten Bewirtschaftung der Transporte durch den RKB für die Kraftwagenspediteure kein Raum blieb. Von seiten der Spediteure kamen daher auch die stärksten Widerstände gegen das geplante neue Gesetz. Die Ge-

---

244 Die Genehmigungssprerre galt ab 7.7.1933. Erlaß des RVM v. K.2. 4900/33 v. 19.8.1933. Proteste der Gedekra (vgl. Schreiben der Gedekra an die Industrie- und Handelskammern v. 13.9.1933 mit der Bitte um Intervention beim RVM, in: WWA K 2 Nr. 348) blieben erfolglos. Der DIHT beschloß in einer Besprechung der Verkehrsreferenten, die Sperre sei kurzfristig hinnehmbar, man müsse abwarten. Sitzungsprotokoll v. 7.10.1933, in: WWA K 1 Nr. 1938. Am 14.12. 1933 wurde die Sperre auf den Ersatz alter Fahrzeuge ausgedehnt. Erlaß des RVM K.2. 66 72/33. Die Bestimmung wurde allerdings schon mit einem neuen Erlaß K.2. 54/34 v. 13.1.1934 zurückgenommen; vgl. Mitteilung des DIHT v. 2.2.1934, in: WWA K 2 Nr. 348.

245 Schreiben des RVM an die Reichsbahn-Hauptverwaltung v. 1.7.1933, in: BA R 43 I/1074.

246 Auslöser waren neuerliche Schritte der Reichsbahn zur Ausweitung der im Schenker-Vertrag festgeschriebenen Zuschußmöglichkeiten auf den Sammelladungsverkehr (vgl. dazu unten näheres), die einer Monopolisierung des gewerblichen Güterverkehrs Vorschub leisteten. Dagegen protestierten der VDS, der Reichsverband der Auftragsspediteure, die Gedekra, der Reichsverband der Fuhrbetriebe, der Bund freier Spediteure sowie namentlich der vom gesamten freien Verkehrsgewerbe eingesetzte Arbeitsausschuß gegen das Verkehrsmonopol in einer Eingabe an den Reichskanzler v. 17.2.1933, in: BA R 43 I/1074; vgl. das erneute Protestschreiben der Gedekra v. 24.2.1933 gegen die Bezuschussungspraxis der Reichsbahn, in: RWWA 22-232.

247 Die Gedekra wiederholte in einem Rundschreiben an alle Industrie- und Handelskammern ihre im vergangenen Jahr gemachten Ordnungsvorschläge zur Kartellierung des Kraftverkehrsgewerbes und strenger Tarifkontrolle unter Einbeziehung des Spediteurs, Rundschreiben v. 22.3.1933, in: RWWA 22-232.

dekra wandte sich an die Industrie- und Handelskammern mit der Bitte, beim Reichsverkehrsministerium darauf zu dringen, daß eine Werbevergütung für die Spediteure im Gesetz verankert würde.[248] Damit wäre eine offizielle Anerkennung der Spediteurstätigkeit ausgesprochen worden, die die Existenzberechtigung der Kraftverkehrsspediteure zumindest formal gesichert hätte. Der Vorstoß war naturgemäß mit einem Reichsbahn-Monopol unvereinbar. Auch von anderer Seite sah sich das Reichsverkehrsministerium noch immer starken Widerständen gegen eine vollständige Monopolisierung des Güterfernverkehrs bei der Reichsbahn gegenüber. Die IHK Dresden ging mit einer eigenständigen Stellungnahme an die Öffentlichkeit, in der sie sich entschieden gegen ein Monopol der Reichsbahn wandte und für eine wettbewerbsfähige Organisation des Kraftverkehrsgewerbes eintrat.[249] Der Reichsverband des Deutschen Groß- und Überseehandels sprach sich ebenfalls erneut entschieden gegen jede Monopolisierung des gesamten Güterfernverkehrs auf Schiene und Straße aus und forderte, daß ein Ausgleich des Wettbewerbs zwischen den Verkehrsmitteln auf keinen Fall zu einer Verteuerung für die Verlader führen dürfe. Dafür sei unerläßlich, daß ein genügender Leistungswettbewerb zwischen Schiene und Straße erhalten bliebe.[250] Schließlich wurde der das Monopol vorbereitende Gesetzentwurf wieder zurückgestellt und statt dessen erwogen, die Bestimmungen im Schenker-Vertrag und in der Notverordnung zu verbessern.[251]

Indessen erzielte die Reichsbahn kurze Zeit später Pilotabschlüsse mit einzelnen gewerblichen Kraftverkehrsunternehmen, die als Modell zur Eingliederung des Güterkraftverkehrs in ihren Betrieb gelten konnten. Der Vorstoß ging auf eine Initiative des Wirtschaftsbeauftragten des „Führers", Keppler, zurück, der die Reichsbahn aufgefordert hatte, durch Verhandlungen mit dem Verkehrsgewerbe selbst eine Neuregelung des Bahnspeditionswesens und des

---

248 Gedekra-Schreiben an die Industrie- und Handelskammern v. 24.7.1933, in: RWWA 22-232.

249 Aussprache im Verkehrsausschuß des DIHT am 10.7.1933. Der Ausschuß distanzierte sich von dem Vorstoß der Kammer und beschloß, alle anderen Kammern zur Zurückhaltung in dieser Frage anzuhalten. In: RWWA 22-224.

250 Eingabe des Reichsverbandes des Deutschen Groß-und Überseehandels an den RVM, zit. n. VT (14) 1933, H. 13, S. 332.

251 Besprechung zwischen Hay (DIHT), Houben (RDI) und Ebhardt (RVM) am 9.6.1933, Aktenvermerk in: WWA K 2 Nr. 658.

Überlandverkehrs herbeizuführen.[252] Von der verladenden Wirtschaft wurde dieser Schritt heftig kritisiert, weil darin eine Präjudizierung der Gesetzgebung gesehen wurde.[253] Dies war jedoch ohne Bedeutung, da die Vorschläge der Bahn ohnehin in Übereinstimmung mit einem neuen Entwurf des Reichsverkehrsministeriums standen. Dieser Entwurf, den die Reichsbahn zu Beginn des Jahres 1934[254] im Fuhr- und Speditionsgewerbe zur Diskussion stellte, sah monopolistische Beschäftigungsverträge mit den Lkw-Fuhrunternehmen für die Dauer von zunächst fünf Jahren vor, die dann verlängert werden konnten. Auch hier bestand die Wahrscheinlichkeit, daß ein freies Güterverkehrsgewerbe damit langfristig ausgeschaltet worden wäre. Der Entwurf orientierte sich in Umfang und Zielrichtung an den Grundlagen der Notverordnung und des Schenker-Vertrages. Laut Sprachregelung der Reichsbahn zielte das Abkommen auf den "volkswirtschaftlich günstigsten" Einsatz der vorhandenen Verkehrsmittel; mit diesem Grundsatz sollten alle "Gegensätze", die zwischen Straße und Schiene in den vergangenen Jahren durch die Entwicklung des Lkw-Verkehrs entstanden waren, beseitigt werden. Vertraglich erfaßt wurde wiederum nur der Fernverkehr, während jeglicher gewerbliche Nahverkehr- und der Werkverkehr "grundsätzlich keiner Bindung" unterworfen werden sollte. Darüber hinaus verpflichtete sich die Bahn, Transporte auf den Lkw umzulegen, wenn dies im Interesse einer schnelleren und wirtschaftlicheren Verkehrsbedienung läge. Prinzipiell sollte jedoch der Fernverkehr zurückgedrängt und der Schwerpunkt des Lkw-Einsatzes im reinen Nahverkehr sowie im Zubringerverkehr zur Schiene und ggf. in der Erschließung verkehrsarmer Gebiete liegen.[255] Letzteres hatte in den Überlegungen der Bahn zunehmend Bedeutung gewonnen, um die von den Verladern gewünschte Beschleunigung und vor allem eine verringerte Beförderungsdauer im Stückgutverkehr voran zu treiben. Bisher hatte nur die erhöhte Transportgeschwindigkeit des Bahnfernverkehrs auf den Hauptlinien für die Verlader Vorteile gebracht, während beim Umladen auf Nebenlinien und bei kurzen Strecken generell ein Mißverhältnis zwischen Entfernung und Beförde-

---

252 Redebeitrag des Präsidenten der Bayerischen IHK, Schaub, auf dem Bayerischen Industrie- und Handelskammertag im Oktober 1934 in München, in: WWA K 1 Nr. 1889.

253 Eingabe des Verbandes des Deutschen Groß- und Überseehandels an den RVM v. 17.6.1933, zit. In: Eingabe der Gedekra an die Industrie -und Handelskammern v. 4.8.1933, in: RWWA 22-224.

254 Gesetzentwurf des RVM v. 9.7.1934, S. 1-3, Kopie, in: DBU-Archiv Ob Schmidt 85.

255 Gesetzentwurf des RVM v. 9.7.1934, S. 1-3, Kopie, in: DBU-Archiv Ob Schmidt 85.

rungsdauer bestehen blieb.[256] Dies sollte nun gezielt durch den Einsatz von Kraftwagen ab einer regionalen Sammelstelle in ein bestimmtes "Ausstrahlungsgebiet" behoben werden. Der Radius dieses Gebiets umfaßte maximal eine Tagesfahrt für den Lkw.[257] Die Überführung des gewerblichen Kraftverkehrs in den Verkehrsapparat der Reichsbahn sollte erneut einem Zwangskartell, dem Reichskraftwagen-Betriebsverband übertragen werden, der zugleich einen "numerus clausus" für den Lkw-Verkehr vornehmen sollte, indem für die Aufnahme in den Verband eine Mindestverkehrsleistung im Durchschnitt der vergangenen Monate sowie ein Mindestladegewicht zur Voraussetzung gemacht wurde.[258] Den Inhalt des Beschäftigungsvertrages bildete ein normierter Stufenplan für den Lkw-Einsatz über verschiedene Entfernungszonen, wobei der Lkw im Fernverkehr schon ab 150 km nur noch in "besonderen Verhältnissen" eingesetzt werden sollte. Ebenso starr fixiert wurde die Vergütung sowie die im Lkw-Verkehr geltenden Beförderungsbedingungen und Tarife.[259] Der offizielle Schenker-Vertrag trat laut Entwurf außer Kraft, die Regelung des künftigen Rollfuhrwesen knüpfte jedoch an seine Bestimmungen im Hinblick auf einen einheitlichen Rolltarif an. Als entscheidende Änderung sollten jedoch die umstrittenen "fallweisen Zuschüsse", zu denen die Bahn den Rollfuhrunternehmer veranlassen konnte, um Güter für die Schiene zurückzugewinnen, künftig wegfallen.[260] Die Reichsbahn beabsichtigte, ihren eigenen Haus-zu-Haus-Verkehr weiter auszubauen, während den Spediteuren im Gegenzug der Sammelgutverkehr für Bahn und Lkw künftig in eigene Regie übertragen werden sollte, um den Bedürfnissen der Wirtschaft relativ flexibel Rechnung tragen zu können.

Die Aufhebung des Schenker-Vertrages und seine Kompensation durch entsprechende "Bahnspeditionsvorschriften" bei gleichzeitiger Monopolisierung des Lkw-Fernverkehrs hätten jedoch das Betätigungsfeld der Kraftverkehrsspediteure wiederum stark eingeschränkt und somit eine grundsätzlich motorisierungshemmende Wirkung im Güterverkehr gehabt.[261] Dies wollten die interessierten Verbände der Kraftverkehrswirtschaft verhindern. Der RDA übte in

---

256 Zeitler: Die Motorisierung des Stückgutverkehrs, in: Zeitung des Vereins Mitteleuropäischer Eisenbahnverwaltungen (74) 1934, Nr. 12, S. 221.

257 Ebd., S. 222.

258 Gesetzentwurf des RVM v. 9.7.1934, S. 4f, Kopie, in: DBU-Archiv Ob Schmidt 85.

259 Gesetzentwurf des RVM v. 9.7.1934, S. 6-8, Kopie, in: DBU-Archiv Ob Schmidt 85.

260 Gesetzentwurf des RVM v. 9.7.1934, S. 11, Kopie, in: DBU-Archiv Ob Schmidt 85.

261 Schreiben der Gedekra an die Industrie- und Handelskammern v. 22.6.1934, in: WWA K 1 Nr. 1938.

Protestschreiben an von Eltz-Rübenach und Todt "ernsteste Kritik" an dem "Kartellvertrag"[262] und bezeichnete das Vorgehen der Bahn in einem Rundschreiben als durchsichtiges Manöver, weil die Reichsbahn damit lediglich versuche, einer Annullierung des Schenker-Vertrages durch die neue Regierung zuvorzukommen und zugleich eine Neuregelung in ihrem Interesse durchzusetzen.[263] Der Verband warnte vor den Folgen eines totalen "Preis-, Gewinn-, Sammelgut- und Rollfuhrmonopols" der Reichsbahn, mit dem das freie Kraftverkehrsgewerbe endgültig zerschlagen würde und alle Nachteile eines einzigen konkurrenzlosen Verkehrsmittels für die Wirtschaft zurückkehren würden.[264] Indes wollte sich der RDA nicht offen zu völlig liberalen Anschauungen bekennen. Er zog es vor, sich beim Reichsverkehrsminister für einen "geregelten Wettbewerb" als die dem "freien Wettbewerb überlegene Form" der Verkehrsteilung einzusetzen, in der Überzeugung, daß sie die "bisher geschehenen Fehlleistungen unmöglich" machen und die positiven Seiten des Wettbewerbs, technische Verbesserungen beim Transport und Innovation in der Verkehrsbedienung, fördern würde. Gleichwohl hielt der Verband daran fest, daß die Gefahren einer geringfügigen Änderung des "gemeinwirtschaftlichen" Tarifsystems der Reichsbahn für die Weiterentwicklung der Güterverkehrswirtschaft weit geringer wären als die eines Monopols. [265] Überdies wies der RDA darauf hin, daß der Entwurf der Reichsbahn keinerlei Möglichkeiten für die im Verkehrsgewerbe und in der Automobilindustrie sowie ihren Nebenindustrien liegenden Arbeitsbeschaffungsmöglichkeiten ließ.[266] Dies war der wunde Punkt im Konzept der Reichsbahn. Eine Beschränkung des Lkw-Fernverkehrs in der vorgeschlagenen Weise, insbesondere sein vorgesehener Einsatz in verkehrsarmen Gebieten nach Maßgabe der Bahnverbindung nicht der Transportnachfrage, barg in hohem Maße die Gefahr der Unwirtschaftlichkeit des Lkw. Sie ließ keinerlei internes Wachstum und damit volkswirtschaftliche Impulse durch die Branche erwarten, die sich zumindest Teile der NSDAP erhofften. Die Mahnungen des Verbandes waren jedoch zu zurückhaltend, um Erfolg zu haben.

---

262 Schreiben des RDA an den RVM v. 27.4.1934, Kopie des Schreibens an den GI z. K. v. 30.4.1934, in: BA 46.01/1272.

263 Anlage zur Mitteilung des RDA Nr. W 12 85 v. 24.4.1934, in: DBU-Archiv Ob Schmidt 85.

264 Anlage zur Mitteilung des RDA Nr. W 12 85 v. 24.4.1934, in: DBU-Archiv Ob Schmidt 85.

265 Schreiben des RDA an den RVM v. 27.4.9134, in: DBU-Archiv Ob Schmidt 85.

266 Schreiben des RDA an den RVM v. 27.4.9134, in: DBU-Archiv Ob Schmidt 85.

Entscheidend war, daß sich zu diesem Zeitpunkt niemand bereit fand, konsequent für eine liberale Lösung einzutreten.

Das galt auch für den DIHT. Hatte sich der Verband bereits 1932 angesichts eines drohenden Reichsbahn-Monopols für eine Zwangsgenossenschaft aller Güterfernverkehrstreibenden ausgesprochen, plädierte der Verkehrsausschuß jetzt, wenn auch unter Vorbehalten, für den Vertragsentwurf der Reichsbahn und die zu erwartende gesetzliche Sanktionierung. Trotz aller Bedenken gegen ein Monopol, dem auch das vorgeschlagene Zwangskartell nahekam, hielt der EKA-Vorsitzende Most daran fest, daß ein freies Spiel der Kräfte die "schwersten Schädigungen" für Reichsbahn, Kraftverkehr und Verfrachter gleichermaßen zur Folge haben würde.[267] Mosts Stellungnahme in der Sitzung, an der auch Ministerialdirektor Brandenburg und Ministerialrat Hein sowie Reichsbahndirektor von Beck teilnahmen, machte deutlich, daß der DIHT seinen politischen Gewichtsverlust in dieser Frage heftig beklagte und die Ablehnung seiner Ordnungsvorschläge im Reichsverkehrsministerium als beleidigend empfand.[268] Der Ausschuß sah sich offensichtlich außer Stande, die angestrebte "Vertrags-Lösung" noch zu verhindern, da der DIHT gegen seinen ausdrücklichen Wunsch nicht an den Verhandlungen zwischen Reichsbahn und Kraftverkehrsgewerbe beteiligt worden war und nun wohl nicht zu Unrecht den Eindruck hatte, vor vollendeten Tatsachen zu stehen. Most erhob seine Einwände daher unter der Bürgschaft dringlicher Verladerinteressen. Sie zielten im wesentlichen auf drei Probleme: Erstens wurde durch die Eingliederung des Lkw-Verkehrs in die Organisation der Reichsbahn dem Verlader die freie Wahl des Verkehrsmittels genommen. Den Standpunkt der Bahn, daß dem Verlader die Art des Transports gleichgültig sein könne, wenn nur das Gut termingerecht befördert würde, wollte sich Most nicht anschließen, da bei der Entscheidung für den Lkw-Transport noch verschiedene andere Gründe wie Art der Ware etc. maßgeblich wären. Dahingehende Einwände hatte die Wirtschaft bereits frühzeitig nach Bekanntwerden der geplanten Beschäftigungsverträge geäußert.[269] Zweitens hätte die Wirtschaft überdies auch weniger Einfluß als bisher auf die

---

267 Most in der Sitzung des Verkehrsausschusses des DIHT v. 24.5.1934, in: Verhandlungen des DIHT, Berlin 1934, H. 4, S. 18.

268 Ebd. S. 21ff.

269 Eingabe der IHK Wuppertal an die Reichsbahndirektion Wuppertal-Elberfeld v. 2.8.1933. Die IHK wies darauf hin, daß ein ortsansässiges Ferntransportunternehmen ein genau "auf die besonderen Bedürfnisse der hiesigen Textilindustrie zugeschnittenes Ferntransportverfahren" entwickelt habe, das die Verlader unbedingt beizubehalten wünschten, in: RWWA 22-233.

tatsächliche termingerechte Abholung und Anlieferung ihrer Güter.[270] Und drittens bliebe die große Frage der Tarifbindung. Most gab zu Bedenken, daß die Reichsbahn bei eigener Entscheidung für den Lkw-Transport sicher den entsprechenden Eisenbahntarif gelten lassen werde, falls aber auf Wunsch der Verfrachters der Lkw gewählt werde, sei wahrscheinlich, daß "ein besonderer Tarif Platz greift."[271] Unter der Voraussetzung, daß diese Gefahren verhütet würden, plädierte Most gleichwohl für die Annahme der "Vertrags-Lösung", obgleich dies naturgemäß nicht gesichert werden konnte. Aus diesem Grund sprach der Präsident der Nürnberger Kammer Schaub sich nach wie vor gegen den Vertrag aus und warb nochmals für das Modell einer selbstverwalteten Zwangsorganisation der Kraftverkehrswirtschaft, die mit einem ebensolchen Kartell der Spediteure Verträge hätte abschließen sollen. Die Kraftverkehrswirtschaft sehe eine feste Organisation mit entsprechenden Kontrollmöglichkeiten selbst als notwendig an, da sonst immer mehr Unternehmen in die Illegalität abzudriften drohten, weil ihre Verdienstspannen bei Beachtung der geltenden Tarif- und Rollgeldvorschriften einfach zu gering seien, während andererseits die Gesetzestreuen ihre Existenz verlören.[272] Ein Monopol für die Reichsbahn lehnte er dagegen ab, weil es unweigerlich eine Verteuerung des Lkw-Verkehrs für die Wirtschaft zur Folge haben werde.[273] Indes ließ die Stellungnahme von Brandenburg bereits erkennen, daß die zaghaften Einwände des DIHT keinen Erfolg haben würden. Er wolle nicht von "Einzelheiten" sprechen, die Änderungswünsche in Detailfragen, stammten noch "aus der Zeit des Mißtrauens zwischen Eisenbahn und Kraftwagen", welches durch den Führerbefehl an die Reichsbahn, sich selbst zu motorisieren vergessen sei und keine Berechtigung mehr habe. Mit Einzelheiten sollten sich die Sitzungsteilnehmer nicht befassen, sondern sich nur über die Grundgedanken klar werden, betonte Brandenburg.[274] Das kam einer Absage an jede direkte Mitwirkungsmöglichkeit des DIHT und der Kammern in der künftigen verkehrspolitischen Willensbildung gleich. Brandenburg erklärte weiter, daß im Reichsverkehrsministerium noch zu Be-

---

270 Most in der Sitzung des Verkehrsausschusses des DIHT v. 24.5.1934, in: Verhandlungen des DIHT, Berlin 1934, H. 4, S. 27f.

271 Ebd., S. 28.

272 Redebeitrag Schaub in der Sitzung des Verkehrsausschusses des DIHT v. 24.5.1934, in: ebd., S. 33f.

273 Ebd., S. 35.

274 Redebeitrag Brandenburg in der Sitzung des Verkehrsausschusses des DIHT v. 24.5.1934, in: ebd., S. 38f.

ginn des vergangenen Jahres die vom DIHT favorisierte eigenständige Zwangsgenossenschaft Grundlage des Gesetzentwurfs hätte sein sollen. Allein die von Hitler vorgeschlagene Beilegung des Konflikts durch eine stärkere Selbstmotorisierung der Reichsbahn, hätte zum Umdenken gezwungen. Nicht zuletzt die Kraftfahrunternehmer selbst hätten die erdrückende Konkurrenz des Reichsbahn-Kraftverkehrs gefürchtet und selbst auf Beschäftigungsverträge gedrungen.[275] Der ebenfalls in der Sitzung anwesende Reichsbahndirektor Beck versuchte sofort, den Schaden zu begrenzen, indem er versicherte, daß die Reichsbahn darauf drängen werde, daß vor einer endgültigen Regelung die Stellungnahme der verladenden Wirtschaft eingeholt werde.[276] Derlei Lippenbekenntnisse halfen jedoch wenig und änderten nichts an dem schleichenden Einflußverlust des großen wirtschaftlichen Spitzenverbandes und damit der wirtschaftlichen Interessen überhaupt.

Der Reichsverkehrsminister hatte bereits Ende 1933 erkennen lassen, daß er die allgemeine Neuordnung der Wirtschaft auch im Verkehrswesen umsetzen wollte, um durch eine eigenständige Organisation der Verkehrsverbände den direkten Einfluß der Wirtschaft zurückzudrängen.[277] Als ehemaliger Eisenbahner wußte von Eltz-Rübenach, daß eine Rückkehr zu einer einseitig bahnfreundlichen Verkehrspolitik mit den Spitzenorganisationen der Wirtschaft nicht zu machen sein würde. Dies hatten nicht zuletzt die Auseinandersetzungen über die Kraftverkehrsgesetzgebung in den Jahren 1930 und 1931 gezeigt. Deshalb beharrte er darauf, der Verkehr brauche seine eigene Interessenvertretung, er sei "kein Teil des Handels, des Nährstands...".[278] Die Handelskammern wehrten sich mit Unterstützung des Reichswirtschaftsministers gegen ihren Einflußverlust.[279] Schmitt hielt eine direkte Vertretung der Wirtschaft in der Verkehrspolitik weiterhin für erforderlich. Gegen seinen Willen gingen jedoch - infolge des organischen Aufbaus - bisher beim Wirtschaftsministerium angesiedelte Verbände des Verkehrsgewerbes wie die Spediteure und der nichtmotori-

---

275 Ebd., S. 40.

276 Redebeitrag Becks in der Sitzung des Verkehrsausschusses des DIHT v. 24.5.1934, in: ebd., S. 46.

277 Vgl. die Stellungnahme des Ministers im Berliner Tageblatt v. 24.11.1933, in: BA R7 (31.01)/9302, Bl. 51.

278 Stellungnahme des Ministers im Berliner Tageblatt v. 24.11.1933, in: BA R 7 (31.01)/9302, Bl. 51.

279 Schreiben der IHK Berlin an RWM v. 6.12.1934, in: BA R7 (31.01)/ 9302, Bl. 48f.

sierte Verkehr in die Zuständigkeit des Reichsverkehrsministers über.[280] Wenige Tage nach der entscheidenden Sitzung über die Zukunft des gewerblichen Güterfernverkehrs erfolgte der erste konkrete "Gleichschaltungsbeschluß" für die Interessenverbände im Kraftverkehrsgewerbe. Mit Erlaß vom 28. Mai übertrug der Verkehrsminister unter Berufung auf das Gesetz zum organischen Aufbau der deutschen Wirtschaft vom Februar des Jahres dem neugegründeten Reichsverband des Kraftfahrgewerbes die "alleinige Vertretung" des gewerblichen Kraftverkehrs. Der Erlaß betonte ausdrücklich, daß andere Interessenverbände auf diesem Gebiet nicht mehr anerkannt würden und die "Spitzenvertretung für den gewerblichen Kraftverkehr" aufhörte zu bestehen.[281] Zuvor hatte Koenigs ganz offen an seinen Kollegen Wirtschaftsstaatssekretär Posse geschrieben, daß der Reichsverkehrsminister befürchte, "die Führung des Verkehrs zu verlieren", wenn die privaten Verkehrsbetriebe von der Reichsbahn losgelöst blieben. Der Verkehr müsse weniger privatwirtschaftlich denn als Teil eines "staatlichen Verkehrsorganismus" betrachtet werden.[282]

Tatsächlich wurde der Entwurf für ein Abkommen zwischen der Deutschen Reichsbahn-Gesellschaft, dem deutschen Speditionsgewerbe und dem deutschen Fuhr- und Kraftverkehrsgewerbe nach langen Verhandlungen von den Beteiligten einen Monat später unterzeichnet.[283] Damit waren alle Hoffnungen der Kraftverkehrsinteressenten auf die Variante eines "geregelten Wettbewerbs" zunichte gemacht. Alle diese Modelle, die Regulierung und Kontrolle einer unabhängigen (Zwangs)Organisation des Kraftverkehrsgewerbes überließen, hatten für die Reichsbahn den Nachteil einer Interessengemeinschaft, von der kaum zu erwarten war, daß sie auch bei strengsten Kontrollvorkehrungen nicht doch anderweitige möglicherweise durchaus legale Mittel finden würde, den Lkw-Verkehr ökonomisch überlegen zu gestalten. Dies entsprach schließlich der Gewinnorientierung des freien Gewerbes ebenso wie den Bedürfnissen der verladenden Wirtschaft. Deshalb konnten diese Modelle auch bei gesetzlicher

---

280 Vermerk des Referenten Steffler v. 20.3.1934, in: BA R7 (31.01)/9302, Bl. 76f.

281 Erlaß des RVM v. 28.5.1934, Akz. K. 2. 2582/34, zit. n. Zeitung des Vereins Mitteleuropäischer Eisenbahnverwaltungen (74) 1934, Nr. 23, S. 422.

282 Schreiben von Koenigs an Posse v. 12.5.1934, in: BA R 7 (31.01)/9302, Bl. 96.

283 Laut Redebeitrag Schaubs auf dem Bayerischen Industrie- und Handelskammertag im Oktober 1934 in München, in: WWA K 1 Nr. 1889; vgl. Protestschreiben der Gedekra an die Industrie- und Handelskammern v.22.6.1934, in: K1 Nr. 1938.

Absicherung[284] nicht überzeugen, wenn es darum gehen sollte, den Verkehrsbesitz der Reichsbahn zu erhalten bzw. die Relation der Verkehrsteilung festzuschreiben. Von dieser Richtlinie wollte jedoch der Reichsverkehrsminister keinesfalls abweichen. Er legte im Juli 1934 einen den Vorschlägen der Reichsbahn entsprechenden Gesetzentwurf vor. In der Begründung hieß es explizit, die Notverordnung von 1931 habe sich als unzureichend erwiesen, den Wettbewerb zwischen Reichsbahn und Güterfernverkehrsunternehmen zu befrieden, "weil sich die gesetzlich vorgesehene Überwachung durch die Landesbehörden als unmöglich erwies." Das von Hitler verkündete Motorisierungsprogramm wurde vor allem auch als "Motorisierungsbefehl" für die Reichsbahn gedeutet, die unverzüglich mit dem Bau der Autobahnen begonnen und in größerem Umfang Bestellungen für Lkw getätigt habe. Die Wiedereinführung der "freien Wirtschaft" im Güterfernverkehrsgewerbe und die damit verbundene "Versagung des Schutzes" für das gemeinwirtschaftliche Tarifsystem der Bahn wies von Eltz-Rübenach zurück mit dem Argument, daß die Bahn schließlich genötigt werde, ihre oberen Tarifklassen soweit abzusenken bis die Preise des Lkw und "vielleicht sogar unterboten" würden, womit der Lkw-Verkehr unrentabel und gerade damit die "Motorisierungsbestrebungen" der Reichsregierung zunichte gemacht würden.[285] Er deutete an, daß der Güterfernverkehr mit Lkw "in absehbarer Zeit doch vom Reich in Anspruch genommen" und dann Aufgabe der Reichsbahn sein werde, andererseits durch die schnelle Vergrößerung des reichsbahneigenen Kraftwagenparks die Konkurrenz für private Unternehmer erdrückend werde, so daß das angestrebte Gesetz die beste Lösung darstelle. Durch die Verpflichtung, Unternehmer im Güterfernverkehr in ihrem Kraftfahrbetrieb zu beschäftigen, sei deren Existenz gesichert und auch der Lkw-Einsatz zum Vorteil der Wirtschaft gewährleistet.[286]

Damit war das Monopol im Güterfernverkehr für die Reichsbahn in greifbare Nähe gerückt.[287] Aufgrund einer Intervention Todts kam es jedoch nicht zur Verabschiedung des umstrittenen Gesetzentwurfs. Als konsequenter Vertreter

---

284 So die Vorschläge der Gedekra, die zwei eigenständige Kartelle von Fuhrunternehmen und Spediteuren vorsah, wobei die Tarifkontrolle einer Tochtergesellschaft der Gedekra übertragen werden sollte. Eingabe der Gedekra an den RVM v. 21.4.1934, in: WWA K 1 Nr. 1938.

285 So die Ausführungen von Eltz-Rübenachs in der Begründung zum Gesetzentwurf, Kopie v. 13.7.1934, in: DBU-Archiv Ob Schmidt 85.

286 Ausführungen von Eltz-Rübenachs in der Begründung zum Gesetzentwurf, Kopie v. 13.7.1934, in: DBU-Archiv Ob Schmidt 85.

287 Vgl. den Bericht der "Volks-Parole", Nr. 221 v. 12.8.1934, in: RWWA 22-233.

von Hitlers Motorisierungszielen, hatte der GI bereits frühzeitig seine Unterstützung für den Kraftverkehr erkennen lassen. Außerdem hatten sich die Kraftverkehrsinteressenten bereits frühzeitig an den GI gewandt und darauf hingewiesen, daß die Amortisationssumme für die Autobahnen nur dann aufzubringen wäre, wenn insbesondere der Güterfernverkehr weiter ausgebaut würde.[288] Sie gaben zu Bedenken, daß die Reichsbahn als kaufmännisch geführter Betrieb, um ihre Einnahmen aufzubessern, gar nicht umhin könne, dem Kraftwagen möglichst viele Güter zu entziehen, und daß daher nur eine Abdrosselung des Lkw-Verkehrs die Folge der von der Reichsbahn angestrebten Gesetzesregelung sein könne.[289] Todt erreichte im Mai im Reichsverkehrsrats eine Verschiebung des geplanten Überlandverkehrsgesetzes[290] und erwirkte schließlich im November 1934 eine Stellungnahme Hitlers gegen das Gesetz.[291] Er setzte durch, daß ein neuer Geşetzentwurf ausgearbeitet wurde, der den Vermerk "Freies Gewerbe" trug. Auch in diesem war ein dem RKB äquivalentes Zwangskartell vorgesehen, die Konzession wurde von öffentlichen Interessen und einem vorliegenden Bedürfnis abhängig gemacht. Ebenso sollte eine Preiskonkurrenz weiterhin unterbunden werden, jedoch waren keine zwangsweisen Beschäftigungsverträge vorgesehen und die Motorisierungsmöglichkeiten der Reichsbahn wurden begrenzt. Sie sollten sich nur auf den eigenen Zubringerverkehr erstrecken.[292] Der Reichsverkehrsminister sah sich in der Begründung zur Neuvorlage genötigt zuzugeben, daß die "natürliche Entwicklung der Güterbeförderung aus den Bedürfnissen der Wirtschaft" heraus zu einer verstärkten Inanspruchnahme des Lkw geführt habe und neben mangelnden Überwachungsmöglichkeiten auch "fortgesetzte Kampfmaßnahmen" der Reichsbahn, "insbesondere die allgemeinen und fallweisen Zuschüsse" die Tariftreue des Lkw erschwert hätten.[293] Ferner hieß es: Nach dem Willen des „Führers“ solle der Kraftwagen als konkurrierendes Verkehrsmittel erhalten bleiben, die Reichsbahn könne keine Monopolansprüche daraus herleiten, daß ihr Bau und

---

288 Schreiben der Gedekra an Regierungsbaumeister Schönleben beim GI v. 3.11.1933, in: WWA K 1 Nr. 1938.

289 Schreiben der Gedekra an Regierungsbaumeister Schönleben beim GI v. 3.11.1933, in: WWA K 1 Nr. 1938.

290 Aufzeichnungen über die Sitzungen des Ausschusses des Reichsverkehrsrates zur Beratung eines Überlandverkehrsgesetzes am 3.5. und 6.6.1934, in: BA 46.01/1272.

291 Kopper, Modernität und Scheinmodernität, a.a.O, S. 404, da auch FN 19.

292 Neuer Entwurf "Freies Gewerbe" Kopie des DIHT v. 23.8.1934, in: RWWA 22-233.

293 Begründung des RVM zum neuen Entwurf, in: WWA K 1 Nr. 1888.

Betrieb der Reichsautobahnen übertragen worden seien. Die einheitliche Leitung des Güterfernverkehrs meine keinesfalls einen Verkehrsträger, sondern eine Reichsbehörde, das Reichsverkehrsministerium. Zur bestmöglichen Nutzung der Reichsautobahnen sei die Initiative freier Unternehmer unverzichtbar. Wiewohl das gemeinwirtschaftliche Tarifsystem der Reichsbahn weiterhin geschützt bleiben solle, habe die Reichsbahn durch ihre Kampfmaßnahmen in den letzten Jahren "die dringend notwendigen Vergrößerungen des Lastwagenbestandes ernstlich gefährdet." Das neue Gesetz solle hier Abhilfe schaffen und dafür sorgen, daß die freie Entwicklung des Unternehmertums in keiner Weise gehemmt werde. Auch die Spediteure dürften nicht länger in der freien Wahl des Verkehrsmittels beschränkt sein.[294] Die nach offizieller Lesart vollständige Kehrtwendung des Reichsverkehrsministers vom Gegner zum nahezu bedingungslosen Befürworter der Motorisierung im Güterverkehr, ist bereits als Zeugnis eines verkehrspolitischen Umbruchs verstanden worden.[295] Dabei wird jedoch übersehen, daß die nationalsozialistische Regierung die Prinzipien demokratischer Willensbildung und Kompromißfindung außer Kraft gesetzt hatte und im Kabinett - wie die Begründung unverkennbar deutlich macht - der Wille des „Führers" entschied. Daher kann die in offiziellen Verlautbarungen weit verbreitete Anpassung und Anbiederungsterminologie nicht ohne weiteres als beschlossene Anerkennung des Lkw-Verkehrs gedeutet werden.

Der neue Gesetzentwurf ging im Unterschied zu den vorherigen von formal selbständigen Unternehmern aus, die mit der Reichsbahn im Güterverkehr konkurrenzierten. Der geplante RKB wurde nun zum Selbstverwaltungsorgan des Unternehmerkartells und konnte somit prinzipiell als starker Zentralverband der Reichsbahn gegenüber die Interessen seiner Mitglieder vertreten. Auf dieser Grundlage fand der Entwurf die Zustimmung des DIHT.[296] Die Reichsbahn verlangte jedoch erneut Änderungen des Entwurfs, die einer Verwässerung gleichkamen. Mitte April 1935 informierte der preußische Regierungsrat im Innenministerium, Schifferer,[297] Todt über das nach seiner Auffassung bedenkliche Entgegenkommen des Reichsverkehrsminsteriums gegenüber der Reichsbahn. Insbesondere wies er darauf hin, daß die Reichsbahn weiterhin auf der Möglichkeit zu Beschäftigungsverträgen mit den Güterfernverkehrsunternehmen beharrte, "was zu einer sehr schnellen und gründlichen Aushöhlung des

---

294 Begründung des RVM zum neuen Entwurf, in: WWA K 1 Nr. 1888.

295 Heimes, Vom Saumpfad, a.a.O., S. 114.

296 EKA-Sitzung v. 13.4.1935, in: WWA K 2 Nr. 348.

297 Fritz Anton Schifferer war zugleich NSKK-Standartenführer und Chef des Amtes Verkehr in der Korpsführung des NSKK (Nationalsozialistisches Kraftfahrkorps).

Reichskraftwagens-Betriebsverbandes führen muß".[298] Während Staatssekretär Koenigs, inzwischen Präsident des Verwaltungsrates der Deutschen Reichsbahn[299] ausdrücklich erklärt habe, daß er fest zu dem Entwurf stehe, trete der zuständige Ministerialdirektor Brandenburg nicht "mit dem erforderlichen Nachdruck" dafür ein. Überdies habe Brandenburg durchblicken lassen, daß von Eltz-Rübenach seine Haltung vom Votum des Verwaltungsausschusses abhängig machen werde.[300] Schifferer machte deutlich, daß die Beschränkung der Reichsbahn auf das Fahren mit eigenen Kraftfahrzeugen, eine der Grundlagen des Gesetzes sei, an der nicht gerüttelt werden dürfe, und bat Todt, in diesem Sinne eine eindeutige Stellungnahme des Führerstellvertreters Heß herbeizuführen.[301] Die folgenden Wochen gaben seinen Befürchtungen Recht. Bei der Überarbeitung des Entwurfs erzielte die Reichsbahn ein immer weitergehendes Entgegenkommen des Reichsverkehrsministers. Die Möglichkeit zu Beschäftigungsverträgen mit einzelnen Fuhrunternehmen blieb bestehen, die vorgesehene Einbeziehung der Spediteure in das Gesetz wurde fallengelassen, weil auf diese Weise jegliche Möglichkeit zur Besserstellung der Bahnspediteure entfallen wäre.[302] Schifferer wandte sich erneut an Todt und ersuchte ihn, eine Verabschiedung des Entwurfs zu verhindern. Er kritisierte scharf "das restlose Zurückweichen des Reichsverkehrsministers vor den Wünschen der Deutschen Reichsbahn" und prophezeite, wenn im Ministerium noch weiter an dem Entwurf gearbeitet werde, voraussichtlich kein Unterschied mehr zum "partiellen Monopol" der Reichsbahn bleiben werde. Er könne nicht verstehen, wie "der klare Wille der Partei, der sich in unserem ersten Entwurf ausdrückte, unbeachtet bleiben kann."[303] Der Entwurf, den von Eltz-Rübenach Ende Juni im Kabinett vorstellte, sah die Möglichkeit von Beschäftigungsverträgen der Güterfernverkehrsunternehmer mit der Reichsbahn nicht mehr vor, der Minister machte jedoch in letzter Minute Bedenken gegen den Paragraphen 41 geltend, der die

---

298 Schreiben von Schifferer an den GI v. 25.4.1935, in: BA 46.01/590.

299 Im Jahr 1934 setzte der RVM im Zuge des turnusgemäßen Wechsels im Verwaltungsrat der Reichsbahn eine partielle Umbildung durch, um den Einfluß seines Ministeriums zu stärken. Koenigs wurde Präsident des Verwaltungsrats, zwei ausscheidende Mitglieder wurden durch die Beamten des Reichsverkehrsministeriums Vogel und Ohnesorge ersetzt. Ruser, Die Reichsbahn als Reparationsobjekt, S. 329.

300 Ebd.

301 Ebd.

302 Schreiben von Schifferer an den GI v. 10.6.1935, in: BA 46.01/584.

303 Schreiben von Schifferer an den GI v. 10.6.1935, in: BA 46.01/584.

Aufhebung des Schenker-Vertrages vorsah und befürchtete wirtschaftliche Nachteile der Reichsbahn.[304] Daraufhin wurde das Gesetz zwar dennoch laut Entwurf verabschiedet aber eine dreivierteljährige Interimsphase bis zur Inkraftsetzung festgelegt, um alle offenen Fragen in einer umfangreichen Durchführungsverordnung regeln zu können.

4.1.5 Das Güterfernverkehrsgesetz von 1935: Primat der Planwirtschaft im Verkehr

4.1.5.1 Verkehrspolitische Blockade in der Interimsphase bis 1936: Konservative Gesetzgebung und refomerisches Versagen der Tarifpartner

Das Güterfernverkehrsgesetz (GFVG) vom Juni 1935 zog zunächst einen Schlußstrich unter die Monopolpläne der Reichsbahn. In der offiziellen Stellungnahme des Ministeriums hieß es dazu: "Der Reichsregierung erschien es zum gegenwärtigen Zeitpunkt nicht angezeigt, die weitere Entwicklung des Güterfernverkehrs der Reichsbahn allein zu überlassen, und Maßnahmen zu treffen, die einer gewaltsamen Eingliederung des freien Unternehmertums in den Betrieb der Reichsbahn gleichkamen."[305] Statt dessen sollte ein staatlich kontrollierter Dualismus von gemeinwirtschaftlicher und erwerbswirtschaftlicher Verkehrsbedienung institutionalisiert werden, der mit dem Etikett "gerechter Leistungswettbewerb" versehen wurde.[306] Der Gedanke des Leistungswettbewerbs, der als Präambel dem Gesetz vorangestellt wurde, sollte dem Modernisierungswillen der Regierung in der Güterverkehrswirtschaft Ausdruck verleihen. Auf seiner Grundlage sollte sich offiziell eine neue "organische", d.h. in den technischen Vorzügen des einzelnen Verkehrsmittels begründete Verkehrsteilung zwischen Straße und Schiene entwickeln, deren Rahmen durch das neue Güterfernverkehrsgesetz bestimmt wurde. Neben dem vorgegebenen Ziel

---

304 Von Eltz-Rübenach in der Kabinettssitzung v. 26.6.1935, in: BA R 43 II/752.

305 G. Hein: Das Gesetz über den Güterfernverkehr mit Kraftfahrzeugen, in: VT (16) 1935, H. 14, S. 366.

306 Der einleitende Satz des Gesetzes lautete: "Um einen gerechten Leistungswettbewerb zwischen Eisenbahn und Kraftfahrzeugen sicherzustellen, hat die Reichsregierung das folgende Gesetz beschlossen, (...) Gesetz über den Güterfernverkehr mit Kraftfahrzeugen vom 26. Juni 1935, (RGBl. I, S. 788), in: RVBl. Ausg. B: Kraftfahrwesen, 1934, S. 88.

der Transportmodernisierung folgte das Gesetz jedoch zugleich weiterhin den Maßstäben einer staatlichen Schutzpolitik für das gemeinwirtschaftliche Verkehrsmittel. Ministerialrat Hein benannte als Schwächen der Notverordnung von 1931, die mit dem neuen Gesetz behoben werden sollten: erstens die "Inflation von Unternehmern" aufgrund der fehlenden Bedürfnisprüfung bei der Erteilung der Konzession, zweitens die Verschiebung des Tarifkampfs auf die Nebengebühren, weil nur der Grundtarif geregelt war, drittens die dadurch unmöglich gemachte Tarifkontrolle sowie zuletzt auch die schädigenden Wirkungen des Schenker-Vertrages.[307] Damit war der Rahmen des neuen Gesetzes klar abgesteckt. Seine einschlägigen Bestimmungen wichen kaum von den unmittelbar zurückliegenden Gesetzentwürfen ab und verschärften sogar teilweise die bisher geltende Notverordnung. Hein begründete dies mit der "Notwendigkeit", den Kreis der Unternehmer "auf ein im Interesse des Gesamtverkehrs wirtschaftlich vertretbares Maß" zu beschränken und die bisher mißlungene Tarifkontrolle sicherzustellen.[308] Es blieb bei der Genehmigungspflicht für den gewerblichen Güterverkehr über einen Umkreis von 50 km hinaus, mit dem kleinen Zusatz, daß auch die Reichsbahn davon nicht länger ausgenommen war. Hinzu kam die in der Notverordnung nicht vorgesehene „Bedürfnisprüfung“. Neu war auch, daß das Gesetz die Trennung von Nah- und Fernverkehr und Fuhr- und Speditionsgewerbe verfügte, also gemischtwirtschaftliche Unternehmen verbot.[309] Die Bestimmung wurde gegen den hartnäckigen Widerstand der Spediteure durchgesetzt, um zu verhindern, daß gemischtwirtschaftliche Unternehmen sich durch außertarifliche Zusatzvergütungen, etwa Werbeprämien, der Tarifkontrolle entzogen.[310] Entscheidend war, daß eine feste Tarifordnung, die bereits Kern der 1931 erlassenen Notverordnung gewesen war, auch das Herzstück der gesetzlichen Neuregelung von 1935 blieb. Die Kontrolle wurde nun vom RKB in Gestalt des ursprünglich geplanten Selbstverwaltungsorgans übernommen. Der Verband erhielt darüber hinaus nunmehr die ausdrückliche Aufgabe zur "Ausbildung und Ordnung des Güterfernverkehrs." Zu seinen Aufgaben gehörten sowohl die Transportorganisation (über die Verteilung des Laderaums auf die anstehenden Transportaufträge) wie auch die Tarif-

---

307 Begründung des Reichs-und Preußischen Verkehrsministers zum vorstehend abgedruckten Gesetz über den Güterfernverkehr mit Kraftfahrzeugen vom 26. Juni 1935, in: ebd., S. 93.

308 Ebd.

309 Ebd.

310 O. Most: Güterfernverkehrsgesetz und Handelskammern. Ein Rück-, Ueber- und Ausblick, in: DWZ (32) 1935, Nr. 28, S. 656

kontrolle, indem die Beförderungsentgelte künftig durch den Verband abgerechnet wurden. Darüber hinaus erfaßte er alle Mitgliedsunternehmen und ihre Transportleistungen statistisch.[311]

Der neue Zwangsverband entsprach der von der nationalsozialistischen Regierung angestrebten Reorganisation der Interessen in der gewerblichen Wirtschaft im Sinne von Vereinheitlichung und Zentralisierung. Durch den RKB wurde eine Institution geschaffen, die Kontrollorgan und Interessenvertretung der Unternehmen in einem war. Der neue Verband war eine relativ kleine Behörde, mit einem Berliner Zentralbüro und acht Bezirksbeauftragten. Zum Präsidenten wurde der bisherige Geschäftsführer des RDA, Scholz, ernannt, der als langjähriger profilierter Vertreter der Kraftverkehrsinteressen und besonders des Güterkraftverkehrs bekannt war. Durch die Aggregation der Kontroll- und Interessenvertretungsaufgaben in einer kleinen Behörde ließen sich längere Diskussionsprozesse aufgrund von konfligierenden Vorstellungen der verschiedenen Verbände des Kraftverkehrsgewerbes umgehen. Hinzu kam, daß die neue Interessenorganisation im Güterfernverkehr bald durch eine umfassende Neuordnung des gesamten Verbandswesens im Verkehrsgewerbe ergänzt wurde.[312] Anstelle der zahlreichen aktiven Verbände trat eine zentralistische Organisation nach Reichsverkehrsgruppen (RVG) mit ihren jeweiligen Fachuntergruppen. So entstanden u.a. die RVG Kraftfahrgewerbe aus dem erst 1933 neugebildeten Reichsverband des Kraftfahrgewerbes, die RVG Schienenbahnen aus dem Reichsverband Deutscher Verkehrsverwaltungen, die RVG Fuhrgewerbe aus dem Reichsverband des Fuhrgewerbes und die RVG Spedition und Lagerei aus dem bereits 1933 neugeschaffenen Reichsfachstand des Deutschen Speditions- und Lagereigewerbes.[313] Eine fachübergreifende Zusammenarbeit blieb im wesentlichen auf den Reichsverkehrsrat als direktes Beratungsorgan der Regierung beschränkt.[314] Für die Auseinandersetzungen über den Güterfernverkehr bedeutete die Verordnung, daß die "Ordnung" des Gewerbes jetzt nur noch zwischen Reichsbahn und RKB verhandelt wurde und die Regierung sich auf zwei Ansprechpartner beschränken konnte. Bei Konflikten zwischen Reichsbahn und

---

311 Zum Aufgabenkatalog vgl. Paragraph 10 des Gesetzes über den Güterfernverkehr mit Kraftfahrzeugen, a.a.O, S. 89.

312 Verordnung über den organischen Aufbau des Verkehrs (Zweite Verordnung zur Durchführung des Gesetzes zur Vorbereitung des organischen Aufbaues der deutschen Wirtschaft.) Vom 25. September 1935, in: RVBl. Ausg. B: Kraftfahrwesen, 1935, S. 152ff.

313 Vgl. Der Neuaufbau des Verkehrsgewerbes, in: VT (16) 1935, H. 19, S. 496.

314 Ebd., S. 157.

RKB war der Reichsverkehrsminister weisungsbefugt.[315] Wichtigstes Tätigkeitsfeld des RKB wurde in den folgenden Jahren die Tarifpolitik, die damit ihrerseits ins Zentrum der Güterkraftverkehrspolitik rückte. Nach dem Willen des Gesetzgebers unterlagen die Tarife des Lkw künftig der Veröffentlichungspflicht. Verletzungen waren strafbar. Damit sollten die Frachten im privaten Güterfernverkehrsgewerbe einen ähnlichen "öffentlich-rechtlichen" Charakter erhalten wie die garantierten Festpreise der Bahn, um damit formal Wettbewerbsgleichheit zu schaffen. Die Tarife bedurften überdies der Genehmigung des Reichsverkehrsministers und konnten jederzeit auf sein Verlangen geändert werden. Laut Gesetz verhandelte der RKB mit der Reichsbahn einen offiziellen Reichskraftwagentarif (RKT), der alle zur Berechnung des Beförderungsentgelts wichtigen Angaben, also Beförderungspreise und Nebenleistungen sowie sonstige Bestimmungen enthalten mußte.[316] Im Gegenzug fiel der Schenker-Vertrag sowie jegliche andere die Transportnebenleistungen betreffenden Verträge mit Spediteuren[317].

Der immanente Widerspruch eines Wettbewerbsbegriff, der den Preis als Ausdruck der Leistung ausklammerte, wurde zu diesem Zeitpunkt von keinem der Beteiligten angesprochen. Für das Reichsverkehrsministerium und auch für den DIHT stand im Vordergrund, daß es gelungen war einerseits ein Monopol der Reichsbahn abzuwenden, das die neue Regierung nicht wünschte, andererseits die "Nachteile" der Notverordnung zu beheben: Aufgrund der umfassenden Kontrollfunktion des RKB erschien die angestrebte Befriedung des Wettbewerbs zwischen Eisenbahn und Kraftwagen erreicht, während zugleich die Unabhängigkeit der Unternehmer gegenüber der Reichsbahn durch einen starken Zentralverband gesichert wurde.[318] Auch die Reichsbahn konnte dem Kompromiß zustimmen. Entscheidend war, wie von Beck es formulierte, daß das neue Gesetz "keine grundsätzliche Abkehr von der verkehrspolitischen Richtung, die seinerzeit mit der Notverordnung eingeschlagen wurde", bedeute-

---

315 Anlage zur Überlandverkehrsverordnung. Satzung des Reichs-Kraftwagen-Betriebsverbandes, Paragraph 2, in: DBU-Archiv Ob Schmidt 16.

316 Paragraphen 13 bis 15 des Gesetzes über den Güterfernverkehr mit Kraftfahrzeugen, a.a.O, S. 89f.

317 Paragraph 41, ebd.

318 Hein, Das Gesetz über den Güterfernverkehr mit Kraftfahrzeugen, a.a.O., S. 366.

te.[319] Erneut sollte ein "gerechter Leistungswettbewerb" durch Preisbewirtschaftung und Kontrolle im Lkw-Fernverkehr erzielt werden. Allerdings fehlte in dem neuen Gesetz eine der Notverordnung vergleichbare Bestimmung, in welchem Verhältnis die festzusetzenden Beförderungsentgelte und der RKT insgesamt zu den Frachten der Reichsbahn stehen sollten. Für die Reichsbahn war dies ein Grund der Besorgnis, zumal von Eltz-Rübenach es ausdrücklich abgelehnt hatte, außer der Eingangsformel vom "gerechten Leistungswettbewerb" irgendwelche weiteren Bindungen für die künftige Höhe der Kraftwagentarife gesetzlich festzulegen. Zur Begründung erklärte er, daß auch sonst im Verkehrswesen die Gestaltung der Tarife nicht gesetzlich geregelt sei.[320] Von Beck berief sich daher auf die "wiederholten Erklärungen" des Reichsverkehrsministers, als er behauptete, daß "auch künftig eine volkswirtschaftlich richtige gegenseitige Abstimmung der Beförderungspreise der beiden Verkehrsarten unerläßlich ist."[321] Weiterhin war der Bahn daran gelegen, daß, nachdem durch Erlöschen des Schenker-Vertrages ihr die Möglichkeit der fallweisen Bezuschussung der Rollgebühren genommen worden war, der neue RKT grundsätzlich bei j e d e r Beförderungsleistung Nebengebühren enthielt.[322] Als letztes blieb für die Reichsbahn noch die Frage einer Leistungsvergütung der Spediteure offen. von Eltz-Rübenach hatte entgegen den Vorstellungen der Gedekra keine ausdrückliche Bestimmung über die Berechtigung und die Höhe dieser Vergütung im Gesetz aufgenommen, sie jedoch auch nicht verboten. Dies wünschte aber die Bahn, wohl wissend, daß dies den Lkw-Verkehr einschränken würde, da für die Spediteure dann kaum ökonomischer Anreiz bestand, dem Verlader den Transport mit Kraftwagen zu vermitteln.

Der Forderungskatalog der Reichsbahn machte deutlich, daß weniger eine neue Arbeitsteilung zwischen Schiene und Straße als vielmehr der Schutz und die Besitzstandswahrung der Schiene das Hauptziel des Gesetzes sein sollten. Das Verkehrsminsterium ging zwar offiziell von der Gleichrangigkeit beider Ziele aus, überließ jedoch die Verwirklichung den Tarifpartnern. Während des dreivierteljährigen Übergangszeitraums bis zur Inkraftsetzung des Gesetzes blieb die Genehmigungssperre im Güterfernverkehr weiter bestehen, um die schwierigen Verhandlungen über eine alle offenen Punkte berücksichtigende

---

319 Beck: Die neue Ordnung des Güterfernverkehrs mit Kraftfahrzeugen im Deutschen Reiche, in: Zeitung des Vereins Mitteleuropäischer Eisenbahnverwaltungen (75) 1935, Nr. 35, S. 721.

320 Ebd., S. 728.

321 Ebd.

322 Ebd., S. 730.

Durchführungsverordnung zu entlasten. Infolge der konfligierenden Ziele des Gesetze kam eine solche Verordnung der Quadratur des Kreises gleich. Die nationalsozialistische Regierung, die sich in der Verkehrspolitik von Anfang an besonderer Tatkraft lobte, wies diese Aufgabe in Ermangelung eigener praktikabler Konzepte den Vertretern der Reichsbahn und des RKB zu. Deren Verhandlungen gerieten jedoch eben wegen dieser fehlenden Richtungsentscheidung der Regierung schnell in eine Sackgasse.

Während der Interimsphase sollte nach dem Willen der Regierung ein sogenannter "Burgfriede" gelten, währenddessen beide Parteien auf gegenseitige Kampfmaßnahmen verzichteten, um dem RKB für eine durchgreifende "Ordnung" des Güterfernverkehrsgewerbes Freiraum zu schaffen. Damit geriet insbesondere die Reichsbahn in Zugzwang. Scholz machte zur Bedingung, daß die Bahn "ihre gesamten Einstellungen und Massnahmen gegen den Kraftwagen aufgibt und die Reichsverkehrsgruppe Spedition sich ebenfalls diesen Ordnungsbestrebungen anschließt."[323] Damit war klargestellt, daß die angestrebte Befriedung des Wettbewerbs mit einer Einigung über das Rollfuhrwesen stand und fiel. Die Neuregelung der Rollfuhrbestimmungen, die das Gesetz infolge der Aufhebung des Schenker-Vertrages notwendig machte, barg den meisten Sprengstoff in der Diskussion um die künftige Gestaltung des RKT, weil die Bezuschussung der Rollfuhr für die Bahn nach wie vor das wichtigste Wettbewerbsinstrument bildete. Sie wollte daher naturgemäß so lange wie möglich an den bisher geltenden, den Güterverkehr der Bahn begünstigenden Regelungen, festhalten, d. h. sie erst zum spätest möglichen Zeitpunkt, bei Inkraftreten des Gesetzes im April 1936, aufgeben, unter der Voraussetzung, daß bis dahin entsprechend annehmbare Ersatzbestimmungen ausgehandelt werden könnten. Dem RKB war jedoch daran gelegen, daß die Bahn sofort auf ihre Bezuschussungspraxis und die im Schenker-Vertrag enthaltenen Kraftwagenbeschränkungen für die Spediteure verzichtete, weil der Verband ab sofort - ungeachtet des noch zu erstellenden neuen RKT - die Tarifaufsicht seiner Mitglieder aufgrund des geltenden Tarifs der Notverordnung ausüben mußte. Und dies bedeutete de facto eine erhebliche Erhöhung der in der Praxis üblichen Beförderungsentgelte.[324]

---

323 Scholz in der Besprechung mit Koenigs und Vertretern der Reichsbahn im Reichsverkehrsministerium am 21.9.1935, zit. n. Schreiben an den GI v. 19.10.1935, in: BA 46.01/593.

324 Scholz in der Besprechung mit Koenigs und Vertretern der Reichsbahn im Reichsverkehrsministerium am 21.9.1935, nach Angaben der Reichsbahn in ihrem Schreiben an den RKB v. 25.9.1935, in: BA 43.01/8112a.

Die Reichsbahn lehnte es jedoch grundsätzlich ab, die Sonderverpflichtungen ihrer Rollfuhrunternehmen vorzeitig aufzuheben, weil man sich bewußt war, daß die vom RKB als Vorleistungen deklarierten Forderungen im Grunde dem tarifpolitischen Konzept entsprachen, daß der Verband durchsetzen wollte. Dieses Konzept widersprach den Interessen der Reichsbahn. Sie wehrte sich besonders gegen eine Liberalisierung des "Sammelgutverkehrs", der erst seit Januar 1933 in die Regelungen des Bahnspeditionsvertrags aufgenommen worden war. Das sogenannte Sammelgut, also gesammeltes Stückgut, war eine Rationalisierung des Verkehrs, die erst durch eine leistungsfähige Spedition ermöglicht worden war. Sie kam der Reichsbahn aufgrund ihrer hohen Kosten im Stückgutverkehr besonders zugute. Daher war die Bahn naturgemäß daran interessiert, sich diesen Verkehr soweit als möglich zu erhalten. Im Januar 1933 hatte die Reichsbahn-Hauptverwaltung daher für alle am Schenker-Vertrag beteiligten Firmen Richtlinien zur Gewährung von "fallweisen Zuschüssen" auch im Sammelgutverkehr erlassen. Offiziell galt auch dabei das Argument der verstärkten Rationalisierung dieses Verkehrs. Die Bestimmungen waren analog zu der im Schenker-Vertrag festgeschriebenen Neuorganisation des Bahnspeditionswesens gefaßt: Die bahnamtlichen Rollfuhrunternehmer erhielten Zuschüsse zur Ermäßigung der Speditionsgebühren, die in Wettbewerbsfällen geeignet waren, die Sendungen für den Sammelgutverkehr der Schiene zu sichern bzw. im Einzelfall auch zurückzugewinnen.[325] Diese Subventionierung schädigte allerdings die freien Sammelladungsspediteure, die sich dadurch gezwungen sahen, den Sammelladungsverträgen der Deutschen Bahnspedition GmbH beizutreten, um konkurrenzfähig zu bleiben. Damit verpflichteten sie sich jedoch zugleich, ihre Sammelgüter ausschließlich auf der Schiene zu befördern, d.h. sie waren verpflichtet den Verladern ein Preisangebot zu machen, das diese Güter auf die Schiene lenkte.[326] Die Richtlinien hatten damals scharfe Proteste des Speditionsgewerbes ausgelöst. Der u. a. vom VDS mitinitiierte "Ausschuß gegen das Verkehrsmonopol" sah in dieser Ausdehnung des Schenker-Vertrages einen neuerlichen Generalangriff der Bahn gegen den Lkw-Verkehr und forderte neben der Aufhebung des Schenker-Vertrages für die Zukunft für die Bahn auch

---

325 Richtlinien für die Gewährung von Zuschüssen zur fallweisen Ermäßigung der Speditionsgebühren im Sammelgutverkehr der Deutschen Bahnspeditions GmbH Berlin, Bl. 6 (Anlage zum Schreiben des Arbeitsausschusses gegen das Verkehrsmonopol an den Reichskanzler v. 17.2.1933), in: BA R 43 I/1074.

326 Richtlinien für die Gewährung von Zuschüssen ...., Blatt 6/8, in: BA R 43 I/1074.

ein Verbot von Speditions,-Sammelgut-, Rollfuhr- oder Lagergeschäften.[327] Angesichts der stark verzerrten Wettbewerbslage zwischen Bahn und Kraftverkehr war ein staatlicher Eingriff unumgänglich geworden. Anstelle einer Reliberalisierung hatte sich von Eltz-Rübenach jedoch entschlossen, durch eine ministerielle Verordnung zu steuern. Er ersuchte die Bahn, ihm zum September 1933 einen einheitlichen Sammelladungstarif zur Genehmigung vorzulegen, der durch seine Gestaltung zugleich eine kartellartige Organisation des Gewerbes forcieren sollte, indem den organisierten Spediteuren ein hinreichender Vorsprung vor "Außenseitern" gewährt würde. Damit sollte, so von Eltz-Rübenach, eine "Konzentration des Sammelverkehrs als Vorbedingung für eine planmäßige Verkehrsteilung" erreicht werden.[328] Der gleiche Sammeltarif sollte dann auch für den Lkw erlassen werden. Zugleich sollten die Einzelfallzuschüsse endgültig eingestellt werden.[329] Die Bahn hatte jedoch die Gewährung eines Sammelguttarifs davon abhängig gemacht, daß erst eine "die Interessen der Reichsbahn ausreichend berücksichtigende Spediteurorganisation" geschaffen würde, die "Bahn- und Kraftwagensammelgutverkehr“ zu umfassen hätte, und die auch von den Spediteuren als "verbindlich" anerkannt würde, um eine "für uns befriedigende Verkehrsteilung" zu ermöglichen.[330] Nur dann könnten im Sammelgutverkehr die Einzelfallzuschüsse aufgehoben werden.[331]

Auf diesem Standpunkt beharrte die Reichsbahndirektion auch jetzt, indem sie erklärte über die Aufhebung von Kraftwagenbindungen in zwischen der Bahnspedition und einzelnen Spediteuren bzw. Verfrachtern geschlossenen Zuschußabkommen könne nur "gleichzeitig" mit der Klärung der künftigen Beförderungspreise im Kraftwagenladungsverkehr entschieden werden.[332] Dabei machte sie zur Vorbedingung, daß erstens die mit der Notverordnung zunächst

---

327 Schreiben des Arbeitsausschusses gegen das Verkehrsmonopol, eingesetzt vom gesamten freien deutschen Verkehrsgewerbe, an den Reichskanzler v. 17.2.1933, in: BA R 43 I/1074.

328 Von Eltz-Rübenach an die Deutsche Reichsbahn Gesellschaft v. 1.7.1933, in: BA R 43 I/1074.

329 Von Eltz-Rübenach an die Deutsche Reichsbahn Gesellschaft v. 1.7.1933, in: BA R 43 I/1074.

330 Stellungnahme der Reichsbahn zum Schreiben des RVM v. 1.7.1933, Kopie in: BA R 34 I/1074.

331 Stellungnahme der Reichsbahn zum Schreiben des RVM v. 1.7.1933, Kopie in: BA R 34 I/1074.

332 Schreiben der Reichsbahn an den RKB v. 25.9.1935, in: BA 43.01/8112a.

verbotenen, später vom Reichsverkehrsminister wieder eingeführten Leistungsvergütungen für die Spediteure eingestellt würden und zweitens diese sich verpflichteten, jede Rollfuhrleistung auch im Sammelgutverkehr zu berechnen. Auch die fallweisen Zuschüsse weigerte sich die Bahn aufzugeben.[333]

Damit waren die tarifpolitischen Weichen nicht nur, wie von Beck betont hatte, in die gleiche Richtung gestellt wie 1931 durch die Notverordnung, sondern darüber hinaus verschärft worden, da die Reichsbahn auch die wettbewerblichen Instrumente des aufzuhebenden Bahnspeditionsvertrages im neuen RKT integriert wissen wollte. Dem versuchte der RKB sofort mit einer offiziellen Stellungnahme entgegenzutreten. Scholz wies darauf hin, daß die Notverordnung damals bewußt zum Schutz der Bahn erlassen wurde, während das neue Gesetz "entsprechend den Anweisungen der Reichsregierung" der Motorisierung dienen solle und damit dem Leiter des organisierten Güterfernverkehrs auch die bewußte Förderung des Lkw zur Aufgabe mache.[334] Das Schreiben verfehlte jedoch politisch die erhoffte Wirkung. In einer kurz darauf folgenden Besprechung im Reichsverkehrsministerium setzte die Reichsbahn ihre Interessen durch. Die Direktion erklärte sich lediglich bereit, von einer weiteren Expansion des reichsbahneigenen Güterkraftverkehrs abzusehen, nachdem der RKB im Gegenzug eine Bewirtschaftung, d. h. eine Beschränkung des Frachtenwertes im Güterfernverkehr auf 175 Millionen Reichsmark im kommenden Jahr angeboten hatte, unter der Bedingung, daß diese Marge in den folgenden Jahren erhöht werden könnte. Die Kraftwagenbindungen der bahnamtlichen Rollfuhrunternehmer, einschließlich der Sonderzuschüsse der Bahn blieben bestehen, ebenso wie die der Sammelgutspediteure. Als Minimalkompromiß gestand die Bahn lediglich zu, bis zum April 1936 keine weiteren Zuschüsse einzuführen.[335] In dieser Lage traten die Verhandlungen zwischen Reichsbahn und RKB auf der Stelle. Der Zeitpunkt des Inkrafttretens des Gesetzes rückte immer näher, ohne daß in der Tariffrage irgend eine Annäherung erreicht worden war. Daraufhin versuchte das Reichsverkehrsministerium eine Kompromißlösung zustande zu bringen. Brandenburg informierte im Dezember den Reichsverkehrsrat über einen neuen tarifpolitischen Vorstoß im Sinne des Lkw-Verkehrs. Demnach sollten sämtliche Eisenbahntarifklassen für den Lkw freigegeben werden, unter der Bedingung, daß der RKB die Garantie für eine lückenlose

---

333 Schreiben der Reichsbahn an den RKB v. 25.9.1935, in: BA 43.01/8112a.

334 RKB an die Deutsche Reichsbahn-Gesellschaft v. 1.10.1935, in: BA 43.01/8112a

335 Protokoll der Besprechung im RVM v. 1110.1935, in: BA 43.01/8112a.

Tariftreue übernahm. [336] Überdies wurde die Reichsbahn bewogen, nun doch auf die umstrittenen Einzelfallzuschüsse im Sammelladungsverkehr zu verzichten, wobei sie ihrerseits darauf bestand, daß dann die Spediteurvergütungen gestrichen wurden. An diesem Punkt scheiterte der Kompromiß, weil der RKB die völlige Streichung der Leistungsvergütungen verweigerte.[337] Sie war schlechterdings nicht durchsetzbar, weil die Kraftwagenspediteure sich naturgemäß nicht bereit finden wollten, umfangreiche Serviceleistungen für den Güterkraftverkehr ohne jedes Entgelt anzubieten. Auch im Reichsverkehrsministerium hatte sich die Erkenntnis durchgesetzt, daß die Tätigkeit des Kraftwagenspediteurs im Umfang über die Leistungen des Bahnspediteurs hinausging und die Vergütung deshalb nicht im Gegenzug zu den Einzelfallzuschüssen gestrichen werden konnte. Eine vollständige Beseitigung der Leistungsvergütungen kam "wenigstens im gegenwärtigen Zeitpunkt" nicht in Betracht, weil dann der Güterfernverkehr mit Kraftwagen " einfach zum Erliegen kommen würde."[338] In der Sitzung des Reichsverkehrsrats setzte sich Todt entschieden für Lkw-Verkehr ein. Er nannte die von Scholz gemachten Vorschläge, insbesondere die von ihm angebotene Selbstbeschränkung des Lkw-Verkehrs auf ein Frachtenlimit,[339] überzeugend und warnte schon zu diesem Zeitpunkt davor, daß die Verschleppung der Verhandlungen und fortwährende Behinderung des Güterfernverkehrs eine rasche und unkontrollierte Expansion des Werkverkehrs herausfordere.[340] Seine Einwände hatten jedoch keinen Erfolg. Die Einzelfallzuschüsse blieben, nicht zuletzt weil die Reichsbahn Schützenhilfe von der verladenden Wirtschaft erhielt. Deren Vertreter, Haindl, wandte sich gegen eine

---

336 Scholz hatte einen entsprechenden Vorstoß unternommen, um dem Lkw-Fernverkehr die Gewinnung von Rückfrachten zu erleichtern, die zu diesem Zeitpunkt ein erhebliches Problem darstellte. Vgl. Schreiben des RKB an den RVM v. 11.10.1935, in: BA 43.01/8112a.

337 Vortrag von Brandenburg in der Sitzung des Reichsverkehrsrats v. 17.12.1935, in: BA 43.01/8112a.

338 Vortrag von Brandenburg in der Sitzung des Reichsverkehrsrats v. 17.12.1935, in: BA 43.01/8112a.

339 Scholz informierte Todt bereits in seinem Schreiben v. 19.10.1935 über seine Vorschläge, in: BA 46.01/593.

340 Stellungnahme Todts in der Sitzung des Reichsverkehrsrats v. 17.12.1935, in: BA 43.01/8112a.

plötzliche Streichung der Zuschüsse mit dem Argument, die Wirtschaft brauche die Zeit bis zum April, um sich entsprechend umzustellen.[341]

Trotz der festgefahrenen Standpunkte hielt die Regierung am 1. April 1936 als Termin der Inkraftsetzung des GFVG fest. Das hatte für den Kraftverkehr eine ganze Reihe rechtlicher, ökonomischer und tarifpolitischer Härten zur Folge, die durch eine ad-hoc ausgearbeitete Durchführungsverordnung und eine mißglückte Reform des alten RKT entstanden. Die Härten der Durchführungsverordnung[342] betrafen zum einen den Werkverkehr, der erheblich eingeengt wurde.[343] Dadurch wollte man der befürchteten Ausdehnung dieses Verkehrs gegensteuern. Zum andern wurde Unternehmern von Güterfernverkehr die Betätigung dadurch erschwert, daß sie außerhalb der Nahzone ihres Standorts, der nunmehr verbindlich angegeben werden mußte, unterwegs keine Transporte unterhalb von 50 km Reichweite übernehmen durften.[344] Die Bestimmung sollte reichsweit als Schutz des Güternahverkehrs dienen, bildete jedoch in der Praxis des Fernverkehrs ein folgenschweres Hemmnis für die Gewinnung von Rückfrachten über Teilstrecken. Die Form der Konzessionierung wurde differenziert. Neben reichsweiten Genehmigungen traten solche, die entweder auf bestimmte Verkehrsbeziehungen oder Güterarten beschränkt waren.[345] Damit sollte ein Teil des bisherigen Güterfernverkehrs in diese Verkehrsrelationen umgeleitet werden. Der Zutritt zum Gewerbe wurde zudem generell erschwert, weil die Genehmigungsbehörde von den Unternehmern eine Sicherheit als Gewähr für die Einhaltung unternehmerischer Verpflichtungen verlangen konnte.[346] Grundsätzlich sollte damit die Konzession stärker von der finanziellen Leistungsfähigkeit des Antragstellers abhängig gemacht werden, um möglichst nur wirtschaftlich gesunde Betriebe zum Verkehr zuzulassen. Verschärfungen enthielt die Verordnung zuletzt auch für die Spediteure. Um auch von ihrer Seite die Einhaltung des neuen RKT zu erzwingen, konnte der Reichsverkehrminister den Leiter der Reichsverkehrsgruppe Spedition und Lagerei ermächti-

---

341 Stellungnahme von Kommerzienrat Haindl in der Sitzung des Reichsverkehrsrats v. 17.12.1935, in: BA 43.01/8112a.

342 Verordnung zur Durchführung des Gesetzes über den Güterfernverkehr mit Kraftfahrzeugen. Vom 27. März 1936, in: RVBl. Ausg. B: Kraftfahrwesen, 1936, S. 63ff.

343 Näheres siehe Kap. 5.2. unten S. 313ff.

344 Paragraph 28 der Verordnung zur Durchführung des Gesetzes über den Güterfernverkehr mit Kraftfahrzeugen, a.a.O., S. 67.

345 Paragraph 29, ebd.

346 Paragraph 30, ebd.

gen, die Kundensätze der Spediteure im Sammelladungsverkehr verbindlich zu bestimmen und nötigenfalls Ordnungsstrafen zu verhängen.[347]

Die Verordnung stellte in ihren Einzelbestimmungen insofern noch eine Verschärfung der ohnehin einschneidenden Vorschriften des GFVG dar. Dies war auch innerhalb der Regierung auf Widerspruch gestoßen. Der Reichwirtschaftsminister[348] hatte "erhebliche Bedenken" wegen der Erschwerung des Güterfernverkehrs geäußert und betont, daß die kraftverkehrsfeindliche "Tendenz" der Verordnung nicht im Einklang mit dem Gedanken der Förderung des Kraftverkehrs stehe. Seine Bedenken richteten sich vor allem gegen die Einengung des Werkverkehrs und die strengen Vorschriften zur Trennung von Güterfern- und -nahverkehr und Speditionsgewerbe sowie gegen die geforderte Sicherheitsleistung für eine Konzession.[349] Seine Einwände blieben jedoch weitgehend unberücksichtigt. Nach einer entsprechenden Stellungnahme des Reichsverkehrsrats wurden lediglich die Vorschriften zur Unternehmenstrennung etwas gemildert.[350]

Größere Probleme erwuchsen aus dem neuen RKT. Nachdem sich die Verhandlungen ein dreiviertel Jahr lang auf den Nebenkriegsschauplatz der Rollgebühren und untergeordnete Einzelbestimmungen wie Werbevergütungen und ähnliches konzentriert hatten, war eine ernsthafte Reform noch gar nicht angedacht worden. An Denkanstößen hatte es nicht gefehlt. Von seiten der Kraftverkehrswirtschaft waren die Hauptgesichtspunkte der Neuregelung frühzeitig angesprochen worden. Das Gewerbe erwartete eine "klare und gesunde" Tarifgestaltung als Grundvoraussetzung einer gelungenen Verkehrsteilung und sah diese nicht in einer Übertragung der Reichsbahntarife, sondern in einem eigenen

---

347 Ebd.; vgl. die Pressemitteilung des RVM v. 31.3.1936, in: BA 43.01/8114a.

348 Zu diesem Zeitpunkt war Schacht Reichswirtschaftsminister. Obwohl Schacht selbst in seiner Eigenschaft als Reichsbankpräsident und Wirtschaftsminister durch die Regulierung des Außenhandels an der Transformation der Wirtschaftsordnung von der Marktwirtschaft zur Planwirtschaft beteiligt war, gab er sich hier prinzipiell liberaler als sein Nachfolger.

349 Schreiben des RWM an den RVM v. 21.3.1936, in: BA 43.01/8112a.

350 Vertrauliche Mitteilung der RWK an die einzelnen Kammern v. 26.3.1936 über das Ergebnis der Reichsverkehrsratssitzung vom 24.3.1936, in: RWWA 22-231. Altunternehmer durften ihren Gemischtbetrieb unter verschiedenen Rechtspersönlichkeiten weiterführen. Als Altunternehmer galten Spediteure, die vor dem 1.4.1936 bereits Güterfernverkehr betrieben hatten. RKB-Pressedienst, 1. Jg, Nr. 1 v. 9.4.1936, S. 3, in: RWWA 22-231,

kostenorientierten Tarif für den Lkw.[351] Auch die Folgewirkungen der Tarifgestaltung auf die Verteilung des Laderaums und die Abstimmung mit der Nachfrage wurden zur Sprache gebracht. Darüber hinaus wurde eine tarifrechtliche Berücksichtigung der Spezialtransporte gefordert, weil "gerade auf diesem Gebiete ein aussichtsreiches Betätigungsfeld" für den Kraftverkehr gesehen wurde.[352] Keiner dieser sachlichen Gesichtspunkte floß in den neuen RKT ein. Statt dessen einigten sich RKB und Reichsbahn auf einen Minimalkonsens, der kaum Reformansätze enthielt. Grundsätzlich wurde daran festgehalten, die Beförderungsbedingungen auf Schiene und Straße soweit anzugleichen, daß sich aus dem Frachtrecht kein Preisvorsprung eines Verkehrsmittels ergab. Die Reichsbahn bestand deshalb darauf, daß der Lkw für die Abholung von ganzen Ladungen Freihaus-Zuschläge und für Teilladungen und Stückgutsendungen Rollgebühren erhob. Darüber hinaus wollte sie zumindest die allgemeinen Rollkostenzuschüsse beibehalten, während dem RKB freigestellt wurde, nach den gleichen Grundsätzen seinerseits entsprechende Vergütungen zu zahlen.[353] Mit dieser Tarifgestaltung sollte demnach verhindert werden, daß der beförderungstechnische Vorteil des Lkw-Verkehrs im Preis zum Ausdruck kam. Ein solches Vorgehen widersprach sowohl den Interessen des Kraftverkehrsgewerbes als auch denen der Verlader. Der Präsident der Nürnberger Industrie- und Handelskammer Schaub versuchte in letzter Minute mit Unterstützung Todts eine solche Regelung abzuwenden. Er betonte, daß alle Kraftwageninteressenten und auch "die Partei" die Haus-zu-Haus-Beförderung ohne Mehrkosten als den wichtigsten "technischen Vorzug des Kraftwagens" ansehen, der nicht durch "irgendwelche Tarifkonstruktionen" aufgehoben werden sollte und warnte davor, daß die Folgen für den Lkw "überaus bedenklich" sein würden.[354] Todts Einflußmöglichkeiten erwiesen sich jedoch erneut als begrenzt. Er konnte sich mit seinen Einwänden in der Reichsverkehrsratssitzung[355] nicht durchsetzen.

So wurde aus dem neuen RKT ein komplexes Regelwerk, das im wesentlichen auf dem DEGT aufbaute und an die oberen Tarifklassen der Reichsbahn (A-D) gebunden blieb. Ein kostenorientierter Kraftwagentarif wurde offiziell zurückgestellt, bis die Reichsbahn selbst eine Reform ihres Gütertarifs vorgenommen hatte. Diese blieb allerdings offen. Die strikte Anlehnung an den

---

351 Verlader, Spediteur, Betriebsverband, in: Das Lastauto (12) 1935, H. 10, S. 11.

352 Ebd., S. 23.

353 Mitteilung der RWK an die Kammern v. 6.3.1936, in: RWWA 22-231.

354 Schreiben von Schaub an den GI v. 18.3.1936, in: BA 46.01/583.

355 Gemeint ist die Reichsverkehrsratssitzung vom 24.3.1936. Vgl. oben Anm. 747.

DEGT ging soweit, daß der RKT auch eisenbahnspezifische Vorschriften wie die Teilung der Sätze in Güter mit und ohne fünf Prozent Bedeckungszuschlag enthielt, ebenso zahlreiche Nebengebühren wie Ladegebühr, Zölle, Sonderaufbauten etc. die den Verfrachtern zusätzlich zur reinen Unterwegsfracht entstehen konnten, sowie auch die umstrittenen Freihaus-Zuschläge und Rollgebühren.[356] Schließlich enthielt der RKT noch einen Sammelladungstarif, der dem RKB die Organisation des Sammelgutverkehrs über die Einrichtung von Laderaumverteilungsstellen ermöglichte. Letzterer wurde über Kraftwagen-Speditionsverträge, die der RKB mit ausgewählten Spediteuren abschloß, in das Regelwerk einbezogen, um die Preisbewirtschaftung auch an dieser Stelle abzusichern.[357] Die Verträge hatten wiederum ausschließende Wirkung. Spediteuren, die keinen solchen Abschluß mit dem RKB tätigten, durfte von den Fuhrunternehmen kein Laderaum mehr zur Verfügung gestellt werden.[358]

Damit war die Marktordnung im Güterfernverkehr perfekt. Sowohl tarifrechtlich als auch durch die im Gesetz enthaltenen Marktzugangsbeschränkungen entsprach sie weitgehend den Interessen der Reichsbahn und war entgegen dem offiziellen politischen Anspruch kaum geeignet, die Entwicklung des Straßengüterverkehrs zu fördern. Die restriktiven Konzessionsbestimmungen - Bedürfnisprüfung und Sicherheitsleistung - wirkten prinzipiell als Hemmnis gegen die angestrebte Expansion des Lkw-Verkehrs; vorläufig zudem nur de iure, denn die 1933 erlassene Konzessionssperre wurde auf Wunsch der Reichsbahn noch nicht aufgehoben.[359]

So konnte es de facto durch die Zulassungszahlen zunächst zu keinerlei Wachstum des Güterfernverkehrs kommen. Tarifpolitisch behinderte das Gesetz im Grunde die Weiterentwicklung des Transportwesens im Fernverkehr, indem der Frachtpreis bis in die letzten Einzelheiten als entscheidendes Instrument der wettbewerblichen Verkehrsteilung außer Kraft gesetzt war. Damit entfiel nahezu jeder Anreiz zu Innovation und Leistungssteigerung, weil eine dadurch er-

---

356 Der neue Reichskraftwagentarif (RKT) wurde im Anschluß an die Durchführungsverordnung veröffentlicht. Er enthielt I. Allgemeine Bestimmungen für die Fachtberechnung, II. ein "Verzeichnis der Güter der Klassen B, C und D" des DEGT als Grundlage der Einzeltarife sowie darüber hinaus "Frachtsatzanzeiger" für Güter mit und ohne fünfprozentigen "Bedeckungszuschlag" und zwei Kraftverkehrsverordnungen (KVO), für den gewerblichen und für den Reichsbahn-Güterfernverkehr. Vgl. im einzelnen Reichskraftwagentarif v. 30.3.1936, RVBl. Ausgabe B, Nr. 13. v. 6.4.1936, S. 72ff.

357 RKB Anordnung Nr. 8 v.30.4.1936, in: BA 43.01/8122a.

358 RKB Anordnung Nr. 8 v.30.4.1936, in: BA 43.01/8122a.

359 Schreiben der Reichsbahn an den RVM v. 20.5.1936, in: BA 43.01/8114a.

zielte Senkung der Kosten nicht über den Preis in die Gewinnung von Verkehrsanteilen umgesetzt werden konnte. Verbilligung des Verkehrs fiel als entscheidendes Instrument der Transportmodernisierung weg. Preisunabhängige technische Vorzüge der Transportleistung, also vor allem die Beschleunigung des Warenaustauschs, blieben das einzige Element, das dem Lkw Wachstumsspielräume eröffnete. Allerdings blieb dieser Vorsprung noch auf längere Sicht begrenzt. Weder das bestehende Straßennetz noch die technische Entwicklung des Lkw selbst ließen Fahrgeschwindigkeiten zu,[360] die der Schiene auf weitere Entfernung überlegen gewesen wären und somit eine Verbesserung bedeutet hätten. Nur auf den wenigen Verbindungen, bei denen die Bahn Umwege fahren mußte, bot der Lkw erheblich verkürzte Transportzeiten. Beim größeren Teil der Strecken blieb nur der Zeitgewinn durch die Haus-zu-Haus-Beförderung. Die wichtigsten Entwicklungsmöglichkeiten lagen daher vorläufig in der Diversifizierung der Lkw-Modelle in Anlehnung an die Erfordernisse bestimmter Güter, etwa verderbliche, bruchgefährdete etc., die in Ansätzen bereits begonnen hatte. Eine solche Expansionsstrategie geriet jedoch ab 1936 teilweise in Gegensatz zu dem infolge des Vierjahresplans aufgelegten "Rationalisierungsprogramm" der Regierung, das den Lkw-Bau besonders betraf.[361]

4.1.5.2 Zwischen Tarifzwang und Tarifreform: Das Scheitern eines "arteigenen" Kraftwagentarifs

Auch im Reichsverkehrsministerium war man sich darüber im klaren, daß mit dem neuen RKT noch keine endgültige tarifpolitische Grundlage für die Verkehrsteilung zwischen Eisenbahn und Lkw geschaffen worden war. Der Tarif wurde daher zunächst auf nur drei Monate befristet. Seine mißlungene Gestaltung rächte sich binnen kürzester Zeit. Schaubs Voraussagen erwiesen sich als in vollem Umfang zutreffend. Insbesondere die leistungsfremden Elemente in Gestalt der verschiedenen Freihaus-Zuschläge und Rollgebühren sowie Bedekkungszuschläge erwiesen sich als drastisches Hemmnis für den Lkw. Zugleich wurden die Hoffnungen der Reichsbahn auf eine erhebliche Verkehrsrückwanderung zur Schiene enttäuscht. In seinem Bericht über die Auswirkungen des

---

360 Die im Auftrag von Todt durchgeführten Vergleichsfahrten auf Reichsautobahnen und Reichsstraßen ergaben für den damals fortschrittlichen 6-Zylinder Diesel-Lkw von Mercedes eine "normale" Geschwindigkeit von 60 km/h. J. Huck u.a.: Vergleichsfahrten auf Reichsautobahn und Reichsstraße, Zweiter Bericht: Diesel -Lastzug, in: Die Straße (4) 1937, S. 462.

361 Vgl. dazu Kap. 4.2.1.2, oben S. 275ff.

neuen Tarifs an den GI nannte ein Mitarbeiter Todts im wesentlichen drei Gründe für die eingetretenen Verkehrsverluste des Straßengüterverkehrs: zum einen lagen die im RKT erhobenen Freihaus-Zuschläge für die Abholung ganzer Ladungen beim Verfrachter durchweg erheblich höher als die vergleichbaren Gebühren der Reichsbahn für den privaten Gleisanschluß. Zum andern stießen die bei Teilladungen und Stückgutsendungen vorgeschriebenen Rollgebühren bei den Verladern komplett auf Unverständnis, weil sie als sinnwidrig empfunden wurden, wenn der Lkw ohnehin direkt am Unternehmensstandort vorbeifuhr. Drittens traf auch der sogenannte Deckwagen-Zuschlag auf Widerstand, weil es den Verladern bei der Bahn frei stand, ihre Güter mit oder ohne Bedeckung befördern zu lassen, während der Zuschlag beim Lkw so oder so obligatorisch war.[362] Die Folgen dieser Tarifpolitik brachten für die Verantwortlichen die unerwartete Erkenntnis, daß zahlreiche Güter, die der Lkw verlor, nicht zur Bahn zurückwanderten, sondern eine in diesem Umfang nicht vermutete Benutzung des Wasserweges einsetzte. Es stellte sich heraus, daß für manche Wirtschaftsgruppen und Industrien, für die die Eisenbahn zu teuer war, erst der Lkw überhaupt eine Existenzgrundlage geschaffen hatte. Das traf z. B. verkehrsungünstig gelegene Textilbetriebe im Vogtland, aber auch die Getreideverladung in Mecklenburg.[363] Überdies forderten zahlreiche Wirtschaftsgruppen die Ausdehnung von Ausnahmetarifen auf den Lkw sowie die Anwendung niedriger Tarifklassen (E-G der Reichsbahn).[364] Im Speditionsgewerbe machten sich schon nach kurzer Zeit die schädlichen Auswirkungen der beibehaltenen allgemeinen Rollkostenzuschüsse bemerkbar. Zahlreiche Kraftwagenspediteure sahen sich gezwungen zu den gleichen ermäßigten Gebühren wie die Bahnspediteure zu rollen, wenn sie ihr Geschäft nicht verlieren wollten. Ohne die entsprechenden Ausgleichszahlungen von seiten der Reichsbahn wurde die Rollfuhr für sie jedoch zu einem Zuschußbetrieb, so daß insbesondere zahlreiche kleine und mittelständische Unternehmen bereits in ihrer Existenz gefährdet waren.[365]

Scholz forderte unter dem Eindruck der Verkehrsverluste des Güterfernverkehrs umgehend die Rücknahme der im RKT enthaltenen Vorschriften über

---

362 Aktenvermerk für Todt, Auswirkungen des neuen Reichskraftwagentarifs v. 7.5.1936, in: BA 46.01/584.

363 Beschwerden beider Werke wurden in dem Aktenvermerk angeführt, in: in: BA 46.01/584.

364 Forderungen in dem Aktenvermerk genannt, in: BA 46.01/584.

365 Eingabe von Schaub an RVM v. 27.4.1936, in: BA 43.01/8118a.

Freihaus-Zuschläge und Rollgebühren aufzuheben.[366] Nachdem die Reichsbahn nicht bereit war, den von Scholz gewünschten Änderungen zuzustimmen, mußte sich das Reichsverkehrsministerium erneut mit dem RKT befassen.[367] Von Eltz-Rübenach nahm sich nun selbst der umstrittenen Rollkostenfrage an. Die Reichsbahn wurde aufgefordert, umfassende Angaben über die Art und Höhe der von ihr gezahlten Zuschüsse zu machen. Damit wurde erstmals das erhebliche Wachstum der Subventionen deutlich. Zum einen hatte die Bahn in der Rollkostenbezuschussung einen weiteren Schritt getan, indem nun nach dem Stückgut- und dem Sammelladungsverkehr als drittes der Wagenladungsverkehr nach Inkrafttreten des GFVG hinzugekommen war. Die Ausdehnung begründete die Reichsbahn mit nach wie vor bestehenden Preisvorteilen des Lkw bei geschlossenen Ladungen, je nach erforderlicher Rollfuhrleistung zwischen 5 und 22 Reichsmark. Sie betonte überdies, daß der Vorsprung "ohne Anstoßzuschläge und Rollgebührensenkung" bis zu 60 Reichsmark je Ladung bzw. bei einer mittleren Versandweite von 250 km rund 25 Prozent der Fracht betragen würde. Ein derart großer Preisvorsprung sei nicht hinnehmbar gewesen.[368] Zweitens hatte sich die Anzahl der Orte und Rollfuhrbetriebe, die Zuschüsse erhielten, zwischen Ende 1933 und dem Beginn des Jahres 1936 durchschnittlich um fast 50 Prozent erhöht.[369] Das Gesamtvolumen der Zuschüsse war von 7 Millionen Reichsmark 1932 auf 16 Millionen Reichsmark 1935 gestiegen.[370] Durch den einbezogenen Wagenladungsverkehr stieg der Subventionsaufwand erneut auf - von der Bahn geschätzte - 18 Millionen Reichsmark im kommenden Jahr. Die Reichsbahndirektion betonte zwar, daß der Aufwand "höchstens in dem Maße" steigen werde wie der wertmäßige Jahreszuwachs im Stückgut- und Wagenladungsverkehr, kündigte aber zugleich eine weitere Ausdehnung der Bezuschussung im Wagenladungsverkehr und in der Zahl der anspruchsbe-

---

366 RKB an die Reichsbahn-Direktion v. 9.5.9136, in: BA 43.01/81181a.

367 Schreiben von Scholz an den RVM v. 12.5.1936, in: BA 43.01./81118a.

368 Schreiben der Reichsbahn an den RVM v. 12.6.1936, in: BA R 5/3082.

369 Die Zahl der bezuschußten Orte stieg zwischen dem 1. November 1933 und dem 1. Januar 1936 von 74 auf 110, die Zahl der Güterabfertigungen von 162 auf 219, die Zahl der Rollfuhrunternehmen von 134 auf 189, die Zahl der beteiligten Speditionsfirmen von 200 auf 279. Angaben der Reichsbahn im Schreiben an den RVM v. 12.6.1936, S. 4, in: BA R 5/3082.

370 Angaben der Reichsbahn im Schreiben an den RVM v. 12.6.1936, S. 4, in: BA R 5/3082.

rechtigten Rollfuhrunternehmer an.[371] Damit war die wirtschaftliche Legitimation der Rollkostenzuschüsse offen in Frage gestellt. Allein die ständig wachsende Zahl von zuschußbedürftigen Orten und Unternehmen mußte Zweifel am Erfolg eines solchen Wettbewerbsinstruments nähren, erweckte sie doch den Eindruck, daß die Bahn einer wachsenden Konkurrenzfähigkeit des Lkw-Verkehrs buchstäblich hinterherhinkte. Dies wurde überdeutlich durch die Einbeziehung des Wagenladungsverkehrs als Hauptgüterbereich der Bahn. Darüber hinaus konnten die Subventionen aus der Sicht der Reichsfinanzen nicht länger bedingungslos verteidigt werden, wenn ihre Höhe vorsichtig geschätzt dem wertmäßigen Jahreszuwachs der betroffenen Verkehre entsprach.

Die vom RKB nach nur zweieinhalb Monaten Geltungsdauer zusammengestellten General- und Spezialanträge kamen einer Totalreform des Tarifwerks gleich. Scholz forderte, den RKT von allen schematischen Bindungen an den Reichsbahn-Tarif freizustellen. Damit waren insbesondere die Frachtzuschläge für ganze Ladungen gemeint. Außerdem verlangte er die Einführung eigener Sondertarife in Anlehnung das Ausnahmetarifwesen der Bahn sowie in verschiedenen Einzelpunkten die Angleichung noch unterschiedlicher Frachtberechungen.[372] Zur Begründung machte Scholz geltend, daß die in Anlehnung an den Eisenbahngüterverkehr formulierte KVO und die Vorschriften zur Frachtberechnung den transporttechnischen Eigenarten des Lkw-Verkehr nicht gerecht wurden und deshalb für diesen nicht tragbar seien. Er wies darauf hin, daß die verladende Wirtschaft den sinnwidrigen Anstoßgebühren und anderen Frachtzuschlägen mit dem Argument entgegentrete, daß solche Regelungen mit der von den politisch Verantwortlichen geforderten Senkung und Niedrighaltung der Transportkosten nicht vereinbar sei.[373] Ferner forderte Scholz mehr Verhandlungsspielraum für den RKB bei Sonderkonditionen gegenüber einzelnen Großverladern, Kartellen, Verbänden und dergleichen. Damit sollte sich ein gesonderter Ausschuß befassen.[374] Drittens wurde nunmehr die strikte Neutrali-

371 Angaben der Reichsbahn..., S. 5f, in: BA R 5/3082.

372 Anträge des Reichs-Kraftwagen-Betriebsverbandes für die Sitzung des Tarifbeirats vom 22. Juni 1936, Anlage zum Schreiben des RKB an den RVM v. 15.6.1936, in: DBU-Archiv Ob Schmidt 84.

373 Begründung zu den Anträgen des Reichs-Kraftwagen-Betriebsverbandes für die Sitzung des Tarifbeirates vom 22. Juni 1936, in: Anlage zum Schreiben des RKB an den RVM v. 15.6.1936, in: DBU-Archiv Ob Schmidt 84.

374 Anträge des Reichs-Kraftwagen-Betriebsverbandes für die Sitzung des Tarifbeirats vom 22. Juni 1936, Anlage zum Schreiben des RKB an RVM v. 15.6.1936, in: DBU-Archiv Ob Schmidt 84.

tät des Speditionsgewerbes und damit zu einem späteren Zeitpunkt die endgültige Einstellung aller Rollgeldzuschüsse von seiten der Reichsbahn gefordert.[375] Der RKB hatte generell feststellen können, daß die von der Reichsbahn gezahlten Rollgeldzuschüsse insgesamt einen solchen Umfang angenommen hatten, daß der Lkw nicht mehr durch entsprechende Leistungsvergütungen Preisparität herstellen konnte. Dies war am Verhalten der Spediteure deutlich geworden. So hatten sich die Bahnspediteure, wie Scholz mitteilte, nicht "in nennenswertem Umfang" für die Kraftwagenbeförderung gewinnen lassen, weil ihnen die Vergütungen des RKB im Vergleich zu den Subventionen der Bahn zu gering erschienen.[376] Damit verstärkte sich der Eindruck einer unangemessenen Subventionspraxis der Bahn. Als letztes schließlich forderte Scholz für den Güterfernverkehr eine "Frachtraumregelung mit steigender Jahrestendenz" aufzustellen, um den "Bedürfnissen der Landesverteidigung" und einer angemessenen Nutzung der Reichsautobahnen Rechnung zu tragen und um vor allem den Werkverkehr einzudämmen.[377] Unter "Frachtraumregelung" wollte der RKB eine gezielte Kapazitätssteuerung verstanden wissen. Sie war die Folge der Preisbewirtschaftung in Gestalt der künstlichen Mindestpreise: ein partielles Überangebot an Laderaum zeichnete sich schon nach kurzer Zeit ab, und das obwohl die Genehmigungssperre nach wie vor in Geltung war. Auch die Expansion des Werkverkehrs war eine Folge der marktwidrigen Preisgestaltung. Nach Ermittlungen des RKB hatten viele Verlader den neuen RKT ohnehin als "einschneidende Erhöhung der Transportkosten" erfahren, die zwar als gerade noch tragbar hingenommen wurde, wobei jedoch alle zusätzlichen Anstoßgebühren, Freihaus-Zuschläge und dergleichen keine Akzeptanz mehr fanden. Zahlreiche Verlader hatten daraufhin die Einrichtung eines Werkverkehrs ins Auge gefaßt und diese allenfalls noch einige Zeit vertagt, weil sie unmittelbar mit der Aufhebung "jener dem Kraftwagen wesensfremden Gebühren" rechneten.[378]

Dies lehnte die Reichsbahn jedoch nach wie vor ab. In ihrer Stellungnahme für die Verhandlungen im Tarifbeirat erklärte sie sich außerstande, die vom RKB vorgelegten Zahlen über Verkehrsverluste des Lkw anzuerkennen, da die

---

375 Anträge des Reichs-Kraftwagen-Betriebsverbandes...., in: DBU-Archiv Ob Schmidt 84.

376 Begründung zu den Anträgen des Reichs-Kraftwagen-Betriebsverbandes..., in: DBU-Archiv Ob Schmidt 84.

377 Anträge des Reichs-Kraftwagen-Betriebsverbandes..., in: DBU-Archiv Ob Schmidt 84.

378 Begründung zu den Anträgen des Reichs-Kraftwagen-Betriebsverbandes..., in: DBU-Archiv Ob Schmidt 84.

Angaben sich nur über einen Zeitraum von wenigen Wochen erstreckten und von der Bahn weder nachgeprüft noch grundsätzlich als endgültige Haltung der Verfrachter gegenüber dem neuen Tarif anerkannt werden könnten.[379] Die Reichsbahn konnte ihre Position nicht länger in vollem Umfang durchsetzen. von Eltz-Rübenach verlangte von der Bahn unmittelbar die Rücknahme der letzten Erweiterung der Rollfuhrsubventionen, da sie gegen die finanziellen Interessen der Reichsbahn selbst verstießen und zugleich als unlauterer Wettbewerb gegenüber dem Kraftwagen anzusehen sei.[380] Ferner setzten die Verlader ihre Interessen im Hinblick auf die ökonomisch nicht begründeten Anstoß- und Rollgebühren für den Lkw durch. Dabei half nicht zuletzt die Macht der Fakten, nachdem bekannt geworden war, daß derlei Gebühren selbst von "seriösen Leuten" umgangen wurden.[381] Die Tarifbeiratssitzung Ende Juni 1936 brachte als greifbares Ergebnis, daß die Anstoß- und Rollgebühren ersatzlos wegfielen.[382] Der RKB sah damit ein wesentliches Hindernis für die Ordnung des Güterfernverkehrs als ausgeräumt an.[383]

Ohne Erfolg blieben die Bemühungen, den RKT durch Ausnahmetarife zu ergänzen und auf die unteren Tarifklassen der Reichsbahn (E-G) auszuweiten, nachdem der Tarifbeirat grundsätzliche Änderungen des Regelwerks abgelehnt hatte. Einer Ausdehnung des Tarifs stand vor allem die nach wie vor unbefriedigende Kontrolle entgegen, die nicht noch durch weitere Differenzierung der Beförderungsentgelte erschwert werden sollte.[384] Gegen die Zulassung von Ausnahmetarifen sperrte sich als gewichtige reichsbahnnahe Organisation der Reichsnährstand.[385]

---

379 Stellungnahme der Deutschen Reichsbahn zum Schreiben des RKB an den Herrn Reichs- und Preußischen Verkehrsminister vom 15. Juni 1936 und zu den Anträgen des RKB für die Sitzung des Tarifbeirats vom 29. Juni (die Sitzung wurde vom 22.6. auf den 29.6 verschoben, H. R.), Anlage zu 11 Vgars 2354 v. 24.6.1936, in: DBU-Archiv Ob Schmidt 84.

380 Schreiben des RVM an die Reichsbahn v. 24.7.1936, in: BA 43.01/81118a.

381 Schreiben der Arbeitsgemeinschaft für den Güterfernverkehr GmbH im Vorfeld der Sitzung der Tarifkommission v. 16.6.1936, in: DBU-Archiv Ob Schmidt 84.

382 Reichskraftwagentarif (K 2.9062 v. 29.6.1936), in: RVBl Ausg. B: Kraftfahrwesen, 1936, S. 243.

383 RKB-Pressedienst vom 3. Juli 1936, in: WWA K 2. Nr. 998.

384 Schreiben der Reichsbahn an den RKB v. 6.7.1936, in: BA R 5/3136.

385 Nachfolgeorganisation des Deutschen Landwirtschaftsrats infolge des den ständischen Aufbau bezweckenden Gesetzes über der organischen Aufbau der deutschen Wirt-

So wurde ein Antrag des RKB für einen regionalen Sondertarif für Getreide abgelehnt. Der Reichsbauernführer machte keinen Hehl aus seiner Auffassung, daß Zweck des GFVG nicht die Entwicklung des Lkw-Verkehrs nach Maßgabe seiner Leistungsfähigkeit sei, sondern die Ausschaltung des „ungesunden, und vom volkswirtschaftlichen Standpunkt aus gesehen, schädlichen Wettbewerbs" zwischen Schiene und Straße. Die angestrebte Ausschaltung müsse "illusorisch" werden, wenn dem Lkw günstigere Getreidetarife zugebilligt würden als der Reichsbahn. Überdies gab er zu Bedenken, daß ein solcher Ausnahmetarif zahlreiche Beschwerden aus nicht begünstigten Regionen hervorrufen müsse.[386] Die Einwände spiegeln die administrativen Schwierigkeiten einer "gerechten" Preisbewirtschaftung, die in offenem Widerspruch zu den Interessen der betroffenen Unternehmen stand. Der RKB hatte seinen Antrag damit begründet, daß die Spanne zwischen Erzeuger- und Verbraucherpreisen zu gering sei, um einen Transportzuschlag zu ermöglichen, so daß der Verkehr beim bestehenden Tarif zum Erliegen komme.[387] Dennoch entschied von Eltz-Rübenach gegen den Antrag.[388]

Andere Elemente des tariflichen Regelwerks riefen ähnlichen oder noch weiter gehenden administrativen Aufwand hervor. So strebte der RKB ebenfalls bereits kurz nach der Inkraftsetzung des RKT eine Novellierung der Liste für Güter mit sogenanntem "Bedeckungszuschlag" an. Der Aufschlag von fünf Prozent zur Fracht für Güter, die bedeckt befördert wurden, entsprach nicht in jedem Fall einer tatsächlich notwendigen, vom Verlader zum Schutz der Güter geforderten Bedeckung, sondern war eine zusätzliche tariftechnische Maßnahme der Reichsbahn bei hochwertigen Gütern zur Entlastung der unteren Güterklassen. Der Zuschlag war also Teil der Eisenbahntarifsystematik und hatte im Lkw-Verkehr keinerlei ökonomische Begründung. Die Reichsbahn wollte jedoch aus Gründen der Tarifparität daran festhalten.[389] Der RKB machte geltend, daß eine ganze Reihe von Gütern ohne jede erkennbare Rechtfertigung in ihrer

---

schaft. Die Landwirtschaft war aufgrund ihrer traditionell konservativen Haltung einer der wenigen Bereiche, in denen sich der ständische Aufbau durchsetzte.

386 Stellungnahme des Reichsbauernführers zum Antrag des RKB auf "Erstellung eines Sondertarifs für die Beförderung von Getreide, Hülsenfrüchten und Mühlenerzeugnissen innerhalb der Reichsbahndirektionen Altona, Schwerin und Stettin" v. 13.7.1936, in: BA 43.01/8118a.

387 Schreiben des RKB an RVM v. 8.6.1936, in: BA 43.01/8118a.

388 Bescheid des RVM v. 20.8.1936, in: BA 43.01/8118a.

389 Schreiben der Reichsbahn an den RKB v. 4.9.1936, Stellungnahme der Reichsbahn zum Antrag des RKB v. 18.8.9136, in: BA R 5/3136.,

Beschaffenheit in die Liste mit Bedeckungszuschlag aufgenommen worden war, was bei den Verladern auf Unverständnis stieß.[390] Der Streit um die Streichung einzelner Güter aus der Liste zog sich hin bis ins folgende Jahr. Schließlich setzte sich der RKB mit der Novellierung der Liste durch. Der Reichsverkehrsminister widersprach der Argumentation der Reichsbahn, die darin eine "grundlegende Änderung des Tarifs" erblickt hatte, und erklärte, daß er bei den infragestehenden Gütern die Erhebung des Bedeckungszuschlags "nicht für gerechtfertigt" halte.[391] Dies bedeutete jedoch nur einen relativ bescheidenen Etappensieg für den Lkw-Verkehr. Gegenstand langwieriger bürokratischer Auseinandersetzungen wurde auch die Tarifstrecke, über die vom RKB in zahlreichen Einzelfällen mit aufwendiger über Monate und Jahre andauernder Korrespondenz mit der Reichsbahn gestritten wurde. Die exakte Parität zwischen RKT und Reichsbahntarifen geriet überall dort besonders augenfällig in Widerspruch zu den tatsächlichen Transportkosten, wo die Straßenkilometer stark von den geltenden Eisenbahntarifkilometern abwichen. Versuche des RKB, in einigen krassen Fällen Ausnahmen durchzusetzen, indem die Straßenentfernung zugrunde gelegt wurde, stießen auf entschiedenen Widerstand der auf diesen Strecken im Wettbewerb stehenden Klein- und Nebenbahnen, die von der Konkurrenz des Lkw-Verkehrs in ihrem Bezirk naturgemäß härter betroffen waren als die Reichsbahn, weil sie oft nur eine einzige Strecke betrieben und ihre Verluste daher nirgends kompensieren konnten.[392] Der RKB konnte deshalb trotz aufwendiger jahrelanger Korrespondenz nur wenige Lockerungen erreichen.[393]

Die Beispiele machen die Folgen der umfassenden Regulierungswut, die im RKT zum Ausdruck kam, besonders deutlich. Vorgänge wie diese trugen vor allem dazu bei, die Akzeptanz des komplizierten tariflichen Regelwerks bei den

---

390 Schreiben des RKB v. 18.8.1936, in: BA R 5/3136.

391 Schreiben des RVM an die Deutsche Reichsbahn Hauptverwaltung v. 16.12.1936, Stellungnahme zu deren Schreiben v. 3.11. und 7.12. 1936, in: BA R 5/3136.

392 Vgl. das Schreiben des Leiters der RVG Schienenbahnen, Tgb.-Nr. E 4382/36 an den RVM v. 16.7.1936 über den eigenen Mitwirkungsanspruch im Tarifbeirat, in: DBU-Archiv Ob Schmidt 88. Die RVG Schienenbahnen vertrat die Interessen der öffentlichen und privaten Klein- und Nebenbahnen. In ihr war u.a. der Verband deutscher Verkehrsverwaltungen als größte Interessenorganisation dieser Verkehrsbetriebe in der Weimarer Republik aufgegangen.

393 Vgl. die (abschließende) Stellungnahme des RVM zum Streit um die Tarifkilometer für die Verbindungen von Bingen nach Traben-Trabach bzw. Zell an der Mosel bzw. Berncastel, Schreiben an die Reichsbahn v. 30.9.1939, in: BA R 5/3136.

Fuhrunternehmern und den interessierten Verladern gleichermaßen zu untergraben. Die Verengung der tarifpolitischen Auseinandersetzung auf die Angleichung von Einzelbestimmungen und Nebenelementen in DEGT und RKT mit dem einzigen Ziel der absoluten Preisparität beider Verkehrsmittel erschien den Beobachtern der Fachwelt zunehmend grotesk und als offenkundiger Widerspruch zum Geist des Gesetzes, wie er von der Regierung selbst propagiert worden war. Ende 1936 wurde daher in der Öffentlichkeit zunehmend ein Reformbedürfnis in der Tarifpolitik laut. Als Forum der Kritiker diente insbesondere die neugegründete Forschungsgesellschaft für das Straßenwesen, die ihren Tätigkeitsbereich gegenüber der Vorgängerorganisation (Stufa), u.a. auch auf die kritische Begleitung der Verkehrsordnungspolitik ausgeweitet hatte. Unter dem politischen Schutz des GI war hier Raum für einen begrenzten verkehrspolitischen Lobbyismus, während ansonsten jede offene Äußerung von Partikuliarinteressen gegen die politische Kultur des Nationalsozialismus verstieß.[394] Vor der Arbeitsgruppe "Verkehrswirtschaft" bezeichnete der ehemalige Staatssekretär im Reichsverkehrsministerium Gutbrod, der die 1931 erlassene Notverordnung mitverantwortet hatte, die offizielle Sprachregelung der neuen Reichsregierung, das GFVG sei eine "grundlegende" Abkehr von den Zielen der Notverordnung, offen als Verschleierung der Tatsachen. Er wies darauf hin, daß die Notverordnung keinesfalls - wie später behauptet - in ihrer Formulierung Bestimmungen enthielt, die eine größere Beschränkung des Lkw-Verkehrs bedeuteten als das neue Gesetz.[395] Die Notverordnung selbst habe ausdrücklich davon abgesehen jeden geringsten Preiswettbewerb zwischen den beiden Verkehrsmitteln zu untersagen, betonte er. Die Bindung des RKT an die Reichsbahntarife könne nur eine Übergangslösung sein, die der Reichsbahn Zeit lasse, im Gegenzug eine allmähliche Reform ihres Werttarifs vorzunehmen, um beide Verkehrsmittel längerfristig in ihrer Wettbewerbslage anzunähern.[396] Die im neuen Gesetz verankerte "künstliche Trennung" von Leistungs- und Preiswett-

---

394 Hüttenberger, Lobbyismus, a.a.O., S. 429f

395 Staatssekretär i.R. Dr. Ing. e.h. Gutbrod über "Das Güterfernverkehrsgesetz vom 26. Juni 1935 in seiner bisherigen Entwicklung auf die Praxis", in der Sitzung der Forschungsgesellschaft für das Straßenwesen, Arbeitsgruppe "Verkehrswirtschaft" am 15.12.1936, S. 6f, in: DBU-Archiv Ob Schmidt 16.

396 Staatssekretär i.R. Dr. Ing. e.h. Gutbrod über "Das Güterfernverkehrsgesetz vom 26. Juni 1935..., S. 10 in: DBU-Archiv Ob Schmidt 16. Eine solche rückwirkende Erklärung war allerdings wohlfeil. Die Regierung hatte 1931 in keiner Verlautbarung eine solche längerfristige Zielsetzung erkennen lassen.

bewerb keinen Fortschritt, sondern einen Rückschritt.[397] Gutbrod kritisierte die beharrliche Weigerung der Reichsbahn gegen einen Umbau ihres Tarifsystems und forderte eine Anpassung an das "Fortschreiten der Technik". Die schleppende Behandlung der Tarifreform durch die Reichsbahn, spottete er, werde durch die "Magerkeit der Beschlüsse" der Tarifkommission noch in den Schatten gestellt. Die Reichsbahn zeige keinerlei Bestreben mit dem RKB zusammenzuarbeiten, sondern poche auf die für sie bequeme Auslegung des Gesetzes, daß "eigentlich alles beim Alten geblieben ist."[398] Gutbrod erklärte rundheraus, das neue Gesetz biete außer vagen Begriffen wie Ordnung, Ausbildung und Entwicklung des Güterfernverkehrs keinen präzisen positiven Auftrag für die tatsächliche Entwicklung, sprich Steigerung des Güterfernverkehrs, der einzig durch eine klare Tarifreform zu erreichen wäre: "Zieht man in Rücksicht, daß der Begriff des gerechten Leistungswettbewerbs an keiner Stelle eine präzise Definition erfährt, und dass die Möglichkeit eines Aufbaues des Kraftwagentarifs auf den Selbstkosten, in dem ein Fortschritt gegenüber dem bisherigen Recht der Notverordnung zu erblicken wäre, zur Zeit als schwerlich gegeben bezeichnet wird, so kommt man vielmehr zu dem Schluss, daß das neue Gesetz irgendwelche Klärung in der Frage der Tarifpolitik und damit auch in der Frage einer brauchbaren Arbeitsteilung zwischen Schiene und Straße (...) nicht schafft und somit auch keinen Fortschritt bringt."[399] Nach dieser ungewohnt deutlichen Abrechnung mit dem bei seiner Verkündung als nationalsozialistische Variante der Regelung des Eisenbahn-Kraftwagen-Wettbewerbs bezeichneten Gesetz forderte der ehemalige Staatssekretär - auch im Hinblick auf eine Reihe weiterer Nachteile gegenüber dem früheren Recht[400] - konsequent eine grundlegende Reform des GFVG. Für den zentralen Bereich der Tarifpolitik schlug er vor, daß erstens der "gerechte Leistungswettbewerb" auch den Preiswettbewerb umfassen müsse und zweitens das im Gesetz festgelegte Tarifverhandlungsverfahren zwischen RKB und Reichsbahn geändert werden müsse. Reichsbahn und RKB sollten daher künftig einzeln dem Reichsverkehrsminister ihre Tarifvorschläge machen und unter seinem Vorsitz und der Anhörung eines Beirats bera-

---

397 Staatssekretär i.R. Dr. Ing. e.h. Gutbrod über "Das Güterfernverkehrsgesetz vom 26. Juni 1935..., S. 11, in: DBU-Archiv Ob Schmidt 16.

398 Staatssekretär i.R. Dr. Ing. e.h. Gutbrod über "Das Güterfernverkehrsgesetz vom 26. Juni 1935..., S. 15-19, in: DBU-Archiv Ob Schmidt 16.

399 Staatssekretär i.R. Dr. Ing. e.h. Gutbrod über "Das Güterfernverkehrsgesetz vom 26. Juni 1935..., S. 21, in: DBU-Archiv Ob Schmidt 16.

400 Gemeint waren die Konzessionsbestimmungen sowie die Behandlung des Nah- und Werkverkehrs.

ten und beschließen. Überdies sollte der Reichsverkehrsminister die Reichsbahn beauftragen, zu einem bestimmten Termin einen Entwurf für eine Umgestaltung ihres Tarifsystems vorzulegen.[401]

Im Vorfeld der neuerlichen Tarifreform bildeten sich zwei Lager heraus. Das eine umfaßte gewissermaßen die Herausforderer, die Vertreter einer betriebswirtschaftlich orientierten Kosten- und Preistheorie, die im "arteigenen Kraftwagentarif" als Kostentarif das Gebot der Stunde sahen und mit wirtschaftspolitischen Publikationen bzw. Beiträgen in der entsprechenden Fachpresse auf sich aufmerksam machten. Der renommierte Ökonom Mellerowicz[402] wandte sich - erneut in einem Vortrag vor der Arbeitsgruppe "Verkehrswirtschaft" der Forschungsgesellschaft für das Straßenwesen - ebenso wie Gutbrod gegen die von zahlreichen Verkehrswirtschaftlern nach wie vor vertretene Meinung, daß die Preise im Verkehr nicht auf den Kosten beruhten und daher im "gerechten Leistungswettbewerb" für die Preiskonkurrenz kein Raum sei. Derlei Ansichten würden dem "gegenwärtigen Stande der Kosten- und Preistheorie" nicht gerecht. Sie mißachteten das enge Verhältnis von Kosten und Preisen zu Lasten der Gesamtheit. "Wer auf das Verhältnis von Kosten und Preisen nicht sieht, wird immer unwirtschaftlich sein und wird häufig ohne Rücksicht auf Kosten Leistungen erstellen, die für die Gesamtheit von zweifelhaften Wert sind, weil sie zu vergleichsweise hohen Kosten erstellt wurden."[403] Eine Einengung des Begriffs Leistungswettbewerb durch den Ausschluß der Preiskonkurrenz sei ebenso abzulehnen wie die Einengung der "artgemäßen Leistung" des Lkw durch Konstruktion fiktiver Nebenleistungen, die nur bei der Bahn solche waren, während sie im Lkw-Verkehr einen Teil der "Hauptleistung" bildeten.[404]

Mellerowicz kritisierte die bestehende Tarifparität als ein Preisdiktat, das - einseitig auf die "gesamte Leistungseigenart der Eisenbahn" ausgerichtet - nicht zu organischer Verkehrsteilung führen könne, sondern das benachteiligte Verkehrsmittel auf Dauer "wettbewerbsunfähig" halten müsse. Er bezeichnete die

---

401 Staatssekretär i.R. Dr. Ing. e.h. Gutbrod über "Das Güterfernverkehrsgesetz vom 26. Juni 1935..., S. 37f, in: DBU-Archiv Ob Schmidt 16.

402 Mellerowicz wandte sich bereits in den 20er Jahren der verkehrswissenschaftlichen Forschung zu. Bei ihm entstand die erste 1926 erschienene Dissertation von Emil Merkert zum Thema "Eisenbahn und Kraftwagen".

403 Prof. Dr. Mellerowicz vor der Arbeitsgruppe "Verkehrswirtschaft" der Forschungsgesellschaft für das Straßenwesen e.V. "Zur Reform des Reichskraftwagentarifs" in der Sitzung vom 15.12.1936, S. 4, in: DBU-Archiv Ob Schmidt 16.

404 Prof. Dr. Mellerowicz vor der Arbeitsgruppe "Verkehrswirtschaft"...., S. 5, in: DBU-Archiv Ob Schmidt 16.

fortbestehenden allgemeinen Rollfuhrsubventionen der Reichsbahn als unhaltbar, weil sie "nicht Leistungswettbewerb, sondern Kapitalwettbewerb" darstellten. Die Folge sei eine Fehlallokation des Stückgutverkehrs, der bei der Reichsbahn unrentabel bleibe.[405] Der Verkehrswissenschaftler unterstützte zwar die Bemühungen des RKB um kleine Reformschritte, forderte jedoch auf längere Sicht eine grundlegende Tarifreform, die den "Bedürfnissen beider Verkehrsmittel" gerecht werden müsse, um vor allem dem Lkw einen ökonomisch sinnvollen Einsatz gemäß seiner "Leistungseigenart" zu ermöglichen.[406] Indes folgerte Mellerowicz daraus keine Liberalisierung des Verkehrs, sondern er forderte für den Lkw einen ähnlichen "kalkulatorischen Ausgleich" zwischen teuren und billigen Gütern wie im Tarifsystem der Reichsbahn, um den Zielen staatlicher Verkehrspolitik wie Tarifgleichheit im Raum Rechnung zu tragen. Bei aller Kostenorientierung sollten auch die neuen Tarife im RKT Festpreise sein, die sich nicht durch die Kosten der einzelnen Transportleistung bestimmten, sondern einem vorab ermittelten Durchschnittspreis entsprachen, den Mellerowicz als "natürlichen Preis" des Kraftwagens bezeichnete.[407] Sein Vorschlag lief im Grunde auf eine Fortschreibung des "volkswirtschaftlichen Tarifssystems" der Reichsbahn hinaus, dessen Basis lediglich nunmehr die Eigenheiten und Kosten des Transports beim Lkw bilden sollten. Eine freie Preisbildung zog der Ökonom nicht in Betracht. Mellerowiczs Reformvorschlag, der in der verkehrspolitischen Debatte breite Beachtung fand, kennzeichnet eine begrenzte Neuorientierung in der Verkehrspolitik, die Ende 1936 einsetzte. Sie führte nicht zu einem Bruch mit den bisherigen Leitlinien, sondern zunächst zu einer allmählichen Abkehr von geltenden Paradigmen durch eine Gewichtsverschiebung der staatlichen Ziele. Während 1933 die Gemeinwirtschaftlichkeit des Verkehrs als wichtiges Signum für den "Sozialismus" der nationalsozialistischen Regierung unverzichtbar erschien, gewannen 1936 die in der Wirtschaftskrise zurückgedrängten Rationalisierungsbestrebungen neuen Raum.[408] Mit seinem kostenorientierten "natürlichen Tarif" für den Lkw versuchte Mellerowicz, wissenschaftlichen Erkenntnissen über die volkswirtschaftliche Rentabilität von Preisen, insbesondere ihren Allokationswirkungen, vermehrt Rech-

---

405 Prof. Dr. Mellerowicz vor der Arbeitsgruppe "Verkehrswirtschaft"...., S. 6-11, in: DBU-Archiv Ob Schmidt 16.

406 Prof. Dr. Mellerowicz vor der Arbeitsgruppe "Verkehrswirtschaft"...., S. 22f, in: DBU-Archiv Ob Schmidt 16..

407 Prof. Dr. Mellerowicz vor der Arbeitsgruppe "Verkehrswirtschaft"...., S. 26ff, in: DBU-Archiv Ob Schmidt 16.

408 Vgl. Kap. 4.2, unten S. 259ff.

nung zu tragen und eine neue Wirtschaftlichkeit im Verkehrswesen mit den hergebrachten wirtschafts- und sozialpolitischen Zielen zu vereinbaren. Daher kam eine stärkere Kostenorientierung sehr wohl in Betracht, nicht jedoch eine Liberalisierung der Transportmärkte; denn diese wäre dem 1936 einsetzenden Übergang zur totalen staatlichen Befehlswirtschaft in nahezu allen Bereichen vollständig zuwidergelaufen und daher nicht durchsetzbar gewesen.

Das zweite Lager der Konservativen lehnte den kostenorientierten Tarif ab. Wortführer dieser Gruppe war der Tarifreferent der Reichswirtschaftskammer, Walter Linden, der die Mehrheit des EKA sowie Teile der verladenden Wirtschaft und erwartungsgemäß die Reichsbahn hinter sich hatte. Linden lehnte eine Selbstkostenorientierung der Lkw-Frachten wegen zu befürchtenden Rückwirkungen auf das gemeinwirtschaftliche Tarifsystem der Reichsbahn ab. Er gab zu Bedenken, daß die Bahn schon jetzt trotz einer Bindung der Lkw-Tarife an den DEGT durch ihre anderen gesetzlichen Verpflichtungen wie Beförderungs- und Bedienungszwang wettbewerblich im Nachteil sei. Eine derartige Regelung könne daher nicht in Betracht kommen.[409] Auch aus der Sicht des EKA war eine starre Übertragung der Eisenbahntarife auf den Lkw durchaus "unsachgemäß und ungerechtfertigt", jedoch reduzierten sich die von Linden vorgetragenen Reformvorschläge auf eine Bereinigung des RKT von den als artfremd angesehen Nebenbestimmungen wie Deckwagenzuschlag, Rollgeld, Nebenklassentarif. Darüber hinaus wurde eine Anpassung der Entfernungsbemessung an die tatsächlichen Straßenkilometer wenigstens "in größerem Umfang als bisher" befürwortet, ohne daß jedoch generell ein Kilometertarif eingeführt werden sollte.[410] Um nicht den Eindruck entstehen zu lassen, daß der wirtschaftliche Spitzenverband den Interessen der Eisenbahn allzusehr Vorrang einräumte und die Entwicklung des Lkw behinderte, hatte der EKA in seiner vorausgehenden Sitzung über diese Reformschritte hinaus, einen dritten Weg ins Spiel gebracht. Danach sollte der Reichsverkehrsminister die Reformen nach dem dreigeteilten Genehmigungsverfahren differenzieren: Bei reichsweiten Genehmigungen ohne Nahverkehr sollte verfahren werden wie bisher, im Fall einer Konzession für die 150-km-Zone sowie bei Genehmigungen für bestimmte Güterarten sollten dagegen nach Auffassung des EKA etwas liberalere Tarifbestimmungen gelten, etwa im Hinblick auf den Kilometertarif und die Ausdehnung des RKT auf die unteren Klassen E bis G der Reichsbahn, wie sie vom

409 Stellungnahme der RWK zu den Vorarbeiten für einen neuen RKT, Schreiben an RKB v. 26.1,1937, S. 2f, in: BA 43.01/8119a.

410 Stellungnahme der RWK zu den Vorarbeiten ..., S. 5-8, in: BA 43.01/8119a.

RKB seit langem gefordert wurde.[411] Der Ausschuß entsprach damit vor allem den Interessen der verladenden Wirtschaft, bei der sich ein Schwerpunkt der Lkw-Transporte bis zu 150 km herausgebildet hatte. Daher war ebenfalls zu erwarten, daß viele Fernverkehrsunternehmen ihr Geschäft auf diesen Radius konzentrierten und daher mit einer eingeschränkten Genehmigung sehr zufrieden wären, insbesondere wenn diese mit tariflichen Lockerungen verbunden wäre. Abgesehen davon daß man hoffte auf diese Weise den überwiegenden Teil des Lkw-Fernverkehrs auf eine Entfernung von 150 km zu beschränken und damit der Bahn längerfristig den für sie rentabelsten echten Langstreckenverkehr zu erhalten, wurde damit zugleich einer weiteren Expansion des Werkverkehrs begegnet. Denn es war zu erwarten, daß viele Unternehmen, die von den gelockerten Tarifbestimmungen in dieser Zone profitieren würden, wie etwa der Baustoffhandel durch Anwendung der E bis G-Klassen, ihren Werkverkehr einstellen und wieder zum gewerblichen Lkw-Verkehr zurückkehren würden.[412] Die Lockerung der Genehmigung für bestimmte Güterverkehre entsprach ebenfalls den Gegebenheiten der Wirtschaft, da sich abzeichnete, daß viele Hersteller dazu übergingen, dem Lkw ihren gesamten Verkehr eines bestimmten Produktes zu übertragen.[413]

Obwohl er sich mehr Druck von seiten der Wirtschaft zugunsten des Lkw-Verkehrs erhofft hatte, konnte der RKB die Reformvorschläge des EKA ohne weiteres mittragen. Das galt sowohl für die Änderungen in den Tarifbestimmungen sowie insbesondere auch für die Stellung der Spediteure. Hier sah sich die Reichsbahn einer geschlossenen Front von Reformern aus verladender Wirtschaft, EKA und RKB gegenüber, die alle den Fortbestand einseitiger Bindungen der Spediteure an das eine oder andere Verkehrsmittel ablehnten und ihre strikte Neutralität forderten.[414] Daher hatte auch der Vorstoß der Reichsbahn, die zum 1. Juli des vergangenen Jahres abgeschafften Rollgebühren für den Lkw wieder einzuführen, keine Aussicht auf Verwirklichung.[415] Somit ging der RKB insgesamt gestärkt in die neuen Tarifverhandlungen mit der Reichsbahn. Hinzu kam, daß sich die Ausgangslage gegenüber den vorangegangenen Jahren geänderte hatte: nachdem nunmehr über das zentrale Frachtabrechnungsverfahren des Zwangsverbandes erstmals verläßliche Zahlen über den wert- und ton-

411 Redebeitrag Linden in der Sitzung des EKA v. 13.1.1937, in: WWA K 1 Nr. 1939.

412 Redebeitrag Linden in der Sitzung des EKA v. 13.1.1937, in: WWA K 1 Nr. 1939.

413 Redebeitrag Linden in der Sitzung des EKA v. 13.1.1937, in: WWA K 1 Nr. 1939.

414 Vgl. Schreiben der RWK an den RKB v. 26.1.1937, in: BA 43.01/8119a.

415 Vgl. die ablehnende Stellungnahme der RWK v. 8.3.1937, in: BA 43.01/8119a.

nenmäßigen Umfang des Güterfernverkehrs vorlagen, hatte sich herausgestellt, daß das Frachtvolumen mit rund 145 Millionen Reichsmark in 1936 noch hinter den vom RKB geschätzten 175 Millionen Reichsmark zurückgeblieben war und weit hinter der Zahlen lag, mit denen die Reichsbahn seit 1929 operierte und auf die sie ihr Schutzbedürfnis gründete.[416]

Bei seinen konkreten Reformforderungen stützte sich Scholz auf die Argumentation Lindens, indem er die Formulierung aufnahm, den "geltenden Tarif so umzugestalten, dass er der Eigenart des Kraftfahrzeugs als einem Strassenverkehrsmittel weitgehend gerecht wird."[417] Scholz hob die generelle Übereinstimmung zwischen der Reichswirtschaftskammer und dem RKB hervor, was die Ausgestaltung des RKT im einzelnen anging. Grundlegene Differenzen bestanden lediglich in der Frage eines kostenorientierten Tarifs, den der RKB nur aufgrund der "noch zu geringen Erfahrungssätze" zurückstellen wollte, "ohne jedoch etwa grundsätzlich auf die Verwirklichung einer solchen Maßnahme zu verzichten."[418] Vorläufig wollte sich der Verband mit einer Annäherung an dieses Ziel begnügen, indem " in der Berechnung der Tarifentfernung stärker als bisher auf die wirklichen Verhältnisse Rücksicht genommen würde." Im Klartext hieß das, der RKB wünschte bei größeren Abweichungen zwischen Eisenbahntarifkilometern und Straßenentfernung "ohne weiteres" die Straßenkilometer zugrunde zulegen.[419] Als weitere tariftechnische Anpassung an die Wirklichkeit forderte Scholz, den "Unterwegsverkehr", d.h. die sukzessive Aufnahme und Abgabe von Ladungen über mehrere Orte verteilt, im Frachtberechnungsverfahren differenziert zu verankern.[420] Die übrigen Tarifanträge wiederholten im wesentlichen alte Forderungen.

---

416 Vgl. die Vorbemerkungen Punkt (3) und (4) im Schreiben des RKB an die Deutsche Reichsbahn-Gesellschaft v. 5.2.1937, in: DBU-Archiv Ob Schmidt 84.

417 Schreiben des RKB an die Deutsche Reichsbahn-Gesellschaft v. 5.2.1937, zu I: Grundsätze der zukünftigen Beziehungen zwischen DRB und RKB, S. 10, in: DBU-Archiv Ob Schmidt 84.

418 Schreiben des RKB an die Deutsche Reichsbahn-Gesellschaft v. 5.2.1937, ..., S. 11, in: DBU-Archiv Ob Schmidt 84.

419 Schreiben des RKB an die Deutsche Reichsbahn-Gesellschaft v. 5.2.1937,..., S. 11, in: DBU-Archiv Ob Schmidt 84.

420 Bisher wurde pauschal das Gesamtgewicht der Ladung und die weiteste Entfernung angenommen, was den tatsächlichen Aufwendungen für die Transporte in keiner Weise entsprach, also ein völlig kostenfernes Tarifelement darstellte. Schreiben des RKB an die Deutsche Reichsbahn-Gesellschaft v. 5.2.1937,..., S. 18, in: DBU-Archiv Ob Schmidt 84.

In die Reformdiskussion schalteten sich über die Vermittlung des EKA als Vertreter der Wirtschaft auch die beiden größten "Verbände", die Reichsgruppe Industrie und die Reichsgruppe Handel ein. Beide unterstützen mit unterschiedlicher Konsequenz die Forderungen des RKB. Die Reichsgruppe Industrie stimmte allen Punkten zu und legte besonders auf eine Verbilligung der Frachten wert. Der Ausschuß für Verkehrsfragen stellte daher eine Ausdehnung des Tarifs auf die unteren Güterklassen und zahlreiche Ausnahmetarife oben an und forderte ferner konsequent die Frachtberechnung nach Straßenkilometern.[421] Eine grundsätzliche Loslösung des RKT vom Eisenbahntarif befürwortete der Verband offiziell nicht. Die RGI bestimmte somit erkennbar weitgehend die politische Linie der Reichswirtschaftskammer. Die Stellungnahme der Reichsgruppe Handel fiel ähnlich aus. Der Handel zeigte sich prinzipiell noch etwas kraftverkehrsfreundlicher als die Industrie. Entsprechend trat die RGH konsequent dafür ein, den RKT von völlig artfremden tariftechnischen Bestandteilen wie Deckwagenzuschlag oder noch bestehenden Rollgebühren zu befreien, während der RGI sich mehr an der Gleichstellung mit der Bahn orientierte.[422]

Nach dem Stand der Dinge durfte der RKB annehmen, daß das Reichsverkehrsministerium im wesentlichen den Reformvorschlägen der Reichswirtschaftskammer folgen würde, zumal sie von zwei großen Wirtschaftsverbänden weitgehend übereinstimmend unterstützt wurden. Es kam jedoch anders aufgrund der von der nationalsozialistischen Regierung beschlossenen Reorganisation der Reichsbahn als Sondervermögen des Reiches, die im Prinzip aus politischen Erwägungen zu Stande kam.[423] Somit wurde die Verwaltung der ehemaligen Deutschen Reichsbahn-Gesellschaft wieder Teil des Reichsverkehrsministeriums, womit einschneidende personelle Veränderungen verbunden waren. von Eltz-Rübenach trat ab und der Generaldirektor der Reichsbahn, Dorpmüller, wurde zugleich Reichsverkehrsminister. In dieser Personalunion erteilte er gleich in seiner ersten öffentlichen Rede allen Spekulationen über einen neuen "arteigenen" Tarif eine deutliche Absage. Kein Wort mehr von der ehemals angekündigten Reform der Reichsbahngütertarife: Dorpmüller stellte

---

421 Stellungnahme des Arbeitsausschusses des Ausschusses für Verkehrsfragen der RGI v. 22.1.1937, Ergebnisse der Sitzung vom 15.1.1937 zu den Reformwünschen an den RKT, in: BA 43.01/8119a.

422 Aus dem Bericht Lindens auf der zweitägigen Verkehrstagung v. 10.-11.3.1937 in Hannover über die Stellungnahmen beider Industriegruppen, in: RWWA 22-214.

423 Ruser, Die Reichsbahn als Reparationsobjekt, a.a.O., S. 334; vgl. "Gesetz zur Neuregelung der Verhältnisse der Deutschen Reichsbank und der der Deutschen Reichsbahn Gesellschaft vom 10.2.1937" RGBl. II 1937, S. 369.

fest, daß ein kostenechter Tarif beim Lkw untragbare tarifpolitische Folgen für die Reichsbahn haben müsse, und der "Kraftwagentarif sich nach den Sätzen der Reichsbahn zu richten hat und der gewerbliche Kraftverkehr in der dadurch gegebenen Lebensmöglichkeit die Grenze seiner Entwicklung findet."[424] Damit wurden alle Verhandlungen zur Makulatur. Nachdem sich die Tarifpartner auch bei einem letzten Versuch nicht wenigstens über einzelne Reformschritte hatten einigen können,[425] wurde das Problem erneut vertagt. Dorpmüller verlängerte den geltenden RKT erneut um ein Jahr.[426]

4.1.5.3 Das Versagen der Konzessionierung als Mittel der Kapazitätssteuerung

Mit Inkrafttreten des GFVG blieb die bereits 1933 verhängte Konzessionssperre für Neuanträge in Kraft. Als Instrument der direkten Kapazitätssteuerung über das Angebot an Laderaum trat sie einer Expansion des gewerblichen Güterfernverkehrs ebenso effektiv entgegen wie die Tarifpolitik. Hinzu kam die gesetzliche Verschärfung des Genehmigungsverfahrens für jene Altunternehmer, die bereits vor dem 1.7.1935 im Besitz einer Konzession gewesen waren und diese daher prinzipiell auch nach dem neuen Recht beanspruchen konnten. Auflagen über die "Zuverlässigkeit und Leistungsfähigkeit" der Unternehmen sollten dafür Sorge tragen, wirtschaftlich ungesunde und unzuverlässige Unternehmen vom Markt fernzuhalten.[427] Ein Ziel, das auch vom RKB unterstützt wurde. Als Folge der "Säuberung des Gewerbes" wurden im Rahmen des Konzessionsverfahrens im Laufe des Jahres 1936 rund 3000 Genehmigungen verweigert bzw. entzogen, so daß Anfang 1937 nur noch insgesamt rund 8200 Unternehmen dem RKB angeschlossen waren. Darunter waren wiederum lediglich 6000 Fernverkehrsunternehmen im engeren Sinne, 1200 Konzessionen galten ausschließlich für den Möbelfernverkehr, 1000 hatten eine beschränkte Genehmi-

---

424 Entscheidendes Wort zum Kraftwagentarif, in: DV (11) 1937, Nr. 22, S. 1054.

425 In einer Besprechung zwischen Reichsbahn und RKB bot diese die geforderte Ausdehnung des Tarifs auf die unteren Regelklassen an, unter der Bedingung, daß auch der Lkw eine Beförderungspflicht auferlegt bekam. Dies konnte der RKB den privaten Unternehmern nicht zumuten. Aktennotiz über die Besprechung v. 30.3.1937, in: BA 43.01/8119a.

426 Vermerk v. 16.6.1937, in: BA 43.01/8119a.

427 Paragraph 17 der Verordnung zur Durchführung des Güterfernverkehrsgesetzes, a.a.O., S. 66.

gung.[428] Die vom RKB erwünschte und auch von den Industrie- und Handelskammern sowie den Verladern begrüßte "Säuberung" ging in diesem Umfang wesentlich auf die Haltung des Präsidenten Scholz selbst zurück, der in missionarischem Eifer den Güterfernverkehr als vorbildlichen Verkehrszweig zu entwickeln, für eine strenge Auslegung der Kriterien bei den Genehmigungen eintrat.[429] Hinzu kam die überaus problematische Mengenbewirtschaftung an den Laderaumverteilungsstellen. Da sich der angebotene Laderaum nicht marktgerecht nach der Nachfrage richtete, sondern die Kapazität bei überhöhten Preisen durch die Zahl der Konzessionen bestimmt wurde, hatte sich bereits nach kurzer Zeit ein partielles Überangebot herausgebildet, dessen Bedeutung erst in der ersten Statistik des RKB richtig deutlich wurde. So standen im Durchschnitt der Monate Juli bis September 1936 insgesamt 460 t Laderaum nur rund 205 t Ladung gegenüber. Tatsächlich abgefertigt wurden schließlich 189 t.[430]

39. Tab.: Wartezeiten an den Laderaumverteilungsstellen des RKB
im November 1936

Lkw-Abfahrten nach Wartezeit/ in Tagen	mit Ladung/ t	ohne Ladung
0	5205	1535
1	2066	235
2	1343	63
3	791	29
4	487	12
5	274	4
6	101	0
7	60	3
8	29	1
9	14	0
10 und mehr	20	0

Quelle: Vortrag Dr. Wesemann auf der Verkehrstagung am 10. März 1937 in Hannover, Blatt 122, in: K 2 Nr. 329.

---

428 Diese Zahlen legte der RKB-Direktor Wesemann auf der Verkehrstagung in Hannover am 10.3.1937 vor, in: RWWA 22-214.

429 Vgl. RKB-Pressedienst, 1. Jg. Nr. 1. v. 9.4.9136, S. 2.

430 Zahlen nach Angaben von Wesemann auf der Verkehrstagung in Hannover am 10.3.1937, in: RWWA 22-214.

Neben dem Überangebot an Laderaum wurde die Kapazitätssteuerung auch durch die bestehenden Verkehrsbeziehungen erschwert. Nur in etwa der Hälfte der Regionen kam ein quantitativer Ausgleich zwischen Versand und Empfang zustande. Dazu gehörte wegen der geographischen Lage vor allem die Mitte Deutschlands in einem relativ breiten Gürtel von Westen nach Osten sowie auch das Saargebiet und Südbayern. Dagegen überwog u.a. in den Hansestädten und in den Industriezonen Ruhrgebiet und Oberschlesien der Versand, während der ländliche Nordosten, aber auch Württemberg und Nordbayern vorrangig zu den Empfängern zählten.[431] Die wirtschaftlichen Schwierigkeiten vieler Unternehmer im Güterfernverkehr bestätigten diese Schieflage. Der RKB bemühte sich zwar, die Probleme zumindest etwas zu entschärfen, indem den Fuhrunternehmern an den Laderaumverteilungsstellen möglichst abwechselnd hochwertige und billige Güter zugeteilt wurden, aber das reichte nicht aus. Während diejenigen Unternehmer, die im Linienverkehr im festen Auftrag für bestimmte Spediteure bestimmte Strecken regelmäßig bedienten, auch ohne Rücksicht auf das mengenmäßige Güteraufkommen Beschäftigung fanden, gerieten die sogenannten Trampfahrer zunehmend in wirtschaftliche Bedrängnis. Dies waren meist Ein-Mann-Unternehmen mit einem Lkw, die ihre Ladung ebenfalls über die Laderaumverteilungsstellen des Verbandes erhielten. Sie waren im Gegensatz zu im "Linienverkehr" beschäftigten Unternehmern nicht regulär für bestimmte Spediteure tätig, sondern fuhren in freier unternehmerischer Regie. Dies führte bei einem Überangebot an Laderaum naturgemäß zu einer Bevorzugung des Linienverkehrs durch die Spediteure.[432] Dieses Problem war nicht neu. Schon seit Jahren klagten die Fuhrunternehmen über Ausbeutung und Übervorteilung durch die Spediteure. Der Reichsverband des Kraftfahrgewerbes hatte bereits frühzeitig auf „unverantwortliche" Schädigung von "Mengen der Ferntransportunternehmer" durch die "regelmäßigen Züge" der Spediteure hingewiesen. Fahrer müßten häufig mehr als drei Tage beschäftigungslos an den Laderaumverteilungsstellen warten und würden derart unter Druck gesetzt, daß sie nicht wagten, gegen Unterangebote der Spediteure Beschwerde zu erheben. Um Abhilfe zu schaffen, hatte der Reichsverband des Kraftfahrgewerbes bereits die Einsetzung von Obleuten als Vertrauenspersonen der Fuhrunternehmer gefordert, um das Geschäftsgebaren der Spediteure besser kontrollieren zu kön-

---

431 Vgl. Tab. 21, oben S. 56.

432 Zudem handelte es sich bei diesen Linienzügen oft um Güterfernverkehre der Spediteure unter anderer Rechtspersönlichkeit.

nen.[433] Dies hatte jedoch zu keiner Besserung geführt. Die "Trampfahrernot" nahm solche Ausmaße an, daß sich ein Teil der Güterfernverkehrsunternehmer schließlich doch zur Zusammenarbeit mit der Reichsbahn entschloß. Die Reichsbahn zeigte sich weiterhin am Abschluß von Beschäftigungsverträgen interessiert, und ein Teil der Güterfernverkehrsunternehmen entschloß sich aufgrund schlechter Wirtschaftslage zum Abschluß solcher Verträge. Ihnen wurde eine bestimmte kostendeckende Jahreskilometerleistung garantiert. Der Zusammenschluß dieser Unternehmer in einer eigenen Interessengemeinschaft, der Deutscher Kraftverkehr GmbH (DKV), beunruhigte das frei Kraftverkehrsgewerbe, das befürchtete, daß die DKV in einer zunehmend regulierten Wirtschaft als Erfolgsmodell angesehen werden und damit dem Gedanken eines Reichsbahnmonopols erneut Auftrieb geben könnte.[434]

Nachdem die Bemühungen des RKB, das Problem tarifpolitisch durch Ausdehnung des RKT auf die unteren Güterklassen des DEGT zu entschärfen, vorläufig gescheitert waren, hatte der Verband keine Eile, eine Aufhebung der Konzessionssperre zu fordern, wo die bestehende Zahl der Fuhrunternehmen nicht voll ausgelastet war und bei vielen bereits wirtschaftliche Schwierigkeiten aufgetreten waren. Der RKB ging zunächst sogar soweit, freiwerdende, für acht Jahre geltende Genehmigungen untergehen zu lassen, anstatt anderen Unternehmen den Zutritt zum Gewerbe zu ermöglichen.[435] Erst unter dem Eindruck zahlreicher Anträge auf Ausnahmegenehmigungen, in denen im einzelnen ein "Bedürfnis" aufgezeigt wurde, entschloß sich der Verband zu einem Antrag auf Aufhebung der Sperre, der jedoch abschlägig beschieden wurde.[436] Dorpmüller folgte auch der Empfehlung des DIHT, weniger strenge Anforderungen für die sogenannte "beschränkte Genehmigung" innerhalb einer 150-km-Zone festzulegen. Während bei der reichsweiten Genehmigung weiterhin streng nach dem "volkswirtschaftlichen Bedürfnis" entschieden wurde, entfiel dies bei der Beantragung einer beschränkten Genehmigung. Überdies entfielen auch "alle Einschränkungen, die sich auf bestimmte Güterarten und Verkehrsbeziehungen" erstreckten. [437] Damit hoffte Dorpmüller, das Interesse der Unternehmer ver-

---

433 Schreiben des Reichsverbandes Kraftfahrgewerbes an den späteren Leiter der RVG Kraftfahrgewerbe, Benninghoff, v. 22.5.1935, in: BA 4601/583.

434 Vgl. Das Lastauto, (14) 1937, H. 4, S. 5.

435 Dies wurde von Todt scharf kritisiert. Seidler, Fritz Todt, S. 146f.

436 Schreiben des RKB an den RVM v. 23.4.1937, in: BA 43.01/8115a.

437 Erlaß des RVM v. 30.4.1937, zit. n. "Lockerung der Bestimmungen im Güterfernverkehr, in: Das Lastauto (14) 1937, H.11, S. 9.

stärkt auf die begrenzte Zone zu lenken und somit den eigentlichen Fernverkehr der Reichsbahn weiterhin vor Konkurrenz durch den Lkw zu schützen. Noch deutlicher wurde dieses Bestreben durch die Verfügung, daß im Fall eines einmal abgelehnten Antrags für die reichsweite Konzession grundsätzlich auch keine Genehmigung für die 150-km-Zone mehr erteilt werden durfte. Angesichts dieses Risikos sah sich der RKB veranlaßt, den betroffenen Unternehmen in jedem Fall von vornherein eine beschränkte Genehmigung zu empfehlen.[438]

Unternehmer, die sich damit nicht zufrieden geben wollten, konnten in Einzelfällen Unterstützung von den Organen der NSDAP erwarten. Dabei spielten Parteimitgliedschaft und politische Zuverlässigkeit eine entscheidende Rolle. So verwendete sich die Gauleitung Weser-Ems im September 1937 für den "Pg. Schomakers", dem die Konzession für den Möbelfernverkehr unter Hinweis auf die vom Reichsverkehrsminister verhängte Genehmigungssperre verweigert worden war. Der Gauamtsleiter wandte sich an den GI mit der Bitte, im Fall Schomakers eine Ausnahmegenehmigung zu erwirken. Die Weigerung der Behörden sei unverständlich, da in dem betroffenen Gebiet offensichtlich "ein sehr dringendes Bedürfnis" vorliege und "doch sonst bei fast jedem Erlaß die Möglichkeit (besteht), in besonders gelagerten Fällen eine Ausnahme zu machen."[439] Todt, der mit dem Reichsverkehrsminister eine begrenzte Sonderregelung für zehn "alte Kämpfer" vereinbart hatte, schrieb daraufhin an Dorpmüller und bat ihn, unter Hinweis auf die besonderen Verdienste Schomakers in der Partei die Genehmigung zu erteilen.[440] Überdies nutzte Todt die Gelegenheit, auf bislang sechs Fälle hinzuweisen, die er "zur Berücksichtigung überwiesen" hatte und verlangte, über den Stand der Angelegenheit informiert zu werden.[441] Insgesamt konnte er damit jedoch kaum etwas ausrichten. Der Fall Schomakers zog sich bis ins nächste Frühjahr hin.[442] Zu einer wesentlichen Ausweitung der Konzessionen kam es auf diese Weise nicht.

---

438 Ebd.

439 Schreiben des Gauamtsleiters Weser-Ems an den Stab des Stellvertreters des Führers, München, Braunes Haus, v. 29.9.1937, in: BA 46.01/587.

440 Schreiben Todts an den RVM v. 30.10.1937, in: BA 46.01/587.

441 Schreiben Todts an den RVM v. 30.10.1937, in: BA 46.01/587.

442 Schreiben des RVM an Todt v. 4.4.1938, in: BA 46.01/587.

4.2 Der Lkw in der Vierjahresplanung: Forcierte Motorisierung im Zuge der Kriegsvorbereitung

4.2.1 Vierjahresplan und Rationalisierungsdruck in ihren Rückwirkungen auf das Transportwesen

Mit der Proklamation des "Vierjahresplans" auf dem Parteitag der NSDAP im September 1936 trat die nationalsozialistische Wirtschaftspolitik in eine neue Phase ein.[443] Der sogenannte zweite Vierjahresplan leitete den Übergang zu einem breit angelegten Autarkieprogramm mit dem Ziel einer beschleunigten wirtschaftlichen Kriegsvorbereitung ein. Mit der Institutionalisierung des neuen wirtschaftspolitischen Steuerungs- und Lenkungselements reagierte die Regierung auf eine drohende Rohstoff- und Devisenkrise, die bereits die Folge der bisherigen Aufrüstungspolitik war.[444] 1936 wandelte sich die Wiederherstellung militärischer Stärke zur offenen Kriegsvorbereitung. Anstelle der "friedenswirtschaftlichen" Konzeption der heimischen Rohstoffwirtschaft der Ära Schacht, die nach wie vor einen Importanteil vorsah, trat nun ein Autarkieplan mit forcierter (Ersatzstoff-) Produktion für den Bedarf im Kriegsfall. Im Vierjahresplan wurde anhand einer Gegenüberstellung von Mobilmachungsbedarf und vorhandenen Kapazitäten ein Ausbauplan für jeden Sektor der Roh- und Grundstoffindustrie entwickelt.[445] Die Kraftverkehrswirtschaft nahm in diesem Ausbauplan von Anfang an eine zentrale Stelle ein. Mit ihr stand und fiel ein weitgehend auf die Motorisierung abgestelltes Kriegsführungskonzept, da in Deutschland die natürlichen Ressourcen für die Herstellung von Bau- und Betriebsstoffen des Kraftverkehrs fehlten. Dabei stand Erdöl oben an. Die Treib-

---

443 Der Zeitpunkt der Verkündung des Vierjahresplans als "Wendemarke" der NS-Wirtschaftspolitik in Richtung einer forcierten Aufrüstung und verstärkten Wirtschaftslenkung ist heute unumstritten, auch wenn einerseits feststeht, daß die nationalsozialistische Regierung schon in den Jahren 1933-1936 erheblich in die Aufrüstung investierte, andererseits Rüstungsausgaben erst zu Beginn des Jahres 1938 einen signifikant hohen Anteil am Sozialprodukt und den Staatsausgaben hatten. D. Petzina: Autarkiepolitik im dritten Reich. Der nationalsozialistische Vierjahresplan, Stuttgart 1968, S. 27; Barkai, Das Wirtschaftssystem, a.a.O., S. 204ff; Ambrosius: Staat und Wirtschaft im 20. Jahrhundert, München 1990, S. 14; Vgl. Overy: War and economy in the Third Reich, Oxford 1994.

444 Petzina, Autarkiepolitik, a.a.O., S. 27ff; W. Birkenfeld: Der synthetische Treibstoff 1933-1945. Ein Beitrag zur nationalsozialistischen Wirtschafts- und Rüstungspolitik, Göttingen 1964, S. 77ff.

445 Petzina, Autarkiepolitik, a.a.O., S. 84.

stoffversorgung bildete die Achillesferse aller wehrwirtschaftlichen Planungen.[446] Hinzu kam die zwar minderbedeutende aber noch immer importabhängige Herstellung von Gummi und Leichtmetallteilen, die bereits in der Kraftfahrzeugproduktion gebraucht wurden und überdies wegen Abnutzung, z.B. der Reifen, häufiger ersetzt werden mußten. Diese Knappheitslage konnte nicht ohne Auswirkungen auf die Motorisierung bleiben. Sie wirkte insbesondere auf den Lkw zurück, der aufgrund seines im Vergleich zum Pkw erhöhten Verbrauchs an knappen Ressourcen als "besonders 'devisenintensives' Erzeugnis" galt.[447] Da der Autarkieplan unweigerlich eine weitere Verknappung der Devisen zur Folge haben mußte, entschied nicht zuletzt sein Erfolg bei der Ersatzstoffproduktion über den Fortschritt der Motorisierung.

Neben der bedeutsamen Frage der Roh- und Treibstoffversorgung hatte der Vierjahresplan jedoch auch mittelbare Rückwirkungen auf die Motorisierung, die langfristig an Gewicht gewinnen sollten. Seine Verkündung bewirkte einschneidende Veränderungen in der Wirtschaftspolitik, die bereits in der organisatorischen Ausgestaltung seiner Institutionen zum Ausdruck kam. Die Einrichtung der sechs Geschäftsgruppen, die die Arbeitsorgane des Plans darstellten, spiegelt den teilweisen Übergang zur totalen Lenkungswirtschaft. Insbesondere die Rohstofferzeugung und -verteilung sowie die landwirtschaftliche Produktion sollten gemäß dem Autarkieziel "planmäßig" gesteigert werden. Zugleich bezeugen die Geschäftsgruppen durch ihre Aufgaben im einzelnen auch die Knappheitsprobleme einer Ende 1936 vollbeschäftigten Wirtschaft. Dies kommt sehr deutlich in den Geschäftsgruppen "Arbeitseinsatz" und "Preisüberwachung" zum Ausdruck, die Engpässe auf wichtigen Teilarbeitsmärkten beheben bzw. gleichzeitig das Preisniveau stabil halten sollten.[448] Das Jahr 1937 war insofern nach dem Ende eines vierjährigen Aufschwungs eine Übergangsphase der Anpassung an eine neue Wirtschaftslage. Während die Politik 1933 vor der Herausforderung einer wirtschaftlichen Depression mit entsprechend unterausgelasteter Produktionskapazität der Unternehmen und einem Heer von Arbeitlosen gestanden hatte, wurde sie nun mit den Problemen einer vollbeschäftigten Wirtschaft mit angespanntem Produktionsapparat und Arbeitsmarkt konfrontiert.[449] Dieser Umschwung blieb nicht ohne Folgen für die nationalsozialistische Wirtschaftspolitik: Nicht mehr Stabilisierung und Bedarfsdeckung waren

---

446 Birkenfeld, Der synthetische Treibstoff, a.a.O., S. 83.

447 G. Stahl: Güterkraftverkehr in der Vierjahresplanung, in: DV (11) 1936, Nr. 6, S. 275.

448 Petzina, Autarkiepolitik, a.a.O., S. 60f.

449 Freyberg, Industrielle Rationalisierung unter dem Nationalsozialismus, a.a.O., S. 37f.

die Ziele, sondern hohes Wachstum durch forcierte Rationalisierung und Produktivitätssteigerung in der gesamten Wirtschaft.

Unmittelbar nach der NS-Machtergreifung am Ausgang der tiefsten wirtschaftlichen Depression, die die liberale Marktwirtschaft bis dahin gekannte hatte, war die Rationalisierung als umfassende gesellschaftliche Bewegung der zwanziger Jahre unmittelbar mit der gescheiterten Republik verknüpft und stigmatisiert. Ihre Vertreter sahen sich in der Defensive. So versuchte das Reichskuratorium für Wirtschaftlichkeit (RKW) im Februar 1933, mit einer umfangreichen Darstellung dem Eindruck entgegen zu treten, die Rationalisierung habe vor allem Nachteile gebracht und sei unsozial. Gegen die Propaganda der amerikanischen Technokratie-Bewegung schrieben die RKW-Nachrichten:

> „Folgen wir den Zeitungsmeldungen, so gehen die Technokraten davon aus, daß die Massenarbeitslosigkeit in der ganzen Welt allein oder doch fast ausschließlich auf den technischen Fortschritt, auf die zunehmende Mechanisierung der Warenherstellung, des Transports und der Verteilung sowie überhaupt auf die zunehmende Produktivität der menschlichen Arbeit zurückzuführen ist. (...) Das Wirksamwerden ungeheurer technischer Energien bringe die Nachfrage nach menschlicher Arbeitskraft zum Zusammenschrumpfen. (...) Da helfe auch keine Fesselung des technischen Fortschritts.“[450]

Das RKW verteidigte auch seine eigene Existenz in der bestehenden Organisationsform, d.h. vor allem in Zusammenarbeit mit den Wirtschaftsverbänden und betonte sein Angebot zur "Gemeinschaftsarbeit" Darunter verstand der RKW-Vorstandsvorsitzende Köttgen das Bekenntnis zur nationalsozialistischen Wirtschaftsauffassung. Sie "mündet geradewegs in den Wahlspruch, der über dem neuen Deutschen Reiche steht: Gemeinnutz geht vor Eigennutz. Wer bei uns mitarbeitet, muß zuerst an das Wohl der Allgemeinheit denken, nicht an sein eigenes Interesse."[451] Köttgen paßte sich damit im Vokabular an jene Parteiideologen an, die damals verstärkt den Sozialismus im Programm der neuen Regierung hervorhoben. Der Geschäftsführende Vorstand des RKW, Otto. D. Schaefer, bemühte sich, den Begriff der Rationalisierung enger zu fassen und

---

450 Rationalisierung als Bewegung. Technokratie, Kartelle, Gemeinschaftsarbeit, in: RKW-Nachrichten, (7) 1933, H. 2, S. 17.

451 Rede des RKW-Vorstandsvorsitzenden, Dr. C. Köttgen, auf der Jahrestagung des RKW im Dezember 1933, zur der zahlreiche hochrangige Vertreter der neuen Regierung und zahlreiche NSDAP-Aktivisten erschienen waren. Zit.n.: RKW-Nachrichten (7) 1933, H. 12, S. 162.

ihn möglichst von der Produktivitätserhöhung der Arbeit und der Freisetzung von Arbeitskräften zu befreien:

„Mit dem Ziele der Wirtschaftlichkeit bleibt die Rationalisierung eng gekoppelt. Wir müssen den Mut aufbringen, das zu sagen, auch wenn das Wort noch so oft für die Bezeichnung von Dingen mißbraucht worden ist, die mit dem Sinne echter Wirtschaftlichkeit, welche die Bezogenheit auf das Ganze in sich schließt, nun wirklich nichts mehr zu tun haben. Wenn man unter Rationalisierung jetzt richtig versteht, 'die Erfassung, Prüfung und Anwendung aller Mittel, die Wissenschaft, Technik, Wirtschaft und Organisation und alle übrigen Arbeitsgebiete des Menschen zur Hebung der Wirtschaftlichkeit im Sinne der Bestgestaltung aller menschlichen Arbeit bilden', so wird eine solche richtig verstandene Forderung sich immer und überall vertreten lassen, ja, geradezu zum Wesen der Wirtschaft gehören.“[452]

Ende 1936 hatte sich der Datenrahmen für die deutsche Wirtschaft vollständig verändert. Die Stigmatisierung der Rationalisierung aufgrund ihrer negativen Rückwirkungen auf den Arbeitsmarkt trat angesichts von Vollbeschäftigung und partiellem Arbeitskräftemangel völlig in den Hintergrund. Überdies machten die ehrgeizigen Planziele des Vierjahresplans erhebliche Produktivitätssteigerungen geradezu notwendig. Dies wurde offenbar, nachdem die Zwischenbilanz 1938 unbefriedigend ausgefallen war. Der Leiter des RKW, Georg Seebauer, schrieb im *Vierjahresplan*:

„Die Rationalisierung hat, wie unsere gesamte Wirtschaftspolitik und Wirtschaftsgestaltung in den letzen Jahren, einen tiefgreifenden Wandel durchgemacht. Rationalisierung ist stets nur ein I n s t r u m e n t zur zweckmäßigen Wirtschaftsgestaltung. Früher wurde sie häufig um ihrer selbst willen betrieben, verzettelt und jedenfalls nicht immer im Einklang mit unseren gesamtwirtschaftlichen und sozialen Erfordernissen angewendet. Heute ist sie jedoch als ein unentbehrliches Hilfsmittel auf dem Wege zur gesamtwirtschaftlichen Leistungssteigerung erkannt und anerkannt. Die Gefahr, daß arbeitssparende Maßnahmen Dauerarbeitslose schaffen, hat der sozialen und wirtschaftlichen Berechtigung der Rationalisierung lange Zeit entgegengestanden. (...) Erst die gewonnene Arbeitsschlacht hat die Rationalisierung sozialpolitisch und wirtschaftlich möglich gemacht. Der Vierjahresplan macht sie darüber hinaus n o t w e n d i g .“[453]

---

452 Rede Schaefers auf derselben Tagung, zit. n. ebd., S. 166.

453 G. Seebauer: Leistungssteigerung durch Rationalisierung, in: Der Vierjahresplan (2) 1938, S. 525.

Das RKW hatte zwar auch nach 1933 seine Arbeit weitergeführt, jedoch nicht annähernd mit dem Erfolg der Jahre zwischen 1925 und 1933. Damals konnte die Produktivität pro Arbeitsstunde um rund 30 Prozent gesteigert werden.[454] Mit der Machtergreifung der Nationalsozialisten war diese Entwicklung gestoppt worden. Das RKW fand nicht mehr die in den zwanziger Jahren gewohnte Aufmerksamkeit. Erst 1938 ging das Kuratorium nach längerer Pause wieder mit einer Tagung an die Öffentlichkeit.[455] Der Ministerialrat im Reichswirtschaftsministerium, Eberhard Koehler, erklärte in seiner Rede:

> „Die Notwendigkeit einer gesunden Rationalisierung unserer Wirtschaft ist heute von allen verantwortlichen Stellen erkannt und bedarf hier keiner Begründung mehr. Voraussetzung für den Erfolg des Vierjahresplanes ist die **Mobilisierung und der zweckmäßige Einsatz aller vorhandenen Kapazitäten** (...) Rohstoffe und Energieformen unterliegen dementsprechend folgerichtig der Bewirtschaftung durch die staatliche Wirtschaftsführung. Anders ist es bei den Fragen der kaufmännischen und technischen Rationalisierung unserer Betriebe. Organisationsmethoden in der Fertigung, in der Verwaltung, im Vertrieb (...) unterliegen dem Gutdünken der einzelnen Unternehmungen und deren Betriebsführer."[456]

Koehler kündigte jedoch eine stärkere staatliche Einflußnahme auf die Betriebe an, um die gewünschte Leistungssteigerung zu erreichen. Produktivitätssteigerung der Arbeit wurden vom Angstbegriff zum Leitmotiv. Die "optimale Ausnutzung jeglicher Leistung" wurde zur Pflicht erhoben. "Alle Hemmungen, die der geforderten Ergiebigkeit der Arbeit entgegenstehen, müssen erkannt und ausgeräumt werden", verlangte Koehler.[457] Seebauer hob in seiner Rede die Arbeit der RKW-Ausschüsse hervor. Dabei rückte er neben dem zentralen Bereich der "Wirtschaftlichen Fertigung" vor allem die "Wirtschaftliche Absatzgestaltung" im Hinblick auf Vertrieb und Lieferbedingungen in den Mittelpunkt.

---

454 A. E. Bagel-Bohlan: Hitlers industrielle Kriegsvorbereitung 1936 bis 1939, Koblenz 1975, S. 78.

455 Die RKW-Nachrichten begannen ihre Tagungsberichterstattung mit dem Satz: "Längere Zeit war das Reichskuratorium für Wirtschaftlichkeit (RKW) nicht mehr mit einer Tagung an die breitere Öffentlichkeit getreten." Wirtschaftlichkeit und Leistungssteigerung. Tagung des Reichskuratoriums für Wirtschaftlichkeit, in: RKW-Nachrichten (12) 1938, H. 3, S. 45.

456 Der Weg zur Leistungssteigerung, Redebeitrag des Ministerialdirektors im RWM, Eberhard Koehler, auf der RKW-Tagung im Juni 1938, zit. n. ebd., S. 46. (Hervorhebung im Original, H. R.)

457 Redebeitrag Koehlers, zit. n.: ebd.

Wirtschaftlichkeit dürfe sich nicht auf die Fertigung beschränken, sondern auch in der Absatzwirtschaft müsse der "Wille zur Rationalisierung wieder geweckt und betätigt werden. Nicht nur im Handel, sondern auch in Industrie und Handwerk muß der zweckmäßige Warenweg zum Verbraucher hin erforscht und beschritten werden."[458] Das bedeutete, daß die Transportleistungen der Verkehrsmittel immer differenzierteren Ansprüchen mit dem Ziel möglichster Effizienz genügen mußten. Die Qualität des Transports wurde zum Kostenfaktor in dem Maße, in dem die Produktionskapazitäten angespannt und notwendige Ersatzlieferungen für beschädigte Waren zeit- und kostenaufwendig waren. Der Reichsausschuß für Lieferbedingungen, so Seebauer, habe daher für Lieferungen den "Grundgedanken der Gütesicherung" festgelegt, der sich in der Wirtschaft immer mehr durchsetze.[459] Seebauers Rede dokumentiert nicht nur die endgültige Akzeptanz der Rationalisierung im Interesse der wirtschaftspolitischen Ziele des Nationalsozialismus, sondern zugleich das verstärkte Bemühen, den Produktivitätsfortschritt über den Bereich der Herstellung hinaus auszudehnen und damit in Zukunft ein größeres Rationalisierungspotential auszuschöpfen. Mit der Ausdehnung der Rationalisierung auf das Transportwesen auch in betriebswirtschaftlicher Sicht griff Seebauer auf den Stand der Diskussion um 1930 zurück. Während die ersten Ansätze in dieser Richtung damals jedoch keinen durchgreifenden Einfluß auf die Verkehrspolitik gewinnen konnten, sah dies in der veränderten politischen Situation nach 1936 anders aus. Die Wirtschaftlichkeit von Vertrieb und Auslieferung als eigenständigen Unternehmensbereichen wurde in der Folgezeit durch das RKW besonders hervorgehoben. Diese Wirtschaftlichkeit war bisher schlecht nachvollziehbar gewesen, weil die Vertriebskosten i.d.R. als Handels- oder Generalkostenzuschlag den Stückkosten der Herstellung zugeschlagen wurden. Demgegenüber präsentierte der Lieferausschuß nun eine Methode der separaten Kostenermittlung, die die Gesamtkosten für die Lieferung von der Fertigung bis zum Kunden transparent machte, indem alle einzelnen Kostenelemente wie Verpackung, Lagerung, Transport (hier Frachten, Rollgelder, Fuhrlohn) detailliert aufgeführt wurden.[460] Rationalisierungsdruck und damit verbunden wachsendes Kostenbewußtsein und Kostentransparenz in den der Produktion nachgelagerten Wirtschaftsabläufen erzwangen längerfristig eine Anpassung der Verkehrsmittel. Daraus er-

---

458 Seebauer: Reichskuratorium für Wirtschaftlichkeit und Leistungssteigerung der Wirtschaft, zit. n. ebd., S. 52.

459 Ebd.

460 Küpfert: Die kalkulatorische Behandlung der industriellen Vertriebskosten, in: RKW-Nachrichten (12) 1938, H. 4, S. 68.

wuchs ebenso zwangsläufig eine Begünstigung des motorisierten Transports. Der wirtschaftliche Druck gewann allmählich die Oberhand und trug gleichzeitig zu einer Entschärfung des politischen Konflikts der Verkehrsträger bei. Bereits zu Beginn des Jahres 1937 gehörten nach den Worten von Staatssekretär Koenigs Befürchtungen über einen "zu starken Ausbau des Verkehrsapparates" und eine "Inflation der Verkehrsmittel" der Vergangenheit an.[461] Zugleich gab er bekannt, daß die Reichsbahn bereits im vergangenen Herbst "nicht mehr weit von der Grenze ihrer Leistungsfähigkeit entfernt gewesen" war.[462] Im Hinblick auf die Zukunft verlangte Koenigs, daß der Verkehr mit seinen Investitionen "in Vorschuß treten und dem Transportbedürfnis der Wirtschaft vorangehen" müsse. "Es würde falsch sein, von dem weiteren Ausbau des Verkehrsapparates aus Angst vor einer Überkapazität abzusehen, sondern es muß im Gegenteil an dem weiteren Ausbau der Verkehrswege und Verkehrsmittel gearbeitet werden."[463] Daraus folgerte er schließlich: "Die Erörterungen über den Wettbewerb der Verkehrsmittel beginnen mehr und mehr in den Hintergrund zu treten. Im Zeichen des Vierjahresplans gibt es nur einen Wettbewerb: Wetteifern in der Güte und Zuverlässigkeit der Verkehrsbedienung!" Wichtiger als die Wahrung der Verkehrsanteile der einzelnen Verkehrsmittel wurde nunmehr, daß alle "dem Grundgedanken der Erhöhung der Produktion und der Höchstauslastung der Arbeitskraft am besten gerecht werden."[464] Das von Koenigs nur angedeutete Problem des Laderaummangels bei der Reichsbahn erreichte in der Folgezeit eine Dimension, die die politisch Verantwortlichen überraschte. Die langwierige gesetzliche Neuregelung der Verkehrsteilung zwischen Schiene und Straße war der realen Entwicklung des Verkehrsaufkommens zuwider gelaufen, weil die Regierung zuletzt von überkommenen Daten ausging. Sowohl die Tarifordnung als auch die Konzessionsgesetzgebung blieben noch der Vorstellung eines unterausgelasteten Verkehrsapparates verhaftet, als sich ein kräftig steigender Transportbedarf der Wirtschaft bereits abzeichnete.[465] Ein wachsender Werkverkehr bei gleichzeitig anhaltender "Trampfahrer-

---

461 Koenigs: Im Zeichen des Vierjahresplans, in: Der gewerbliche Kraftverkehr (2) v. 11.1.1937, S. 2.

462 Ebd.

463 Ebd.

464 Ebd., S. 3.

465 Der Umschwung zeigte sich deutlich bei der Reichsbahn. Während 1935 der Betriebsüberschuß nur gerade für den Beitrag an das Reich ausgereicht hatte, wurde 1936

not" im gewerblichen Güterfernverkehr kennzeichnete das Versagen der Marktordnung, insbesondere der verfehlten Tarifpolitik. Die transporttechnischen Vorzüge des Lkw, schneller Güterumschlag in beliebigen Teilmengen, die Todt einmal als Bedürfnisse der kapitalarmen Wirtschaft charakterisiert hatte,[466] wurden in einer expandierenden Wirtschaft mit angespannten Produktionskapazitäten noch dringender benötigt.

Hinzu kam eine neuartige militärstrategisch motivierte Standortpolitik. 1936 konzentrierten sich die kriegswichtigen Industrien in wenigen Ballungsgebieten. Im Ruhrgebiet, in Schlesien und im Saarland befanden sich 98 Prozent der Kohleproduktion und über 80 Prozent der Stahlproduktion. Andere nachgelagerte Industrien waren dieser Entwicklung gefolgt. Die Konzentration der industriellen Kapazitäten auf wenige und zudem grenznahe Ballungsräume machte die kriegswichtige Produktion durch Luftangriffe und Besetzung leicht verwundbar. Dieser rüstungswirtschaftlichen Schwäche sollte durch eine gezielte Dezentralisierungspolitik entgegengewirkt werden.[467] Der mitteldeutsche Raum zwischen Braunschweig, Magdeburg, Halle und Leipzig galt aus militärischen Gründen als bevorzugter Standort. Dort entstanden nach 1936 das Leunawerk bei Merseburg, die Treibstoffsyntheseanlagen von Zeitz, Magdeburg und Böhlen sowie die Bunawerke bei Schkopau und die Aluminiumwerke in Bitterfeld.[468] Die Umschichtung der Produktionsschwerpunkte erforderte auch eine verstärkte Verkehrserschließung, die durch die Reichsbahn nur in geringem Umfang geleistet werden konnte, weil der Ausbau des Schienennetzes 1936 als abgeschlossen galt.[469] Damit mußte zwangsläufig auf den Lkw zurückgegriffen werden. Noch krasser stellte sich das Problem bei der Verlegung von Produktionsanlagen in völlig unerschlossene entlegene Gebiete, z. T in Wälder, wie bei Teilen der Flugzeugindustrie. Solche vom Stammwerk möglicherweise weit entfernten Produktionsstätten stellten die betroffenen Unternehmen vor große logistische Schwierigkeiten.[470] Insbesondere die im Vierjahresplan kaum berücksichtigte Zulieferindustrie erschwerte die Produktion. An Lagerbildung wichtiger Roh- und Grundstoffe war für viele Unternehmen kaum zu denken.

---

durch das gesteigerte Verkehrsaufkommen ein Plus von über 400 Millionen Reichsmark erzielt. Stahl: Reichsbahn wieder rentabel, in: DV (11) 1937, Nr. 33, S. 1608f.

466 Todt wie Anm. 516, oben Kap. 4.1.3.1..

467 Bagel-Bohlan, Hitlers industrielle Kriegsvorbereitungen, S. 76.

468 Produktivkräfte in Deutschland 1917/18 bis 1945, S. 380.

469 Ebd., S. 307.

470 Ebd., S. 380f; Bagel-Bohlan, Hitlers industrielle Kriegsvorbereitungen, a.a.O., S. 77.

Bei auftretenden Engpässen war deshalb ein schneller Ersatz durch ein flexibles Verkehrsmittel entscheidend. Auf der anderen Seite geriet auch der Vertrieb durch den Nachfrageüberhang auf vielen Teilmärkten zunehmend unter Zeitdruck.

Gestiegenes Verkehrsaufkommen und wachsende Umschlagsgeschwindigkeit der Güter hatten daher die Expansion des Lkw-Verkehrs aus verkehrspolitischer Sicht etwas entschärft, weil man annehmen durfte, daß zumindest in absehbarer Zeit eine wirtschaftliche Gefährdung der Reichsbahn ausgeschlossen werden konnte. Auch im Verkehrswesen wurde der Grundsatz der Bewirtschaftung zunehmend vom Ziel der Leistungsteigerung abgelöst. Zur entscheidenden Frage wurde: "Wie können die starken und weiterwachsenden Verkehrsbedürfnisse am zweckmäßigsten, sparsamsten und wirkungsvollsten bedient werden?"[471] Die Leistungsreserven des Verkehrsapparates sollten nun voll ausgeschöpft werden. Dabei setzte sich der Gedanke durch, daß jeweils ein "hochwertigeres, teureres, dafür aber auch schnelleres und räumlich beweglicheres Verkehrsmittel" einspringen müßte, wenn die Kapazitäten eines anderen erschöpft seien. Explizit wurde die Ansicht vertreten, daß nach dem Kriterium der Transportmodernisierung der Lkw vor der Bahn und diese vor der Schiffahrt rangiere und die Verkehrsmittel auch nach dieser Rangfolge bewertet werden müßten.[472] Billigste Beförderung galt als zwar wichtiges jedoch nicht als das einzige Kriterium für eine erfolgreiche Rationalisierung in der Verkehrswirtschaft. In Einzelfällen könnten andere Leistungssmerkmale überwiegen. "Ein starker und steigender Anteil des gesamten Güterverkehrs in Form von räumlich und gewichtsmäßig stark aufgeteilten und damit arbeitsintensiven 'hochwertigen' Verkehrsleistungen" stellte hohe Ansprüche an Güterschonung, Schnelligkeit und Pünktlichkeit und erforderte damit bei Eisenbahn einen höheren Aufwand als beim Lkw. Hierin wurde der Grund für die Rentabilität des auf diese Bedürfnisse eingerichteten Werkverkehrs erkannt.[473] Die Konsequenz dieser Entwicklung lautete: "Im Güterverkehr sind Massenverkehrsmittel für die Bedienung von Massenverkehr einzusetzen. Beim Verkehr hochwertiger Güter in kleinen Mengen sind technische und organisatorische Fortschritte denkbar und erwünscht, denen im Einsatz der Verkehrsmittel und in der Tarifbildung Rechnung zu tragen ist."[474]

---

471 R. Hoffmann: Gegenwarts- und Zukunftsaufgaben der deutschen Verkehrswirtschaft, in: VW (32) 1938, H. 5, S. 45.

472 Ebd., S. 48.

473 Ebd., S. 49.

474 Ebd., S. 52.

Zusammenfassend läßt sich sagen: Die politische Neubewertung der Rationalisierung und die im Vierjahresplan erforderlichen Rationalisierungsanstrengungen in Fertigung und Transport führten 1937 zu einer Wende in der verkehrspolitischen Diskussion. Argumente zur Rationalisierung im Verkehrswesen, die teilweise bereits 1930 zur Sprache gekommen waren, wurden erneut aufgegriffen - nun allerdings unter geänderten Ausgangsbedingungen, die der Motorisierung günstiger waren. Neben den die Motorisierung begünstigenden Momenten hatte das Programm des Vierjahresplans jedoch auch hemmende Rückwirkungen auf den Lkw-Verkehr. Zum einen verschärfte sich durch die angestrebte Autarkie das Problem des hohen Treibstoffverbrauchs der Nutzfahrzeuge, zum andern geriet die Motorisierung unter das Diktat der Wehrwirtschaft, die einseitig auf die Produktion einwirkte.

4.2.1.1 Die Treibstoff-Frage

Die Treibstoffversorgung war schon früh von den Befürwortern der Motorisierung als "Schicksalsfrage" bezeichnet worden.[475] Ins öffentliche Bewußtsein drang die Frage, nachdem 1933/34 u.a. infolge Kraftfahrzeugsteuerreform die Zulassungszahlen nach oben gingen und damit auch der Treibstoffverbrauch sprunghaft anstieg. So verzeichneten die Treibstoff-Gesellschaften schon im ersten Quartal 1934 eine Umsatzsteigerung von über 25 Prozent.[476] Rund zwei Drittel des Gesamtbedarfs an leichten Treibstoffen von 1, 6 Millionen Tonnen mußte 1934 eingeführt werden.[477] Da nicht zu erwarten war, daß die inländische Erzeugung in absehbarer Zeit entsprechend zu steigern wäre, erschien die Motorisierung auf Jahre hinaus in hohem Maße vom Import abhängig. Die nationalsozialistische Regierung war von Anfang an bemüht, dieser Abhängigkeit entgegen zu wirken, indem die Gewinnung deutscher Flüssigtreibstoffe stark gefördert wurde. Durch großzügige Bohrbeihilfen sollte die Erschließung deutscher Erdölvorkommen erleichtert werden. Die inländische Erzeugung durch Kohlehydrierung wurde durch die hohen Schutzzölle auf Benzin gefördert.[478]

---

475 Deiters: Motorisierung: eine Schicksalsfrage für Deutschland - Treibstoff: die Schicksalsfrage der Motorisierung, in: ATZ (37) 1934, H. 11, S. 285ff.

476 Zahlen aus der Deutschen Bergwerkszeitung v. 9.5.1934, zit. n.: Deiters, Motorisierung, a.a.O., S. 285.

477 Zahlen nach: O. Reismann: Das Treibstoffproblem in Deutschland, in: DWZ (32) 1935, Nr. 32, S. 747.

478 Birkenfeld, Der synthetische Treibstoff, a.a.O., S. 24ff.

Ökonomisch denkende Techniker wiesen bereits 1934 daraufhin, daß der hohe Verbrauch insbesondere des Nutzkraftwagens "billigste Treibstoffe" erforderlich mache. Das hatte sich bereits durch die schnelle Einführung des Dieselmotors bei Lkw gezeigt, da schwere Treiböle im Vergleich zu Benzin bei der Einfuhr sehr niedrig besteuert waren.[479] Die hohen Gestehungskosten inländischer Treibstoffe erzwangen damit aus der Sicht des VDI die gezielte Förderung eines Fahrzeugbaus für feste Brennstoffe wie Holz, Holzkohle, Torf, die in Deutschland reichlich vorhanden waren.[480] Solche Vorschläge stießen jedoch in der Praxis an Grenzen, einmal weil der Raumbedarf fester Brennstoffe ohnehin ein Problem darstellte, zum andern weil überdies noch eine mobile Gasgeneratoranlage mitgeführt werden mußte, um den Treibstoff zu gewinnen.[481] Die forcierte Einführung von holzgasgetriebenen Motoren als Ergebnis einer "voreiligen Propaganda" hatte weitgehend zu Enttäuschung geführt, da die Hauptmängel des Holzgasbetriebes, die im "Leistungsverlust und Wartungsbedarf" der Anlage beruhten, nicht genügend beachtet worden waren.[482] Überdies kam eine solche raumfüllende Generatoranlage nur für schwere Lkw in Betracht, für die Masse der Fahrzeuge mit 2 t Nutzlast blieb sie untragbar. So bestand weiterhin keine echte Alternative zum Flüssigtreibstoff. Dies bedeutete jedoch mit fortschreitender Umsetzung der Autarkiepolitik der Regierung eine erhebliche Verteuerung des Lkw-Verkehrs. Um die inländische Treibstoff-Produktion zu schützen, wurden die Zollsätze sowie die Ausgleichssteuer für Mineralöle ab 1935 ständig erhöht.[483]

Zur Verteuerung des Betriebs kam hinzu, daß die inländische Produktion dem Bedarf in keiner Weise gerecht wurde. Bei den leichten Treibstoffen hinkte sie dem steigenden Verbrauch hinterher. Bis 1936 konnte ihr Anteil am Ge-

---

479 Deiters, Motorisierung, a.a.O., S. 286; Die Zollsätze für Dieselöl wurden erst im November 1935 erhöht. Vgl. unten Anm. 892.

480 Ebd., S. 286f.

481 Der gegenwärtige Stand der Ersatztreibstoff-Frage, in: ATZ (39) 1936, H. 2, S. 37.

482 Ebd.

483 Verordnung über Mineralsteuer. Vom 23. März 1935 (RGBl I, S. 406); Verordnung über Zolländerungen. Vom 23. November 1935 (RGBl I, S. 1357); Verordnung über Zolländerungen und über Mineralölsteuer. Vom 24. November 1936 (RGBl I, S. 960); Gesetz zur Änderung des Mineralölsteuergesetzes. Vom 10. August 1937 (RGBl I, S. 886).

samtverbrauch auf rund 54 Prozent gesteigert werden.[484] Diese Verbesserung war jedoch nur eine relative.

40. Tab.: Belastung des Kraftverkehrs mit Mineralölabgaben in 1000 RM

Jahr	Zoll + UA-Steuer	Mineralölsteuer (ab 1.5.1930)	Zoll + UA-Steuer +Mineralölsteuer	davon mehr als vor 1930
1931	228264,9	11426,6	239691,5	146129,9
1932	226364,1	7007,7	231371,8	153198,7
1933	213852,6	13178,4	227031	150721
1934	238409,4	17886,6	256296	170577,9
1935	240687,4	20795,6	261483	172082
1936	281526,4	19639,4	301165,8	195966,2
1937	321555,3	88150	409705,3	316110,6
1938	421797,9	98200	519997,9	398213,6
Davon entfielen auf die Erhöhung vom 30.11.1935 bzw. 1.12.1936				
1937	-	64125	-	139562,2
1938	-	72500	-	171879,2

Quelle: R. Adamek, F. Saake: Die Straßenkosten und ihre Finanzierung, Bielefeld 1952, S. 128 (Tabelle 101).

Sie konnte lediglich den zusätzlichen Verbrauch durch die forcierte Motorisierung auffangen, absolut blieb der Umfang der Auslandsabhängigkeit bis dahin unverändert.[485] Noch wesentlich schlechter sah die Lage bei den Schwerölen aus. Der Vormarsch des Dieselmotors im Lastwagenbau war bei der Treibstoffversorgung des Gütertransports bisher kaum berücksichtigt worden, da Schacht aus devisenwirtschaftlichen Gründen einseitig den Ausbau der Ersatzstoffproduktion für die besonders teuren leichten Kraftstoffe betrieben hatte.[486] Demgegenüber hatte die Kraftfahrzeugindustrie aus ökonomischen Gründen verstärkt an der Weiterentwicklung des Dieselmotors gearbeitet und ihn nicht nur für schwere, sondern auch für leichte Lkw und leichte Spezialfahrzeuge verfügbar

484 Birkenfeld, Der synthetische Treibstoff, a.a.O., S. 100.

485 Ebd.; vgl. W. Kissel: Treibstoffpolitik und Treibstoffversorgung, in: DV (9) 1935, Nr. 20, S. 887.

486 Birkenfeld, Der synthetische Treibstoff, a.a.O., S. 101.

gemacht. Die höhere Wirtschaftlichkeit des Dieselmotors gegenüber dem Vergasermotor trieb diese Entwicklung weiter voran.[487] Dadurch verschärfte sich das Problem der Versorgung der Verkehrswirtschaft mit schweren Treibstoffen erheblich, weil der Fahrzeugdiesel im Gegensatz zum stationären Motor nur mit hochwertigem Dieselöl betrieben werden konnte.[488] Die Zahl der dieselbetriebenen Fahrzeuge stieg von 500 im Jahr 1931 auf rund 60.000 im Jahr 1937.[489] Der entsprechend sprunghaft angestiegene Verbrauch an Dieselkraftstoff betrug 1937 rund 1,3 Millionen Tonnen und konnte nur zu knapp 10 Prozent (105.000 Tonnen) aus inländischer Produktion gedeckt werden.[490]

Damit war der Autarkieplan nicht nur teuer, sondern auch fehlgesteuert im Hinblick auf die Transportökonomie. Bereits Ende 1936 drohte der Motorisierung ein schwerer Rückschlag. Nachdem das Reichswirtschaftsministerium bereits eine krisenhafte Zuspitzung der Rohstoff-und Devisenlage vorausgesagt hatte, wurden bei Daimler-Benz AG Pläne zur Einschränkung des Kraftverkehrs wegen der "katastrophalen Lage der Treibstoff- und Reifenversorgung" bekannt. Die Beschränkungen sollten nach den Vorstellungen des Ministeriums insbesondere den Werkverkehr treffen. Aber auch Reichsbahn, Reichspost und RKB sollten die Auflage bekommen, ihren Kraftwagenverkehr überall dort einzuschränken, "wo Beförderung durch die Schiene möglich ist".[491]

Von der RGI war durchgedrungen, daß das Reichsverkehrsministerium bereits mit der Ausarbeitung entsprechender Gesetze beauftragt wurde. Die Industrie müsse mit Einschränkungen in der Produktion rechnen. In der Kraftverkehrsgesetzgebung sollten die Höchstgeschwindigkeiten für Lkw weitgehend vermindert werden.[492] Die Automobilindustrie trat der drohenden Verordnung sofort entgegen. Sie konnte abgewendet werden, weil die Rohstofflage sich in den nächsten Monaten als doch nicht so katastrophal wie angenommen heraus-

---

487 Kissel, Treibstoffpolitik, a.a.O., S. 883.

488 Stand und Aufgaben der deutschen Kraftverkehrswirtschaft, in: Deutsche Technik (3) 1935, S. 543; vgl. Reismann, Das Treibstoffproblem, a.a.O., S. 749.

489 Zahlen nach: F. Löb: Die deutsche Mineralölwirtschaft, in: Der Vierjahresplan (2) 1938, S. 68.

490 Birkenfeld, Der synthetische Treibstoff, a.a.O., S. 101; Zahlen nach Übersicht 3 und 4, ebd., S. 218f.

491 Bericht von Oberbaurat Schmidt in der Vorstandssitzung der Daimler-Benz AG v. 24.11.1935, Protokoll S.2, in: DBU-Archiv, Kissel I/9.

492 Bericht von Oberbaurat Schmidt, ebd., in: DBU-Archiv, Kissel I/9.

stellte.[493] Dennoch zeigte sich an diesen Plänen die Verwundbarkeit der Motorisierungspolitik durch die Treibstoffversorgung.

Die Versorgung des deutschen Kraftverkehrs mit Treibstoff, Schmierölen und Gummi galt als eine der "größten Teilaufgaben" des Vierjahresplans.[494] Dabei wurde auf die Wirtschaftlichkeit aller Anstrengungen keine Rücksicht genommen. Im Gegenteil, die Autarkisierung sollte nach Hitlers eigenem Willen "ohne Rücksicht auf die Kosten" vorangetrieben werden.[495] Schon zu Beginn des Jahres 1937 wurden erste Erfolge gemeldet. Zugleich wurde jedoch deutlich, daß es noch einen erheblichen Fehlbedarf gab. Bis zur wirtschaftlichen Unabhängigkeit "werden wir freilich manchmal noch etwas haushalten müssen. Auf dem Gebiet der Motorisierung heißt das, daß der überflüssige Verbrauch an Kraftstoff und Gummi etwas einzuschränken ist, wobei die Betonung auf überflüssig liegt", schrieb das Organ "Der Vierjahresplan" im Januar.[496] Der Hinweis hob das Gewicht des Verbrauchs gegenüber der Produktion hervor. "Die Produktion hat immer die Möglichkeit, ihren Devisenbedarf durch Ausfuhrsteigerung zu decken. Es ist klar, daß der Mehrverbrauch an Devisen nicht durch die Produktion, sondern durch den Verbrauch des Kraftfahrzeuges an Bereifung und Treibstoffen verursacht wird."[497] Der Appell zur Rationierung wichtiger Verbrauchsstoffe mußte für die Motorisierung als Bremse wirken, zum einen weil eine Verbilligung auf längere Sicht nicht zu erwarten war, zum andern weil ein allzu expansiver Kraftverkehr ohne volle Auslastung aus volkswirtschaftlicher Sicht als Verschwendung erscheinen mußte. Das traf insbesondere den Werkverkehr.[498] Dieser wachsende Zielkonflikt zwischen Motorisierung und Vierjahresplan gab den Kritikern des Plans, in erster Linie Schacht, recht, der das Autarkiekonzept für nicht tragfähig hielt und die damit verbundene Gefährdung des Exports für unwirtschaftlich.[499] Dem standen die Vorstellungen der

---

493 Vgl. Petzina, Autarkiepolitik, a.a.O., S. 30.

494 J. Werlin: Rohstoffplan und Motorisierung, in: Der Vierjahresplan (1) 1937, S. 12.

495 Denkschrift Hitlers über die Aufgaben eines Vierjahresplans, in: VJHZ (3) 1955, S. 209.

496 Werlin, Rohstoffplan und Motorisierung, a.a.O., S. 13.

497 Ders.: Vier Jahre Aufbau in der Motorisierung, in: Der Vierjahresplan (1) 1937, S. 88.

498 Stahl, Güterkraftverkehr in der Vierjahresplanung, a.a.O., S. 275f.

499 W. Treue: Hitlers Denkschrift zum Vierjahresplan, in: VJHZ (3) 1955, S. 195.

Wehrmacht gegenüber, die die "sogenannte 'wirtschaftliche Vernunft' als Zeugen gegen den Vierjahresplan" ablehnte.[500]

Die erste Phase des Vierjahresplans war eine Zeit der "relativ weitgefächerten Planung und Aktivität", (Petzina) mit der Folge, daß wesentliche Planziele nicht erreicht und vielmehr teilweise noch der Mangel verwaltet wurde. Eine erste Bilanz des Erreichten zu Beginn des Jahres 1938 wirkte daher bei den Verantwortlichen ernüchternd. Göring konstatierte, die bisherigen Leistungen des Vierjahresplans seien - auch infolge von Kompetenzstreitigkeiten - unfriedigend,[501] die verschärfte Zusammenfassung für kriegswichtige Erzeugungsanlagen, darunter im Hinblick auf die Motorisierung insbesondere Treibstoff, Aluminium und Buna (synthetischer Kautschuk), dringend notwendig.[502] Der von Hitler mit großer Machtfülle ausgestattete Beauftragte für den Vierjahresplan führte daraufhin ein neues Konzept ein, mit dem die Produktion nunmehr im engeren Sinne auf die Rüstungspolitik konzentriert wurde. Damit begann die zweite Phase des Vierjahresplans. Sie brachte auf dem Gebiet der Treibstoffversorgung des Güterverkehrs jedoch kaum Fortschritte.[503] Dagegen kam es zu weiteren dirigistischen Eingriffen in die Kraftverkehrsproduktion.

---

500 G. Thomas: Wehrwirtschaftliche Fragen, in: Der Vierjahresplan (1) 1937, S. 93. Thomas war Chef des Wehrwirtschaftsstabes im Wehrmachtsamt und eine der Schlüsselfiguren bei der Durchsetzung des Vierjahresplans.

501 Petzina, Autarkiepolitik, a.a.O., S. 115.

502 Am 22. August 1938 wurde Carl Krauch zum „Bevollmächtigten für die Erzeugung von Mineralöl, Kautschuk und Leichtmetallen, von Schieß- und Sprengstoffen und deren Vorprodukten und Hilfsstoffen sowie für die Erzeugung von chemischen Kampfmitteln“ ernannt. Ebd. S. 119.

503 Birkenfeld, Der synthetische Treibstoff, a.a.O., S. 137.

4.2.1.2 Der Schell-Plan: Typenbegrenzung für die Kraftverkehrsindustrie

Mitte 1938 setzte der Generalbevollmächtigte für den Vierjahresplan auf "besonders entscheidenden Gebieten" weitere Generalbevollmächtigte ein, die eine Umsetzung der ehrgeizigen Planziele ermöglichen sollten. Sie handelten direkt im Auftrag von Göring und hatten sehr weitreichende Machtbefugnisse. In einem Rundschreiben an sämtliche Reichsminister wies Göring daraufhin, daß die Generalbevollmächtigten auf den ihnen zugewiesenen Sondergebieten berechtigt waren, alle notwendigen Anordnungen zu treffen und alle Behörden und Dienststellen mit den entsprechenden Weisungen zu versehen. Göring mahnte nachdrücklich, dafür zu sorgen, daß ihren Weisungen unverzüglich Folge geleistet werde, und sie auf keinerlei Widerstand stoßen sollten. Einsprüche betroffener Stellen sollten keinerlei aufschiebende Wirkung haben.[504] Der Beschluß hatte weitreichende Folgen. Zum einen wurde einer ohnehin bereits unter häufigen Kompetenzstreitigkeiten leidenden geordneten Staatsverwaltung ein weiterer Schlag versetzt. Zweitens sollten die Planziele nunmehr durch Konzentration der Entscheidungen und Weisungen auf einzelne, mit großer Machtfülle ausgestattete Persönlichkeiten und deren Durchsetzungskraft erreicht werden. Zwei von ihnen trafen unmittelbar die Kraftverkehrswirtschaft. Todt wurde zum Bevollmächtigten für die Bauwirtschaft ernannt. Seine umfangreichen Fahrzeugrekrutierungen für den Bau des Westwalls griffen in erheblichem Maße in den bisher freien Markt des Güternahverkehrs ein. Die Lenkungswirtschaft förderte die Konzentration und leistete einer weiteren Regulierung Vorschub.[505]

Gravierender wirkten sich jedoch die Aufgaben des Generalbevollmächtigten für die Kraftverkehrswirtschaft (GBK), Oberst von Schell, aus. Für seine Einsetzung wurden offiziell vier Gründe genannt: 1. Der Zwang zur Produktionssteigerung, 2. Verbilligung der Nutzkraftfahrzeuge, 3. Produktivitätssteigerung der eingesetzten Produktionsfaktoren, 4. der Zwang die Kraftfahrt "wirkungsvoll" für die "Zwecke der Landesverteidigung" nutzbar zu machen.[506] Schells Hauptaufgabe bildete demnach eine durchgreifende Rationalisierung in der Kraftfahrzeugproduktion, die aufgrund militärischer Interessen vor allem auf den Lastkraftwagenbau zielte. Denn vom Standpunkt der Kriegsvorbereitung gab der nach wie vor als zu gering erachtete Motorisierungsgrad im Vierjah-

---

504 Petzina, Der Vierjahresplan, a.a.O., S. 120.

505 Vgl. Kap. 5.2.1, unten S. 300ff.

506 A. v. Schell: Neue Wege der Motorisierung, in: Der Vierjahresplan (3) 1939, S. 362.

resplan Anlaß zur Sorge. Schell wies unmittelbar vor Inkrafttreten der Rationalisierungsverordnungen explizit daraufhin, daß der Anteil der Nutzkraftfahrzeuge an der Gesamtmotorisierung nur 17 Prozent betrage. Die Kraftfahrzeugindustrie habe vor allem für Lkw "ungeheuer lange Lieferfristen", so daß die Produktion des Jahres 1939 bereits im Herbst 1938 ausverkauft gewesen sei.[507] Schell gab an, daß durch eine effizientere und verbilligte Produktion der "Motorisierungsgedanke in Deutschland" gefördert werden sollte. Allerdings sollte die Motorisierung keineswegs nur vom Standpunkt der Industrie oder des Handels betrachtet werden, sondern die "Belange der Landesverteidigung" müßten "selbstverständlich an erster Stelle" stehen.[508] Deshalb war eine Bereinigung des Angebots durch eine Reduzierung der Typen naheliegend. Die Typenbeschränkung versprach nicht nur eine verbilligte Produktion, - gemäß der Einsicht je größer die Typenvielfalt, desto teurer das Einzelstück - sondern entsprach zugleich der militärischen Notwendigkeit, im Kriegsfall über eine effiziente Ersatzteilbeschaffung und ein entsprechendes Reparaturwesen zu verfügen. Daher erstreckten sich die ehrgeizigen Pläne des neuen Produktionsprogrammes nicht nur primär auf die Zahl der Bautypen. Vielmehr sollte auch die enorme Vielfalt der Einzel- und Zubehörteile einbezogen werden, um einen möglichst weitgehenden Rationalisierungseffekt zu erzielen.[509]

Während eine Verbilligung der Produktion ungeteilten Beifall finden konnte, mußten andere Elemente des Rationalisierungsprogramms aus ökonomischer Sicht auf Bedenken stoßen. Das galt in erster Linie für die qualitative Beschränkung des Angebots. Im Vorfeld der Verordnung begegneten Kraftfahrzeugindustrie und Gewerbe diesen Plänen äußerst reserviert. Selbst das amtliche Organ *Der gewerbliche Kraftverkehr* meldete in seinem ersten Vorstoß für die Typenreduzierung zugleich Bedenken an. Zwar wurde die Typenvielfalt durchaus kritisch bewertet. 1938 stellten 18 Firmen 75 Lkw-Haupttypen her, davon Büssing-NAG elf, Faun, Henschel, Krupp, Magirus und Mercedes-Benz jeweils sieben, Opel vier und Ford nur zwei. Jedoch deckten die beiden letzteren nach Angaben der Zeitschrift allein 50 Prozent des inländischen Absatzmarktes, den Rest teilten sich die übrigen 16 Firmen, wobei nur eine auf einen Anteil von zehn Prozent kam. Daraus schloß das Organ: "Für die Herstellung eines Lastwagens, der im Jahre nicht einmal in fünfzig Exemplaren verkauft wird, besteht

---

507 Ebd.

508 Ebd., S. 363.

509 Ebd., S. 364.

heute wohl kaum noch ein Erzeugungsbedürfnis."[510] Insbesondere die Typenzahl der im gewerblichen Verkehr am meisten vorkommenden Gewichtsklasse zwischen zwei und drei Tonnen, zeichnete sich demnach mit 2-, 2,5-, 2,75- und 3-Tonnern durch eine zu weitgehende Differenzierung aus.[511] - Aus der Sicht der Produzenten war jedoch aufgrund der Nachfrage gerade dieser Markt hart umkämpft, so daß Marktanteile eben nur durch firmenspezifische Unterschiede zu gewinnen waren.[512] - Auf der anderen Seite wurden vom *gewerblichen Kraftverkehr* auch Bedenken angemeldet: "Eine solche Typenzwangsrestriktion würde den freien Wettbewerb der einzelnen Fabrikate ganz erheblich einschränken, wenn nicht gar zum Erliegen bringen; es unterliegt keinem Zweifel, daß auf diese Weise auch die technische Weiterentwicklung eine sicher allen Teilen unerwünschte Hemmung erfahren würde."[513] Es sei davon auszugehen, daß bei der großen Zahl der Lastkraftwagenhalter die Verhältnisse "hinsichtlich des raum- und gewichtsmäßigen Umfangs der Ladegüter, hinsichtlich der Tagesfahrleistungen, hinsichtlich der Fahrzeuge sowie hinsichtlich anderer Betriebsbedingungen" eine solche Typenbeschränkung nicht ganz so einfach wie beim Pkw durchzusetzen wäre.[514] Dafür sprach nicht zuletzt auch die große Zahl der Nebentypen, die den veschiedenen Spezialaufgaben, wie Feuerwehrauto, Straßenreinigung etc., gerecht wurden.

Die Industrie trafen solche Pläne hart, weil die einzelnen Unternehmen ihre Produktion teilweise bereits längerfristig anhand der Marktnachfrage vorbestimmt hatten. So hatte z.B. Daimler-Benz erst 1936 beschlossen, die Konkurrenz gegen den neuen billigen Opel-3-Tonner durch Erweiterung der Produktion in Gaggenau aufzunehmen. Ebenso wurde in Mannheim die Fabrikation von 1,5- und 2-Tonnern neu eingerichtet.[515] Im Zuge der angestrebten Typenbeschränkung erhielt Daimler-Benz nun nur ein Jahr später die Aufforderung die 2-Tonnergruppe fast komplett aufzugeben, wodurch die gesamte neuaufgebaute

---

510 F. Wittekind: Gibt es zu viele Typen? Einiges zur Frage der Typenbeschränkung, in: Der gewerbliche Kraftverkehr (3) v. 25.1.1938, S. 8.

511 Ebd., S. 9.

512 Vorstandssitzung der Daimler-Benz AG v. 24.11.1935, Protokoll, S. 13, in: DBU-Archiv, Kissel I/9,.

513 Wittekind, Gibt es zu viele Typen? a.a.O., S. 9.

514 Ebd.

515 Vorstandssitzung der Daimler-Benz AG v. 24.11.1935, Protokoll, S. 13/16, in: DBU-Archiv, Kissel I/9.

Produktion in Mannheim gefährdet war.[516] Als besonders mißlich wurde empfunden, daß die Regierung sich mit ihrem Typenprogramm aus begreiflichen Gründen gerade auf die großen Firmen mit den größten Marktanteilen konzentrierte. Der Vorstandsvorsitzende Kissel forderte daher, daß zum Ausgleich für die Großen kleine Anbieter wie die Firma Faun ganz vom Markt gedrängt werden sollten.[517] Grundsätzlich wehrte man sich jedoch gegen die Auflagen. Daimler-Benz sollte in der niedrigen Gewichtsklasse nur noch einen 2,5-Tonner bauen. Der Vorstand hielt dies jedoch als Untergrenze für untragbar und wollte unbedingt noch an einem 2-Tonner und 1,5- Tonner festhalten. Die Unternehmensspitze versuchte daher, Zeit zu gewinnen, indem man der zuständigen Wirtschaftsgruppe mitteilte, daß Daimler-Benz in der Frage der 2-Tonner noch keine Erklärung abgeben wolle und statt dessen die (Markt)Lage 1939 zunächst weiter beobachten wollte.[518] Die Stellungnahme erweckt den Eindruck, als ob sich die Industrie der Hintergründe der Typenrationalisierung zunächst nicht eindeutig bewußt war. Zum einen dachten die Produzenten noch hauptsächlich in ökonomischen Kategorien, zum andern rechnete anscheinend niemand damit, daß das Programm übereilt von staatlicher Seite dekretiert werden könnte. Genau dies war jedoch der Fall. Bereits zum Jahresende 1938 lagen die Produktionsprogramme der einzelnen Hersteller fest. Dabei wurde nun auch endgültig deutlich, daß militärische Erwägungen Vorrang vor jeglichem ökonomischen Nutzen hatten. In der Produktion waren die Umstellungen mit erheblichen ökonomischen Problemen verbunden. Längerfristige Investitionsprogramme wurden zur Makulatur, neue mußten in aller Eile aufgelegt werden. Dennoch scheiterte die Produktionsaufnahme innerhalb des angestrebten kurzen Zeitraums von einem Jahr teilweise an der Entwicklung wichtiger Fahrzeugteile, teilweise an Umstellungsschwierigkeiten der Zulieferindustrie.[519] Ökonomisch kontraproduktiv wirkte auch vor allem der Vorrang für die Wehrmacht. So sollte etwa Daimler-Benz seinen bisherigen 1,5 Tonner für Wehrmachtsbedürfnisse geländefähig machen. Da geländefähige Wagen notwendig teurer waren als "reine Wirtschaftswagen" standen die Unternehmen vor einem Kostenproblem; denn die Preiserhöhungen mußten genehmigt werden. Hier bestand je-

---

516 Vorstandssitzung der Daimler-Benz AG v. 20.6.1938, Protokoll, S. 2, in: DBU-Archiv, Kissel I/11.

517 Redebeitrag von Kissel in der Vorstandssitzung der Daimler-Benz AG v. 20.6.1938, Protokoll, S. 3, in: DBU-Archiv, Kissel I/11.

518 Vorstandsbeschluß v. 20.6.1938, in: DBU-Archiv, Kissel I/11.

519 Vorstandssitzung der Daimler-Benz AG v. 12.1.1939, Protokoll, S. 4f, in: DBU-Archiv, Kissel I/12.

doch ein Zielkonflikt mit der angestrebten allgemeinen Preissenkung. Außerdem befürchtete der Vorstand, daß die gewerbliche Kraftverkehrswirtschaft diese Preiserhöhung nicht in jedem Fall mittragen würde, so daß mit der Umstellung der Kundenaufträge Verluste in Kauf genommen werden mußten.[520] Dies lag auf der Hand, da Geländegängigkeit für die Wirtschaft naturgemäß keinen preiswürdigen Vorteil darstellen konnte. Ein weiteres Problem auf der Produktionsseite waren plötzliche Überkapazitäten. Nach dem neuen Typenprogramm hatte das Daimler-Werk Gaggenau eine Kapazität von 750 Lastkraftwagen monatlich, gebaut werden durften jedoch laut Kontingent nur 215, der Rest mußte theoretisch durch den Export aufgefangen werden.[521] Auch der befürchtete Rückschlag für den technischen Fortschritt im Lastkraftwagenbau zeichnete sich ab. Im Februar 1939 erfuhren die Unternehmen, daß nach den Vorstellungen des Schell-Plans alle Zubehörteile in der Automobilindustrie auf wenige einheitliche Ausführungen beschränkt werden sollten. Dies erschien für Qualitätsmarken wie Daimler unzumutbar. Der Vorstandsvorsitzende Kissel verwahrte sich scharf gegen die "Nivellierung unserer Erzeugnisse". Er betrachtete dies als Lebensfrage der Gesellschaft.[522]

Ungeachtet der Proteste brachte die Verordnung über die Typenbegrenzung in der Kraftfahrzeugindustrie vom März 1939[523] einen radikalen Einschnitt in die Produktion. In der amtlichen Begründung wurde die marktwirtschaftliche Entwicklung der Typen offiziell abqualifiziert: der Wunsch der Verbraucher auf der einen Seite habe sich darin geäußert, daß jeder glaubte, "für seinen Zweck ein besonderes Fahrzeug haben zu müssen." Die Konkurrenz innerhalb der Industrie auf der anderen Seite habe "ein wahres Chaos von Typen" hervorgebracht.[524] Richtlinie der Arbeitsausschüsse beim GB sei deshalb gewesen "beim Nutzkraftwagen schärfster Schnitt". So blieben anstelle der Vielfalt von Typen zwischen 1 und 10 Tonnen nur 4 Größenklassen - 1,5, 3,4, 5 und 6,5 Tonnen -

---

520 Vorstandssitzung der Daimler-Benz AG v. 12.1.1939, Protokoll, S. 6, in: DBU-Archiv, Kissel I/12.

521 Vorstandssitzung der Daimler-Benz AG v. 12.1.1939, Protokoll, S. 7, in: DBU-Archiv, Kissel I/12.

522 Redebeitrag Kissel in der Vorstandssitzung der Daimler-Benz AG v. 20.2.1939, Protokoll, S. 15, in: DBU-Archiv, Kissel I/12.

523 Verordnung über die Typenbegrenzung in der Kraftfahrzeugindustrie v. 2.3.1939, RGBl I 1939, S. 386.

524 Thoenissen (Oberstleutnant beim Generalbevollmächtigten für das Kraftfahrwesen): Neue Wege der deutschen Motorisierung, in: Der gewerbliche Kraftverkehr (4) v. 6.4.1939, S. 160.

übrig. Innerhalb dieser Größenklassen blieben nur wenige Konstruktionen, auf die sich teilweise mehrere Fabriken zu verständigen hatten. Dies entsprach einer radikalen Reduktion um 94 Typen, von ehemals 113 blieben nur 19 übrig.[525]

Für das Marktangebot bedeutete diese Radikalkur notwendig einen Qualitätsverlust, da den verschiedenen Transportbedürfnissen nicht mehr so individuell Rechnung getragen werden konnte wie vorher. Damit war ein wichtiges Merkmal des Lkw-Verkehrs betroffen, das seine Wachstumsaussichten beschränkte. Produktinnovation fiel als Wachstumsfaktor fortan weitgehend aus, nachdem die Herstellung von Sondertypen und Spezialfahrzeugen für Müllabfuhr, Straßenreinigung, Feuerwehr etc. von der Genehmigung des GBK abhängig gemacht wurde.[526] Dieser Nachteil konnte nicht wie erhofft durch eine erheblich verbilligte Produktion und entsprechend verbilligte Anschaffung kompensiert werden, da es entgegen den Vorstellungen des GBK nicht gelang, die Zulieferindustrie entsprechend in das Rationalisierungsprogramm einzubinden. Dies verhinderte wohl weniger der Protest der Automobilindustrie als die Macht der Fakten. Ein Blick auf die Vielfalt der Einzelteile lehrte, daß diese nicht binnen kürzester Zeit auf ganz wenige Typen umgestellt werden konnten, wenn nicht die gesamte Produktion monatelang ruhen sollte. Hier rächte sich, daß die in der Weimarer Republik auf freiwilliger Basis kontinuierlich und langfristig ausgerichtet betriebenen Rationalisierungs- und Normungsarbeiten des RKW in den ersten Jahren des dritten Reiches völlig vernachlässigt worden waren. Inzwischen gab es unter den Zubehörteilen z.B. die Rekordzahl von 1965 Kolbenbolzen und 2823 verschiedene Bremsbeläge.[527] Da nutzte es nur wenig, wenn als Erfolg für die Rationalisierung gefeiert wurde, daß der GBK angeordnet hatte, daß die Herstellung von Zubehörteilen verboten war, die nicht schon am 1. März 1939 auf dem Markt waren.[528] Ein deutlicher Einschnitt in die Vielfalt der Zubehörteile bildete daher nach wie vor das nächste Ziel bei der Rationalisierung der Kraftfahrzeugproduktion. An diesem Punkt scheiterten jedoch die Arbeiten. Das lag nicht zuletzt an den zu weitreichenden teilweise grotesken Forderungen des GBK, etwa daß für Lkw und Omnibusse das gleiche genormte

---

525 Ebd., S. 161.

526 Ausführungsvorschrift Nr. 3 zu der Verordnung über die Typenbegrenzung in der Kraftfahrzeugindustrie vom 2. März 1939, in: RWWA 22-231.

527 Zahlen nach: Thoenissen, Neue Wege der deutschen Motorisierung, a.a.O., S. 162.

528 Ebd.

Fahrgestell zu verwenden sei. Sie wurden von den Produzenten als "absolute Unmöglichkeit" zurückgewiesen.[529]

4.2.2 Übergangsjahr 1937: Transportengpässe erhöhen den Druck auf die Verkehrspolitik

Im Laufe des Jahres 1937 spitzten sich die Widersprüche zwischen Wirtschaftsentwicklung und Verkehrspolitik zu. Zunehmende Engpässe im Transport bei gleichzeitig wachsender Notlage zahlreicher kleiner Unternehmen im Güterfernverkehr offenbarten die vollständige Fehlleistung der Marktordnung. Als kritischer Punkt hatte sich neben der Tarifregulierung zunehmend die Rolle der Spediteure erwiesen. Dazu hatte auch die Politik der Reichsbahn beigetragen. Nachdem der ursprüngliche Bahnspeditionsvertrag als Folge der gesetzlichen Neuregelung des Güterfernverkehrs erloschen war, hatte die Bahn ersatzweise zunächst im Oktober 1936 das sogenannte "Fuhrunternehmer- und Auftragsspediteurabkommen" abgeschlossen, um die Subventionierung der Rollfuhr auf eine neue gesetzliche Grundlage zu stellen.[530] Nachdem mit Gründung der Reichsverkehrsgruppen die RVG Spedition und Lagerei als einheitliche Organisation des Speditionsgewerbes etabliert war, strebte die Bahn im Frühjahr 1937 eine Ausdehnung des Abkommens auf die gesamte RVG an, um auch jene Spediteure zu erfassen, die nicht als bahnamtliche Rollfuhrunternehmer oder Auftragsspediteure tätig waren. Das bedeutete insbesondere eine Stärkung des bahneigenen Kraftverkehrs. Spediteure, die diesem Verkehr Güter übergaben, konnten nunmehr ebenfalls Rollgeldzuschüsse analog den Bahngütern erhalten. Als das Vorhaben bekannt wurde, stieß es bei den Interessenten des gewerblichen Kraftverkehrs sofort auf entschiedenen Widerspruch. Todt intervenierte beim Stellvertreter des „Führers“ gegen das geplante Abkommen und ersuchte ihn, dagegen Stellung zunehmen. Er verwies darauf, daß er in dem Vertragsentwurf eine Aufwärmung des Schenker-Vertrages sehe. Die vollständige Annullierung dieses Vertrages sei den Spediteuren und Fuhrunternehmern von "nationalsozialistischer Seite" wiederholt zugesagt worden. Sie müßten nun ein

---

529 Redebeitrag von Haspel in der Vorstandssitzung der Daimler-Benz-AG v. 20.2.1939, Protokoll, S. 16, in: DBU-Archiv, Kissel I/12.

530 Fuhrunternehmer- und Auftragsspediteurabkommen v. 10.10.1936, zit. im Brief der Deutschen Bahnspedition an die Deutschte Reichsbahn-Gesellschaft v. 2.10.1937, in: BA R 5/3082. Mit dem Abkommen regelte die Reichsbahn die *allgemeine* Bezuschussung der Rollfuhr für bahnamtliche und Auftragsspediteure, die ihr nach Inkrafttreten des GFVG im Gegensatz zur *fallweisen* Bezuschussung verblieben war.

Jahr später erleben, "daß alles zur alten Entwicklung zurückkehrt." Er äußerte erhebliche Bedenken gegen die "übereilte Inkraftsetzung" und die "sehr lange" Geltungsdauer des Abkommens und bezeichnete die Begründung, das Abkommen diene dem Vierjahresplan, indem die Knappheit an Gummi und Benzin entschärft werde, als Vorwand.[531] Überdies ließ Todt in seiner Eigenschaft als GI eigene Untersuchungen über die Bezuschussungspraxis der Bahn bei den Rollkosten anstellen, die er ebenfalls dem Stellvertreter des „Führers" zuleitete. Daraus ging hervor, daß die Subventionierung der Rollfuhr keineswegs zu Erhaltung des gemeinwirtschaftlichen Tarifsystems beitrug, sondern es im Gegenteil unterminierte. Die enorm gestiegenen Aufwendungen zur Niedrighaltung der Rollfuhrgebühren hatten dazu geführt, daß die Einnahmen aus den sogenannten Edelgütern, d.h. der Stückgutverkehr und die hochwertigen Güter der Wagenladungsklassen A-C, nun nicht mehr die Aufwendungen deckten, sondern vielmehr ein Fehlbetrag entstanden war, der nahezu der Größenordnung der Rollkostenzuschüsse entsprach.[532] Damit wurde das gemeinwirtschaftliche System ins Gegenteil verkehrt. Der Überschuß bei den Rohstoffen und Massengütern mußte die Verluste bei den Edelgütern ausgleichen. Die Untersuchung wies darauf hin, daß dieses System volkswirtschaftlich unvertretbar sei, weil dadurch eine Verbilligung der Rohstofftarife erschwert wurde. Letztlich müsse die verladende Wirtschaft die Subventionen bezahlen. Da das neue Abkommen noch eine Ausdehnung der Rollfuhrsubventionierung darstelle, könne dem "auf keinen Fall" zugestimmt werden. Vielmehr müsse gefordert werden, daß die "gesamte Bezuschussungspolitik der Reichsbahn aufgehoben wird."[533] Todt konnte sich mit seinen Einwänden jedoch erneut nicht durchsetzen. Das Abkommen trat mit geringfügiger Verzögerung zum 15. Mai in Kraft.[534]

Die Hoffnung, daß der wirtschaftliche Druck allein genügen würde, die Entwicklung des Güterfernverkehrs voranzutreiben, erfüllte sich zunächst nicht. Dies lag nicht zuletzt auch am Ergebnis der zurückliegenden Tarifverhandlungen, in denen das Reichsverkehrsministerium die Forderungen des RKB abge-

---

531 Schreiben von Todt an den Stellvertreter des Führers v. 12.4.1937, in: BA 46.01/594, Bl. 88-90.

532 In dem Bericht wurden Rollgeldzuschüsse für Edelgüter zusammen auf 73,3 Mio RM beziffert, die Aufwendungen für die Edelgüter beliefen sich danach insgesamt auf 811 Mio RM, die Einnahmen dagegen nur auf 744 Mio RM, so daß ein Fehlbetrag von 67,6 Mio RM entstand. Zahlen nach: Aktenvermerk für Min.Rat Schönleben v. 20.4.1937, in: BA 46.01/594, Bl. 14-15.

533 Aktenvermerk für Min.Rat Schönleben v. 20.4.1937, in: BA 46.01/594, Bl. 15-17.

534 Schreiben des RVM an die Reichsbahndirektionen v. 13.5.1937, in: RWWA 22-236.

lehnt hatte und statt dessen den eher zurückhaltenden Vorschlägen des EKA gefolgt war. Als Folge der vom EKA auf den eingeschränkten Konzessionsbereich - Bezirksverkehr bis 150 km bzw. Verkehr mit bestimmten Güterarten - konzentrierten tariflichen Lockerungen, hatten sich mehr Unternehmen diesem Verkehr zugewandt. Dadurch gerieten die ohnehin unter der Konkurrenz des Kraftwagennahverkehrs leidenden Neben- und Kleinbahnen in noch ärgere Bedrängnis. Es rächte sich nun, daß die nationalsozialistische Regierung bei ihren Reformen eine pluralistische Interessenvertretung ausgeschlossen und nur die von ihr bestimmten "Tarifpartner" anerkannt und in den verkehrspolitischen Diskussionsprozeß einbezogen hatte.

Die Reichsbahn, die die Neben- und Kleinbahnen mit vertreten sollte, wurde und konnte dieser Aufgabe nicht gerecht werden. Daher hatten die wachsenden Schwierigkeiten dieser Bahnen kaum Beachtung gefunden. Nunmehr schlug die RVG Schienenbahnen Alarm und verlangte eine künftige Beteiligung an den Verhandlungen zwischen Reichsbahn und RKB. Aufgrund ihrer wirtschaftlichen Notlage forderten die Bahnen in einer Denkschrift eine Verschärfung der Tarifbindungen für den Lkw statt eine Lockerung. Sie wandten sich entschieden gegen einen kostenorientierten Tarif beim Lkw.[535] Unter Berufung auf die durch gemeinwirtschaftliche Auflagen verursachten Kostennachteile, hieß es in der Denkschrift, daß die ursprüngliche Absicht der Neuregelung des Güterfernverkehrs "nicht die T a r i f gleichheit, sondern die P r e i s gleichheit, d.h. die Gleichstellung der Kosten für die **gesamte** Beförderungsleistung für Schienen- und Kraftwagenkunden" als die "zunächst beste und gerechteste Lösung" gewesen sei.[536] Die Bahnen verlangten daher eine stärkere Berücksichtigung der Kleinbahnstrecken bei der Bemessung der Eisenbahntarifentfernung sowie darüber hinaus die Berücksichtigung der Privatbahnzuschläge und Kleinbahn-Tarife in ihren jeweiligen Verkehrsgebieten.[537] Letzteres lief auf eine regionale Erhöhung des RKT hinaus, um den Preisvorsprung des Lkw in der Bedienung ländlicher verkehrsarmer Gebiete auszugleichen. Die Forderung hatte für die Klein- und Nebenbahnen entscheidende Bedeutung, da sich der Betrieb der meisten dieser Bahnen gerade auf solche Gebiete konzentrierte, die abseits der

---

535 Denkschrift der Reichsverkehrsgruppe Schienenbahnen zur Regelung des Güterfernverkehrs an den Reichs- und Preußischen Verkehrsminister, v. 26. 5.1937, S. 2f, in: DBU-Archiv, Ob Schmidt 88.

536 Denkschrift der Reichsverkehrsgruppe Schienenbahnen ..., S. 5, in: DBU-Archiv, Ob Schmidt 88.

537 Denkschrift der Reichsverkehrsgruppe Schienenbahnen ...., S. 6, in: DBU-Archiv, Ob Schmidt 88.

großen Reichsbahnlinien lagen.[538] Die Denkschrift wies darauf hin, daß die Privat- und Kleinbahnen den Betrieb auf diesen Strecken nur aufrechterhalten konnten, wenn sie zu den üblichen Tarifen der Reichsbahn Entfernungs- oder Frachtzuschläge erhoben bzw. höhere Einheiten zugrundelegten. Solche Zuschläge waren jedoch im RKT nicht vorgesehen und begründeten deshalb einen Preisvorteil für den Lkw in diesen Gebieten.[539] Dieser mußte sich um so mehr auswirken, als der ländliche unerschlossene Raum aus transporttechnischer Sicht das natürliche Betätigungsfeld des Lkw-Verkehrs war. Dies galt sowohl für den Werkverkehr, insbesondere des Einzelhandels, als auch für den im GFVG erfaßten - und begünstigten- Bezirksverkehr. Damit war jedoch automatisch auch ein großer Teil des RKB-Verkehrs von den Forderungen betroffen. Entsprechend scharf wandte sich der Verband gegen die Argumente der Reichsverkehrsgruppe. In seiner Entgegnung wies der RKB darauf hin, daß die zentrale Forderung nach absoluter Tarifparität nicht pauschal mit einer vom Verlader beanspruchten beliebigen Beförderungsleistung begründet werden konnte, weil schließlich auch die "Eigenart einer Beförderungsleistung" in den letzten Jahren eine besondere Bedeutung erlangt habe und die Bewertung dieser Eigenart mit dem Preis in "untrennbarem" Zusammenhang stehe.[540] Indes konnte an der Bedrängnis der Kleinbahnen kaum Zweifel bestehen. Dieser konnte nicht dadurch entkräftet werden, daß der RKB auf das allgemein stark gestiegene Verkehrsaufkommen verwies, weil dieses hauptsächlich der Reichsbahn zugute kam.[541] Die Haltung des RKB entsprach dennoch ökonomischer Vernunft. Auf Dauer machte es volkswirtschaftlich wenig Sinn, eine Vielzahl unrentabler Kleinbahnen zu erhalten, wenn der Transport in unerschlossenen Gebieten vom Lkw wesentlich billiger und besser übernommen werden konnte.[542] Diese Erkenntnis klang auch in der Stellungnahme der Reichswirtschafts-

---

538 D. Ziegler: Eisenbahnen und Staat im Zeitalter der Industrialisierung, VSWG Beih. 127, Stuttgart 1996, S. 334ff.

539 Denkschrift der Reichsverkehrsgruppe Schienenbahnen zur Regelung des Güterfernverkehrs an den Reichs- und Preußischen Verkehrsminister, v. 26. 5.1937, S. 12, in: DBU-Archiv, Ob Schmidt 88.

540 Entgegnung des Reichs-Kraftwagen-Betriebsverbandes auf die Denkschrift der Reichsverkehrsgruppe Schienenbahnen zur Regelung des Güterfernverkehrs, S. 5, in: BA 43.01/8120a.

541 Entgegnung des Reichs-Kraftwagen-Betriebsverbandes..., S. 9, in: BA 43.01/8120a.

542 Die Rentabilität vieler Kleinbahnen war vielfach von Anfang an nicht gegeben, z.B. die meist um die Jahrhundertwende entstandenen Kleinbahnen in Preußen. Ziegler, Eisenbahnen und Staat, a.a.O., S. 440f.

kammer durch, die sich in der Auseinandersetzung mit den Kleinbahnen lagen zurückhielt. Letztlich stimmte sie in einem späteren Schreiben an den Reichsverkehrsminister dem RKB zu, indem sie die Argumente der Bahnen als "wenig fruchtbringende Erörterung" bezeichnete, die von "längst überholten Tatsachen ... oder von falschen oder einseitig ausgelegten Voraussetzungen" ausgehe und außerdem nicht im Einklang mit dem "gesamtwirtschaftlichen Interesse" stehe.[543] Im übrigen betonte die Kammer, daß sie den Ausführungen des RKB nichts hinzuzufügen habe.[544]

Dagegen fand die Reichsverkehrsgruppe Schienenbahnen - wohl auch mit Unterstützung der Reichsbahn[545] - beim Reichsverkehrsministerium zunächst ein offenes Ohr. Dort dominierte weiterhin die Auffassung, daß der Schiene ihr relativer Verkehrsanteil soweit wie möglich erhalten bleiben sollte. So deutete Brandenburg im Juli 1937 in der *Straße* erneut Pläne über eine Monopolisierung an. Möglicherweise entstehe "aus der Fülle der Probleme" einmal wieder derselbe Gedanke, der in der Verstaatlichung der Eisenbahnen zum Ausdruck komme. "Man kann den Verkehr, insbesondere den Verkehr über weite Entfernungen, nicht für immer der Privatinitiative überlassen. Der Verkehr ist nun einmal mehr als irgendein anderer Wirtschaftszweig sozialistisch, 'nationalsozialistisch'. Früher oder später wird es doch wohl zu einer Zusammenfassung weiterer Teile des öffentlichen Verkehrs in der Hand des Staates kommen müssen, und dann wird der Staat die Frage nach der Bedeutung der Verkehrsmittel von sich aus beantworten. So, wie er es für gut befindet!" [546] Diese öffentlichen Überlegungen Brandenburgs machten deutlich, daß nach dem Scheitern der Tarifverhandlungen zwischen Reichsbahn und RKB und der "Fülle der Probleme" in jüngster Zeit im Reichsverkehrsministerium der Monopolgedanke erneut an Gewicht gewonnen hatte. Jedoch bestanden zu diesem Zeitpunkt keinerlei Aussichten mehr auf eine Verwirklichung. Der RKB-Präsident Scholz, der bis dahin versucht hatte, durch verbindlichen Ton und Kompromißbereitschaft allmählich Fortschritte für den Güterfernverkehr zu erzielen, schlug nun deutlich offensivere Töne an. In einem Vortrag bei der Jahrestagung der Deutschen Wirtschaftswissenschaftlichen Gesellschaft erklärte Scholz, es sei an der Zeit, grundsätzlich zu fragen, "ob die allgemein für einen stärkeren Einsatz des Kraftwagens

---

543 Schreiben der RWK an den RVM v. 23.12.1937, in: RWWA 22-232.

544 Schreiben der RWK an den RVM v. 23.12.1937, in: RWWA 22-232.

545 Vgl. die Unterstützung der Reichbahn für die Neben-und Kleinbahnen bei den Einzelanträgen des RKB zur Tarifentfernung, vgl. oben Kap. 4.1.5.2, S. 243.

546 Brandenburg: Die Bedeutung der Verkehrsmittel, in: Die Straße (4) 1937, H. 13, S.362.

sprechenden Notwendigkeiten übergeordnet sind oder sie hinter jedem Anspruch der Reichsbahn zurücktreten müssen."[547] Er kritisierte mit scharfer Polemik die bisher stark "formale" Betrachtung des Problems, die "jedenfalls den Anspruch einer hinreichenden Wirklichkeitsnähe nicht völlig erfüllen können."[548] So sei noch niemals mit Ernst und Nachdruck die Frage behandelt worden, welche Güter in besonderem Maße auf eine Beförderung mit Kraftwagen angewiesen seien. Ebensowenig sei untersucht worden, ob bestimmte Industriegruppen "vorteilhafterweise" ihre Güter im wesentlichen mit Lkw beförderten. Auch sei nicht geprüft worden, ob "bestimmte Gegenden des Deutschen Reiches auf Grund ihrer besonderen wirtschaftlichen und verkehrsmäßigen Struktur durch den bewussten und vollständigen Einsatz des Kraftwagens eine erhebliche Verbesserung ihrer Existenzgrundlagen erwarten können." Demgegenüber sei mit "außerordentlicher Sorgfalt" etwa die Frage bearbeitet worden, "in welcher Weise der 5%ige Deckwagenzuschlag bei Ausnahmetarifen" gehandhabt werden sollte. Die erklärenden Untersuchungen die dem Begriff der Sendung, dem Begriff des Tarifbahnhofs oder dem Begriff der Anfuhr von Gütern zuteil geworden seien, könnten "jeder wissenschaftlichen Durchleuchtung standhalten", spottete Scholz.[549] Er nannte die ganze bisherige verkehrspolitische Diskussion offenkundig unergiebig. Während in allen Darlegungen über das Problem "Eisenbahn-Kraftwagen" die Frage einer Erweiterung des Regeltarifs um die Klassen E-G, die Fragen einer weiteren Hergabe von Ausnahmetarifen, die Frage der Tarifentfernungen oder die Frage der Leistungsvergütungen "auf das breiteste" erörtert wurden, sei "nur durch Zufall" in solchen Auslassungen der Hinweis auf "jene erheblichen Wandlungen" zu finden, die die deutsche Wirtschaft "im Laufe der letzten 5 Jahre durchgemacht hat und die vielleicht den verstärkten Einsatz des Kraftwagens bedingen."[550] Um die "Diskrepanz zwischen Form und Wirklichkeit" endlich abzubauen, forderte Scholz nunmehr öffentlich, daß der Einsatz des Lkw in Zukunft von den "wirklichen Bedürfnissen

---

547 Scholz: Wirtschaftsaufschwung im Zeichen der Motorisierung. Vortrag gehalten bei der Jahrestagung der Deutschen Wirtschaftswissenschaftlichen Gesellschaft in der Technischen Hochschule Berlin am 13. Oktober 1937, S. 13, in: DBU-Archiv, Ob Schmidt 16.

548 Scholz: Wirtschaftsaufschwung im Zeichen der Motorisierung ...., S. 14f, in: DBU-Archiv, Ob Schmidt 16.

549 Scholz: Wirtschaftsaufschwung im Zeichen der Motorisierung ...., S. 15, in: DBU-Archiv, Ob Schmidt 16.

550 Scholz: Wirtschaftsaufschwung im Zeichen der Motorisierung ...., S. 17, in: DBU-Archiv, Ob Schmidt 16.

der Verladerschaft" bestimmt werden müsse und nicht von einer "auf dieses Verkehrsmittel ohnehin nicht anwendbaren Tariftheorie." Insbesondere müßten jene Schranken fallen, die den Lkw von den Transportleistungen ausschlossen, "deren geradezu natürlicher Vermittler er ist."[551] Damit wandte er sich auch gegen alle Bestrebungen, dem Lkw wesensfremde Auflagen in Gestalt von Beförderungs-.und Bedienungspflicht der Eisenbahnen zu machen, weil dadurch gerade die vom Verlader als Fortschritt geschätzte Flexibilität des neuen Verkehrsträgers verloren gehen mußte.[552] Zu diesem Zeitpunkt hatte der jahrelang vergebliche Protest gegen die Beschränkung des Lkw-Verkehrs Erfolg. Kurze Zeit später kam es tatsächlich zu einem Richtungswechsel.

4.2.3 Der Erlaß zur Förderung des Lkw-Verkehrs vom Februar 1938: Motorisierung auf Befehl der Wehrmacht

Zu Beginn des Jahres 1938 erging ein Erlaß des Reichsverkehrsministers,[553] dessen Bestimmungen als "Sofortmaßnahmen zur Förderung des Güterfernverkehrs mit Lastkraftwagen" bezeichnet wurden.[554] Der Minister reagierte damit offiziell auf die wiederholt vorgebrachten Klagen der Trampfahrer im Güterfernverkehr über Benachteiligung und Behinderung durch die Spediteure, die dazu geführt hatte, daß trotz des zu dieser Zeit "ungeheuer gesteigerten Güterumlaufs" nicht genügend Frachtgut für die kleinen Güterfernverkehrsunternehmen zur Verfügung stand.[555] Dem sollte dadurch begegnet werden, daß nunmehr alle Spediteure verpflichtet wurden, ihr gesamtes Frachtgut den Laderaumverteilungsstellen des RKB oder den Kraftverkehrsstellen der Reichsbahn anzubieten. Zugleich wurde ihnen verboten, Güter durch Anmietung von Fahrzeugen anderer Güterfernverkehrsunternehmer zu versenden.[556] Anstelle der

---

551 Scholz: Wirtschaftsaufschwung im Zeichen der Motorisierung ...., S. 19, in: DBU-Archiv, Ob Schmidt 16.

552 Scholz: Wirtschaftsaufschwung im Zeichen der Motorisierung ...., S. 22ff, in: DBU-Archiv, Ob Schmidt 16.

553 Förderung des Güterfernverkehrs mit Lastkraftwagen (K 2.566) v. 2.2.1938, RVBl Ausgabe B: Kraftfahrwesen 1938, S. 27.

554 Pressedienst des RVM v. 3.2.1938, in: BA 43.01/8115a.

555 Pressedienst des RVM v. 3.2.1938, in: BA 43.01/8115a.

556 Ausgenommen davon waren nur Spediteure, die nach der im GFVG vorgeschriebenen Betriebstrennung Güterfernverkehr in eigener Rechtspersönlichkeit betrieben. Absatz II des Erlasses v.2.2.1938, RVBl Ausg. B: Kraftfahrwesen, 1938, S. 27.

Spediteure wurde nunmehr der RKB direkt beauftragt, für die Beschäftigung derjenigen Trampfahrer zu sorgen, die ihre Güter über die Laderaumverteilungsstellen bezogen. Sie konnten nunmehr vom Verband nach festen Sätzen für den gefahrenen Kilometer entschädigt werden.[557] Die infolge des GFVG geschlossenen Abkommen mit den Spediteuren wurden hinfällig.[558] Das "Sofortprogramm" richtete sich damit vorrangig gegen die Praxis einer Vielzahl von Spediteuren, durch Anmietung von Fahrzeugen in größerem Umfang Linienverkehre zu betreiben und diese bevorzugt zu bedienen. Entscheidend war jedoch, daß darüber hinaus die vom RKB wiederholt geforderte Neutralität aller Spediteure gegenüber den verschiedenen Landverkehrsmitteln ebenfalls in dem Erlaß verankert wurde. Bindungen an Reichsbahn oder Kraftwagen wurden gleichermaßen unzulässig. Für die Vermittlungsleistung der Spediteure gegenüber beiden Verkehrsmitteln setzte der Reichsverkehrsminister nunmehr eine einheitliche Werbevergütung fest.[559] Als dritten wichtigen Schritt vollzog der Erlaß nunmehr die Ausdehnung des RKT auf die unteren Tarifklassen der Reichsbahn sowie auf die für den Lkw relevanten Ausnahmetarife, "soweit sie der Verband zur Entwicklung des Güterfernverkehrs für erforderlich hält, und zwar ohne die bei den Eisenbahnen eingeführten Mindestmengenbindungen".[560] In der Annahme, daß die Neuordnung insgesamt bis zum 1. Juli des Jahres umgesetzt würde, wollte der Reichsverkehrsminister schließlich auch eine Lockerung der Konzessionssperre in Aussicht nehmen.[561] Der Erlaß zeigte ein weitgehendes Entgegenkommen gegenüber den langjährigen Forderungen des RKB. Dennoch hatten nicht ökonomische Einsichten den Sinneswandel des Reichsverkehrsministers ausgelöst, sondern politischer Druck des Militärs. Scholz war es mit seinen wiederholten Hinweisen auf die militärische Bedeutung des straff organisierten Lkw-Fernverkehrs offenbar endlich gelungen, die Wehrmacht stärker für die Interessen des Gewerbes zu mobilisieren. Die Wehrmacht wollte insbesondere den Bestand an schwereren Lkw, die vor allem im RKB verkehrten, deutlich vergrößern.[562]

---

557 Absatz IV, ebd.

558 Absatz VII, ebd., S. 28.

559 Absatz VI und VIII, ebd. S. 27f.

560 Absatz, XI, ebd., S. 28.

561 Pressedienst des RVM v. 3.2.1938, in: BA 43.01/8115a.

562 Vgl. Schreiben von Todt an den RVM v. 22.2.1938, S. 1, in: BA 43.01/8125a; vgl. auch das vertrauliche Schreiben von Lauscher an den GI v. 1.12.1938, der die Fördermaßnahmen für den Lkw ausschließlich darauf zurückführte, daß insbesondere im

Das "Sofortprogramm" markierte eine Wende in der Reichsverkehrspolitik, aber noch keinesfalls den Durchbruch zu einer aktiven Motorisierungspolitik. Seine Bestimmungen enthielten aus der Sicht des gewerblichen Güterfernverkehrs eine Reihe gravierender Mängel, die seine Zielsetzung gefährdeten bzw. - in den Augen des RKB - illusorisch machten. Als schwerer Nachteil für den gewerblichen Lkw-Verkehr wirkte die ausdrücklich vorangestellte Zielsetzung, daß die Maßnahmen dem gesamten Güterfernverkehr mit Lkw zugute kommen sollten. Das bedeutete, daß neben dem gewerblichen zugleich der reichsbahneigene Kraftverkehr gefördert werden sollte. Der Erlaß beseitigte damit eine Vorschrift, die bisher als Kernbestand des GFVG gegolten hatten, nämlich daß die Reichsbahn über ihren eigenen Kraftwagenbestand hinaus Lkw-Verkehr durch Amietung fremder Fahrzeuge bzw. Beschäftigungsabkommen mit Fuhrunternehmern nur mit Zustimmung des RKB betreiben durfte. Nachdem diese Bindung entfallen war, fürchtete der Verband eine erhebliche Ausdehnung des Reichsbahn-Kraftverkehrs auf Kosten des gewerblichen, zumal die Konzessionssperre noch immer aufrecht erhalten wurde.[563] Auf diese Weise drohte ein Güterfernverkehrsmonopol durch die Hintertür zu entstehen, indem der bei der Reichsbahn organisierte Kraftverkehr ein immer größeres Übergewicht erlangte. Überdies wäre der reichsbahneigene Kraftverkehr durch die neue Stellung der Spediteure bessergestellt worden als der gewerbliche. Denn nach den neuen Bestimmungen blieben die Rollkostenzuschüsse und Ausgleichszahlungen für bahnamtliche Rollfuhrunternehmer und Auftragsspediteure in vollem Umfang erhalten, und sie erhielten darüber hinaus künftig die vom Reichsverkehrsminister bestimmte einheitliche Werbevergütung. Dagegen fiel für die Kraftwagenspediteure die bisherige Leistungsvergütung durch den RKB weg. Der Verband kritisierte, daß damit die gesamte Zielsetzung des Erlasses in ihr Gegenteil verkehrt würde, weil er gerade die leistungsfähigsten Kraftwagenspediteure "förmlich zwingt" aufgrund erheblich besserer Verdienstmöglichkeiten künftig mit der Reichsbahn zusammen zu arbeiten.[564] Daß solche Befürchtungen nicht gegenstandslos waren, zeigten die Erhebungen des Verbands über die Relation von Schienenersatzverkehren und sogenannten "Bestellverkehren", d.h. gesonderten Lkw-Ferntransporten, der Reichsbahn. Während der erstgenannte von 70 Millionen tkm 1935 auf rund 26 Millionen tkm 1937 zurückgegangen war, stieg

Rahmen der großen Bauvorhaben des Reiches (gemeint war der Westwall) erkannt worden sei, daß der "Motorisierungsgrad im Lastkraftwagenverkehr weit hinter dem erforderlichen Maß zurückgeblieben ist.", in: BA 46.01/596.

563 Schreiben des RKB an den RVM v. 16.2.1938, in: BA 43.01/8125a, Bl. 71.

564 Schreiben des RKB an den RVM v. 16.2.1938, in: BA 43.01/8125a, Bl. 73f.

der "Bestellverkehr" im gleichen Zeitraum von 8-9 Millionen tkm auf rund 160 Millionen tkm an.[565] Indes hatte der Reichsverkehrsminister die Besserstellung des Reichsbahnkraftverkehr im Erlaß verankert, ohne sich darüber mit den Beteiligten der Verhandlungen abzustimmen. Todt, der an der Besprechung teilgenommen hatte, fühlte sich hintergangen und schlug nun mit der Wehrmacht im Rücken im Auftrag des Führerstellvertreters Hess gegenüber dem Reichsverkehrsminister erstmals schärfere Töne an. Er erwarte, daß die vom RKB erbetene entscheidende Zusatzbestimmung über die Stellung der Spediteure, nämlich daß Ausgleichszahlungen aller Art, insbesondere Rollgeldzuschüsse, nicht mehr gezahlt werden dürften, in den Erlaß aufgenommen würde. Daß dies bei der Reichsbahn nicht durchgesetzt werden konnte, wollte Todt nun nicht länger hinnehmen.[566] Darüber hinaus verlangte er von Dorpmüller die konsequente Förderung des "gewerblichen" Güterfernverkehrs und ersuchte ihn, den Reichsbahn-Kraftverkehr zu beschränken, bzw. einer Ausdehnung entgegenzutreten.[567] Dorpmüller war jedoch nicht bereit, die den Reichsbahn-Kraftverkehr direkt durch Anweisung zu beschränken. Allerdings sah er sich genötigt, seine Begünstigung abzustellen. In einem Zusatzerlaß verfügte er, daß Zuwendungen aller Art, insbesondere Rollkostenzuschüsse im Güterfernverkehr mit Kraftfahrzeugen nicht mehr gezahlt werden durften.[568] Damit war der gewerbliche Güterfernverkehr allerdings lediglich dem Kraftwagenverkehr der Reichsbahn gleichgestellt, die Wettbewerbsverzerrung gegenüber dem Schienenverkehr durch die allgemeinen Rollkostenzuschüsse blieb bestehen. Von daher konnte es kaum überraschen, daß Bormann einige Zeit später zu dem Schluß kam, daß die "vom Führer häufig und mit Nachdruck verlangte Motorisierung (...) auf

---

565 Zahlen nach: Schreiben des RKB an den RVM v. 16.2.1938, in: BA 43.01/8125a, Bl. 75.

566 Schreiben von Todt an den RVM v. 22.2.1938, S. 2, in: BA 43.01/8125a.

567 Schreiben von Todt an den RVM v. 22.2.1938, S. 4, in: BA 43.01/8125a. Ein Rundschreiben der Reichsbahnhauptverwaltung an alle Reichsbahndirektionen unmittelbar danach gab den Befürchtungen Todts Recht. Die Direktionen wurden angewiesen, den Ausbau des Reichsbahn-Güterfernverkehrs mit Nachdruck voranzutreiben. Konkret hieß es: "Alle für den Fernverkehr tauglichen bahneigenen und Unternehmer-Kraftfahrzeuge mit Fernverkehrsgenehmigung sind für diesen Verkehr einzusetzen und gegebenenfalls durch Unternehmerfahrzeuge des Nahverkehrs zu ersetzen." Schreiben von Treibe an alle Reichsbahndirektionen und an die Deutsche Bahnspedition GmbH v. 19.4.1938, S.2, in: BA R 5/3082.

568 Förderung des Güterfernverkehrs mit Kraftfahrzeugen (K 2.2104), v. 16.3.1938, in: RVBl. Ausg. B: Kraftfahrwesen, 1938, S. 55.

dem Gebiete des Lastkraftwagens noch keineswegs die gewünschten Fortschritte" gemacht hatte.[569] Bormann setzte eine konkrete Zielmarke für die Vermehrung des Lkw-Bestands, der in "einigen Jahren" um rund 60.000 Fahrzeuge vermehrt sein müsse, und erklärte gegenüber Dorpmüller: "Für die Durchführung dieses Programms müssen von Ihrer Seite die erforderlichen Maßnahmen getroffen werden."[570] Im einzelnen forderte Bormann eine "weitgehende Auflockerung der Konzessionssperre" und eine gleichzeitige Vermehrung des Ladeguts für den gewerblichen Güterfernverkehr, indem die Reichsbahn einen Teil ihres Verkehrs abgeben sollte. Darüber hinaus verlangte er eine baldige Lockerung des Bahnspeditionsvertrages, um einmal normale Wettbewerbsverhältnisse zwischen Reichsbahn und Kraftwagen herbeizuführen. In Zukunft müsse "jede Maßnahme der Reichsbahn unterbleiben", die "irgendwie die Förderung des Güterkraftverkehrs im einzelnen hemmen könnte." Dorpmüller wurde nunmehr von Bormann ausdrücklich angewiesen, "das Nötige zu veranlassen" und über den Erfolg der Maßnahmen zu berichten.[571] Diesmal reagierte der Reichsverkehrsminister umgehend mit der Aufhebung der Genehmigungssperre im Güterfernverkehr. Das Konzessionsverfahren wurde vereinfacht, indem die Behörden angewiesen bei der „Bedürfnisprüfung" weniger strenge Maßstäbe anzulegen.[572] Damit wurde erstmals wieder eine Ausdehnung des Laderaums über die Zulassungszahlen möglich. Einen weiteren Schritt zur Expansion des gewerblichen Lkw-Fernverkehrs bedeutete die Aufhebung des Verbot von gemischten Speditions- und Fuhrbetrieben.[573] Diese für einen leistungsstarken Lkw-Verkehr wichtigen Gemischtbetriebe waren durch das GFVG verboten worden, um die Tarifkontrolle durchsetzen zu können. Ihre erneute Legalisierung verschärfte jedoch die ökonomische Situation der Trampfahrer wiederum, da die Spediteure naturgemäß zuerst auf eine rentable Auslastung ihrer eigenen Fahrzeuge bedacht waren, wodurch das Ladegut für die kleingewerblichen Trampfahrer erneut verknappt wurde.

Eine weitere Liberalisierung des Lkw-Verkehrs wurde vom Reichsverkehrsministerium nicht in Betracht gezogen. Statt dessen versuchte man die Situation durch eine stärker planwirtschaftliche Steuerung in den Griff zu be-

---

569 Schreiben von Bormann an RVM, v. 19.5.1938, in: BA 43.01/8126a.

570 Schreiben von Bormann an RVM, v. 19.5.1938, in: BA 43.01/8126a.

571 Schreiben von Bormann an RVM, v. 19.5.1938, in: BA 43.01/8126a.

572 Förderung des Güterfernverkehrs mit Lastkraftwagen (K 2.6331), v. 22. 6.1938, RVBl. Ausg. B: Kraftfahrwesen, 1938, S. 133.

573 Ebd, S. 133.

kommen. Die Existenz der Trampfahrer sollte nun prinzipiell durch Beschäftigungsverträge gesichert werden. Drei Möglichkeiten standen zur Diskussion: 1. Beschäftigungsverträge mit der Reichsbahn, wie sie im GFVG als Ausnahme und nur im Bedarfsfall der Reichsbahn vorgesehen waren, 2. Beschäftigungsverträge mit den Spediteuren, 3. Beschäftigungsverträge mit dem RKB. Die erste Möglichkeit wäre im größeren Umfang einer verspäteten Vereinnahmung des Güterfernverkehrs durch die Reichsbahn gleichgekommen und schied daher für den RKB aus. Beschäftigungsverträge mit den Spediteuren stießen ebenso auf Vorbehalte. Damit wäre nach Ansicht des Verbandes ein Zustand wiederbelebt worden, den das GFVG hatte beenden wollen, nämlich die starke unmittelbare Abhängigkeit der Fuhrunternehmen vom Spediteur mit allen nachteiligen Folgen einer "Undurchsichtigkeit der Tarifgebarung".[574] Die dritte Möglichkeit eines Generalbeschäftigungsvertrags im Trampverkehr übertrug das Risiko einer ausreichenden Beschäftigung auf den RKB, der damit für ein genügendes Frachtaufkommen einstehen mußte. Eine Mindestauslastung konnte und wollte der Verband daher nicht vertraglich garantieren. Für die Sicherung eines erhöhten Frachtaufkommens blieb eine erhöhte "Indienstnahme" der Spediteure unausweichlich. Der RKB richtete daher an die RVG Spedition und Lagerei die Aufforderung, den Laderaumverteilungsstellen des Verbandes monatlich ein zusätzliches Frachtenaufkommen von 120.000 Tonnen zuzuweisen, und zwar in einer durchschnittlichen Frachtenhöhe der Tarifklasse C auf mittlere Entfernungen.[575] Gleichzeitig wollte der RKB dazu übergehen, die vom Verband beschäftigten Trampfahrer nach festen Sätzen für den gefahrenen Kilometer (Tonnenkilometerverfahren) zu entschädigen, wie dies im Erlaß vom Februar ausdrücklich vorgesehen war.[576] Die Einführung von Einheitssätzen im Trampverkehr war somit unmittelbar von der Mitarbeit und Unterstützung der Spediteure abhängig. Allerdings taten RKB und Reichsverkehrsministerium zunächst wenig, um eine entsprechende Motivation des Gewerbes sicherzustellen. Statt dessen stellten sie die Tarifkontrolle in den Vordergrund.[577] In einem neuen Rahmenvertrag mit der Reichsverkehrsgruppe Spedition und Lagerei, der die bisherigen Speditionsabkommen des RKB ersetzte, wurden den mit der Abfertigung des Güterfernverkehrs betrauten Speditionsfirmen strenge Strafen bei

574 Anlage 1 zum Bericht des RKB an den RVM v. 7.6.1938, S. 7, in: BA 43.01/8126a.

575 Anlage 1 zum Bericht des RKB an den RVM v. 7.6.1938, S. 5f, in: BA 43.01/8126a.

576 Anlage 1 zum Bericht des RKB an den RVM v. 7.6.1938, S. 10f, in: BA 43.01./8126a

577 Vgl. Tarifsicherung im Güterfernverkehr (K 2.7431), v. 8.8.1938, in: RVBl. Ausg. B: Kraftfahrwesen, 1938, S. 174.

Tarifverstößen angekündigt.[578] Die Erfolgsaussichten einer solchen restriktiven Politik wurden von anderer Seite bald in Zweifel gezogen. Insbesondere die RVG Kraftfahrgewerbe bezweifelte die Zweckmäßigkeit des Vorgehens und verwies auf die Gefahren, die sich aus einem Scheitern der vom RKB angestrebten Lösung für den Lkw-Verkehr ergeben könnten. Konkret befürchtete man, daß dies den "monopolistischen Tendenzen" der Reichsbahn neuen Auftrieb geben könnte.[579] Die RVG sah vor allem den verwaltungstechnischen Aufwand des angestrebten Tonnenkilometerverfahrens durch die doppelte Abrechnung - mit den Verladern nach dem RKT, mit den Fuhrunternehmern nach Einheitssätzen - als weiteres Hemmnis für den Güterfernverkehr an. Auf Dauer führte deshalb nach Auffassung der RVG nichts an einer verbesserten Zusammenarbeit mit den Spediteuren als "natürlichste und produktivste" Gütersammler und Vermittler vorbei, wobei eine besondere Motivation dafür auf deren Seite Voraussetzung war. Darüber hinaus glaubte man dort auch, daß ohne eine durchgreifende Reform des RKT, wie sie in jüngster Vergangenheit diskutiert worden war, "jede Maßnahme zur Bekämpfung der Trampfahrernot eine Behandlung von Symptomen unter Verkennung der Ursachen" sein würde. Das gelte auch für die jüngsten Bestrebungen, den Güterfernverkehr zu stärken, indem andere Lkw-Verkehre, insbesondere der Werkverkehr, eingeschränkt würden.[580]

Die nächsten Monate zeigten tatsächlich, daß die Verkehrspolitik in eine Sackgasse geraten war. Gleichzeitig nahm der politische Druck von seiten der Wehrmacht zu. Scholz trat als Präsident des RKB zurück und wurde durch den General a.D. Lutz ersetzt, der die Ausrichtung der Privatwirtschaft nach den "Bedürfnissen der Wehrmacht" gewährleisten sollte.[581] Er sollte vor allem auch eine Stärkung der Spedition durchsetzen, die für die Förderung des gewerblichen Güterfernverkehrs unausweichlich erschien. Beides wurde Scholz nicht länger zugetraut. Sein distanziertes Verhältnis zu Spediteuren und Gemischtbetrieben war bekannt.[582] Im November entschloß sich Dorpmüller, die Vermitt-

---

578 Rahmenvertrag zwischen Reichs-Kraftwagen-Betriebsverband und Reichsverkehrsgruppe Spedition und Lagerei, Anlage zu K 2.7431, in: ebd., S. 175.

579 Schreiben der RVG Kraftfahrgewerbe an den GI v. 23.6.1938, S. 3, in: BA 46.01/596.

580 Schreiben der RVG Kraftfahrgewerbe an den GI v. 23.6.1938, S. 3f, in: BA 46.01/596.

581 General a.D. Lutz, Präsident des Reichs-Kraftwagen-Betriebsverbandes, in: Der gewerbliche Kraftverkehr (3) v. 26.10.1938, S. 11.

582 Vgl. Eingabe des Rings der Gemischtbetriebe für Güterfernverkehr an den GI v. 18.1.1939, S. 9, in: BA 46.01/593.

lung von Laderaum und Ladegut durch die Spediteure erstmals wieder ökonomisch anzuerkennen, indem sowohl Werbevergütungen als auch Abfertigungsgebühren eingeführt wurden und damit für einen größeren Teil des Speditionsgewerbes überhaupt ein wirtschaftlicher Anreiz bestand, Transporte für den Lkw zu vermitteln.[583] Zu diesem Schritt hatten reale wirtschaftliche Zwänge geradezu genötigt, weil aufgrund der angespannten Produktion bereits vielfach Laderaummangel und lokale Engpässe aufgetreten waren, bei denen der Lkw als schnelles und flexibles Verkehrsmittel unentbehrlich geworden war. So bat beispielsweise die Wirtschaftskammer Berlin-Brandenburg, das Reichsverkehrsministerium um eine Lockerung der Bestimmungen über den Lkw-Fernverkehr, weil der Kohlengroßhandel dies in dringenden Beschwerden gefordert hatte. Der "ungeheure Wagenmangel" habe die Händlerschaft gezwungen, Lkw anzumieten, wo es eben ging, um ihr Geschäft nicht vollständig stillzulegen. Mehr Konzessionen für den Güterfernverkehr seien unerläßlich.[584] Trotzdem Dorpmüller die Genehmigungsbehörden bereits angewiesen hatte, die „Bedürfnisprüfung" großzügig zu betrachten,[585] gab es in der Folgezeit immer wieder Versorungsschwierigkeiten bei der Kohle, wobei die Energieverknappung die Wirtschaft empfindlich treffen konnte. Es zeigte sich, daß die Reichsbahn nicht mehr in der Lage war, die erforderlichen Wagen zu stellen, so daß der Einsatz des Lkw im Fernverkehr auch auf den Bereich der Massengüter ausgedehnt werden mußte.[586] Die anhaltenden Schwierigkeiten machten deutlich, daß mit den bisherigen Instrumenten ein deutliches effizientes Wachstum des Güterfernverkehrs nicht zu erreichen war. Die verfehlte Tarifpolitik blieb das Haupthindernis. Auch und gerade das Tonnenkilometerverfahren wurde von Kraftverkehrsinteressenten frühzeitig als Irrweg erkannt. Die Aufspaltung des Lkw-Fernverkehrs in einen nach Einheitssätzen bezahlten Trampverkehr und einen nach dem RKT differenziert vergüteten Spediteurverkehr mußte die Neigung, den letzteren zu begünstigen, naturgemäß eher verstärken. Es bestand noch mehr als bisher die Gefahr, daß die Spediteure hochwertiges Gut auf eigenen Fahrzeugen beförderten und nur niedrigtarifierendes Gut den Laderaumver-

---

583 Werbe- und Abfertigungsgebühren im Güterfernverkehr mit Kraftfahrzeugen (K2.11551.) v. 19.11.1938, in: RVBl, Ausg. B: Kraftfahrwesen, 1938, S. 246.

584 Eingabe der Wirtschaftskammer Berlin-Brandenburg, Unterabteilung Groß-, Ein- und Ausfuhrhandel an den RVM v. 14.11.1938, in: BA 43.01/8117a.

585 Vgl. Richtlinien für die Genehmigungserteilung im Güterfernverkehr (K2.11190 I.) v. 9.11.1938, in: RVBl. Ausg. B: Kraftfahrwesen, 1938, S. 236.

586 Verfügung des RVM v. 23.12.1938, in: BA 46.01/8117a, sowie Schreiben des RVM an den RKB v. 10.1.1939, in: BA 46.01/8117a.

teilungsstellen anboten. Die Rentabilität und damit ein mögliches Wachstum des kleingewerblichen Trampverkehrs konnte auf diese Weise schwerlich begünstigt werden. Entscheidend war jedoch für die Lkw-Lobby, daß weder der RKT noch die Vergütung nach Einheitssätzen geeignet waren, dem Lkw seine "arteigenen Aufgaben, nämlich der Flächenbedienung und der erhöhten Beweglichkeit" zu übergeben.[587] Sie gaben zu Bedenken, daß für den Flächenverkehr in verkehrsarmen Gebieten nur "kleine Einheiten" zu möglichst "günstigen Preisen" einen rentablen Verkehr ermöglichten, während der RKT in Anlehnung an das Reichsbahntarifsystem (und das Tonnenkilometerverfahren, wie der Name schon sagt) eine höhere Rentabilität bei größeren Mengen versprach und deshalb den Einsatz von 15 t-Zügen "womöglich noch mit einem zusätzlichen Anhänger" begünstigte.[588] Um einem dem Lkw-Verkehr angemessenen Tarif endlich näher zu kommen, wurde jetzt auch radikale politische Forderungen laut, die darin gipfelten die "dem gewerblichen Güterfernverkehr feindlich gegenüberstehende Clique im Reichsverkehrsministerium" zu entfernen.[589]

Nachdem sich das zu Beginn des Jahres 1939 für den Trampverkehr im RKB eingeführte Tonnenkilometerverfahren aus den befürchteten Gründen tatsächlich als Fehlschlag erwiesen hatte, reichte der wirtschaftliche und politische Druck aus, um eine neue Reformrunde für den RKT einzuleiten, bei der nun weniger die Wünsche der Reichsbahn als die der Wirtschaft im Vordergrund stehen sollten. Als Ergebnis einer Umfrage stellten die Industrie- und Handelskammern jedoch heraus, daß es in der verladenden Wirtschaft auch jetzt keine nennenswerten Stimmen für eine grundlegende Tarifreform gebe.[590] Der Gedanke, den Werttarif generell durch einen Selbstkostentarif zu ersetzen, wurden von den Verladern nicht erwogen. Ein Hauptgrund lag nach wie vor darin, daß die Notwendigkeit einer standortpolitischen Ausgestaltung der Tarife im Verkehr in den 30er Jahren und bis in die Nachkriegszeit noch weitgehend unbestritten blieb.[591]

---

587 Vertrauliches Schreiben von Lauscher an Todt v. 22.11.1938, S. 2, in: BA 46.01/596.

588 Vertrauliches Schreiben von Lauscher an Todt v. 22.11.1938, S. 2, in: BA 46.01/596.

589 Grundsätzliche Forderungen zur Förderung des gewerblichen Güterfernverkehrs, Anlage zum Vertrauliches Schreiben von Lauscher an Todt v. 22.11.1938, in: BA 46.01/596, Bl. 158.

590 Schreiben der RWK an den RVM v. 16.3.1939, in: BA 43.01./8117a.

591 A. Bieling: Die Absatzfähigkeit von Eisen- und Stahlwaren in ihrer Abhängigkeit von Entfernungs- und Wertstaffel, Diss. Münster 1933.

Der Ausbruch des Krieges setzte weiteren Reformbemühungen im Güterfernverkehr ein Ende, bevor neue Tarifverhandlungen beginnen konnten. Aus Gründen der Treibstoffersparnis kam es sehr rasch zu einer drastischen Einschränkung des Lkw-Verkehrs, die jegliche Verhandlungen über seine Förderung obsolet werden ließen.[592]

592 Verordnung zur Einschränkung des Güterverkehrs mit Kraftfahrzeugen. Vom 6. Dezember 1939, in: RVBl. Ausgabe B: Kraftfahrwesen, v. 27.12.1939, S. 401.

5 Nahverkehr und Werkverkehr in der Verkehrspolitik

5.1 Der Nahverkehr: Vom freien Träger der Motorisierung zur Zwangsgenossenschaft

Nah- und Werkverkehr entwickelten sich bis in die späten 30er Jahre im wesentlichen ohne staatliche Eingriffe. Obwohl sie zusammen den größten Teil des gesamten Güterkraftverkehrs ausmachten, schenkte ihnen die Verkehrspolitik lange Zeit keinerlei Beachtung. Dahinter stand, wie Scholz vermutete, die Auffassung, daß "der gewerbliche Nahverkehr und der Werkverkehr zum größten Teil nur einen durch die Motorisierung erweiterten Rolldienst ausführen", somit gleichsam nur das Pferdefuhrwerk ersetzten, während dagegen der Güterfernverkehr in direkte Konkurrenz zur Eisenbahn trat und somit tatsächlich eine weiträumige Motorisierung des Güterverkehrs einleitete.[1] Erste Ansätze für eine verkehrspolitische Reglementierung des Nah- und Werkverkehrs gingen nicht vom Staat aus, sondern kamen aus dem Nahverkehrsgewerbe selbst. Dabei ging es darum, den Wettbewerb innerhalb des Nahverkehrsgewerbes und vor allem zwischen Nah- und Werkverkehr zu beschränken. Die starke Expansion beider Verkehre seit der Mitte der 20er Jahre hatte zu einem erheblichen Konkurrenzdruck geführt, der sich durch die Weltwirtschaftskrise noch verschärfte und bereits 1931 zu Forderungen nach einem staatlichen Eingreifen geführt hatte. Damals reklamierten die öffentlichen Nahverkehrsbetriebe, d.h. Klein- und Nebenbahnen sowie Kraftfahrlinien, im Zuge der damals bevorstehenden Notverordnung zur Regelung des Wettbewerbs zwischen Reichsbahn und Lkw-Fernverkehr auch für den Nahbereich Schutz vor der Konkurrenz des Lkw. Die Forderung konnte sich jedoch nicht durchsetzen. Nach der Machtübernahme durch die Nationalsozialisten unternahm der Reichsverband des gewerblichen Kraftverkehrs und der Fuhrbetriebe Deutschlands einen neuen Vorstoß zur Wettbewerbsbeschränkung im Nahverkehr. Dieser wurde von der Hoffnung getragen, daß ein neuer "alter" ständisch-korporativer Geist verbunden mit einer prinzipiell geänderten Einstellung zur staatlichen Regulierung der Wirtschaft den Wünschen nach Wettbewerbsbeschränkungen größere Aussichten verlieh als in der untergegangenen Republik.

Zu Beginn des Jahres 1934 ging der Verband mit einer umfangreichen Denkschrift über dringend notwendige Schutzmaßnahmen im Nahverkehr an die Öffentlichkeit. Darin forderte er einen weitgehenden Wettbewerbsschutz und eine Senkung der Belastungen durch Steuern und Abgaben. Im einzelnen lauteten

---

1 Scholz: Der Güterverkehr mit Lastkraftwagen, a.a.O., S. 21.

die Forderungen: Anordnung einer zeitweiligen Zulassungssperre im Gewerbe, gesetzliches Verbot des sogenannten unechten Werkverkehrs, d.h. der Beförderungsleistungen auf werkseigenen Fahrzeugen gegen Entgelt für Dritte, dasselbe Verbot für einen derartigen Nebenerwerb von Landwirten und kleinen Einzelhandelsbetrieben, Einschränkung für städtische Dienstleistungen wie Straßenreinigung und Müllabfuhr und ihre Übertragung an das private Fuhrgewerbe, offizielle gesetzliche Lizenzsierung der Unternehmen durch eine Fuhrunternehmerkarte zum Ausschluß "gewerbefremder" Anbieter. Ferner wurde die Regierung aufgefordert sicherzustellen, daß die "Auswüchse im Submissionswesen", insbesondere bei Transportleistungen für öffentliche Bauvorhaben, beseitigt würden und die Forderungen der Fuhrunternehmen an die private Bauwirtschaft garantiert würden. Schließlich sahen sich viele Nahverkehrsunternehmen durch die im Schenker-Vertrag festgeschriebene Subventionierung der Rollfuhrsätze für Vertragspartner der Bahn geschädigt. Daher kam die Forderung nach Abschaffung dieser Subventionen.[2] Der umfangreiche Forderungskatalog resultierte aus einer scharfen Konkurrenzsituation auf einem prinzipiell freien Markt. Zum einen zeigte der städtische und ortsnahe Verkehr im Gegensatz zum Fernverkehr noch ein sehr heterogenes Bild. Neben den motorisierten Betrieben vom Zwei-Tonnen-Lkw bis zum Dreiradküchenwagen oder Kraftrad mit Anhänger stand noch immer eine ansehnliches Heer von Pferdefuhrwerken. 1933 wurden noch insgesamt 100.000 Pferde im Transportgewerbe gezählt.[3] Insbesondere diese Fuhrwerke litten unter der Konkurrenz der kleinen Landwirte, die Transporte als Nebenverdienst anboten. Neben die Konkurrenz im eigenen Lager trat der Wettbewerb der ebenfalls seit langem in Finanznöten steckenden Klein- und Nebenbahnen, deren Markt sich weitgehend mit dem lokalen Fuhrgewerbe deckte. Schließlich kamen die ursprünglich gegen den Fernverkehr gerichteten Abwehrmaßnahmen der Reichsbahn durch den Schenker-Vertrag und deren eigene Motorisierung im Nahverkehr hinzu. Die kleinen Fuhrunternehmen litten besonders unter einer ständig ausgeweiteten Subventionierung der Rollfuhrsätze für die Rollfuhrunternehmer der Bahn. Die Rollfuhr von und zur Bahnstation bildete für viele einen wichtigen Einkommensbestandteil, der zunehmend geschmälert wurde, weil das private Gewerbe gegenüber dem bahnamtlichen Rollfuhrunternehmer vor dem Verlader nicht mehr

---

2 Schutzmaßnahmen zur Erhaltung der wirtschaftlichen Leistungsfähigkeit des gewerblichen Kraftverkehrs und der Fuhrbetriebe Deutschlands, Denkschrift des Reichsverbandes des gewerblichen Kraftverkehrs und der Fuhrbetriebe Deutschlands, 1934, zit. n. Oberbergbote, Nr. 35, v. 10.2.1934, in: RWWA 22-233.

3 Blaich, Why did the Pioneer fall behind?, a.a.O., S. 156.

konkurrenzfähig war.[4] Die letztgenannten Forderungen der Denkschrift berührten daher auch und vor allem die Interessen der Reichsbahn. Diese nutzte die Klagen der Denkschrift, um den "Schutzmaßnahmen" eine andere Richtung zu geben. Anknüpfend an die geforderte Gewerbesperre hob die Reichsbahn-Hauptverwaltung in ihrer Stellungnahme hervor, daß ihrer Ansicht nach die starke "Übersetzung des deutschen Fuhrwesens" als Hauptursache der desolaten Lage vieler Betriebe gelten müsse und stellte fest, daß eine Überwindung der Mißstände nicht mehr von der "uneingeschränkten Aufrechterhaltung der freiwirtschaftlichen Betätigung des einzelnen Unternehmens erwartet werden kann, sondern dazu in gewissem Umfang planwirtschaftliche Maßnahmen, verbunden insbesondere mit Gemeinschaftsbildungen, notwendig sind."[5] Vor allem stimmte die Reichsbahn mit dem Verband nicht darin überein, daß nur der unechte Werkverkehr und diverse kleine Nebenerwerbsfuhrleistungen eine drükkende Konkurrenz für das Nahverkehrsgewerbe bildeten, sondern verwies auf die erhebliche Gütermenge, die der reguläre Werkverkehr dem gewerblichen entzog. Dabei ging es ihr darum, das lokale Fuhrgewerbe als Verbündeten gegen eine weitere Ausdehnung des Werkverkehrs zu gewinnen, wenn sich schon alle Vorstöße zur gesetzlichen Beschränkung dieses Verkehrs in der Vergangenheit als wirkungslos erwiesen hatten und in Zukunft noch weniger durchsetzbar erschienen. Die Bahn wies außerdem daraufhin, daß das Verbot unechten Werkverkehrs im Nahbereich undenkbar war. Die gemischtwirtschaftliche Struktur zahlreicher kleinerer Unternehmen, etwa im Kohlen-, Baustoff- oder Warenhandel, die nebenbei noch Fuhrleistungen für dritte übernahmen, ließen ein solches Verbot nicht zu.[6] Im Vorfeld der damals erwarteten Monopolisierung des Güterfernverkehrs durch Beschäftigungsverträge mit der Reichsbahn legte die Hauptverwaltung dem Nahverkehr nunmehr eine ähnliche "Eingliederung in den öffentlichen Verkehr" nahe, indem sie erklärte, daß nur Preissenkungen durch rationellere Auslastung des Fuhrparks geeignet seien, die Lage der Nahverkehrsunternehmen zu bessern, und diese seien wiederum am ehesten durch Beschäftigungsverträge mit der Reichsbahn zu sichern. Diese Lösung im Fernverkehr und im Nahverkehr könnte endlich den bisherigen schädlichen

---

4 Vgl. M. Schöpke: Spediteur und Fuhrunternehmer in ihrer Stellung zum Güterfern- und Eisenbahnverkehr, in: Der gewerbliche Kraftverkehr (1) v. 5.10.1936, S. 12.

5 Schreiben der Deutschen Reichsbahn Gesellschaft an den Reichsverband des Fuhr- und Kraftverkehrsgewerbes v. 23.3.1934, S. 1f, in: BA 46.01/8037/3a.

6 Schreiben der Deutschen Reichsbahn Gesellschaft an den Reichsverband...., S. 3, in: BA 46.01/8037/3a.

Wettbewerb durch eine "geordnete Gemeinschaftsarbeit" ersetzen.[7] Der Vorstoß wurde vom Güternahverkehrsgewerbe begrüßt.[8] Er fand jedoch nicht die Unterstützung des EKA, der zwar prinzipiell die Schwierigkeiten des Gewerbes aufgrund der "Preisschleuderei" und "Schwarzarbeit" anerkannte, eine Marktzugangssperre jedoch vor allem aus zwei Gründen ablehnte: erstens fürchtete der Ausschuß, daß sich bei einem regulierten Angebot kein Maßstab für die Nachfrage finde, zweitens erschienen die Rückwirkungen auf den Lkw-Absatz bedenklich, wenn der größere Teil des Lkw-Verkehrs einer Beschränkung unterworfen würde.[9] Auch die Beschwerden über eine Schädigung des Gewerbes durch die Rollgeldbezuschussung der Reichsbahn an ihre Vertragsunternehmen wollte der EKA nicht gelten lassen. Die Auswirkungen erschienen nicht so gravierend, als daß dafür die Interessen der Wirtschaft am einheitlich billigen Rollfuhrtarif zurückgestellt werden könnten.[10] Überdies wandten sich die Ausschußmitglieder Drücker und Ulrich scharf gegen Spekulationen über eine Wiederbelebung des "Zunftwesens", die durch einen Zeitungsartikel über die angeblich positive Einstellung des Reichswirtschaftsministers zu den Forderungen genährt worden waren.[11]

Es zeigte sich, daß solche Befürchtungen keineswegs gegenstandslos waren. Das Angebot der Reichsbahn an das Fuhrgewerbe im Nahverkehr rief die Privat- und Kleinenbahnen auf den Plan, die ihrerseits zunehmend von der Konkurrenz des motorisierten Nahverkehrs bedrängt wurden und daher an einer gesetzlichen Lösung beteiligt werden wollten. Der Reichsverband Deutscher Verkehrsverwaltungen wiederholte im Kern seine bereits im Vorfeld der Notverordnung von 1931 geäußerten Forderungen zur Regulierung in seinem Bereich. Explizit wünschte der Verband die Einbeziehung der Kleinbahnen in die von der Reichsbahn angestrebte "geordnete Gemeinschaftsarbeit"; darüber hinaus liefen die Ordnungsvorstellungen auf eine rückwärtsgerichtete Zunftverfassung hinaus. Gefordert wurde eine Einschränkung der "freiwirtschaftlichen Betätigung" durch Ausschaltung "nichtzünftiger" Verkehrsträger, ebenso das Verbot unechten Werkverkehrs. Die Klein- und Nebenbahnen strebten eine Zwangsge-

---

7 Schreiben der Deutschen Reichsbahn Gesellschaft an den Reichsverband...., S. 5f, in: BA 46.01./8037/3a.

8 K. Kniebaum: Fragen des unlauteren Wettbewerbs im Güternahverkehr, in: Der gewerbliche Kraftverkehr (1) v. 1.5.1936, S. 10.

9 EKA-Sitzung v. 28.3.1934, Protokoll, S. 4f, in: R 11/337.

10 EKA-Sitzung v. 28.3.1934, Protokoll, S. 15, in: R 11/337.

11 Redebeiträge Drücker und Ulrich in der EKA-Sitzung v. 28.3.1934, Protokoll, S. 14, in: R 11/337.

nossenschaft für das Fuhr- und Kraftfahrgewerbe, "gegebenenfalls unter kapitalmäßiger Beteiligung der Eisenbahnen und der Wirtschaft" an, denen auf diese Weise Einfluß auf den Verband gesichert werden sollte. Mit Unterstützung der Reichsbahn wollten die Bahnen an der Praxis der Rollfuhrsubvention beteiligt werden. Sie forderten eine gesetzliche Bevorrechtung bei der Einrichtung bahneigener Kraftverkehre und das Recht zum Abschluß von Beförderungsverträgen mit Privatunternehmern, um am Haus-zu-Haus-Verkehr teilnehmen zu können. Schließlich verlangten sie ein Konzessionsgesetz im Nahverkehr, das nur eine Zone von 10 km frei ließ, die bei Bedarf, wenn "lebenswichtige Interessen einer Eisenbahn des öffentlichen Verkehrs mit Güterbeförderung es erfordern", vom Reichsverkehrsminister einzuschränken wäre. Die Konzession sollte vom regionalen "Verkehrsbedürfnis" abhängig gemacht werden.[12] Die Forderungen hatten keine Aussicht auf Erfolg. Dennoch verrieten die Ordnungsvorstellungen des Reichsverbandes des Kraftfahrgewerbes ähnlich hochgespannte Hoffnungen auf eine rückwärtsgewandte Zunftverfassung im Nahverkehr. In Anlehnung an die politischen Wertbegriffe der Zeit forderte der Verband vom Reichsverkehrsminister die Anordnung zweier dringlicher Schutzmaßnahmen: erstens Schutz gegen die Überfremdung und Schwarzarbeit im Fuhr- und Kraftfahrgewerbe, indem nur der "ordentliche" polizeilich registrierte Unternehmer berechtigt sein sollte, Transportleistungen anzubieten. Unter diesen Voraussetzungen wurde eine strenge Bewirtschaftung der Lizenzen gefordert mit einer vorläufigen Gewerbesperre. Die zweite Forderung lautete: Schutz gegen "Wirtschaftsschädlinge" innerhalb des Gewerbes, vor allem dadurch daß der Verkehrsminister verbindliche Preise einzuführen hätte, die dann vom Verband zu kontrollieren wären.[13] Als Rechtsgrundlage für die zu erlassenden Gesetze verwies der Verband fakultativ auf die von der nationalsozialistischen Regierung erlassenen Gesetze über die Errichtung von Zwangskartellen[14] bzw. auf das Gesetz über den organischen Aufbau der Wirtschaft.[15] Zur Begründung prangerte der Verband die Schädigung des ordentlichen Unternehmers durch "gescheiterte Exi-

---

12 Stellungnahme des Reichsverbandes Deutscher Verkehrsverwaltungen zur Denkschrift des Reichsverbandes des gewerblichen Kraftverkehrs und der Fuhrbetriebe Deutschlands (...) und zur Erwiderung der Deutschen Reichsbahn-Gesellschaft, Hauptverwaltung v. 23.3.1934, in: BA 46.01/8037/3a.

13 Schreiben des Reichsverbandes des Kraftfahrgewerbes an den RVM v. 11.7.1934, in: BA 46.01/8037a.

14 Gesetz über die Errichtung von Zwangskartellen v. 15.3.1933 (RGBl I, 1933, S. 488).

15 Gesetz zur Vorbereitung des organischen Aufbaus der deutschen Wirtschaft v. 27.2.1934, RGBl I 1934, S.185.

stenzen" anderer Berufe (Überfremdung) und deren "gewissenlose und wirtschaftsschädigende" Preisunterbietungen an, die zu unhaltbaren Zuständen im Gewerbe geführt hätten.[16]

Von Eltz-Rübenach sperrte sich jedoch gegen eine gesetzliche Regulierung des Nahverkehrs. Zum einen wäre es sehr schwierig gewesen, den Interessen des heterogenen Gewerbes vollständig gerecht zu werden. Die Zusammenfassung eines technisch fortschrittlichen und eines technisch überholten Verkehrsmittels in einem gesetzlichen Regelwerk allein aufgrund desselben lokalen Aktionsfeldes hätte aufgrund der sehr unterschiedlichen Leistungsfähigkeit beider Transportmittel zu problematischen Grenzziehungen im Bereich des Wettbewerbsschutzes geführt. Der Katalog der geforderten Schutzmaßnahmen wäre in kaum vertretbarem Umfang ausgedehnt worden, wenn etwa auch der letzte Einspänner mit Ladepritsche vor der Konkurrenz eines ebenso ausgerüsteten Landwirts mit einem kleinen Nebenerwerb geschützt werden sollte.[17] Die Abgrenzung der Regulierung war der neuralgische Punkt des gesamten Plans, weil er zwangsläufig auch den Werkverkehr traf. Im Reichsverkehrsministerium war man sich darüber im klaren, daß eine Beschränkung des Werkverkehrs politisch zu diesem Zeitpunkt nicht durchsetzbar gewesen wäre, weil jede Regulierung in diesem Bereich in offenem Gegensatz zu den Motorisierungszielen der nationalsozialistischen Regierung gestanden hätte.[18] Im übrigen sah der Minister im Einvernehmen mit der Reichsbahn den Nahverkehr als eigentlichen Zielbereich der Motorisierung an. So hieß es in einem internen Bericht zu den Forderungen des Verkehrsgewerbes, die Wünsche des Nahverkehrs gingen von der falschen Voraussetzung aus, es sei bereits zuviel motorisiert worden und damit ein Überangebot an Frachtraum entstanden. "Volkswirtschaftlich gesehen", könne das Ziel "unmöglich darin liegen, zur vermeintlichen raschesten und einfachsten Gesundung eines Gewerbezweiges die Entwicklung des Nahkraftverkehrs mit Genehmigungs- und anderen Zwangsmaßnahmen zu drosseln, sondern es müssen alle Kräfte im positiven Sinne eingesetzt werden. Das heißt, es muß auf allen Wegen und mit allen Mitteln Gut in immer umfangreicheren Maße über die

---

16 Schreiben des Reichsverbandes des Kraftfahrgewerbes an den RVM v. 11.7.1934, in: BA 46.01/8037a.

17 Vgl. Lastautoverkehrsbericht, in: Frachtendienst Nr. 51/34 v. 27.6.1934, in: BA 46.01.8037/3a.

18 Vgl. die offizielle Stellungnahme des RVM auf der ersten Reichstagung der RVG Kraftfahrgewerbe am 2.3.1936 in Berlin, Redemanuskript, S. 7, in: BA 46.01/8073/3a.

Straße zum Rollen gebracht werden."[19] Der Bericht geht davon aus, daß als potentielle Ladung der gesamte Nahverkehr der Reichsbahn bis zu 50 Kilometer Entfernung mit Ausnahme der Massengüter vom Lkw abgezogen werden könnte. Ferner könnte der Lkw allmählich die Transportleistungen des Pferdefuhrwerks an sich ziehen und schließlich käme auch ein vom Kraftverkehr geschaffener Neuverkehr hinzu.[20] Eine Regulierung und Beschränkung des Werkverkehrs sowie ein Verbot des Fuhrbetriebs im Nebenerwerb für Landwirte, Kohlenhändler etc. wurde entschieden abgelehnt, nicht zuletzt, weil dies auch verwaltungstechnisch undurchführbar erschien. Erwartet wurde dagegen, daß sich die Unternehmen im Nahverkehr durch Leistungswettbewerb gegen die Konkurrenz des Werkverkehrs und des Güterkraftverkehrs der Reichsbahn durchsetzten. Der beklagten Schleuderkonkurrenz unverantwortlicher Unternehmer begegnete man mit dem klassisch-liberalen Argument, daß solche Betriebe schließlich von selbst aus dem Markt ausscheiden müßten. Auf der anderen Seite zeigte man sich gegenüber kleineren Regulierungsschritten in gewerblicher Eigenregie nicht abgeneigt. Die von Kniebaum vorgeschlagenen "Arbeitsgemeinschaften zur Herstellung einer gesunden Preisbasis." wurden befürwortet.[21] Die im ganzen gesehen jedoch liberale Position des Reichsverkehrsministers wirkte befremdlich, da zur gleichen Zeit eine enorme Regulierungswut im Güterfernverkehr entfaltet wurde. Zumal, da sich die Wettbewerbssituation des Nahverkehrsgewerbes inzwischen weiter verschärft hatte, und zwar gerade als Folge der Gesetzgebung im Fernverkehr. Zum einen drangen zahlreiche Unternehmer, die im Güterfernverkehr aufgrund der verschärften Konzessionsbestimmungen keine Genehmigung oder lediglich eine beschränkte erhalten hatten, in den lokalen Bereich ein. Zum anderen hatte auch die Beschränkung des gewerblichen Fernverkehrs die Ausweitung des Werkverkehrs begünstigt.

Die fehlende Bereitschaft des Reichsverkehrsministers zur Regulierung im Nahverkehr ließ das Gewerbe zur lokalen Selbsthilfe schreiten. In verschiedenen Städten wurden Polizeiverordnungen erwirkt, die den Vorstellungen des Reichsverbandes des Fuhr- und Kraftfahrgewerbes weitgehend entgegenkamen. So erließ z.B. die Stadt Hannover eine solche Verordnung, die den städtischen

---

19 Reichsverkehrsministerium, Interner Bericht, Wünsche des Güternahverkehrs, v. 15.7.1935, in: BA 46.01/584.

20 Reichsverkehrsministerium, Interner Bericht, Wünsche des Güternahverkehrs, v. 15.7.1935, in: BA 46.01/584.

21 Reichsverkehrsministerium, Interner Bericht, Wünsche des Güternahverkehrs, v. 15.7.1935, in: BA 46.01/584.

gewerblichen Verkehr von der Erlaubnis des Oberbürgermeisters (als Ortspolizeibehörde) abhängig machte. Sie konnte versagt werden, wenn kein örtliches Bedürfnis vorlag oder der Unternehmer "persönlich" nicht geeignet erschien. Außerdem wurde dem Unternehmer die Einhaltung bestimmter Gebührentarife, die vom Reichsverband als Zwangsorganisation festgelegt wurden, zur Auflage gemacht.[22] Überdies waren die Unternehmen bestrebt, die Konkurrenz auf dem polypolistischen Markt durch Konzentration zu entschärfen. Dies wurde von amtlicher Stelle unterstützt. Schon zu Beginn des Jahres 1937 empfahl *Der gewerbliche Kraftverkehr* Zusammenarbeit als einen "Weg zur Wirtschaftlichkeit im Güternahverkehr".[23] Arbeitsgemeinschaften erschienen nicht nur im betriebswirtschaftlichen Interesse der Unternehmen, sondern auch vom Standpunkt der Allgemeinheit als wünschenswert. Im Zuge des Vierjahresplans gewann die Rationalisierung von Ressourcen wachsende Bedeutung, man forderte daher eine möglichst hohe Laderaumauslastung bei einzelnen Transportaufträgen. Leerfahrten waren unerwünscht.[24] Derlei Appelle richteten sich vor allem an den Güternahverkehr, weil in diesem Bereich die Vermittlertätigkeit der Spediteure entfiel, so daß Laderaumangebot und -nachfrage noch häufiger als im Güterfernverkehr nicht zum Ausgleich kamen. Leere Rückfahrten waren die Regel.

Die Rückwirkungen des Vierjahresplans begünstigten damit die in lokaler Regie erlassenen ersten Regulierungsmaßnahmen. Im Laufe des Jahres 1937 näherte sich das Reichsverkehrsministerium in seiner Haltung den Schutzwünschen des Nahverkehrsgewerbes an. Zahlreiche derartige Polizeiordnungen wurden mit ausdrücklicher Billigung des Ministeriums erlassen. Überdies begannen die ersten Vorarbeiten für ein Nahverkehrsgesetz. Die Deutsche Bergwerkszeitung berichtete im Dezember 1937 über die Fragenkomplexe, die darin behandelt werden sollten. Offenbar auf wiederholtes Drängen Benninghoffs sollte nun doch ein Versuch unternommen werden, den unechten Werkverkehr im Nahbereich auszuschalten. Gedacht wurde daran, die "Ordnung" des Gewerbes einem Spitzenverband mit Zwangsmitgliedschaft zu übertragen. Allerdings erschien der Erfolg zweifelhaft.[25] Zunächst versuchte man deshalb, auf der

---

22 Polizei-Verordnung für das Kleintransportgewerbe, erlassen vom Oberbürgermeister der Stadt Hannover am 15.6.1935, in: BA 46.01/807373.

23 Schöpke: Zusammenarbeit, ein Weg zur Wirtschaftlichkeit im Güternahverkehr, in: Der gewerbliche Kraftverkehr (2) v. 25.1.1937, S. 13ff.

24 Ebd., S. 14.

25 Vor der gesetzlichen Regelung des Güternahverkehrs, in: Deutsche Bergwerkszeitung v. 30.12.1937, in: BA R 13 XXII/1647.

Grundlage der örtlichen Polizeiverordnungen eine Regelung zu finden.[26] Die gesetzlichen Vorarbeiten gingen jedoch weitgehend ins Leere, da ihre Umsetzung auch nach intensiven Überlegungen nicht praktikabel erschien. Der Ministerialrat im Reichsverkehrsministerium, Hein, ließ nach über einem Jahr als Zwischenstand verlauten, daß es mit dem Gesetz in der Hauptsache darum gehen sollte, "die Buntscheckigkeit der gegenwärtigen Gesetzesbestimmungen und der örtlichen Polizeibestimmungen" in eine einheitliche reichsrechtliche Regelung zu überführen. Der Wettbewerb mit den Schienenbahnen sollte jedoch ausdrücklich ausgeklammert werden. "Nicht der Wettbewerbsgedanke, sondern eine weitere schnelle und umfassende Motorisierung des Verkehrs" stand im Vordergrund der Erwägungen.[27] Angestrebt wurde vor allem eine "reinliche Scheidung" zwischen gewerblichem Nahverkehr und unechtem Werkverkehr. Aus diesem Grunde wurden letztlich zwei Ordnungsmaßnahmen ins Auge gefaßt. Anstelle einer Konzession mit "Bedürfnisprüfung" sollte lediglich eine behördliche Anmeldung mit formalen Anforderungen an die fachliche Eignung des Unternehmers treten, da sonst der Verwaltungsaufwand zu groß geworden wäre.[28] Schließlich war auch entgegen ursprünglicher Absicht eine gewisse Tarifordnung in Aussicht genommen. Wenn es auch unmöglich schien, feste Tarife vorzuschreiben, so wurde dennoch eine "behördliche Einwirkung auf die Beförderungspreise" angestrebt. Bei "bestimmten Arten von Verkehrsleistungen" sollten von der lokalen Behörde oder der Reichsverkehrsgruppe Kraftfahrgewerbe Richtpreise erlassen werden, die von der "Organisation des Nahverkehrs" überwacht werden sollten.[29] Als derartige Organisation boten sich die bereits sei Jahren geförderten Arbeitsgemeinschaften an. Solche Gemeinschaften waren bisher vielfach lokal und spontan als Reaktion des Gewerbes auf größere Transportaufträge des Reiches oder der Länder im Zuge von Baumaßnahmen entstanden. Gesetzlich war die Möglichkeit zur Bildung von Zwangsgemeinschaften im Nahverkehr ausdrücklich vorgesehen worden.[30] Die größte Organisation dieser Art bildete zunächst die sogenannte Kra-West, die

---

26 Schreiben der RWK an die Industrie- und Handelskammern v. 24.2.1938 über die demnächst zu realisierende gesetzliche Regelung des Nahverkehrs, in: RWWA 22-232.

27 Die Grundlagen für eine gesetzliche Regelung des Nahverkehrs, in: Deutsche Bergwerkszeitung v. 4.3.1939, in: R 13 XXII/1647.

28 Die Grundlagen..., in: Deutsche Bergwerkszeitung v. 4.3.1939, in: R 13 XXII/1647.

29 Die Grundlagen ..., in: Deutsche Bergwerkszeitung v. 4.3.1939, in: R 13 XXII/1647.

30 Paragraph 4 der Verordnung über den organischen Aufbau des Verkehrs, a.a.O., S. 153.

für den Bau des "Westwalls" zur Verfügung stand.[31] Dabei waren zeitweise bis zu 16.000 Fahrzeuge eingesetzt, von denen 60 bis 70 Prozent dem Güternahverkehrsgewerbe angehörten.[32] Aus der Kra-West ging schließlich auch die erste reichsweite Arbeitsgemeinschaft für den Nahverkehr hervor. Im September 1938 übernahm die Fachgruppe Güternahverkehr in der RVG Kraftfahrgewerbe die Verwaltung und Abrechnung sämtlicher Fahrzeuge, die bei den Wehrmachtsteilen im Baugebiet des Westens beschäftigt waren, durch die "Akra-Arbeitsgemeinschaft des Kraftfahrgewerbes e.G.m.b.H" mit Sitz in Wiesbaden.[33] Die Akra übernahm auch die anderen bereits bestehenden lokalen Arbeitsgemeinschaften von Düsseldorf, Kaiserslautern, Pirmasens und Saarbrükken. Mit der Bekanntgabe der Organisation wurde befriedigt festgestellt, daß sie bereits die volle Anerkennung der Behörden gewonnen habe und damit die "Grundlagen zur Bildung einer Wirtschaftsorganisation des Güternahverkehrs geschaffen" seien.[34] Damit war das Gewerbe, in dem von Anfang an eine hohe Organisationsbereitschaft geherrscht hatte, einer gesetzlichen Regelung ein ganzes Stück entgegen gekommen.

Die von Hein als Ziele eines Gesetzes angesprochene organisatorische Erfassung der Unternehmen und die "Einwirkung auf die Beförderungspreise" erschien über die Akra erstmals realisierbar; denn es durfte davon ausgegangen werden, daß die hier erfaßten und abgerechneten Transportleistungen einen Großteil der Verkehrsleistungen des beteiligten Nahverkehrsgewerbes ausmachten. Auf der anderen Seite erschien jenseits der öffentlichen Aufträge die Grenze der Regulierbarkeit erreicht. Somit blieb es bei der Akra. Ein gesetzliche Regelung des gesamten Güternahverkehrs wurde nicht mehr verwirklicht.

5.2 Der Werkverkehr: Staatliche Eindämmungsversuche und hartnäckiger Widerstand der Wirtschaft

Die große Organisationsbereitschaft im Nahverkehrsgewerbe war neben der Konkurrenz im eigenen Lager vor allem durch den Wettbewerb des Werkverkehrs begründet. Die Novellierung des Einkommenssteuerrechts von 1934, die es ermöglichte, die Anschaffung von Lkw bereits im ersten Jahr voll vom Be-

---

31 Seidler, Fritz Todt, a.a.O., S. 171f

32 Ebd., S. 168.

33 Von der Brucke, Leiter der Fachgruppe Güternahverkehr: Masseneinsatz von Lastkraftwagen des Nahverkehrs, in: Der gewerbliche Kraftverkehr (3) v. 10.12.1938, S. 1.

34 Ebd.

triebsgewinn abzuziehen[35] sowie die Senkung der Kraftfahrzeugsteuer 1935[36] und schließlich die erhebliche Verteuerung des gewerblichen Güterfernverkehrs durch das GFVG hatten den Werkverkehr insgesamt begünstigt. Dies traf vor allem den Nahverkehr, zum einen weil der Werkverkehr sich zum überwiegenden Teil im Nahbereich abspielte, zum andern weil auch die Ferntransporte im Werkverkehr häufig zugleich den Nahverkehr berührten. Denn im Interesse einer guten Ausleistung waren die Unternehmen bemüht, mehrere kurze und weitere Transporte zu verbinden, so daß der gewerbliche Nahverkehr auch durch den expandierenden Werkfernverkehr betroffen wurden. Auch wenn die Folgen der Verteuerung des Güterfernverkehrs durch die Tarifordnung des GFVG offiziell heruntergespielt wurden, sah sich selbst die RVG Kraftfahrgewerbe in ihrem amtlichen Organ genötigt auf eine baldige Senkung zumindest der Tarife zu drängen, die den Werkfernverkehr selbst bei 50 Prozent Leerfracht (Rückfracht) noch immer rentabler machten als den gewerblichen Transport.[37] Indes waren derartige Tarifsenkungen nur in ganz wenigen Ausnahmefällen durchsetzbar. Auf diese Weise konnte eine unerwünschte Expansion des Werkfernverkehrs nicht gesteuert werden. Dagegen bot sich im Zuge der Finanzierung der Reichsautobahnen eine andere Lösung an. Weil das Reich ab 1936 erhöhte Mittel für den Autobahnbau bereitstellen mußte, hatte sich Schwerin-von-Krosigk mit dem Reichsverkehrsminister verständigt, auch im Straßengüterverkehr eine Beförderungssteuer zu erheben, die zweckgebunden für die Tilgung der Straßenbauanleihen zu verwenden war. Dabei wurde lediglich der Fernverkehr in Betracht gezogen mit der Begründung, daß der gewerbliche Nahverkehr kaum als Nutzer der Reichsautobahnen gelten konnte.[38] Dies fand den Beifall von Eltz-Rübenachs auch deshalb, weil er damit eine Wettbewerbsverzerrung zwischen Schiene und Straße als beseitigt ansah, nachdem bisher nur die Schienenbahnen Beförderungssteuer gezahlt hatte. Die Tarifhöhe im Güterfernverkehr sollte nach dem Willen des Gesetzgebers von der Steuer nicht berührt werden, weil sie nicht vom Fahrzeughalter, sondern vom Verlader erhoben werden sollte. Für diesen war jedoch prinzipiell gleichgültig, ob die erneute Verteuerung des Güterfernverkehrs durch eine Tariferhöhung oder

35 Der Werkverkehr mit Lastkraftwagen, a.a.O., S. 71f.

36 Bekanntmachung der neuen Fassung des Kraftfahrzeugsteuergesetzes. Vom 23. März 1935, RGBl. I 1935, S. 407.

37 Führt die Neuordnung im gewerblichen Güterfernverkehr zu einer Ausdehnung des Werkverkehrs?, in: Der gewerbliche Kraftverkehr (1) v. 5.6.1936, S. 7

38 Vgl. die Begründung des RFM zum Kabinettsbeschluß v. 26.6.1936, zit. n. (Amtliche Mitteilungen) Der gewerbliche Kraftverkehr (1) v. 3.7.1936, S. 17.

durch eine Steuer zustanden kam. Um der befürchteten Ausweitung des Werk-, vor allem, des Werkfernverkehrs entgegenzutreten, wurde auch dieser in das Beförderungssteuergesetz einbezogen.[39]

Die Beschränkung auf den Fernverkehr erfolgte von seiten des Reichsfinanzministeriums vor allem auch vor dem Hintergrund, den Widerstand gegen die Steuer gering zu halten.[40] Befürchtungen der Reichswirtschaftskammer, daß Unternehmen in wirtschaftlich schwächeren ländlichen Regionen in der Regel größere Transportweiten zu bewältigen hätten als städtische und deshalb von der Besteuerung des Werkfernverkehrs überproportional getroffen würden,[41] überging der Minister. In seiner offiziellen Stellungnahme zu dem neuen Gesetz verhehlte Brandenburg nicht, daß gegen die neuerliche Belastung des gewerblichen und des werkseigenen Güterfernverkehrs Bedenken bestanden hatten. Er wollte die Steuer nicht als Ausdruck der von der Reichsbahn seit langem geforderten wettbewerblichen Gleichstellung sehen, weil man "billigerweise" darauf hinweisen müsse, daß der Nutzkraftwagen andere Lasten zu tragen hat, welche die Eisenbahn ihrerseits nicht kenne.[42] Er betonte daher, daß die Steuer prinzipiell vom Verlader zu tragen sei und somit zumindest im gewerblichen Güterfernverkehr nicht zu einer Ertragsschmälerung der Unternehmer führen werde.[43] Die Belastung der Verlader mit werkseigenem Verkehr verteidigte er mit dem Argument, daß fraglich sei, "ob es verantwortet werden kann, den Werkfernverkehr steuerlich besser zu behandeln als den tarifarisch gebundenen gewerblichen Güterfernverkehr. Es könnte sich auf diese Weise eine Individualisierung des Güterfernverkehrs ergeben, welche dem Ruhezustand, der durch allgemeinwirtschaftliche Gütertarife hergestellt ist, zu erschüttern vermöchte."[44] Ähnlich äußerte sich der Reichsverkehrsminister kurz nach Inkrafttreten des Beförderungssteuergesetzes. Er erklärte, daß Reichsbahn und Güterfernverkehrsgewerbe sich als Verbündete gegenüber dem Werkverkehr verstehen müßten. Nicht jedem Großkonzern, der keine Neigung habe, "sich in

---

39 Ebd.

40 Der Werkfernverkehr beschränkte sich nach Erkenntnissen des DIHT von 1934 auf rund 20 Prozent des gesamten Werkverkehrs. Linden, Der Werkverkehr auf Lastkraftwagen, a.a.O., S. 24.

41 Gutachten von Weber an Linden v. 4.9.1936, S. 10, in: WWA K 1 Nr. 1939.

42 Brandenburg: Beförderungssteuer und Kraftwagen, in: Der gewerbliche Kraftverkehr (1) v. 21.8.1936, S. 1.

43 Die Steuer wurde zusammen mit der Fracht durch den RKB beim Verlader eingezogen.

44 Brandenburg: Beförderungssteuer und Kraftwagen, a.a.O., S. 3.

das sozialistische System der gemeinwirtschaftlichen Gütertarife einzufügen", dürfe gestattet werden, sich gleichsam "seine eigene individualistische, kapitalistisch orientierte 'Reichsbahn' sozusagen im Hause" zu halten.[45] Das bedeutete im Grunde das Eingeständnis, daß die Privatwirtschaft im Begriff war, die staatliche Marktordnung im Güterfernverkehr mit Hilfe des Werkverkehrs zu unterlaufen. Daher lagen die von der Reichswirtschaftskammer befürchteten Nachteile für den Werkverkehr über weitere Strecken durchaus im Interesse des Reichsverkehrsministers. Die Erhebungsbestimmungen für die Steuer zielten in dieselbe Richtung. Die steuerliche Erfassung des ansonsten in keiner Weise regulierten Werkverkehrs bereitete erhebliche organisatorische Schwierigkeiten. Um überhaupt zu einer praktikablen Steuergrundlage zu kommen, wurde für den Werkverkehr analog zum gewerblichen Verkehr die Anmeldung eines festen Standorts verfügt, der zur Festlegung einer Nahzone von 50 km diente.[46] Bei Transporten über diese Entfernung hinaus wurde für den Werkfernverkehr ein Steuersatz von 0,6 Rpf. je Tonnenkilometer erhoben.[47] Die Besteuerungspraxis wich damit stark von den für den gewerblichen Güterfernverkehr und die Reichsbahn geltenden Bestimmungen ab; denn dort richtete sich die Steuer nach dem Frachtwert.[48] Eine solche Lösung wäre für den Werkverkehr zu kompliziert gewesen. Die Berechnung der Steuer nach Gewicht und Entfernung verschob nunmehr die Wettbewerbslage zwischen gewerblichem und Werkstransport dergestalt, daß der Werkverkehr bei der Beförderung von geringwertigen Gütern, auf weite Strecken und bei großen Mengen weniger günstig als zuvor abschnitt.

Die unerwünschte Ausdehnung des Werkverkehrs bildete in der Folgezeit das Hauptproblem der verkehrspolitischen Behandlung des Werkverkehrs. Bei der Errichtung der Marktordnung im gewerblichen Güterfernverkehr waren die

---

45 Fort mit Individualismus und Kapitalismus aus dem Verkehrswesen, in: Der gewerbliche Kraftverkehr (2) v. 11.1. 1937, S. 1.

46 Paragraph 30 der Vorläufigen Durchführungsbestimmungen zum Gesetz zur Änderung des Beförderungssteuergesetzes, v. 2. Juli 1936 (Beförderungssteuer beim Güter- und Werkfernverkehr). Vom 21. September 1936, RVBl. Ausg. B: Kraftfahrwesen, 1936, S. 300.

47 Paragraph 29, ebd., S. 301.

48 Vgl. ebd., S. 295f. Vgl. Beförderungssteuer im Werkfernverkehr, in: Das Lastauto (13) 1936, H. 14, S. 15f. Die im Gesetz als Ausnahmebestimmung vorgesehene Pauschalversteuerung (Paragraph 37) änderte daran nur wenig. Sie war eine Vereinfachung, indem die Steuer nicht für jede einzelne Ladung ermittelt wurde, sondern für den ganzen Monat, d.h. sie ging von den monatlichen Tonnenkilometern aus, ohne differenzierte Betrachtung der Güterart. Ebd. S. 16.

Rückwirkungen auf den gesamten Güterverkehr nicht berücksichtigt worden. Insbesondere der Werkfernverkehr berührte sowohl die Interessen der Reichsbahn als auch die des gewerblichen Güterfernverkehrs. Dessen Wettbewerbslage verschärfte sich nach Inkrafttreten des GFVG zunehmend. Ende 1936 setzten sich daher die Interessenten des Gewerbes auch für eine Eindämmung des Werkverkehrs ein. Dabei gaben sie der Diskussion eine neue Richtung, indem sie argumentierten, daß der werkseigene Transport gegenüber der gewerblichen Beförderung eine Verschwendung wichtiger Ressourcen bedeute. Unter "gesamtwirtschaftlichem Blickwinkel", d.h. nach Maßgabe des jüngst verkündeten Vierjahresplanes, sei "Arbeitsteilung ein Symptom des Fortschritts", während "Selbstgenügsamkeit - hier: 'Transportautarkie' - eine Stufe niedrigerer Wirtschaftsorganisation" darstelle.[49] Die privatwirtschaftliche Rentabilität sei bei dem "im allgemeinen mit geringerer Transportfrequenz arbeitenden Werkverkehr ungleich ungünstiger als einem gewerblichen Kraftverkehrsunternehmen."[50] Allerdings konnte nicht verhehlt werden, daß die Unternehmen, um eine bessere Auslastung der eigenen Fahrzeuge zu erzielen, auch gewerbliche Transporte im Nahverkehr übernahmen. Dies war insbesondere vom Nahverkehrsgewerbe wiederholt kritisiert worden,[51] traf aber indirekt auch den Güterfernverkehr, weil der Werkverkehr damit trotz Beförderungssteuer noch immer begünstigt wurde. Dem sollte nun unter Hinweis auf die Ziele des Vierjahresplans begegnet werden. Daher die Forderung, die Unternehmen sollten ihren werkseigenen Verkehr zugunsten des gewerblichen einschränken, um die für den Straßentransport bestimmten Güter "so rationell wie möglich, d.h. mit geringstmöglichem Materialverbrauch" befördern zu können.[52] Der drohende Konflikt mit den Zielen des Vierjahresplans erschien angesichts der Bedeutung des Plans durchaus als gewichtiges Argument für eine Beschränkung des Werkverkehrs oder zumindest den Abbau seiner Vergünstigungen. Dagegen wehrte sich jedoch die Wirtschaft vehement. Industrie und Handel strebten vielmehr eine weitere Ausdehnung des Werkverkehrs an. Dem standen die geltenden gesetzlichen Bestimmungen insofern entgegen, als der

---

49 Stahl, Güterkraftverkehr in der Vierjahresplanung, a.a.O., S. 275.

50 Ebd., S. 276.

51 Vgl. die diesbezüglichen Forderungen der Denkschrift: Schutzmaßnahmen zur Erhaltung der wirtschaftlichen Leistungsfähigkeit des gewerblichen Kraftverkehrs und der Fuhrbetriebe Deutschlands, wie Anm. 2, oben S. 300; vgl. Kniebaum: Fragen des unlauteren Wettbewerbs im Güternahverkehr, in: Der gewerbliche Kraftverkehr (1) v. 1.5.1936, S. 10.

52 Stahl, Güterkraftverkehr in der Vierjahresplanung, a.a.O., S. 276.

Begriff des Werkverkehrs im GFVG eng umrissen war. Darin war - auf Betreiben der Reichsbahn und gegen den Widerstand u.a. der RGI - festgelegt worden, daß die beförderten Güter für Verbrauch, Verarbeitung oder Wiederveräußerung erworben oder von dem Unternehmen hergestellt sein mußten, der Transport mußte der Beschaffung oder dem Absatz des Unternehmens dienen, von Angestellten den Unternehmens übernommen werden, und die Lkw mußten im Besitz des Unternehmers sein.[53] Die RGI hatte schon damals versucht, einen erweiterten Begriff durchzusetzen, indem neben Verbrauch, Verarbeitung und Wiederveräußerung auch Güter zur "Behandlung oder Verwendung oder Aufbewahrung" in den Werkverkehr einbezogen werden konnten.[54] Dies war vom Reichsverkehrsminister abgelehnt worden mit der Begründung, daß eine derart weitgehende Auslegung des Begriffs den verkehrspolitischen Zielen des GFVG zuwider laufen würde.[55] Mit der engeren Fassung des Werkverkehrs wurde jedoch eine ganze Reihe von Unternehmenstransporten nicht einbezogen. Das galt z.B. für den Verkauf von Waren ab Werk und auch den Verkauf von Werkerzeugnissen durch Vertreter, die Beförderung reparierter Maschinen oder Waren, die Eigentum der Kunden waren, und nicht zuletzt für den sehr wichtigen Bereich der Lohnveredelungsgüter.[56] Das Reichsverkehrsministerium stand solchen Ausdehnungsbestrebungen nach anfänglichem Zögern durchaus aufgeschlossen gegenüber. In Abwägung der verschiedenen Interessen- der Schädigung des gewerblichen Güterverkehrs einerseits und dem Ziel einer wachsenden Motorisierung andererseits - erhielt der Werkverkehr schließlich zunächst Vorrang. Brandenburg gab im März 1937 gegenüber dem Verkehrswissenschaftlichen Forschungsrat bekannt, daß eine Vermehrung des Kraftwagenbestandes "aus staatspolitischen Gründen" notwendig sei. Im Güterfernverkehr ständen jedoch einer solchen Ausweitung die Interessen der Reichsbahn entgegen, im Nahverkehr sei eine Zunahme des Laderaums vom Gewerbe selbst nicht erwünscht. Es bliebe also vorrangig der Werkverkehr als Träger der Motorisie-

---

53 Paragraph 27 der Verordnung zur Durchführung des Gesetzes über den Güterfernverkehr mit Kraftfahrzeugen v. 27.3.1936, a.a.O.

54 Hinweis im Schreiben der RGI an die RWK v. 8.12.1936, in: BA R 13 XXII/1647.

55 Stellungnahme von MinR Hein in der ersten Sitzung der RWK zur Neufassung des Werkverkehrsbegriffs am 24. Februar 1937, zit. n: Bericht der RWK über den Gang der Verhandlungen an den RVM v. 25.11.1937, S. 2, in: BA R 13 XXII/1647.

56 Schreiben der RGI an die RWK v. 8.12.1936, S. 2, in: BA R 13 /1647.

rung.[57] Um die Mängel der bisherigen Gesetzeslage zu beheben, wurde von seiten der Wirtschaft mit Unterstützung der Reichswirtschaftskammer eine grundsätzliche Neuformulierung des entsprechenden Gesetzesparagraphen vorgeschlagen. Linden, der den Vorsitz bei den Beratungen hatte, sprach sich zu Beginn für eine vereinfachende Positiv-Negativ-Abgrenzung aus. Das bedeutete, daß etwa der gewerbliche Güterverkehr klar umrissen werden sollte, und der Werkverkehr sinngemäß durch die Formulierung "...alles andere ist Werkverkehr" als ausreichend beschrieben gelten sollte.[58] Der Vorstoß der RGH, der übereinstimmend als gemeinsamer Vorschlag eingereicht wurde, zielte in dieselbe Richtung. Er unterschied im Prinzip zwischen der Beförderung für eigene Zwecke des Unternehmens als Werkverkehr und Beförderung für andere als gewerblicher Verkehr.[59] Dieser Vorschlag stieß jedoch bei den Wettbewerbern, sowohl bei der Reichsbahn wie auch beim RKB, auf Widerspruch. Die Reichsbahn wollte nur einige genau bezeichnete Transporte zusätzlich ins Gesetz aufnehmen, darunter den Abschleppdienst für liegengebliebene Werkfahrzeuge, Vorführungswagen, sowie die Beförderung von Baugeräten und Verpakkungsmitteln. Alle anderen Anträge liefen nach ihrer Ansicht den verkehrswirtschaftlichen Zielen des GFVG zu wider.[60] Der RKB machte in seiner Stellungnahme erneut grundsätzliche Vorbehalte vor allem gegen die Ausdehnung des Werkfernverkehrs geltend. Diese Transporte seien den Unternehmen "wesensfremd" und ihre "ungeheure Ausdehnung" eine Folge des überhöhten Frachtniveaus im gewerblichen Güterfernverkehr. Um das Gewerbe nicht noch weiter zu schädigen, sollten die Kostenvorteile des Werkverkehrs grundsätzlich auf den engen Begriff des Gesetzes beschränkt bleiben.[61] Der RKB vertrat überdies die Auffassung, daß der Gesetzgeber darauf Wert gelegt hatte, daß die im Werkverkehr beförderten Güter in aller Regel Eigentum des Unternehmens sein sollten. Daran wollte der Verband festhalten. Er erklärte sich jedoch im Gegensatz zur Reichsbahn dazu bereit, "den Erfordernissen bestimmter Kreise der bearbeitenden Industrie", insbesondere dem Ausrüstungsgewerbe und der Textilindustrie, Rechnung zu tragen, die in der Hauptsache durch die Lohnverede-

57 Vertrauliche Mitteilung des Direktors der RVG Kraftfahrgewerbe, Benninghoff, an den RKB v. 17.3.1937, Anlage zum Schreiben des RKB an den GI v. 20.3.1937, in: BA 46.01/593.

58 Bericht der RWK an den RVM v. 25.11.1937, S. 5, in: BA R 13 XXII/1647.

59 Vorläufiger Vorschlag der RGH v. 11.3.1937, S. 2f, in: BA R 13 XXII/1647.

60 Vorläufiger Vorschlag der Reichsbahn v. 3.5.1937, S. 1f., in: BA R 13 XXII/1647.

61 Schreiben des RKB an die RWK, Begriffsbestimmung des Werkverkehrs, v. 18.6.1937, S. 1f., in: BA R 13 XXII/1647.

lungstransporte betroffen waren.[62] Die Reichswirtschaftskammer ließ die Einwände von Reichsbahn und RKB nicht gelten. Mit dem Vorschlag der Reichsbahn konnten sich die Werkverkehrstreibenden nach Ansicht der Kammer "unter gar keinen Umständen" einverstanden erklären. Aber auch das vom RKB geforderte "Eigentumsmerkmal" erschien Linden als "durch nichts begründete Einengung der bisherigen Begriffsdefinition",[63] weil damit der Transport von ab-Werk verkauften Gütern absurderweise als gewerblicher Güter(fern)verkehr zu gelten hätte.[64] Dem RKB hielt Linden überdies entgegen, daß er die Lage des Güterfernverkehrs gegenüber dem Werkverkehr überzeichne. Das Argument der ungleichen Konkurrenz aufgrund des überhöhten Frachtniveaus im Güterfernverkehr sei wenig stichhaltig, da der Werkverkehr zu 80 Prozent in der Nahzone blieb. Die Auffassung der Werkfernverkehr sei den Unternehmen "wesensfremd" und demnach ohne echte Berechtigung, hielt Linden entgegen, daß für die Unternehmen andere Gesichtspunkte der Wirtschaftlichkeit maßgeblich seien als nur der reine Kostenvergleich. Die Wirtschaftlichkeit des Werkverkehrs beruhe vielmehr auf "Argumenten betriebsorganisatorischer und betriebsstruktureller Art".[65] Nachdem die Beteiligten sich nicht auf eine gemeinsame Stellungnahme für das Reichsverkehrsministerium einigen konnten, reichte die Reichswirtschaftskammer einen eigenständig ausgearbeiteten Vorschlag für die Neufassung des Werkverkehrsbegriffs ein, indem die Wünsche der Wirtschaft weitgehend berücksichtigt waren.[66] Eine gesetzliche Umsetzung des Vorschlags wurde jedoch durch einen Umschwung in der Reichsverkehrspolitik verhindert, der offenbar sowohl für die Verkehrstreibenden als auch für die verladende Wirtschaft und die Reichswirtschaftskammer überraschend kam. Zu Beginn des Jahres 1938 wandte sich die Regierung erstmals verstärkt der Förderung des Güterfernverkehrs zu. Die noch ein Jahr zuvor von Brandenburg als politische Leitlinie ausgegebene Förderung des Werkverkehrs als Träger der Motorisierung trat in den Hintergrund. Weder im Nahverkehr noch im Werkverkehr kam es demnach trotz jahrelanger Bemühungen zu verkehrspolitischen Regelungen, die über den Stand des GFVG von 1935 hinausgingen. Daraus kann jedoch nicht geschlossen werden, daß die Bemühungen letztlich zu gar nichts führten.

---

62 Schreiben des RKB an die RWK, Begriffsbestimmung des Werkverkehrs, v. 18.6.1937, S. 2f., in: BA R 13 XXII/1647.S. 2f. in: ebd.

63 Bericht der RWK an den RVM v. 25.11.1937, S. 12, in: BA R 13 XXII/1647.

64 Bericht der RWK an den RVM v. 25.11.1937, S. 13, in: BA R 13 XXII/1647.

65 Bericht der RWK an den RVM v. 25.11.1937, S. 21f, in: BA R 13 XXII/1647.

66 Vorschlag der Reichswirtschaftskammer zur Neufassung des § 4 der DurchfVO, Anlage 4 zum Schreiben der RWK an den RVM v. 25.11.1937, in: BA R 13 XXII/1647.

Sie wurden vielmehr von der nachfolgenden Bundesrepublik als gut ausgearbeitete Vorlagen für entsprechende gesetzliche Regelungen aufgriffen und weitgehend danach umgesetzt.[67] Die Diskussion spiegelt daher die frühe Genese der verkehrspolitischen Gesetzgebung für den Nah- und Werkverkehr.

---

67 Im Nahverkehr kam es in der Bundesrepublik zu einer Regulierung, wie sie in den 30er Jahren angestrebt jedoch nicht mehr vollständig umgesetzt wurde: Konzessionen nach Maßgabe der wirtschaftlichen Gesundheit des Unternehmens und persönlicher Zuverlässigkeit, Preisregulierung im Rahmen von Richtpreisen, Hamm, Deregulierung, a.a.O., S. 14f. Die Regelungen des GFVG zum Werkverkehr haben bis in die jüngste Zeit Bestand (lediglich Fahrzeugleasing wurde durch eine EG-Verordnung möglich), ebd., S.21.

6 Schluß

Die staatliche Verkehrspolitik der 30er Jahre fand auf die mit dem Erscheinen eines neuen innovativen Verkehrsmittels verknüpften Fragen und Probleme grundsätzlich anders geartete Antworten als der Staat Mitte des 19. Jahrhunderts auf die Entwicklung der Eisenbahnen. Abgesehen von den fundamentalen Unterschieden zwischen einer Gesellschaft in der Take-off-Phase der Industrialisierung[1] mit entwicklungsbedürftigem Verkehrssystem und einer hochindustrialisierten Gesellschaft in einer tiefen wirtschaftlichen Krise mit Überkapazitäten und einem entwickelten, vergleichsweise ausdifferenzierten Verkehrssystem war der unterschiedliche Umgang mit der "Innovation" auch Ausdruck des Unterschieds zwischen der liberalen Moderne und der beginnenden Postmoderne, die eine "Krise des Liberalismus" sah.[2] Die gegenüber dem 19. Jahrhundert strukturell "stark veränderte" Wirtschaft, fortschreitender Protektionismus (in allen Ländern), die Anfänge des interventionistischen Sozial- und Wohlfahrtsstaats - mit wachsender Staatsquote, - Kartelle und Wettbewerbsbeschränkungen, stärkere Gewerkschaftsmacht, all dies begründete Zweifel am Selbststeuerungsmechanismus der Wirtschaft und erzwang immer häufiger staatliche Lenkungspolitik.[3] Diesem Sog konnte sich die Verkehrspolitik um so weniger entziehen, als das bedeutendste Binnenverkehrsmittel, die Eisenbahnen, in staatlicher Hand war. Während, vereinfacht gesagt, der Staat im 19. Jahrhundert keinen Anlaß sah, die Herausbildung einer neuen Verkehrsteilung zwischen der Eisenbahn und den etablierten (unzureichenden) Verkehrsmitteln zu steuern, zumal im Hinblick auf den Schutz des herkömmlichen Verkehrssystems, waren die verantwortlichen Verkehrspolitiker in den 30er Jahren in einer grundlegend anderen Situation. Starke antiliberale Strömungen führten jedoch überdies dazu, daß sie bereits in den Anfängen des Lkw-Verkehrs eine ausgewachsene "Verkehrskrise" sahen und mit drastischen Lenkungsschritten versuchten, an einem bewährten Status quo festzuhalten. Kennzeichnend für das gesamte Jahrzehnt blieb sowohl in der Weimarer Republik als auch im dritten Reich der Versuch der Eindämmung der Motorisierung des Güterverkehrs. Diesem Zweck diente die Fokussierung auf den gewerblichen Güterfernverkehr. Daß dieser Verkehr statistisch vergleichsweise unbedeutend war, spielte für die Politik

---

1 H. Kiesewetter: Industrielle Revolution in Deutschland 1815-1914, Frankfurt 1989, S. 64ff.

2 Thadden, R. von: Die Krise des Liberalismus zwischen den Weltkriegen, Göttingen 1978.

3 H. Winkel: Der Glaube an die Beherrschbarkeit von Wirtschaftskrisen (1933-1970), a.a.O., S. 21f.

nicht die entscheidende Rolle, sondern vielmehr die Überzeugung und vermutlich richtige Erkenntnis, daß ein unabhängiger gewerblicher Konkurrenzverkehr zur Bahn auf allen Strecken der eigentliche Träger der Motorisierung im Sinne einer Verkehrsinnovation sein würde. Aus diesem Grund kann die, insbesondere unter dem Nationalsozialismus begünstigte, Expansion des Werkverkehrs nicht als Beweis einer aktiven Motorisierungspolitik gelten. Vielmehr wurde der Werkverkehr nur deshalb so lange begünstigt, weil seine Bedeutung unterschätzt wurde. Als dies nach 1936 offenbar wurde, begann der Staat auch hier mit Eindämmungsversuchen. Die Expansion des Werkverkehrs kann in diesen Jahren zu keinem Zeitpunkt als selbsttragende Motorisierung des Verkehrs im Sinne einer uneingeschränkten verkehrswirtschaftlichen Innovation gesehen werden, da damit nicht nur eine wirtschaftliche Verbesserung des Flächenverkehrs verbunden war, sondern ein guter Teil dieses Verkehrs sich auf Kosten bzw. anstelle des beschränkten gewerblichen Güterfernverkehrs entwickelte. Und dieser Teil - der Werkfernverkehr - war volks- und betriebswirtschaftlich unrentabel, wie auch die Zeitgenossen wußten.

Die These einer Begünstigung des Kraftverkehrs durch die staatliche Verkehrspolitik zu Lasten der Eisenbahnen, wie sie von Wolf vertreten wurde, läßt sich in keinem Fall aufrecht erhalten, auch nicht was die Infrastrukturpolitik betrifft. Daß der Ausbau des Eisenbahnnetzes zum Stillstand kam, hatte seinen Grund in der erreichten hohen Netzdichte, die bereits zahlreiche unrentable Nebenstrecken aufwies. Die Bahn investierte gleichwohl massiv in die Modernisierung ihrer Infrastruktur. In den Straßenbau flossen insgesamt deutlich höhere Summen. Dies resultierte jedoch aus dem hohen Nachholbedarf in diesem Bereich,[4] und die Infrastrukturpolitik hinkte gleichwohl während der 30er Jahre den Anforderungen des Verkehrs hinterher. Der Bau der Reichsautobahnen bildete dabei eine Ausnahme.

Trotz des deutlichen Bruchs in der (verkehrs)politischen Willensbildung mit entsprechenden Folgen für den verkehrspolitischen Diskurs sind die Linien der Kontinuität zwischen der Weimarer Republik und dem Nationalsozialismus unverkennbar. In der Verkehrspolitik bestätigen sich die Deutungen Barkais[5] und Herfs,[6] die beide im wirtschafts- bzw. technikgeschichtlichen Bereich die gei-

---

4 Produktivkräfte in Deutschland, a.a.O., S. 287

5 "Anfang der dreißiger Jahre hatten somit Nationalsozialisten und jungkonservative Intellektuelle zueinander gefunden und sangen die gleiche Melodie, zu der zumindest ein Teil der wirtschaftstheoretischen >Reformer< die instrumentale Begleitmusik spielte." Barkai, Das Wirtschaftssystem, a.a.O., S. 96.

6 Herf, Reactionary Modernism, a.a.O., bes. S. 42f.

stigen Vorleistungen in der späten Weimarer Zeit betonen. Zugleich bietet sie in einem Ausschnitt eine Antwort auf die Frage, wie sich die Machtergreifung in Bereichen auswirkte, "die *nicht* zum Zentrum der nationalsozialistischen Diktatur gehörten?"[7] Jenseits der oberflächlichen Propaganda vom *radikalen Neuanfang* blieben in der Verkehrspolitik die grundsätzlichen Paradigmen im dritten Reich dieselben wie in den letzten Jahren von Weimar. Die Bewahrung der Gemeinwirtschaftlichkeit im Verkehr und demzufolge die Wahrung des Verkehrsbesitzes der Reichsbahn blieben bis 1938 ultima ratio der Politik. Dies erscheint auch kaum verwunderlich in einem staatspolitisch (Autobahnen wiederum ausgenommen) vergleichsweise wenig bedeutenden Terrain, wo die führenden Köpfe der Weimarer Republik stillschweigend übernommen wurden und mit ihnen ihre Ideen. Gleichwohl drückte der Nationalsozialismus auch der Verkehrspolitik seinen Stempel auf. Es kam zu keinem Neuanfang, die Zentralisierung und die veränderte politische Kultur führten vielmehr insbesondere ordnungs- und tarifpolitisch zu einer Erstarrung. Während in der Demokratie die staatliche Lenkungspolitik kritisch verfolgt und damit unter Legitimationszwang gestellt wurde, erschienen die zentralen Reichsbehörden im dritten Reich dieser Notwendigkeit zumindest öffentlich enthoben. Die mangelnde Erfolgskontrolle durch öffentliche Kritik ließ den klaffenden Widerspruch zwischen Anspruch und Wirklichkeit lange Zeit gleichsam unbeachtet. Nachdem der propagandawirksame Modernisierungsartikel "Reichsautobahnen" auf den Weg gebracht worden war, zog Hitler sich aus der (Güter)kraftverkehrspolitik völlig zurück. Sie wurde von der Chefsache zum *nicht-zentralen* Bereich, und die fortschrittsorientierten Techniker im Umfeld von Todt, standen den Motorisierungsgegnern im Reichsverkehrsministerium und bei der Reichsbahn allein gegenüber. Das GFVG wurde zum Exempel für die Widersprüchlichkeit nationalsozialistischer Verkehrspolitik. Seine ordnungspolitischen Bestimmungen und ökonomischen Auswirkungen liefen der Infrastrukturpolitik als dem anderen Standbein einer homogenen Verkehrspolitik diametral zu wider. Entgegen allen politischen Lippenbekenntnissen gab es keine einheitliche Führung in der Verkehrspolitik. Vielmehr agierten die technikbegeisterten Modernisierer unter der Führung des GI und das konservativ-antiliberale Reichsverkehrsministerium jahrelang gegen- und nebeneinander her. Todt, dessen persönliche Machtfülle ihm prinzipiell Eingriffe ins Ressort des Reichsverkehrministers erlaubte, intervenierte auch tatsächlich wiederholt in der Tarif- und mehr noch in der Kon-

---

7 M. Schneider: Nationalsozialistische Durchdringung von Staat, Wirtschaft und Gesellschaft. Zur Sozialgeschichte des >Dritten Reiches<, in: AfS (31) 1991, S. 517.

zessionspolitik, konnte aber gegen die langjährige Interessengemeinschaft von Reichsbahn und Ministerium lange Zeit wenig ausrichten. Die gesetzliche Regulierung des Güterfernverkehrs fiel in eine Phase, in der die allgemeine nationalsozialistische Wirtschaftspolitik unter dem Eindruck der Weltwirtschaftskrise ideologisch eher der Bedarfswirtschaft im Sinne der Auslastung vorhandener Kapazitäten als einer Produktivitätssteigerung verhaftet war. Letztere erschien zu sehr mit einem unkalkulierbaren Strukturwandel verbunden, der erst dann Akzeptanz fand, als die Produktivität der bestehenden Strukturen auch im Verkehrswesen nicht mehr ausreichte. Die Anforderungen des Vierjahresplans gaben zwar das ökonomische Signal zu einem Richtungswechsel in der Verkehrspolitik. Jedoch erzwang 1938 letztlich das Militär, nicht die Wirtschaft, eine verstärkte Motorisierung des Güterverkehrs. Eine wirtschaftlich begründete Förderung des gewerblichen Lkw-Verkehrs, die die Anerkennung und zielgerichtete Integration eines neuen Verkehrsträgers bedeutet hätte, wurde von den Nationalsozialisten zum keinem Zeitpunkt verfolgt. Die von ihnen als gravierender Mangel der parlamentarischen Demokratie kritisierte Reformunfähigkeit, erreichte in den 30er Jahren einen Höhepunkt.

Im einzelnen war die verkehrspolitische Reformleistung allerdings durchaus unterschiedlich. Als eindeutig motorisierungsfeindlich und amodern ist die Ordnungs- und Tarifpolitik anzusehen. Das GFVG von 1935 bildete ordnungspolitisch keinen Fortschritt im Vergleich zum Überlandverkehrsgesetz in der Notverordnung von 1931. Durch ein starres, unökonomisches und realitätsfremdes Tarifkorsett wurde das Wachstums- und Effizienzkriterium einer modernisierend wirkenden Politik eindeutig hinter das Ziel eines verkehrswirtschaftlichen Status quo zurückgestellt. Der eskalierenden Lenkungswirtschaft entsprach der Versuch der Steuerung über eine totale Kontrolle aller einzelwirtschaftlichen Aktivitäten im Güterfernverkehr. Der Ausdruck "Freies Gewerbe" wurde zum leeren Etikett, ebenso wie der Begriff des "Gerechten Leistungswettbewerbs" unter Ausschaltung jeglicher faßbarer Wettbewerbsparameter. Der von zeitgenössischen Fachleuten selbst als grotesk empfundene verkehrspolitische Aktionismus auf dem Gebiet einzelner gesetzlicher Formalia, die jahrelangen Auseinandersetzungen um Tarifkilometer, den Inhalt einer "Sendung", den "Bedeckungszuschlag" etc., alles mit dem Ziel einer absoluten Tarifparität zwischen Eisenbahn und Lkw, brachte keinen Erkenntnisfortschritt im Hinblick auf einen sinnvollen ordnungspolitischen Rahmen für eine neue Verkehrsteilung. Anstelle des Leistungswettbewerbs trat ein ungleicher Kapitalwettbewerb durch die Rollfuhrbezuschussung der Reichsbahn. Obwohl bereits in den 30er Jahren erkannt wurde, daß dieser Kapitalwettbewerb für die Reichsbahn selbst nur schädlich war, indem er ihre Finanzen schädigte und echte leistungswettbewerbliche Anstrengungen, wie etwa eine Tarifreform, völlig verdrängte, konnte eine Unterbindung gegenüber der Reichsbahn nicht durchgesetzt werden. Im Reichsverkehrsministerium fehlte wohl, stets mit einem Eisenbahner an der Spitze, auch die Einsicht dazu. Verschärfend kam hinzu, daß der Reichsverkehrsminister den wichtigen wirtschaftlichen Spitzenverbänden nicht mehr die Beratungsrolle einräumte wie in der Weimarer Republik. Die Folge war, daß ökonomische Erfordernisse immer mehr zugunsten politischer Vorgaben an Gewicht verloren.

Daran krankte letztlich auch die Infrastrukturpolitik. Die neugeschaffene Behörde des "Generalinspektors für das deutsche Straßenwesen" mit Todt an der Spitze trat mit einem hohem Modernisierungsanspruch an. Im Straßenbau sollten neueste technische Erkenntnisse zum Ausdruck kommen und damit der Motorisierung eine entsprechend leistungsfähige Infrastruktur geschaffen werden. Dies war eindeutig vorrangiges Ziel und Anspruch des Baus der Reichsautobahnen. Die Reichsautobahnen waren eindeutig ein *intentionales* Modernisierungsprojekt, militärische Gesichtspunkte spielten eine völlig untergeordnete Rolle. Dies schon deshalb, weil die Nationalsozialisten in großem Umfang auf die Vorarbeiten und die Vordenker der Weimarer Republik zurückgriffen. Der Verein der Weimarer Autobahnlobbyisten HaFraBa ging in der GEZUVOR auf und brachte seine umfangreichen Entwürfe ein, die nach ökonomischen Gesichtspunkten erarbeitet worden waren. Der GI übernahm die führenden Köpfe der Stufa, andere blieben in der Forschungsgesellschaft für das Straßenwesen. Diese personelle Kontinuität auf der Ebene unterhalb der großen politischen Entscheidungsträger trug wesentlich dazu bei, daß die Infrastrukturpolitik im Grunde verkehrswirtschaftlich orientiert blieb und "staatspolitische" Ziele hinten an standen. Das heißt jedoch nicht, daß der Bau der Reichsautobahnen im Sinne einer zeitgemäß wachstums- und effizienzorientierten Gesamtinfrastrukturpolitik als modernisierend gelten kann. Aus ökonomischer Sicht wurden hier erhebliche Ressourcen für ein eines fernen Tages hochleistungsfähiges Verkehrsnetz ausgegeben, das in den 30er Jahren nur von einem sehr geringen Teil des Verkehrs genutzt wurde. Währenddessen fehlten die Mittel für den weitaus dringlicheren Ausbau der Landstraßen, die den größten Teil des Personen- und Güterverkehrs aufnehmen mußten. Vor allem in den Industriegebieten konnten die Städte und Kommunen im Umland den Ausbau der Straßen nicht ausreichend vorantreiben, in vielen Fällen nicht einmal die Substanz erhalten. Die 1934 erfolgte Neuordnung des Straßenwesens und die weiteren Zentralisierungsmaßnahmen in den Jahren danach entfremdeten die Reichsbehörde des GI immer mehr von den streng weisungsgebundenen Organen der Länder und Kommunen. Der Zentralisierung entsprachen spiegelbildlich die Prioritäten im Straßenbau. Zuerst kamen die Reichsautobahnen dann der Ausbau der Reichsstraßen, Landstraßen I. und II. Ordnung wurden schließlich immer nachrangiger.

Auch die Steuerpolitik verfehlte das Kriterium ökonomischer Effizienz. In der Weimarer Republik blieb sie, nachdem der Versuch, die Steuer wettbewerbspolitisch zu instrumentieren gescheitert war, verkehrswirtschaftlich begründet. Der Einfluß sachverständiger Berater auf die Gesetzgebung erhielt den grundsätzlichen Zusammenhang zwischen der Beanspruchung der Infrastuktur durch den Lkw und der zu entrichtenden Steuer. Entsprechend mußten große schwere Wagen mehr zahlen als kleine. Die Gesamtbelastung durch Steuern und Abgaben blieb für die Motorisierung restriktiv, zum einen aufgrund finanzieller Zwänge - das Reich brauchte Einnahmen - zum anderen, weil die Motorisierung im Interesse der Wegebaupflichtigen gebremst werden sollte, da diese das Straßennetz nicht binnen kürzester Zeit den Anforderungen des Kraftverkehrs anpassen konnten. Ganz anders nach 1933. Hitler und das Militär nahmen keinerlei Rücksicht auf die Situation der Länder und Kommunen, ebensowenig auf die Reichsfinanzen. Die steuerliche Entlastung zunächst nur des Pkw-Verkehrs erfolgte im wesentlichen aus konjunkturpolitischen Motiven; der Lkw erfuhr erst auf Drängen des Militärs steuerliche Erleichterungen. Diese gingen vollständig zu Lasten der Wegebaupflichtigen, da insbesondere schwere Lkw steuerlich begünstigt wurden. Verkehrswirtschaftlich war das auch deshalb unsinnig, weil von der Nachfrageseite zu diesem Zeitpunkt noch der größte Bedarf für kleine Lkw bis 2 t Nutzlast bestand. Die Förderung der schweren Wagen begünstigte eine ökonomische Fehlentwicklung, die mit zur Unterauslastung und Krise in einem Teil des Fuhrgewerbes im Güterfernverkehr beitrug.

Insgesamt bleibt festzuhalten: Die Verkehrspolitik der 30er Jahre zeichnet sich über die politische Zäsur der Machtergreifung der Nationalsozialisten hinweg, was den Lkw und die Motorisierung des Güterverkehrs betrifft, durch ein hohes Maß an Kontinuität aus. Das dritte Reich übernahm die Paradigmen der Weimarer Republik nicht zuletzt aufgrund mangelnder eigener Konzepte und vollständiger Reformunfähigkeit in vielen Bereichen. Dort wo, wie in der Infrastrukturpolitik oder Steuerpolitik, Reformen umgesetzt wurden, blieb ihr Fortschrittsgewinn fragwürdig. Dies war zum größten Teil die Folge der starken Zentralisierung der Staatsgewalt, die auf einen sachverständigen, kritischen Dialog mit lokalen Behörden und verbandlichen Interessenvertretern des Kraftverkehrs immer mehr verzichtete. Die Fortschritte der Motorisierung (des Güterverkehrs) im dritten Reich waren, insoweit die Expansionsrate die der zweiten Hälfte der 20er Jahre erheblich überschritt, nämlich im Werkverkehr, eigendynamisch und verkehrspolitisch unerwünscht.

7 Quellen und Literatur

Quellen

1. Archivalien

1.1. Bundesarchiv (BA)

Bestände: Reichsverkehrsministerium (R 5) , Koblenz
Deutscher Industrie- und Handelstag (R 11), Koblenz
Akten des Deutschen Gemeindetags
Reichsfinanzministerium (R 2), Koblenz (R 36) , Koblenz
Reichswirtschaftsministerium (R 7), Koblenz
Wirtschaftsgruppen (nach 1933) (R 13), Koblenz/Berlin-Lichterfelde.
Akten der Reichskanzlei (R 43 I, R 43 II), Potsdam
Reichsverkehrsministerium (R 43.01), Potsdam und Außenstelle Coswig
Generalinspektor für das Deutsche Straßenwesen (R 46.01), Potsdam

1.2. Westfälisches Wirtschaftsarchiv (WWA)
Bestände der IHK Dortmund, Krefeld, Bochum

1.3. Rheinisch-Westfälisches Wirtschaftsarchiv (RWWA)
Bestände der IHK Köln, Wuppertal, Bochum

1.5. Historisches Archiv der Daimler-Benz AG (Unternehmensarchiv)
Nachlässe: Vorstandsvorsitzender Kissel, Oberbaurat Schmidt

2. Gedruckte Quellen

Akten der Reichskanzlei. Regierung Hitler 1933-38, Teil 1, 1933734, 1. Jan: Aug. 1933, bearbeitet von K. H. Minuth, Boppard 1983.

Das deutsche Straßen- und Wegewesen im öffentlichen Haushalt, Einzelschrift zur Statistik des Deutschen Reiches Nr. 29, hrsg. v. Statistischen Reichsamt, Berlin 1934.

Das Zerstörungswerk am deutschen Güterkraftverkehr, hrsg. v. Reichsverband der Automobilindustrie, Berlin 1932.

Der Güterverkehr mit Lastwagen im Rahmen des deutschen Güterumschlags, von Wilhelm Scholz. Schriften des Instituts für Verkehrswissenschaft an der Universität Leipzig, H. 3, Leipzig 1938.

Der Kraftverkehr auf Reichsautobahnen, Reichs- und Landstraßen im dritten Reich I, hrsg. v. Generalinspektor für das deutsche Straßenwesen, Berlin 1939.

Der Werkverkehr mit Lastkraftwagen. Umfang, Aufgaben und Voraussetzungen für seine Betätigung. Eine Strukturuntersuchung, bearbeitet vom Institut für Konjunkturforschung, Jena 1939.

Die Finanzierung des deutschen Straßenbaus. Denkschrift der Studiengesellschaft für die Finanzierung des deutschen Straßenbaues, Berlin 1930.

Die Kraftverkehrswirtschaft im Jahre 1938, Sonderbeilage zu "Wirtschaft und Statistik", (19) 1939, Nr. 3, hrsg. v. Statistischen Reichsamt, Berlin.

Eisenbahn und Kraftwagen. Tatsachen und Gedanken zur Neugestaltung des Verkehrswesens. Denkschrift des Studienausschusses Eisenbahn und Kraftwagen beim Deutschen Industrie- und Handelstag, Berlin 1930,

Eisenbahn und Kraftwagen. Zur Denkschrift des Deutschen Industrie- und Handelstages, hrsg. v. Reichsverband der Automobilindustrie, Berlin 1930.

Reichsbahn und Kraftwagenverkehr, hrsg. v. der Deutschen Reichsbahn-Gesellschaft, Berlin 1930.

RKB-Bericht. Eine statistische Übersicht, hrsg. vom Reichskraftwagen-Betriebsverband, Jena 1938.

Stand und Aussichten des gewerblichen Güterfernverkehrs mit Lastkraftwagen, bearbeitet vom Institut für Konjunkturforschung, Jena 1937.

Tatsachen und Zahlen aus der Kraftverkehrswirtschaft, verschiedene Jge, hrsg. v. Reichsverband der Automobilindustrie Berlin.

Verhandlungen des Deutschen Industrie- und Handelstages, hrsg. v. DIHT, Berlin, Jge 1930-1934.

Verhandlungen des Deutschen Reichstages. IV. Wahlperiode, Stenographische Berichte, Bde. 424-425, Berlin 1929.

Verhandlungen des Deutschen Reichstages. V. Wahlperiode, Stenographische Berichte, Bde 428, 444-445, Berlin 1930-1931.

Verhandlungen des Deutschen Reichstages. V. Wahlperiode. Anlagen Nr. 401-750 zu den Stenographischen Berichten, Berlin 1931.

Veröffentlichungen des Reichsverbandes der Deutschen Industrie, Jge. 1930ff.

Viertelsjahreshefte zur Statistik des Deutschen Reiches, hrsg. v. Statistischen Reichsamt, Berlin, verschiedene Jge.

Wirtschaft und Statistik, hrsg. v. Statistischen Reichsamt, Berlin, verschiedene Jge.

Literatur

1. Zeitschriften

Allgemeine Automobil-Zeitung
Archiv für Eisenbahnwesen (AEW)
Automobiltechnische Zeitschrift (ATZ)
Die Betriebswirtschaft
Das Lastauto
Der Deutsche Volkswirt (DV)
Der gewerbliche Kraftverkehr
Der Vierjahresplan
Deutsche Wirtschafts-Zeitung (DWZ)
Deutsche Technik
Die Reichsbahn
Die Straße
Finanzarchiv
Magazin der Wirtschaft
RKW-Nachrichten
Verkehrstechnik (VT)
Verkehrstechnische Woche (VW)
Zeitung des Vereins Deutscher Eisenbahnverwaltungen
Zeitung des Vereins Mitteleuropäischer Eisenbahnverwaltungen
Zeitschrift für Verkehrswissenschaft

2. Sekundärliteratur

Abelshauser, W.: Die Weimarer Republik als Wohlfahrtsstaat, Frankfurt 1987.

Aberle, G., Hamm, W.: Nutzfahrzeuge zur Güterbeförderung - Leistungen und Entwicklungsmöglichkeiten, Frankfurt 1987.

Adamek, R., Saake, F.: Die Straßenkosten und ihre Finanzierung, Bielefeld 1952.

Ambrosius, G.: Der Staat als Unternehmer. Öffentliche Wirtschaft und Kapitalismus seit dem 19. Jahrhundert, Göttingen 1984.

Ambrosius, G.: Sozial- und Wirtschaftsgeschichte Europas im 20. Jahrhundert, Stuttgart 1986.

Ambrosius, G.: Staat und Wirtschaft im 20. Jahrhundert, München 1990.

Arnecke, A.: Planwirtschaft im Verkehrswesen, in: Zeitschrift für Verkehrswissenschaft (8) 1930, S. 133-143.

Bagel-Bohlan, A. E.: Hitlers industrielle Kriegsvorbereitung 1936 bis 1939, Koblenz 1975.

Barkai, A.: Das Wirtschaftssystem des Nationalsozialismus. Ideologie, Theorie, Politik, 1933-1936, Frankfurt[2], 1988.

Bauer, O.: Rationalisierung - Fehlrationalisierung, Wien 1931.

Beckerath, E. von: Die Verkehrsmittel als Objekt der Gemeinwirtschaft, in: Handbuch der Politik, Bd. IV, Berlin Leipzig 1921, S. 351-355.

Beckert, W.: Reform der Reichsverkehrspolitik, Dortmund 1934.

Beyer, H. J.: Gemeinwirtschaft und Marktwirtschaft. Die Funktion eines gemeinwirtschaftlichen Sektors im Rahmen eines marktwirtschaftlichen Systems, Diss. Marburg 1973.

Bieling, A.: Die Absatzfähigkeit von Eisen- und Stahlwaren in ihrer Abhängigkeit von Entfernungs- und Wertstaffel, Diss. Münster 1933.

Birkenfeld, W.: Der sythetische Treibstoff 1933-1945. Ein Beitrag zur nationalsozialistischen Wirtschafts- und Rüstungspolitik, Göttingen 1964.

Blaich, F.: Why did the Pioneer fall behind?. Motorisation in Germany between the wars, in: The economic and social effects of the spread of Motor Vehicles, hrsg. v. T. Barker, London 1987, S. 148-164.

Blaich, F.: Wirtschaftspolitik und Wirtschaftsauffassung im Dritten Reich, in: Aus Politik und Zeitgeschichte, Beilage zur Wochenzeitung "Das Parlament", B 8/71, S. 3-18.

Böhret, C.: Institutionalisierte Einflußwege der Verbände in der Weimarer Republik, in: Interessenverbände in Deutschland, hrsg. v. H. J. Varain, Köln 1937, S. 216-226.

Borscheid, P.: Lkw contra Bahn - Die Modernisierung des Transports durch den Lastkraftwagen in Deutschland bis 1939, in: Die Entwicklung der Motorisierung im Deutschen Reich und den Nachfolgestaaten, hrsg. v. H. Niemann und A. Hermann, Stuttgart 1994, S. 23-38.

Brandenburg, E.: Kraftverkehrswirtschaft, in: Zeitschrift für Verkehrswissenschaft (13) 1935, S. 89-103.

Bräuer, R., Krusemark, M.: Der Sprung aus dem Gleise. Der wirtschaftliche Kampf zwischen Auto und Reichsbahn, Berlin 1935.

Broszat, M.: Was heißt Historisierung des Nationalsozialismus?, in: HZ (247) 1988, S. 1-14

Dascher, O.: Probleme der Konzernorganisation, in: Industrielles System und politische Entwicklung in der Weimarer Republik. Verhandlungen des Internationalen Symposiums in Bochum v. 12.-17. Juni 1973, hrsg. v. H. Mommsen u. a., Düsseldorf 1974, S. 127-153.

Der Weg zum Spitzenverband, hrsg. v. Bundesverband der Deutschen Industrie, Darmstadt 1956.

Dessauer, F.: Der Streit um die Technik, Frankfurt 1956.

Deutsche Verkehrsprobleme der Gegenwart. Verhandlungen der Friedrich-List-Gesellschaft e. V., hrsg. v. E. Salin, Berlin 1929.

Deutsche Verwaltungsgeschichte Bd. IV. Das Reich als Republik und in der Zeit des Nationalsozialismus hrsg. v. K. G. A. Jeserich, H. Pohl u.a. Stuttgart 1985.

Die Einflüsse der Motorisierung auf das Verkehrswesen von 1886-1986, hrsg. v. H. Pohl und B. Brüninghaus, Stuttgart 1988.

Die große Krise der dreißiger Jahre. Vom Niedergang der Weltwirtschaft zum Zweiten Weltkrieg, hrsg. v. G. Schulz, Göttingen 1985.

Diekmann, A.: Intervention als Konstante deutscher Verkehrspolitik, in: Zeitschrift für Verkehrswissenschaft (60) 1989, S. 85-101.

Dietrich, O.: Das Wirtschaftsdenken im dritten Reich, München 1936.

Dittebrandt, K. H.: Eisenbahn und Kraftwagen in Deutschland, Göttingen 1933.

Erbe, R.: Die nationalsozialistische Wirtschaftspolitik im Lichte der modernen Theorie, Zürich 1958.

Facius, F.: Wirtschaft und Staat. Die Entwicklung der staatlichen Wirtschaftsverwaltung in Deutschland vom 17. Jahrhundert bis 1945, Boppard am Rhein 1959.

Feder, G.: Wirtschaftslenkung im Dritten Reich, München 1934.

Feldmann, G. D.: Der deutsche organisierte Kapitalismus während der Kriegs- und Inflationsjahre 1914-1923, in: Organisierter Kapitalismus, hrsg. v. H. A. Winkler, Göttingen 1974, S. 150-171.

Frei, N.: Wie modern war der Nationalsozialismus?, in: GG (19) 1993, S. 367-387.

Frei, N.: Der Führerstaat. Nationalsozialistische Herrschaft 1933-1945, München 1987.

Fremdling, R.: Eisenbahnen und deutsches Wirtschaftswachstum 1840-1879. Ein Beitrag zur Entwicklungstheorie und zur Theorie der Infrastruktur, Diss Münster 1974.

Frentzel, G., Jäckel E.: Die deutschen Industrie- und Handelskammern und der DIHT, Frankfurt 1967.

Freyberg, T. von: Industrielle Rationalisierung in der Weimarer Republik. Untersucht an Beispielen aus dem Maschinenbau und der Elektroindustrie, Frankfurt, N.Y. 1989.

Freyberg, T. von, Siegel, T.: Industrielle Rationalisierung unter dem Nationalsozialismus, Frankfurt N.Y. 1991.

Fritzsche, K.: Romantik und Gegenrevolution, Fluchtwege in der Krise der bürgerlichen Gesellschaft, Das Beispiel des >Tat<-Kreises, Frankfurt 1976.

Funk, R.: Optimalkriterien für die Preisbildung im Verkehr, in: R. Willeke: Wissenschaftliche Beratung der verkehrspolitischen Planung, Düsseldorf 1977, S. 132-143.

Geschichte der Produktivkräfte in Deutschland von 1800 bis 1945 in drei Bänden, Bd. 3: Produktivkräfte in Deutschland 1917/18 bis 1945, hrsg. v. R. Berthold u.a., Berlin (Ost) 1988.

Götte, H.: Der Wettbewerb der öffentlichen Hand, Diss. Köln 1931.

Grübler, M.: Die Spitzenverbände der Wirtschaft und das Erste Kabinett Brüning, Düsseldorf 1982.

Grundlagen, Aufbau und Wirtschaftsordnung des nationalsozialistischen Staates, Bd 3, Berlin 1939.

Günther, A.: Die Gemeinwirtschaftlichkeit der Eisenbahnen in ihrer geschichtlichen und inhaltlichen Entwicklung, in: Annalen der Gemeinwirtschaft (1) 1959, S. 1-63.

Hagel, J.: Effizienz und Gerechtigkeit. Ein Beitrag zur Diskussion der ethischen Aspekte in der neoklassischen Wohlfahrtstheorie, Baden Baden 1993.

Hamm, W.: Schiene und Straße, Heidelberg 1954.

Hamm, W.: Preise als verkehrspolitisches Ordnungsinstrument, Heidelberg 1964.

Hamm, W.: Deregulierung im Verkehr als politische Aufgabe, München 1989.

Hamm, W.: Verkehr II, in: HdWW Bd. 8, 1980, S. 238-257.

Hardach, K.: Deutschland 1914-1970. Europäische Wirtschaftsgeschichte, Bd 5: Die europäischen Volkswirtschaften im zwanzigsten Jahrhundert, hrsg. v. C. M. Cipolla, K. Borchardt, Stuttgart, New York 1980.

Heder, L. von: Die Konkurrenzfähigkeit des Kraftwagens gegen Eisenbahn und Kleinbahn. Unter besonderer Berücksichtigung der Verhältnisse in Deutschland, Diss. Berlin 1931.

Heimes, A.: Vom Saumpfad zur Transportindustrie. Weg und Bedeutung des Straßengüterverkehrs in der Geschichte, Bonn-Bad Godesberg 1978.

Hein, G.: Das Gesetz über den Güterfernverkehr mit Kraftfahrzeugen vom 26. Juni 1935, Berlin 1935.

Hennig, H.: Kraftfahrzeugindustrie und Autobahn in der Wirtschaftspolitik des Nationalsozialismus 1933-1936, in: VSWG (65) 1978, S. 217-242.

Henning, F.-W.: Deutschland von 1914 bis zur Gegenwart. Handbuch der Europäischen Wirtschafts- und Sozialgeschichte, Bd. 6: Europäische Wirtschafts- und Sozialgeschichte vom Ersten Weltkrieg bis zur Gegenwart, hrsg. v. W. Fischer u.a., Stuttgart 1987.

Henning, F.-W.: Probleme der nationalsozialistischen Wirtschaftspolitik, Berlin 1976.

Hentschel, V.: Staat und Verkehr. Motive, Ziele und Mittel der Verkehrspolitik in westlichen Industriestaaten seit 1880, in: Die Einflüsse der Motorisierung auf das Verkehrswesen, a.a.O., 53-76

Herbst, L.: Der totale Krieg und die Ordnung der Wirtschaft 1939-1945, Stuttgart 1982.

Herf, J.: Reactionary Modernism. Technologie, culture and politics in Weimar and the Third Reich, Cambridge 1984.

Heyl, J. D.: Hitler's Economic Thought: A Reappraisal, in: Central European History (6) 1993, S. 83-96.

Hinnenthal, H.: Die deutsche Rationalisierungsbewegung und das Reichskuratorium für Wirtschaftlichkeit, Berlin 1927.

Hock, W.: Deutscher Antikapitalismus. Der ideologische Kampf gegen die freie Wirtschaft im Zeichen der großen Krise, Frankfurt 1960.

Hoffmann, W.G.: Das Wachstum der Deutschen Wirtschaft seit der Mitte des 19. Jahrhunderts, Berlin Heidelberg N.Y. 1965.

Huber, E. R.: Deutsche Verfassungsgeschichte seit 1789, Bde IV, V und VI, Stuttgart 1959, 1987, 1981.

Hüttenberger, P.: Interessenvertretung und Lobbyismus im Dritten Reich, in: Der "Führerstaat": Mythos und Realität, hrsg. v. G. Hirschfeld u.a., Stuttgart 1981, S. 429-457.

Ilgmann, G.: Bundesbahn - Chance zur Rennaissance?, in: Zeitschrift für Verkehrswissenschaft (61) 1990, S. 74-84.

Jaeger, H.: Geschichte der Wirtschaftsordnung in Deutschland, Frankfurt 1988.

Jung, H.: Der Güterverkehr auf Lastkraftwagen, sein Umfang und seine Selbstkostenrechnung, Diss. Frankfurt 1938.

Kaftan, K.: Der Kampf um die Autobahnen, Berlin 1955.

Kellenbenz, H.: Verkehr I, in HdWW Bd.8, 1980, S. 225-237.

Kellenbenz, H.: Deutsche Wirtschaftsgeschichte, Bd. 2, Vom Ausgang des 18. Jahrhunderts bis zum Ende des Zweiten Weltkrieges, München 1981.

Kiesewetter, H.: Industrielle Revolution in Deutschland 1815-1914, Frankfurt 1989.

Kirchberg, P.: Das Wachstum der Produktivkräfte in der Geschichte des Kraftfahrzeuges. Untersuchungen am Beispiel der Entwicklung der Technik des Kraftwagens in Deutschland von den Anfängen bis zur Weltwirtschaftskrise, Diss B Dresden 1978.

Kirchberg, P.,/Schmädicke, J.: Verkehrsgeschichte als Wissenschaftsdisziplin - Ergebnisse, Probleme, Fragestellungen, in: Verkehrshistorischer Workshop der Deutschen Verkehrswissenschaftlichen Gesellschaft am 17./18. Oktober 1991 in Münster, Schriftenreihe der Deutschen Verkehrswissenschaftlichen Gesellschaft, Reihe B 148, Bergisch Gladbach 1991, S. 43-52.

Klenke, D.: Bundesdeutsche Verkehrspolitik und Motorisierung. Konfliktträchtige Weichenstellungen in den Jahren des Wiederaufstiegs, Stuttgart 1993.

Kloten, N.: Die Gemeinwirtschaftlichkeit im Verkehr. Zum Stilwandel in der Verkehrspolitik, in: Ordo (13) 1962, S. 199-232.

Könke, G: Planwirtschaft oder Marktwirtschaft? Ordnungspolitische Vorstellungen sozialdemokratischer Nationalökonomen in der Weimarer Republik, VSWG (77) 1990, S. 457-487.

Könke, G.: "Modernisierungsschub" oder relative Stagnation?. Einige Anmerkungen zum Verhältnis von Nationalsozialismus und Moderne, in: GG (20) 1994, S. 584-608.

Konzerne, Interessengemeinschaften und ähnliche Zusammenschlüsse der deutschen Wirtschaft. Einzelschrift zur Statistik des deutschen Reiches, Nr. 1, hrsg. v. Statistischen Reichsamt, Berlin 1927.

Kopper, C.: Modernität oder Scheinmodernität nationalsozialistischer Herrschaft. Das Beispiel der Verkehrspolitik, in: Von der Aufgabe der Freiheit. Politische Verantwortung und bürgerliche Gesellschaft im 19. und 20. Jahrhundert. FS für Hans Mommsen zum 5. November 1995, hrsg v. C. Jansen u.a., Berlin 1995, S. 399-409.

Kornrumpf, M.: HaFraBa e. V. Deutsche Autobahnplanung 1926-1934, A.G. S. H. 7, München 1990.

Krause, W.: Wirtschaftstheorie unterm Hakenkreuz, Berlin 1969.

Kreft, H. W.: Die wirtschaftliche und soziale Verantwortung des Straßengüterverkehrs, in: Verkehr zwischen wirtschaftlicher und sozialer Verantwortung. FS zum 50jährigen Bestehen des Instituts für Verkehrswissenschaft an der Westfälischen Wilhelmsuniversität Münster, hrsg. v. H. Seidenfus, Göttingen 1984, S. 91-102.

Kröker, H.: Die Entwicklung des Kraftwagenverkehrs hinsichtlich der Gestaltung der Verhältnisse bei der Deutschen Reichsbahn, Diss. Königsberg 1933.

Krust, O.: Eisenbahn und Kraftwagen, Diss. Heidelberg 1929.

Kunowski, J. von: Ordnung des Wettbewerbs und Wirtschaftslenkung in der verkehrspolitischen Gesetzgebung, Diss München 1978.

Lampe, A.: Zur Problematik der Kraftfahrzeugbesteuerung, in: Finanzarchiv (47) 1930, S. 1-91.

Lärmer, K.: Autobahnbau in Deutschland 1933-1945. Zu den Hintergründen, Berlin (Ost) 1975.

Leistung und Weg, Zur Geschichte der MAN-Nutzfahrzeuge, hrsg. v der MAN AG Nürnberg, Berlin Heidelberg 1991.

Linden, W.: Der Werkverkehr auf Lastkraftwagen. Seine Entwicklung und Bedeutung für die gewerbliche Wirtschaft, Berlin 1936.

Loesch, A.: Die gemeinwirtschaftliche Unternehmung. Vom antikapitalistischen Ordnungsprinzip zum marktwirtschaftlichen Regulativ, Köln 1977.

Ludwig, K.-H.: Technik und Ingenieure im Dritten Reich, Düsseldorf, 1974.

Matzerath, H.: Nationalsozialismus und kommunale Selbstverwaltung, Stuttgart 1970.

Matzerath, H./Volkmann, H. E.: Modernisierungstheorie und Nationalsozialismus, in: Theorien in der Praxis des Historikers. Forschungsbeispiele und ihre Diskussion, hrsg. v. J. Kocka, Göttingen 1977, S. 86-116.

Menzel, W.: Verkehrspolitik und wirtschaftliche Interessenvertretungen, in: Zeitschrift für Verkehrswissenschaft (7) 1929, S. 49-68/86-120.

Merkert, E.: Der Lastkraftwagenverkehr seit dem Kriege, insbesondere sein Wettbewerb und seine Zusammenarbeit mit den Schienenbahnen, Köln 1926.

Merkert, E.: Kernpunkte der Preisbildung im Verkehrswesen, Berlin 1937.

Mommsen, H.: Beamtentum im Dritten Reich, Stuttgart 1966.

Mommsen, H.: Hitlers Stellung im nationalsozialistischen Herrschaftssystem, in: Der "Führerstaat": Mythos und Realität, hrsg. v. G. Hirschfeld u.a., Stuttgart 1981, S. 43-72.

Mommsen, H.: Nationalsozialismus als vorgetäuschte Modernisierung, in: Der historische Ort des Nationalsozialismus, hrsg. v. W. Pehle, Frankfurt 1990, S. 31-46.

Mommsen, W.: Deutsche Parteiprogramme, München^2 1964

Napp-Zinn, A.-F.: Die Prinzipien der Gemeinwirtschaftlichkeit in ihrer Anwendung auf die Verkehrsträger, in: Handbuch der öffentlichen Wirtschaft, Bd. 1, hrsg. v. Hauptvorstand der ÖTV, Stuttgart 1960. S. 207-227.

Napp-Zinn, A.-F.: Verkehrswissenschaft und Verkehrspolitik, in: Zeitschrift für Verkehrswissenschaft (7) 1929, S. 1-16.

Napp-Zinn, A.-F.: Zur Verkehrspolitik des national-sozialen Staates, in: Zeitschrift für Verkehrswissenschaft (11) 1933, S. 77-89.

Napp-Zinn, A.-F.: Verkehrsgeschichte, in: HdBW, Bd. 4, 1962, Sp 5749-5760.

Overy. R. J.: Cars, roads and Economic Recovery in Germany 1932-38, in: The Economic History Review (28) 1975, S. 466-483.

Overy, R. J.: War and economy in the Third Reich, Oxford 1994.

Overy, R. J.: The Nazi Economic Recovery, Oxford, 1996.

Peters, J.-H.: Ein Imperium schlägt zurück. Unternehmerische Reaktionen der Deutschen Reichsbahn-Gesellschaft (DRG) auf die zunehmende Konkurrenz des Strassenverkehrs in der Zeit von 1924/25 bis 1933, in: Straßenverkehr und Gesellschaft 1918 bis 1933. Tagung zur Sonderausstellung "Tanz auf dem Vulkan - Die Goldenen 20er in Bildern, Szenen und Objekten, LTA-Forschung, H. 20, Mannheim 1995, 29-41.

Peters, J.-H.: Personalpolitik und Rationalisierungsbestrebungen der Deutschen Reichsbahn-Gesellschaft zwischen 1924 und 1929. Ausgangsbedingungen, hauptsächliche Entwicklungslinien und -tendenzen, Frankfurt 1996.

Petzina, D.: Autarkiepolitik im dritten Reich. Der nationalsozialistische Vierjahresplan, Stuttgart 1968.

Petzina, D.: Die deutsche Wirtschaft in der Zwischenkriegszeit, Wiesbaden 1977.

Peukert, D.: Rassismus und "Endlösungs"-Utopie. Thesen zur Entwicklung und Struktur der nationalsozialistischen Vernichtungspolitik, in: C. Kleßmann: Nicht nur Hitlers Krieg. Der zweite Weltkrieg und die Deutschen, Düsseldorf 1989, S. 71-81.

Piepenhagen, G.: Die Stellung des gewerblichen Kraftverkehrs in der deutschen Verkehrswirtschaft, Diss. Berlin 1935.

Pirath, C.: Verkehrseinheit und Verkehrspolitik, Berlin 1934.

Predöhl, A.: Verkehrspolitik, Göttingen 1958.

Predöhl, A.: Verkehr, in: HdSW, Bd. 11, 1961, S. 102-111.

Prinz, M., Zitelmann, R.: Nationalsozialismus und Modernisierung, Darmstadt 1991.

Produktivkräfte in Deutschland 1917/18-1945. Geschichte der Produktivkräfte in Deutschland von 1800 bis 1945 in drei Bänden, hrsg. v. R. Berthold u.a., Berlin (Ost) 1988.

Radkau, J.: Technik in Deutschland. Vom 18. Jahrhundert bis zur Gegenwart, Frankfurt 1989.

Raetz, K.: Die Besteuerung der Kraftfahrzeuge in Deutschland und ihre Wirkungen, Diss., Erlangen 1933.

Rauh, M.: Antimodernismus im nationalsozialistischen Staat, in: Hist. Jb. (107) 1987, S. 94-121.

Redmann, U.: Die Reichsautobahnen in der deutschen Volkswirtschaft, Erlangen-Bruck 1938.

Remy, K.: Die wirtschaftliche und staatspolitische Aufgabe der Reichsbahn im Dritten Reich, in: Zeitschrift für Verkehrswissenschaft (12) 1934, S. 1-17

Ries, B.: Die Finanzpolitik im Deutschen Reich 1933-1935, Diss Freiburg i Br. 1964.

Ritschl, A.: Die NS-Wirtschaftsideologie - Modernisierungsprogramm oder reaktionäre Utopie?, in: Nationalsozialismus und Modernisierung, a.a.O., S. 48-70.

Ritschl, A.: Über die Höhe und Struktur der gesamtwirtschaftlichen Investitionen in Deutschland 1935-38, in: VSWG (79) 1992, S. 156-176.

Ritschl, H.: Die Deckung der Straßenkosten und der Wettbewerb der Verkehrsmittel, Berlin Köln 1956.

Ritschl, H.: Gemeinwirtschaft und kapitalistische Marktwirtschaft, Tübingen[1] 1931.

Ritschl, H.: Wirtschaftsordnung, in: HdSW Bd. 12, 1965, S. 189-203.

Röpke, W.: Staatsinterventionismus, in: Handwörterbuch der Staatswissenschaften, Ergänzungsband Jena[4] 1929, S. 861-882.

Ruser, U. M.: Die Reichsbahn als Reparationsobjekt, Diss. Freiburg i. Br. 1981.

Salzwedel, J.: Die Aufgaben des Reichsverkehrsministeriums, in: Deutsche Verwaltungsgeschichte Bd. IV. Das Reich als Republik und in der Zeit des Nationalsozialismus hrsg. v. K. G. A. Jeserich, H. Pohl u.a. Stuttgart 1985, Teil I, S. 260-272.

Schäfer, D.: Der Deutsche Industrie- und Handelstag als politisches Forum der Weimarer Republik, Hamburg 1966.

Schneider, M.: Nationalsozialistische Durchdringung von Staat, Wirtschaft und Gesellschaft. Zur Sozialgeschichte des >Dritten Reiches<, in: AfS (31) 1991, S. 514-557.

Schöpke, W.: Pferd oder Motor im Güternahverkehr. Im Auftrag des Ausschusses für wirtschaftliche Fertigung (AWF) beim Reichskuratorium für Wirtschaftlichkeit (RKW), Berlin 1935.

Scholz, W.: Eisenbahn und Kraftwagen, Berlin 1929.

Schultz, H.: Die Regulierung des Kraftverkehrs, in: Zeitschrift für Verkehrswissenschaft (9) 1931, S. 1-38.

Schweitzer, A.: Die wirtschaftliche Wiederaufrüstung Deutschlands von 1934-36, in: Zeitschrift für die gesamte Staatswissenschaft (114) 1958, S. 594-637.

Seidler, F.W.: Fritz Todt, Baumeister des Dritten Reiches, München Berlin 1986.

Sombart, W.: Der deutsche Sozialismus, Berlin 1934.

Sombart, W.: Die deutsche Volkswirtschaft im neunzehnten Jahrhundert und im Anfang des 20. Jahrhunderts, Berlin[4] 1923.

Sörgel, W.: Die Neuordnung des industriellen Organisationswesens 1933/35, in: Interessenverbände in Deutschland, hrsg. v. H. J. Varain, Köln 1973, S. 259-276.

Splettstößer, F.: Der Sammelladeverkehr, seine Organisation und seine Bedeutung, Quakenbrück 1938.

Stollberg, G.: Die Rationalisierungsdebatte 1908-1933, Frankfurt 1981.

Südbeck, T.: Motorisierung, Verkehrsentwicklung und Verkehrspolitik in Deutschland in den 1950er Jahren, Stuttgart 1994.

Suntum, U. van: Verkehrspolitik, München 1986.

Tennig, R.: Nebenbahnen. Eine Epoche deutscher Eisenbahngeschichte, Berlin 1993.

Teuteberg, H. J.: Zur Bedeutung und Methodik verkehrsgeschichtlicher Forschung, in: Verkehrshistorischer Workshop, a.a.O., S. 3-41.

Thadden, R. von: Die Krise des Liberalismus zwischen den Weltkriegen, Göttingen 1978.

Thamer, H.-U.: Verführung und Gewalt 1933-1945. Die Deutschen und ihre Nation Bd. V, Berlin 1986.

Thiemeyer, T.: Gemeinwirtschaftlichkeit als Ordnungsprinzip. Grundlegung einer Theorie gemeinnütziger Unternehmen, Berlin 1970.

Thomas, G.: Geschichte der Wehr- und Rüstungswirtschaft 1918-1943/45, hrsg. v. W. Birkenfeld, Boppard 1966.

Turner, H. A.: Hitlers Einstellung zu Wirtschaft und Gesellschaft vor 1933, in: GG (2) 1976, S. 89-117.

Turner, H. A.: Faschismus und Kapitalismus in Deutschland, Göttingen^2 1980.

Varain, H. J.: Interessenverbände in Deutschland, Köln 1973.

Verkehr 2000: Europa vor dem Verkehrsinfarkt, hrsg. v. der Deutschen Bank, Frankfurt 1990.

Verkehrshistorischer Workshop der Deutschen Verkehrswissenschaftlichen Gesellschaft am 17./18. Oktober 1991 in Münster, Schriftenreihe der Deutschen Verkehrswissenschaftlichen Gesellschaft, Reihe B 148, Münster 1991.

Verkehrspolitik zwischen Markt und Staat. FS für R. Willeke, hrsg. v. G. Aberle, Düsseldorf 1989.

Voigt, F.: Die gestaltende Kraft der Verkehrsmittel in wirtschaftlichen Wachstumsprozessen, Bielefeld 1959.

Voigt, F.: Die volkswirtschaftliche Bedeutung des Verkehrssystems, Berlin 1960.

Voigt, F.: Verkehr. Bd 2,1, Berlin 1965.

Volkmann, H. E.: Zur Nationalsozialistischen Aufrüstung und Kriegswirtschaft, in: Militärgeschichtliche Mitteilungen , 1990, S. 133-177.

Walter, G.: Eisenbahn und Kraftwagen, Berlin 1929.

Walcher, F.: Das Planungs- und Steuerungssystem der staatlichen Verkehrspolitik zur Regulierung des Verkehrsmarktes. Zur Legitimation und Effizienz verkehrspolitischer Maßnahmen in einer Marktwirtschaft, Berlin 1978.

Weber, A.: Über den Standort der Industrien, Tübingen 1909.

Wehler, H.-U.: Modernisierungstheorie und Geschichte, Göttingen 1975.

Weinberger, H.: Der Inlandsmarkt der deutschen Autobmobilindustrie, Diss München 1936.

Willeke, R.: Motorisierung und Volkswirtschaft, in: Die Einflüsse der Motorisierung auf das Verkehrswesen, a.a.O., S. 17-29.

Willeke, R.: Wissenschaftliche Beratung der verkehrspolitischen Planung, Düsseldorf 1971.

Winkler, H. A.: Mittelstand Demokratie und Nationalsozialismus - Die politische Entwicklung von Handwerk und Kleinhandel in der Weimarer Republik, Köln 1972.

Winkler, H. A.: Unternehmerverbände zwischen Ständeideologie und Nationalsozialismus, in: VJHZ (17) 1969, S. 341-371.

Wolf, W.: Eisenbahn und Autowahn. Personen- und Gütertransport auf Schiene und Straße. Geschichte, Bilanz, Perspektiven, Hamburg 1987.

Woll, H.: Die Wirtschaftslehre des deutschen Faschismus, München 1988.

Yago, G.: Ursprünge der deutschen Autolobby. Zur Motorisierungspolitik im Dritten Reich, in: Blätter für die deutsche und internationale Politik (6) 1980, S. 717-727.

Ziegler, D.: Eisenbahnen und Staat im Zeitalter der Industrialisierung, VSWG Beih. 127, Stuttgart 1996.

Zitelmann, R.: Hitler. Selbstverständnis eines Revolutionärs, Stuttgart^2 1991.

Zitelmann, R.: Die totalitäre Seite der Moderne, in: Nationalsozialismus und Modernisierung, a.a.O., S. 1-20.

Zitelmann, R.: Nationalsozialismus und Moderne. Eine Zwischenbilanz, in: Übergänge. Zeitgeschichte zwischen Utopie und Machbarkeit. Beiträge zu Philosophie, Gesellschaft und Geschichte. FS für H. Bütow, hrsg. v. W. Süß, Berlin 1990, S. 195-223.

Zorn, W.: Staatliche Wirtschafts- und Sozialpolitik und öffentliche Finanzen 1800-1970, in: Handbuch der deutschen Wirtschafts- und Sozialgeschichte, hrsg. v. H. Aubin u. W. Zorn, Bd. 2, Stuttgart 1976, S. 148-197.